本书由上海文化发展基金会图书出版专项基金资助出版
武汉大学政治学一级学科"985"工程二期拓展项目成果

政治发展与民主译丛

THE SILENT REVOLUTION

静悄悄的革命

CHANGING VALUES AND POLITICAL STYLES AMONG WESTERN PUBLICS

西方民众变动中的价值与政治方式

RONALD INGLEHART

[美] 罗纳德·英格尔哈特／著

叶娟丽 韩瑞波等／译

上海人民出版社

罗纳德·英格尔哈特在上海交通大学讲学(2016 年 7 月 21 日)

谨以此书献给我的妻子玛格丽特和
我的女儿伊丽莎白和雷切尔

总　　序

政治发展和民主政治建设是当今中国政治学研究的基本话题。

无论中国人还是外国人都承认，今日之中国，仍然是一个发展中国家。所谓"发展中国家"，英文译作 developing country，与之相对的"发达国家"则是 developed country，这意味着，发达国家已经完成了发展的过程，而发展中国家则还处在发展的过程中。通常，区别发展中国家与发达国家，主要是根据经济和社会的发展程度、人民生活水平来判断的，为此人们提出了包括人均 GDP（国内生产总值）、人均 GNI（国民总收入）、CDI（综合发展指数）以及国民幸福指数（NHI）在内的一系列经济发展指标。但是，如果进一步考究，汉语中的"发展"意味着事物由小到大、由简单到复杂、由低级到高级的变化；而 develop 一词在英文中的基本释义就是"（使）成长起来变得更大、更丰满，或者变得更成熟、组织化程度更高"。从这个意义上来阐释"发展中"和"发达"，就不能仅仅囿于经济和社会发展水平的判断，而应全面地、综合地从经济的、社会的、政治的发展水平来理解。或者从另一个角度来说，经济发展水平并不是孤立的，而是与政治发展水平密切相关的，是相互影响、相互促进又相互制约的。经济发展推动政治发展，政治发展必须适应经济发展。适时的政治发展将为经济发展提供动力和保证，而严重滞后的政治发展则可能拖延和阻碍经济发展。

中国经过三十多年的改革开放，无论经济上还是政治上都取得了伟大的进步，但相对说来，今日之中国面临着更为艰巨的政治发展的任务。

应该看到,今天中国的政治发展的程度,民主进程、法制化所达到的水平,民主所实现的范围和程度,公民权利实现的内容和公民参与公共事务的意识,等等,与六十多年前、三十多年前相比,已经有了很大发展,取得了不少进步,但同时也应该承认,离广大人民的期盼、离人民群众不断增长的对国家治理能力的需求和对民主权利的要求还有相当的距离。如果不体察这种距离,是很危险的。

和经济发展一样,政治发展同样意味着要完成现代化的进程,尽管这个进程在不同国家,由于不同的国情,会有不同的起点、不同的道路、不同的模式。不同的人对政治现代化的理解会有所不同,关注和研究的重点也不同,譬如,政治发展的目标和前景,政治发展的过程和形式,国家的治理水平和政治体系的综合能力,社会的组织化和政治的制度化水平,公民政治参与的扩大,现代政治意识的普及和政治文化的改造,等等。但是,人们对"政治现代化"这个总的发展趋向大概不应该有什么异议。而对政治现代化的基本表现,大概也没有什么可以置疑的,一般应包括民族国家的构建、民主化、法治化,尽管不同的国家会采用不同的形式,确定不同的具体指标。

不用讳言,关于政治现代化的种种概念,并不是产生自中国本土的,而是"舶来"的。中国的近代发展过程,就是先是落后挨打,然后学习欧美的过程,不仅学习欧美的船坚炮利,引进欧美的科学技术,也学习欧美的政治制度,引进欧美的社会、政治观念。随着世界历史的进程,中国人学习的对象也进一步扩展,不仅学习过欧美,也学习过苏俄,而后也学习其他新兴国家的经验。

学习外国,译书为先。从某种意义上说,中国近代的思想史、观念史、文化史就是从翻译开始的。翻译是不同国家、民族之间学习交流的必不可少的桥梁。中国是一个多民族国家,古代中原的汉族与周边的其他民族之间,中国古代的统治政权与其他国家之间都保持了频繁的往来,因此,远在商周时期就出现了语际的翻译活动,历朝历代都设有专人专职从事翻译工作。但据说,中国历史上大规模的对华夏之外的语言的翻译工作始于西汉哀帝时期,从那时起直至 20 世纪初,中国历史上出现过三次翻译高潮,即东汉至唐宋的佛经翻译、明末清初的科技翻译、鸦片战争至

"五四"的西学翻译。明代以前,中国人的翻译活动基本上限于佛经翻译,到了明代万历年间才出现了介绍西欧各国科学、文学、哲学的翻译作品,如徐光启和意大利人利马窦合作翻译了欧几里得的《几何原理》。鸦片战争前后,有了魏源等人介绍英、美、瑞士等国的议会制度,林则徐请人翻译了瑞士人瓦特尔编的《万国公法》,但大量翻译介绍西欧经济、政治学说则是戊戌变法之后,而其中最大贡献者当属清代"新学"的重要代表人物严复。严复先后翻译了赫胥黎的《天演论》、亚当·斯密的《原富》、约翰·密尔(旧译穆勒)的《群己权界论》、孟德斯鸠的《法意》等欧洲近代的经典著作,开启了引进现代政治观念的大门。严复在从事翻译实践的同时,总结了翻译的经验,提出了翻译的标准,这就是他在《天演论》卷首的《译例言》中提出的著名的"信、达、雅"。尽管今人对"信、达、雅"这三个字的理解比当初严复的解释已经有了很大发展,但"信、达、雅"作为对翻译水准的追求一直为负责任的译家所认同和坚守。人们接触域外的政治学原著先是阅读,但容易被忽视的是能阅读不等于能翻译,从阅读到翻译之间其实有相当的距离,要经过十分艰难的努力,要求译者的专业知识和双语语文都达到相当的水平。一般的阅读,可能并不一定要把每一句话都读懂,可以一目十行,明白其基本要义即可。翻译就不同了,必须句句到位,不仅字、词、句都得落实,疏通上下文,还要明白文字的语境,了解相关的知识和理论背景,在充分理解了原文后,要用自己的母语准确、顺达地表达出来,这就不容易了。不少人都有这样的感受:有时阅读一本译著,读了半天却读不大懂,文字别扭,语义不通,如果找来其原著看看,反而一读就懂了,这时就免不了会质疑译者的水平和责任心。因此,瞧不起翻译的想法当然是要不得的,而对于译者来说,忽视翻译的艰难,随意下手更是要不得的。

三十多年前,国门打开,迎来了中国历史上的第四次翻译高潮,翻译介绍的领域遍及科学技术、人文社会等各个领域,翻译出版空前繁荣。武汉大学的政治学同仁这些年来一直积极致力于介绍外国的政治制度和政治学说,翻译了一批有影响的外国学者的政治学著作,如《美国式民主》《多头政体》《比较政治:理性、文化和结构》《财政危机、自由和代议制政府》《预算民主:美国的国家建设与公民权(1890—1928)》《权力与财富之间》等,同时,为了提高翻译质量,我们在研究生中开设了"政治学英文文献翻译技巧与实践"课程。"政治发展与民主译丛"就是武汉大学政治学同仁在多年努力的基础上推出的一个翻译系列。我们希望,这个系列的推出将为中国的政治发展和政治现代化、民主化的进程有所贡献,我们也希望,这个译丛能够为中国的政治学发展有所贡献,并得到学界的检验、批评和指教。

谭君久

2011 年 8 月于珞珈山麓

序　言

如果没有欧共体委员会的特别顾问雅克—勒内·拉比耶（Jacques-René Rabier）的帮助与鼓励，本书不可能完成。感谢他为本书提出的很多建议，也要感谢欧共体委员会慷慨地将其调查数据供我和其他社会科学家使用。还要感谢很多与我一起讨论过这些议题的同事，在关于民众政治变迁的持续调查中，前期成果已由塞缪尔·巴恩斯（Samuel Barnes）和马克斯·卡斯（Max Kaase）编辑出版。这次调查厘清了本书的很多分析。除巴恩斯和卡斯外，我的同事马克·艾布拉姆斯（Mark Abrams）、克拉斯·阿勒贝克（Klars Allerbeck）、安塞尔姆·埃德（Anselm Eder）、塞斯·德格拉夫（Cees de Graaf）、戴维·汉德利（David Handley）、费利克斯·休恩克斯（Felix Heunks）、M.肯特·詹宁斯（M.Kent Jennings）、亨利·基尔（Henry Kerr）、汉斯—迪特尔·克林格曼（Hans-Dieter Klinge-mann）、阿尔伯托·马拉迪（Alberto Marradi）、艾伦·马什（Alan Marsh）、戴维·马西森（David Matheson）、沃伦·米勒（Warren Miller）、珀蒂·佩索嫩（Pertti Pesonen）、利奥波德·罗森迈尔（Leopold Rosen-mayr）、贾科姆·萨尼（Giacomo Sani）、里斯托·桑基霍（Risto Sankiaho）、杜桑·西德简斯基（Dusan Sidjanski）和菲利普·斯托撒德（Philip Stouthard），都广泛地参与了这一课题。还有很多其他朋友和同事也提出了有价值的建议与批评，尤其是保罗·艾布拉姆森（Paul Abramson）、加布里埃尔·A.阿尔蒙德（Gabriel A.Almond）、弗兰克·安德鲁斯（Frank Andrews）、戴维·阿普尔（David Appel）、菲利普·康弗斯

1

(Philip Converse)、卡尔·多伊奇(Karl Deutsch)、理查德·霍夫伯特(Richard Hofferbert)、利昂·林德伯格(Leon Lindberg)、塞缪尔·马丁·利普塞特(Seymour Martin Lipset)、A.F.K.奥根斯基(A.F.K.Organski)、罗伯特·帕特南(Robert Putnam)、海伦妮·里夫奥尔特(Helène Riffault)、戴维·西格尔(David Segal)、唐纳德·斯托克斯(Donald Stokers)、伯克哈特·斯特伦佩尔(Burkhart Strumpel)、史蒂文·威西(Steven Withey)。

密歇根大学霍勒斯·H.拉克姆(Horace H.Rackham)研究生院为本书提供了拨款和学术假期,本书的大部分章节都是在学术假期完成的。在此一并表示感谢。

目 录

第四部分　认知动员

图表目录

第一部分

······································

引　言

第一章
西方民众价值与技能的变动：概览

一、引　言

　　西方民众的价值已由过于强调物质福利和人身安全（physical security），转为强调生活质量。这一转变的原因与意义是复杂的，但其基本原则却很简单：人们倾向于更加关注即时的需求或威胁而不是那些遥远的非威胁的事物。因此，对美的渴求或多或少是广泛的，但处于饥饿中的人更愿意去寻找食物而不是美的享受。今天，优越的经济安全支撑着西方社会空前规模的人口，经济和人身安全仍然非常重要，但与过去相比，其相对优先性大大降低。

　　我们假设，同样显著的变动也发生在政治技能分布中。大量民众对理解和参与国内政治和国际政治具有越来越大的兴趣。当然，民众通过投票和其他方式在国内政治中发挥重要作用由来已久。目前的变动使他们在政策形成中发挥着越来越积极的作用，并开始参与到反对"精英主导"（elite-directed）的"精英挑战"（elite-challenging）活动中。精英主导政治参与主要是指大量精英通过固定组织，如政党、劳工组织、宗教机构等等，来取得群众的支持。而政治中新的"精英挑战"形式却使民众在制定特定政策过程中起到越来越重要的作用，而不仅仅是在两个或多个决策者中间作出非此即彼的选择。这一变化的最重要原因是，在民众中比以前更加广泛地分布着潜在的反精英。

变动的两种进程互相强化。我们相信,价值变动的一个方面是等级制权力、爱国主义和宗教等的合法性的降低,而这导致对制度的信任度降低。同时,新价值的政治表达受制于精英与群众政治技能平衡的变化。某些基本的价值和技能看起来正以一种渐进的但根深蒂固的方式发生着变化。毫无疑问,在特定的阶段,会有一些反趋势来减缓甚至逆转变化的这种进程。但是,这些重要的发展性的变化是先进工业社会发生的结构改变的结果,除非这些社会的根本特征发生变化,否则这一趋势不会改变。

本书主要集中关注这方面的变化,朝向两个方面,即向后或者向前。向后沿着因果链追溯这些变化的根源,或者向前试图分析这些变化的后果。我们的想法见图1.1,它提供了本书的分析框架。这一章的其他部分将简单地讨论图表中涉及的变量,为的是更加详尽地讨论。我们的分析从制度层面到个人层面,如此反复。它从特定社会的事件开始,转而到它对人们所想的影响,最后考察这些人与人之间的事件对一个社会产生的后果。个人的价值与技能是图表的中心,也是本书的主要关注点,因为人们对此知之甚少。当然,我们也决不会忽视个人所生活其中的结构。如果我们忽视了特定国家的经济、社会和政治结构,那不是因为我们认为它们不重要,它们是至关重要的。然而,由于对某些特定社会的此类杰出研究已经大量出版,本书只求补充它们,以更加深入了解西方政治中相对开发不够的领域。我们集中讨论的是存在于个体当中的一些事件,而这最适宜于通过调查数据来测量。但我们还要追寻社会整体的变化原因,我们对这些事件对政治制度的影响更感兴趣。个人与制度之间的联系是复杂的。我们不能想当然地认为,如果大多数人民持有某种价值,他们的政治制度就会自动地采取反映他们价值的政策。这部分地取决于这些人民的政治技能如何。而且,它至少同样取决于特定国家的政治制度。人民得到的,不是由人民所想决定的,而是取决于他们是否拥有一个强势政党或者几个竞争性政党,是总统制还是议会制,新闻舆论是自由的还是受监控的,以及大量其他制度性因素。总之,它取决于他们国家的政治结构。

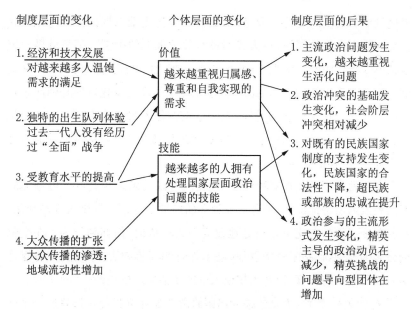

图 1.1　本书考察的变化进程

价值与技能的变化看起来似乎在先进工业社会或多或少地广泛存在，但政治制度并非如此。每个国家的政治制度都各不相同。我们每个阶段的分析都必须涉及国家的政治结构，我们会经常提及它，因为它能够促进或者阻止价值和技能对政治产生影响。

因此，我们分析中有三个而非两个重要变量：价值、技能和结构。我们相信，这三个变量主要地决定着政治变迁的路径。下面，让我们将注意力转向变化的社会经济根源。

二、变化的根源

在分析社会变化之前，我们需要问一个简单但基础的问题：变化真的发生了吗？比较政治学主流的做法曾经将第三世界描述为处于迅速的变化与发展当中，而西方社会被假设已经达到了历史的终点。

从很多方面来看，工业世界似乎真的正在经历某种比新型国家更加迅速且更加真实的变化。但是，工业世界的变化难以把握和概念化。我们喜欢使用熟悉的偶像，因为我们没有关于未来的模型。第三世界国家应该模仿当代的西方的观念，可能只是一种幻想，但它至少提供了一种它们应该朝向哪里走的具体图像。高度工业化国家的变化更像是朝向未知的一次飞跃。在人迷惑的时候，人们感觉变化来自各个方向——性别角色、道德、生活方式、时尚、生态、经济和政治。最后，人们被诱惑着退回到过去，以寻求脚踏实地。

变化发生了吗？在某种程度上，我们可以明确地说是的。可靠的时间系列数据清楚地证明，先进工业社会的经济基础正在发生大规模变化。这些制度层面的变化可以很好地改变个人的价值、信仰和行为。在变化的诸多因素中，包括了经济发展、高中教育和高等教育扩张、大众传媒迅速发展的规模与密度，以及大规模人群的生活经历的中断。

关于收入、教育、大众传播和出国旅游的统计资料都告诉我们一个同样的故事。在美国，接受高等教育的比例1950年到1965年翻了一番。同样的时间段内，西德翻了一番还多，法国增长了3倍以上。1952年美国总统大选参与投票的人口中，仅有小学文化程度的比大学学历者多出3倍。而到了1972年，其中的大学学历者比仅有小学文化程度的人多出2倍。[1]西方社会人口中，具有中学和大学学历者分布比以前广泛得多，而这一变化对青年人群尤其具有重大影响。

看电视和出国旅游已经成为战后普通人生活体验的一部分。1963年，法国和意大利只有1/3的家庭拥有电视机；到了1970年，这些国家70%的家庭拥有了电视机。出国旅游不再限于经济阶梯顶层的极少数人了。第二次世界大战前，只有小部分本土美国人去过欧洲；但最近20年，高收入和包机业务使得数百万美国人得以跨过大西洋。同样，到1970年，多数西欧人至少去过一个别的国家，事实上，在1970年，相当部分德国人去意大利的次数多于美国人去佛罗里达的次数。

技术创新——技术创新的主线将这些变化联系在一起。技术使支持先进工业社会的生产力的空前提高成为可能，它使广泛的教育机会变得既必需也可能，它催生了当代大众传媒，它使男人和女人的个人环境发生了剧烈变化，并使之从此前的生活方式中解救出来。

职业结构的变化——丹尼尔·贝尔（Daniel Bell）可能是近期的研究者中对职业结构变化的重要性最为强调的一个。事实上，这是他定义"后工业社会"[2]的基础。贝尔预见到的社会中，知识的创造与使用形成了一个轴，沿着这个轴会形成新的分层体系。他预见到工业产生的受雇者会持续地向第三部门位移，尤其是转向那些称之为知识工业的地方。这使得社会非常尊重那些拥有理论知识的精英，其次是那些技术人员和知识工业的管理者。另外，贝尔强调新工业在促进技术创新方面的重要性。他还预见到远景方面不断增长的分野，新的精英偏向科学和专业目标，而老的精英仍然固守利润、经济增长和他们自己特定的企业或官僚机构。贝尔认为，后工业社会的组织动态强化了这些趋势。由于组织的专业化增强，组织成员越来越倾向于外在的参照，如他们自己专业组织的行为规范和普遍性，而不是特定诉求。

技术正在创造一个后工业社会，正如它已经创造了一个工业社会一样。农业生产的创新已经使得少部分人耕种即可养活其他人。现在，工业创新正在减少用于生产日益增长的制造业物品数量所需的人口。在美国，只有少部分人从事农业和工业，其他西方国家，也差不多是半数的劳动力聚集在第三或者服务部门。[3]比如法国，直到1946年，37%的人口受雇于主要部门，而1970年，这个数字减少到12%。几年之内，多数法国劳动力将受雇于第三产业。美国在1956年越过了这个里程碑，成为世界上第一个"后工业"社会。到1980年，多数西欧国家也将变成"后工业"社会。

在某种意义上，贝尔的分析对中产阶级成长的描述可能有些言过其实。他的数据是精确的，但是多数成长中的第三部门反映出女性雇员的增长，她们从事的多数是非体力劳动。1972年，58%的美国农业雇佣的是男性劳动力，且从事的是体力劳动。在很多家庭，主要的工资收入来自男性的体力劳动，次要的收入才是女性从事的文书或者销售职业。冒着被认为是性别歧视的风险，人们可能会说，这些家庭主要还是仰仗工业部门。然而，毫无疑问，贝尔描述的趋势是存在的：体力劳动在劳动力中的份额已经有了大幅的降低，即使我们将男性排除在外。因此，这一变化对于理解西欧人口的远景与行为具有重要的意义。

经济增长——收入水平呈现出同样令人印象深刻的改变。在西方所有国家,人均实际收入至少比二战前高出 2 倍,经济或人身安全方面,许多已经高出 3 倍甚至 4 倍,高收入和福利项目减少了此前多数人口所遭受的经济剥削。对于大多数人而言,食物需要也是缺乏安全保障的。尽管经济增长在 1973—1975 年大萧条时遭遇中止,但实际收入还是达到了空前高的水平。

教育扩张——收入与职业的变化与高等教育的扩张紧密相关。大量研究已经证明,高等教育对政治意识和认知技能的发展有重要影响。事实上,教育被证明在几乎每项跨国分析中都是最重要的变量之一。肯尼思·A.费尔德曼(Kenneth A.Feldman)和西奥多·M.纽科姆(Theodore M.Newcomb)通过总结关于大学教育影响的相关研究,认为,大学使学生更加自由、更少专制、更少教条、更少种族中心主义以及对政治事务更加感兴趣。[4]但是,事实上,那些进入大学的学生,在上述方面本来已经走在同龄人的前面。[5]

良好的教育会强调某几类价值的事实,看来直观上容易理解。但教育是个非常复杂的变量。我们必须区分作为富裕指标、认知发展指标与融进某个社交网络的指标的教育。价值与行为的差异可能只是简单地反映了社交网络的不同。

近年来,学生已经成为新的价值和政治形态特别积极的执行者。人们不禁要问:这究竟在多大程度上反映了他们自己特殊的生活环境。青年文化的最长隔离期,从高中后期一直到大学,正好与较高的认知技能,用卡尔·曼海姆(Karl Mannheim)的话说就是"政治文化意识"[6]的发展阶段相契合。在这一阶段,青年已经走过了家庭影响最大的时期,进入信仰与行为倾向的智力调整时期。今天看来,这一阶段明显地倾向于在一个将社会影响最小化的环境中度过。

大众传媒的发展——大众传媒无疑是变化的主要根源之一,但其影响机理却无法容易说清楚。大众传媒的信息经由各种中介因素过滤后,以某种我们无法完全理解的方式产生影响。[7]技术创新已经使得先进工业社会社交网络的扩张成为可能。这一结果使得信息网络遍布全国甚至全球,与世界上任何一个地方甚至外太空的信息交流都变得非常迅速。但这一创新也使得大众传媒网络的迅速分化成为可能，它既可以延伸至遥远的地方，也可以抵达任何特定的受众。

传统主义的口袋在继续收缩。成年人的信仰体系即使没有受到他们所见所闻的巨大影响，但他们要想以一成不变的方式向青年人传授他们传统的价值无疑比过去要困难得多。即使大众传媒被控制或者有意识地按照主流价值在运行，它们的新闻报道也仍然会传递威胁既定价值的信息。这一事实被异己者牢牢把握，他们在谋划将其宣传价值最大化的活动。[8]大众媒介最后成为了变化的动力，因为它们传递某种不满、替代的生活方式和不和谐信号，直到它们被"当权派"控制。

因此，大众传媒的作用是复杂的。一方面，它们将越来越多的人整合进一个大的社交网络中。它们无疑提升了人口的知识含量与复杂性，尤其是其对青年的影响。它们将会对生活的许多领域产生刻板且程式化的影响。同时，它们也会传递对保守价值的反对意见，尤其当其对特定受众量身定做时。

不同人群的体验——事实上，上述因素说明，西方的青年一代是在一个与他们的父辈祖辈完全不同的世界成长起来的。他们是在一个相对富裕的交通发达的社会成长起来的。大量因素导致他们的生活经历很不一样，但其中有一个因素必须强调说明，即老一代都以这种或者那种方式经历过战争年代，但这些国家的青年一代则从未有过祖国被外敌入侵的经历。对于他们来说，战争是发生在其他国家的事情。

三、个人的变化

我已经列出了一些可能导致西方民众价值与技能变化的因素。这些变化本身可能还不如导致变化的要素那样显而易见，因为变化的发生是个人内在的。本书的中心任务就是说明它们的存在并理解其特征。而这不是一件容易的工作。

当统计资料能够显示某个年份一个国家的人均国民生产总值、高中注册学生数量、医院病床数、出国旅游人次和电视机数量时,"主观的"变化很少被测量。然而,我们相信,这些发展与那些我们更加熟悉的"客观的"指数一样,对于理解社会同样地真实与重要。如果 200 万意大利人投票给法西斯,或者如果半数的美国民众不再相信他们的政府,那么他们这样做的原因即使不是非常直观可见,仍然比该年度该国家生产钢材的数量要更加有意义。

为了跟踪这种变化,需要大量时间序列的可读材料:如果需要了解就业率是升了还是降了,就不仅需要当前的就业率信息,还需要去年甚至前年的信息。我们正是在这一点上存在缺陷。我们获得了西方民众某些年度价值优选的测量数据,尽管测量是初步的。我们可以考察短时期的变化。但是,基本价值的变化是缓慢的,因此长时期的变化模式才是最重要的。很少有覆盖长时段的经验数据。我们只能间接地估算长时段变化的可能模式。然而,变化的这些间接证据也是强有力的。如果它真的发生了,那么它就是不容忽视的。

四、西方民众的某些变化结果

如果变化发生了,那么对西方国家的政治可能产生什么影响?图 1.1 从左到右,列出了几个议题。

政治问题——个人价值的变化影响个人对政治问题的倾向。如果对物质的关注的相对重要性降低,那么反映工业社会分层体系的那些问题的重要性也会降低,而意识形态、种族、生活方式等可能会变得更加重要。赞成地位或者文化或者"理想的"政治[9]的阶级政治将会衰落。

从当前要求参与影响人们生活的决策的呼声,我们可以看到变化导致的某些结果,无论是在中学、大学、福利机构、办公室、工厂还是教堂。如果这些要求得到满足,将会使制度产生巨大的改变。

除这些参与要求外,还有其他一些问题也走上政治舞台,这些问题来自生活方式的差异而不是经济需求。比如,人们可能会认为这些事有利于保护环境、生活质量、妇女地位、道德的重新定义、毒品滥用以及对政治与非政治决策的广泛公开参与。这些都不是新问题。它们变化的只是数量方面的重要性。自然资源保持是多年来政治争论的主题。至于学生积极参与政治活动的时间，几乎跟有学生一样久远。但是，要找到一个环境问题优先于经济利益的先例比较困难，它可以与能源短缺情况下对美国超音速交通提案的反对，或者对离岸钻油或煤炭的带状开采提案的反对相提并论。同样，要找到一个美国学生占人口比例高于工会成员比例的先例，也非常困难。

政治的社会基础的变化——上述问题的出现给政党带来了困惑。如果它们重新调整自己回应这些新群体的诉求，它们会有失去既有选民的风险。"新政治"与传统观念、规范经常产生激烈碰撞。这就促使新政党的形成，并使新价值的代言人试图去影响和掌控既有的政党。

工业社会的早期阶段，人口倾向于划分为两个部分，大部分低收入工人和相对小部分拥有高收入和截然不同生活方式的业主和管理者。在发达工业社会，从事管理、技术、文员和销售职业的中产阶级的地位大幅提升。相对应的体力劳动工人开始消失，但其收入水平提高，且可供自由处置的空闲时间增加了，他们中的很多人能够过上与传统的中产阶级相接近的生活方式。很多分析家从多种角度分析后指出，我们可能会发现社会冲突的转化，中产阶级可能变得激进，而多数工人阶级和中低收入阶层会变得越来越保守。[10]政党偏好与职业、收入、教育、工会成员身份之间关系的数据清楚地表明，政治分裂的工业形态并未消亡。然而，有证据表明，依阶级而出现的投票行为已经在减少。将来，左翼政党可能会得到来自中产阶级越来越多的支持，而对维持现状的政党的支持则更多地来自资产阶级化了的劳动阶级。

对国家机构的支持——很显然，民族主义情绪没有像过去那样被忠诚地传递给青年一代。[11]传统上政府会发展一些爱国主义符号以作为合法性或者自身行为的基础。随着对这些符号的支持的下降，政府再也没有那么容易取得这些基础。

个人价值优选的改变，部分原因是对政府输出和国家机构的满意度降低，这一点被记录在过去几十年对美国政治的调查中。[12]政治与经济制度仍然在输出，它们较好地回应了传统的诉求，但对人口中越来越重要的某些年龄段的需求与要求看来并没有提供充分的满足。变动中的价值与现有机构不断增长的不足感相结合，鼓励使用大量新的不同的政治输入，包括抗议活动和新的政治运动及组织的形成。这些创新是由教育分布的变化而促成的：政治技能不再集中在那些掌控官方或者企业职位的人手中，以前的外围群体也能够以前所未有的组织技能进行参与。

同时，其他一些群体反对改变那些他们终于相信是他们视作游戏规则的东西。他们不满意既存的制度，但是不满意的是它们不再像过去那样运转，而不是它们需要改变。因此，这一阶段需要重新定位。

随着民众的期望发生改变，他们对制度安排的满意度的认识也发生了改变。主要的美国制度，从商业企业到政府自身，看来正在经历一场合法性危机。许多运转时间较短的工厂无疑卷进了这种对自信的影响，如在结束战争和种族主义以及某些政治丑闻中的进步或者缺失，当然我们也不相信这种信任的降低趋势是永久的。但是，随着价值与政治技能的变化，以及随之而来的更多参与且更具批判精神的民众，对国家机构支持的下降趋势，看来是西方政治转变的一个长期的症候了。

这种转变的一个结果可能是更加开放的国际合作。但是寻求社会认同的努力也可以朝相反的方向发展。在美国，对种族纽带的兴趣重新抬头，在比利时和英国，也提出了依语言和文化进行自治的要求。这种趋势并非简单地反映了本位主义的弱化。令人惊奇的是，在同一个人的诉求中，往往同时强调超国家的和民族的两种纽带。

政治参与的改变方式——经典的工业社会的政治建基于群众性政党和社团运动，如工会及与教会相关的组织，其结构上一般是官僚制的和寡头制的。而新兴的文化价值强调自发性和个人的自我表达。另外，教育的扩张意味着越来越多的人掌握了政治技能，使之能够在以前仅局限于少数政治精英的领域发挥作用。无论是出于主观的原因还是客观的原因，旧的政党正面临新的力量的挑战，这些新的力量看来越来越不适宜于精英主导的组织。

只要这些新群体提出的要求与既存的结构不协调，对政府机构的支持就会受到侵害。政府与政党面临同样的困境：政府精英如果多偏向新群体一些，他们就会冒着秉持传统价值群体反弹的风险。政府不再像过去那样仰仗民族主义和爱国主义的诉求了。风险的强度是与较少强调诸如国家安全一类的价值相一致的，而国家安全传统上被视作强有力的国家的基础。

与过去的各个时期相比，民众再也没有比今天更多的不满了。但有理由相信，今天的这些不满导致的政治行为与过去大有不同。如果这是真的，这就给这些社会的政治决策者提出了难题。

10 年前，人们可能还想当然地认为，对一个社会领导人的考察主要是其经济发展的水平，而不管其长期的后果。甚至可以假设，能通过这类考察的领导就能在普通民众中确立合法性基础从而走得长远。这些自我安慰的假设再也不能成立了。民众的目标似乎变了。只要决策者寻求提高总的福利，他们就必须越来越重视将主观的幸福一并考虑。越来越雄辩且政治上趋向于复杂的民众，会使决策者们的选择余地变小。

20 世纪 60 年代后期和 70 年代是先进工业社会的发酵期。在美国，公民权利运动与广泛的反越战运动相结合，唤醒了人口中此前仅零星关注政治事务的那代人。政治行动采取了全新且激进的方式，全面挑战既存的制度，如学校、政党、教会和军队。暴力阶段似乎已经过去。贫民窟暴乱与大学骚乱已经停止，且随着越战结束，激进分子从广泛的人群中获得支持的能力在下降。

尽管抗议活动的激烈程度在降低，调查仍然表明对主要制度的支持在持续地疏离。几年来，人们在反复地测量美国民众对政府的信仰感。1958 年，关于美国民众的一个具有代表性的调查样本给予了压倒性的积极回应，当时只有 28% 的人显示出不信任态度。到了 70 年代中期，大多数民众回应的是不信任。[13] 民众对政党的态度也呈同样的下降态势。这种降低明显地反映了短时期的政治事件如"水门丑闻"的影响，但它同时也是长期转变的一个先兆。这种长期转变植根于特定世代的人生经历中，并渐进地反映了一代人正在取代另一代人。这种变化不仅仅限于美国。爱国主义及对主要国家制度支持的消解，事实上也存在于所有发达的工业国家中。

20世纪60年代的大规模运动使得赫伯特·马尔库塞的理论著作和查尔斯·赖克(Charles Reich)的诗作成为大众传媒的主要来源。其中透露的信息,或多或少就是:美国处于其自身文化大革命的边缘。

到1973年,革命结束了。在1972年尼克松垮台后,周日副刊大力宣传反主流文化已经死亡,它充其量只是一种校园时尚,就像吞金鱼,或者将人塞进电话亭一样。

大众传媒似乎错了。基于同样的理由,它们过于强调早期的革命,它们倾向于强调激烈的或激进的全国性事件,而不关注其基本进程。对民众态度和价值的数量分析与对政治危机原因的分析比起来,似乎是无精打采的阅读,但它提供了某种急需的补充,以帮助我们理解导致这些运动的长期进程。

在本书中,我们将使用公共舆论调查数据,以获得对于政治变化的真实评价。1970年的跨国调查数据对文化变化进度的评价,相比当时其他评价要节制得多。[14]但这些数据也同样表明,西方世界民众的政治地位正在发生某种渐进但根本的变化。

政治方程式正在发生变化,尽管没有留下即时的明显的痕迹,但这种变化是根本性的,因而形成了一场静悄悄的革命。

注 释

1. 康弗斯指出了"美国选民的这种急剧变化",见 Angus E.Campbell and Philip Converse(eds.), *The Human Meaning of Social Change*(New York: Russell Sage, 1972), pp.263-337。我们更新了他的图表,并使用了密歇根大学政治研究中心对1972年大选的调查数据。

2. 参见 Daniel Bell, *The Coming of Post-Industrial Society*(New York: Basic Books, 1973)。

3. 参见 Robert L.Kahn, "The Meaning of Work: Interpretation and Proposals for Measurement," in Campbell and Converse, *Human Meaning*, pp.159-203. 参见 Matilda Riley et al.(eds.), *Aging and Society* III(New York: Russell Sage, 1972), pp.160-197。

4. 参见 Kenneth A.Feldman and Theodore M.Newcomb, *The Impact of College on Students*(San Francisco: Jossey-Bass, 1969), vol. 1, pp.20-31.

5. Stephen Withey, *A Degree and What Else?* (New York: McGraw-Hill, 1971).

6. Karl Mannheim, "The Problem of Generations," in Philip G.Altbach and Robert S.Laufer(eds.), *The New Pilgrims: Youth Protest in Transition* (New York: McKay, 1972), pp.25-72.

7. 参见 J.T.Klapper, *The Effects of Mass Communications* (Glencoe: Free Press, 1960); Walter Weiss, "Mass Media and Social Change," in Bert T.King and Elliott McGinnies(eds.), A*ttitudes*, *Conflict and Social Change* (New York: Academic Press, 1972), pp.175-225。

8. Michael Lipsky, "proest As A Political Resource," *American Political Science Review*, 62, 4(December, 1968), pp.1144-1158.

9. 参见 Ann Foner, "The Polity," in Riley et al.(eds.), *Aging*, pp.115-119。参见 Seymour M.Lipset, "The Changing Class Structure and Contemporary European Politics," *Daedalus* 93(Winter, 1964), pp.271-303。

10. 如参见 David Apter, *Choice and the Politics of Allocation* (New Haven: Yale University Press, 1971)。

11. 参见 Ronald Inglehart, "An End to European Integration?" *American Political Science Review*, 61, 1(March, 1967), pp.91-105。

12. 参见 Arthur H.Miller, "Political Issues and Trust in Government, 1964-1970," *American Political Science Review*, 68, 3(September, 1974), pp.951-972。

13. 参见 *The CPS 1974 American National Election Study* (Ann Arbor: ICPR, 1975)。Post-Election Codebook, p.131。问题是："多少时间您会相信华盛顿当局是对的——总是，大多数时间，有时？"在 1974 年秋天，63%的美国民众回答"有时"或"从不"。

14. 参见 Ronald Inglehart, "The Silent Revolution in europe: Intergenerational Change in Post-Industrial Societies," *American Political Science Review*, 64, 4(December, 1971), pp.991-1017。

第二部分

价值变化

第二章
价值变化的特征

随着社会进入发展的后工业阶段,西方公众的价值优选基础看来发生了变化。价值变化的这一过程可能给前者带来新的问题。它可能影响到公众对政党及候选人的选择。最终,它将有助于形塑西方精英采取的政策。

本章我们将考察价值优选发生变化的证据,并探讨几种正在发生的变化。我们试图回答以下问题,即"后工业时代更强调的是哪些目标"?

变化的进程并非如事件过程那样短暂。相反,它看起来反映的是基本世界观的转变。它看起来发生得非常渐进且稳定,植根于一代人的生活体验中。它们以几种不同的方式明显地表现出来,有时是激烈的,如 20 世纪 60 年代后期突然爆发的学生抗议运动。但是我们相信,这种变化如果是根本的,是长期的过程,那么,我们就不能指望有更多赤裸裸的表现,来为西方公众价值变化的范围与特征给出一个精确的刻画。民众调查数据尽管不能为正在发生的事情提供耸人听闻的提示,但却更加系统。证据仍然残缺不全,但对这些数据的详细检验告诉我们,某些深刻的变化正在发生。

一、价值变化的根源：一些假设

为什么有些价值会发生变化？它似乎与一系社会经济变化有关,包括教育水平的提高,职业结构的改变,以及日益广泛且有效的大众传媒网络的发展。但其中有两个现象尤其突然：

1. 二战后几十年来西方国家经历了前所未有的繁荣。最近的经济停滞似乎并没有对 1950—1970 年这 20 年经济产生影响。

2. 没有全面战争。西方国家 30 年没有侵略战争这一简单事实可能具有非常显著的影响。

总之，人民是安全的、富足的。这两个基本的方面具有深远的意义。

我们期待西方公众价值优选改变是基于两种假设。第一个是，人民倾向于优选供不应求的事物。作为上述两种现象的结果，西方公众很多年来都处于异常的经济与人身安全中。其结果是，他们开始更加重视其他方面的需求。

如果我们希望超出这个简单的解释范畴，可参看亚伯拉罕·H.马斯洛（Abraham H.Maslow）的著作，它提供了在既定条件下价值变化的特定走向。马斯洛认为，人们需要满足不同的需求，这些需求是根据其对于生存的相对紧急程度，按等级次序来满足的。[1]只要生理需求是供不应求的，那么就最优先满足生理需求。其次是人身安全需求，它的优先程度几乎与食物供给需求一样重要，当然，一个饥饿的人可能会为了食物而冒生命危险。人们一旦获得了人身与经济上的安全，他可能会追求其他的非物质的目标。这些其他目标反映了人们真实的且正常的需求——尽管与人身或安全需求相比人们不太关注它们。但是，当最低程度的经济和人身安全满足后，对爱和归属感、尊重和自我实现的需求就变得非常重要。随后，一系列与智力和审美相关的需求就变得迫在眉睫。最后系列的需求之间似乎并没有明确的等级次序，马斯洛称之为"自我实现的需求"。但有证据表明，只有在生理需求与归宿感需求得到满足后，它们才变得格外突出。[2]

人们有很多需求，一般倾向于优选那些供不应求的需求。这一概念就类似于经济学理论中消费者的边际效用。但它得到其他同等重要的假设的补充：人们在其成年时期倾向于持有某种固定的优选序列，一旦这在其成年过程中确立以后。

如果后一假设是正确的，我们会发现不同年龄人群持有非常不同的价值。社会科学中非常流行的一个理念是，人们一旦在童年与青年时期确立某种特征，成年时期就会一直持有这些特征。如果这个理念是对的，那么,老一代人的价值优选反映的是他成长过程中占主流的相对不安全的物质条件。另一方面,二战后的 30 年间,西方国家经历了前所未有的经济增长阶段,而且它们全部免于侵略战争。结果是,我们可能期待年轻一代尤其是那些二战后生长的人群,将不那么强调经济和人身安全。

当然,认为成年时期基本价值没有发生任何变化是可笑的。我们的想法只是,这类变化的可能性在人们成年后会大幅降低。否认成年人的重新学习,将可能抹杀掉不同年龄群体间的差距。另外,我们并不期待发现即使在老年人群中,后物质主义价值是完全缺位的。纵观历史,总有一小部分拥有经济和人身安全的阶层会优先选择非物质价值。但是这一阶层在年长人群中应该是最少数,如果价值真的是倾向于反映某个特定年龄人群在其成年前所处社会的主导环境。

出于同样的原因,这些价值偏好的分布应该以一种可预见的方式在不同国家间变动。我们可以预期,某个特定国家特定年龄人群的价值差异可以反映样本中人们成长时期那个国家的历史。比如德国,每个年龄人群在成年前都经历了生存环境的极端巨大的变化:老一代德国人经历了一战时期的饥荒和杀戮,紧接着是严重的通货膨胀、大萧条和二战中的毁灭、侵略战争和大量生命的逝去。年轻一代成长于一个相对和平的环境中,它已经成为世界上最富裕的国家之一。如果价值形态反映了一个人的成长经历,我们可能会预期发现德国老一代与年轻一代之间价值的巨大差异。

英国代表与德国相反的例子:二战前是欧洲最富有的国家,在战争中唯有它逃脱了被侵略的命运,但此后经济发展有一段相对停滞的时期。最近 25 年来,它的欧洲邻国经济增长率几乎是它的两倍。另一方面,它们的人均国民生产总值已经走到了英国前面,到 1970 年,英国的人均财富远远落后于德国(以及多数欧共体国家)。我们可以期待发现,英国的价值变动幅度相对较小。

二、价值能够通过公众调查来测量吗?

我们将测量本章的每一个预设。为此,我们必须能够测量公众的价值优选。这可操作吗? 我们不能低估其中的困难。我们假设西方公众的价值优选是变动的。这就意味着这些公众拥有有意义的价值优先体系。但是,经验分析告诉我们,普通民众表达的政治和社会观经常代表的只是表面的、事实上是偶然的回应。

在这类课题的经典研究中,康弗斯发现,令人意外的是,民众的信仰体系很少具有连贯的结构或"受到约束"。约束的缺失表现在跨部门和跨时空的分析中:对特定的调查中具有逻辑联系的项目的回应相关度低;对面板调查中的同一项目在时间 1 的回应与时间 2 的回应相关度低。[3]康弗斯的结论是,相当部分的普通公众对于几乎任何一个话题都没有真正的态度。当问起他们的意见时,他们可能会提供一个答案(可能只是希望不要显得知之甚少),但只是随机的字面意义上的。[4]

当应用于边际公共利益话题时,这类态度约束缺失并不特别令人惊奇。但这种情况也发生在与最热门的政治问题相关联的话题身上。对越战的看法提供了一个有趣的样本。从逻辑上,我们期待美国人赞成美国降低战争参与度,但却发现他们并不赞成。然而,西德尼·维巴(Sidney Verba)等在一项来自美国公众的调查中发现,其升级规模与降低规模之间令人惊讶地具有中等程度的负相关。[5]

最近的生活质量调查中还有一个更加令人注目的例子。在同一调查中,一个仔细设计且验证的关于对自己生活满意度的问题被问了两次,时间间隔是 10 分钟。回答之间的关联度是 0.61。[6]根据调查数据的背景,这是一个非常高的关联度:它反映了一个事实,即 92% 的受访者在两次回答中的答案指向 7 项列表中相同或者相近的类别。然而,从统计学意义看,时间 1 的回答只是解释了时间 2(仅仅 10 分钟后)的回答方差的 37%。如果这是一个有关与中国大陆外交关系的问题,我们可能会说,它不能解释方差的 100%,是因为一个事实,即许多受访人知之甚少或者根本没有兴趣拥有真实的想法。但是,这是一个与每个人都知道都关心的主题相关的清楚且简单的问题,街上的行人可能对中国政策并无自己的偏好,但是他却能够判断脚上的鞋是否合自己的脚。

不完全的关联看来内在于公众态度调查中——不一定是因为人们没有真实的态度,部分原因是测量误差。受教育较多的人或者经常谈论政治的人的态度约束相对高于其他人,这一事实暗示着,其他人群并未充分考虑某个具有真实想法的问题。但它也反映了一个事实,即受教育较少的人在表达情感时没有那么老到。在调查研究中,我们可能往往只看到冰山一角。

结果就是,任何调查代表了西方公众跨部门的价值优选的意图,都只接受中等程度的预期。我们在民众中不可能观察到一个明确表达的意识形态结构,但是,我们应该相信部分原因可能是由我们测量设计的粗糙造成的。几个月中进行的一系列深度访谈,可能比一个小时的调查采访,更能得到受访者关于自己世界观的连贯陈述。罗伯特·莱恩(Robert Lane)研究了在这些条件下普通公众何时能够清楚地表达连贯的政治观。[7]不幸的是,深度访谈的成本令我们望而却步。

公共舆论调查不是研究基本态度和价值的理想设计。然而,它有其优势。它与深度访谈比,能够提供更大量的案例,如果我们希望进行可靠的代际比较或者将社会背景因素作为控制变量,大量的样本 N 是必须的。另外,公众调查可能提供代表的国民样本——如果我们想知道社会整体发生了什么,或者从跨国的角度分析问题,它就非常有用。最后,公共舆论调查被证明在很多方面是非常准确的。个人层面可能有一些令人沮丧的波动,但是受访者的总体分布经常是稳定的。对选举意图的调查可以预测真实的选举结果;消费者态度的数据可以预测经济将会如何发展。调查研究中内在的误差可以自行抵消。它不是一个精确的设计,但如果使用熟练,它可以成为社会科学最强有力的工具。

三、1970—1971 年的结果: 一个 4 个项目的价值指数

让我们看看公共舆论调查能给价值变化问题带来什么启示。一个特殊的数据库可供我们的调查使用:1970 年和 1971 年,欧共体在法国、西德、比利时、荷兰、意大利所进行的公共舆论调查;1970 年英国的调查数

据也可使用。[8]这些调查设计了一系列问题,用来说明个人在面对安全或者诸如经济和政治稳定等"物质主义"价值,以及表达或者选择"后物质主义"价值时最看重什么。[9]我们假设在和平且相对繁荣条件下接受社会化的人最有可能持有后物质主义价值。

15 岁以上人口样本的问题是:

如果您必须在下面事项中作出选择,哪两项是您最想要的?

——维持国家秩序。

——让人民在政府决策中有更多发言权。

——抵制物价上涨。

——捍卫言论自由。

允许有两个选项。因此,受访人可以选出 6 对可能的答案。

对这四个选项的第一个选择"秩序"想必反映的是对人身安全的关注;第三个选择"价格"可能反映的是对经济稳定的优选。我们期待选择其中一个选项的人,也有可能选择其他的选项,因为经济不安全与人身不安全是联系在一起的。比如,如果一个国家被外国入侵,则有可能面临经济的问题与人身的损失。反之亦然,经济衰退往往与国内严重失序相联系,就像魏玛德国一样。

强调秩序与经济稳定可以被看作一组物质主义的价值优选。相反,选择与言论自由或政治参与相关的选项则反映了对后物质主义价值的重视,我们期待,在这一点上,受访者能够趋于一致。因此,基于对这 4 个选项的选择,我们能够将受访者分成 6 种不同的价值优选类型,从纯粹的物质主义到纯粹的后物质主义,其间还有 4 种其他复杂的类型。

这些项目 1970 年被用来测试 6 个欧洲国家的人口样本,1971 年又对其中的 5 个国家进行了测试。在受访者中,首选"抵制物价上涨"的人至少是次选"维持国家秩序"的人的 2 倍。反之亦然,首选"捍卫言论自由"的人差不多是次选"让人民在政府决策中有更多发言权"的人的 2 倍。相反,其他 4 种混合类型,则不那么容易被一起选择。结果是,一半的样本人口陷于两种极端的类型,其他一半人则分布在 4 种混合类型中。

4 个选项的不同其他组合,在 1970 年和 1971 年的调查中以同样强制性二选一格式得到应用。没有发现其他选项组合的内部结构与上述 4 个选项一样。这些选项对调查数据的约束程度相对较强，它被分两次在 6 个不同国家的 11 次调查中得到运用。[10]

将我们的受访者分为物质主义类型、后物质主义类型和混合类型看来是合理的。我们假设，这些分类反映特定个人的价值优选。但他们真是这样的吗？根据定义，"价值与态度实际的不同仅仅在于，价值数量更少，更加普遍、中心化与主流，更不受制于环境，更不易于改变，因而从发展的角度看更多与原始的或戏剧性的经历相关。"[11]如果这些选项真的取自价值，我们就可以预期得到更多更具体的态度选项。而且，正如我们已经说过的，特定年龄人群的价值类型会在时间上持续，反映出它们与早期生活经历的重要联系。

让我们先来考察前面的问题：物质主义或者后物质主义的价值类型真的反映了个人生活态度的主要方面，并普遍地影响着他的政治态度？我们的答案是：是的，非常深刻。我们的价值类型学被证明是广泛的政治偏好的一个敏感指标。

比如，基于个人的价值类型，我们可以准确地预期人们对 1970 年调查中下述选项的回答：

最近几年，在（受访者的国家）和其他一些国家，发生了大规模的学生示威活动。总体而言，您是如何看待这些的？您是：

——非常赞同。

——比较赞同。

——比较不赞同。

——非常不赞同。

在每一个国家，那些选择后物质主义选项的人，都非常赞同学生示威活动。总体来说，相比较于选择物质主义的受访者，选择后物质主义的受访者赞同学生示威活动的人数是前者的 4 倍。那些选择物质主义与后物质主义之间的混合选项的受访者对学生示威活动的态度比较极端。

我们的价值类型也反映出与其他态度的关系显著。比如，1971 年调查的每一个国家，选择后物质主义选项的人，相比较选择物质主义者，更多地偏向对欠发达国家进行经济援助。选择物质主义者更多地偏好国家声誉。在 5 个国家中，对于每一个选项，物质主义类型与后物质主义类型都有

25%的平均差异——混合类型人群则处于两极之间。每个国家的后物质主义者都比物质主义者更关注妇女权利。在 1971 年的调查中,总共有49%的后物质主义者选择了这一目标,而物质主义者只有 29%这样选择。

不同国家的受访者的约束存在差异,但是在 6 个国家的调查中,这些选项的分布是相似的。[12]在量纲分析中,不同的态度被归为两个不同的集合,一个与物质主义目标相联系,一个与后物质主义目标相联系。另外,价值类型也反映出与社会结构和政党偏好的显著相关。这种高度结构化的模式很少出现在随机的或者那些一知半解的受访者身上。物质主义/后物质主义指标似乎来自个人生活观的核心且占主导的方面。我们相信,它表明了价值优选的某些基本方面。

但它只是一个粗略的指标。基于四个基本目标中最奢齑的一个,它只能被看作开发相关价值的更加广泛的多选项指标的第一步。四个选项比一个能够提供更好的测量。一个设计精当的大问题池应该可以比我们目前的样本工具提供更加精确的测量。尽管它也许不完善,但是我们拥有一个与物质主义/后物质主义主题相关的来自更广泛范围偏好的指标。因此,我们就可以去测试我们提出的与价值改变相关的假设。

我们的第一个预期是,老年人比青年人更可能持有物质主义的价值优先,反之亦然,后物质主义类型应该更多地流行在青年人中。在 1970年和1971 年的调查中,年龄与价值类型的关系清楚地证实了我们的预期。比如在法国,65 岁以上人群中,物质主义者比后物质主义者占有巨大优势,结合 1970 年和 1971 年的数据来看,52%的人是物质主义者,而只有 3%的人是后物质主义者。当我们从老年群体转向年轻人群,后物质主义者比例上升了。当我们调查最年轻的人群时(1971 年时在 16—24 岁之间),两种类型几乎相同:25%为物质主义者,20%为后物质主义者。

在其他 5 个国家也出现了大概的情形。每次调查中,年长人群中的物质主义者大大多于后物质主义者,但当我们调查青年人群时,赞同后物质主义的数量又逆转过来了。

这就提出了一个问题。正如我们假设的那样,它可能反映了历史的变化,或者生命周期的影响。可以想象,年轻一代相对倾向于后物质主义,可能仅仅是因为他们还年轻,不用承担责任,反叛,理想化,等等。人们

表 2.1　依年龄分组的价值类型:1970 年和 1971 年的综合数据

（Mats. 即物质主义类型的百分比,P.-Mats. 即后物质主义类型的百分比）

不同人群的年龄区间, 1971	德国			比利时			意大利			法国			荷兰			英国[a]		
	Mats.	P.-Mats.	数量	Mats.	P.-Mats.	数量	Mats.	P.-Mats.	数量	Mats.	P.-Mats.	数量	Mats.	P.-Mats.	数量	Mats.	P.-Mats.	数量
16—25	22%	22%	(544)	20%	26%	(487)	28%	21%	(757)	25%	20%	(754)	26%	20%	(770)	29%	13%	(508)
26—35	36%	14%	(895)	29%	16%	(429)	37%	13%	(650)	38%	13%	(726)	25%	14%	(696)	28%	10%	(680)
36—45	47%	9%	(768)	29%	16%	(473)	39%	9%	(735)	40%	12%	(697)	38%	11%	(717)	31%	8%	(556)
46—55	47%	7%	(663)	20%	11%	(378)	46%	6%	(710)	43%	10%	(649)	34%	12%	(547)	35%	6%	(796)
56—65	58%	4%	(593)	36%	9%	(409)	48%	6%	(571)	50%	5%	(533)	39%	7%	(455)	41%	6%	(662)
66 +	55%	4%	(474)	46%	3%	(474)	55%	3%	(700)	52%	3%	(700)	52%	5%	(324)	47%	4%	(748)
最年轻与最年长群体间差异	− 33	+ 19		− 26	+ 31		− 27	+ 18		− 27	+ 17		− 19	+ 15		− 18	+ 9	
总差异	52 点			47 点			45 点			44 点			34 点			27 点		

注:a 本表结合了 British Social Science Research Council 于 1971 年调查的结果以及我们自己从英国样本中取得的数据。

可能会说,当他们变老的时候,他们就会持有像老年人群一样的偏好。我们当然不能忽视这种可能性。真正确定长期的价值变化正在发生的唯一方式就是对人们的价值进行测量,然后在 10 年或 20 年对他们再次进行测量。这样的数据很少有。然而,幸运的是,某些非直接的测试为我们判断这些不同年龄人群间巨大的差异是否反映了代际变化或者生命周期影响提供了清晰的思路。

将预期的按年龄分类的模式与某个国家的历史经验相结合的假设,意味着有一种测试可以揭示其中的关联。没有什么特别的理由可以解释人们为什么会期待英国的生命周期与德国人或者法国人的生命周期有根本的不同。但是这些国家的经济与政治经历则确实在许多方面都大相径庭。如果某个国家不同年龄人群间的差异与某代人生长年限内主导的条件的变化频率相一致,我们就可以相对肯定地将这种差异归因为历史变化而不是生命周期的影响。

我们的预期是,英国公众表现出较小的价值变化:因为唯有它逃脱了二战期间被侵略的命运。而且,二战前它就相对比较富有,并因此经济增长率比较低。关于人身和经济安全,英国人感受到的变化不如其他国家深刻。德国的年轻一代与年老一代成长环境的差异要远大于欧洲大陆其他国家,但是人们仍然可以期待有较大的价值变化。

在我们 1970 年和 1971 年的数据中,英国非常突出,它是价值变化最小的国家。在这两种价值类型中,年轻一代英国人与年老一代的差异达27%。德国依年龄划分的价值变化,几乎是英国的两倍,达 52%。其他 4个国家在这两个极端之间,多数接近德国的类型而不是英国。

一个国家不同年龄人群价值类型的变化总量,看来与该国经历的政治与经济变化相一致。如果这是真的,我们的价值类型在个人的一生中就难以被改变:某个年龄人群的回答,反映了一代人甚至几代人生活的轨迹。

四、1972 年和 1973 年进一步的测试

大量其他的调查在 1972 年和 1973 年进行。结果,上述讨论的国家

有了更多可资利用的数据。新的案例还包括丹麦、爱尔兰、瑞士和美国。[13]后面这些国家的现代历史具有各自不同的特征,使得我们预期能够在跨年龄人群的数据中发现价值变化的相关规律。

正如上面所分析的,德国、比利时、意大利和法国的不同年龄人群的价值变化总量相对较大,而英国相对较小。从逻辑上,我们可以有 4 个国家是处于中间状态,即瑞士、丹麦、荷兰和爱尔兰。我们期待它们形成中间层次,原因有两个:

(1) 这 4 个国家最年长的人群在一战和二战中遭遇的毁灭性的经历比德国、法国、比利时和意大利同年龄层次的人要少。瑞士在两次世界大战中都是中立国,丹麦、荷兰和爱尔兰在其中的一次战争中是中立的。这使得它们接近英国谱系的末端。

(2) 在二战后,这 4 个国家都有中等程度的经济增长率——低于德国、法国和意大利,但高于英国。这也使得它们在价值分析中的地位高于英国而低于德国、意大利和法国。

美国最近的发展历史在很多方面类似于英国。像英国一样(只会更严重),美国也因地理上的隔离而在世界战争中逃脱了被侵略的命运。但是最近这些年,它经历了较大的国际国内冲突。直到 1973 年,美国仍处于越战中。战争,与此前的种族问题以及高犯罪率,导致了美国国内的骚乱。在老年一代的成长过程中,美国相对于多数欧洲国家,是安全的避风港。但今天,这一地位发生了逆转。在人身安全方面,美国老年一代与年轻一代成长经历并无多大差别,这应该可以反映为不同年龄人群价值变迁相对较小。

美国与英国在其他方面也相似:它在世纪之交比较富有,远超我们讨论的其他国家。像英国(只会更少),它的经济增长进程落后于西方其他国家。超过两代人的时间,美国都是世界上人均收入最高的国家。但是近年来,它的增长率开始变缓。1975 年,它已经降到第三位。[14]总之,人们可能期待,老一代美国人可能是后物质主义的,但是从总体而言,不同年龄人群的变化应该小于除英国之外的欧洲其他国家。

数据证实了这一预期。表 2.2 表示的是 1972 年和 1973 年对 11 个国家两种"纯粹"价值类型的分布。[15]为了使复杂的表格简单化,这里只显示

表 2.2 欧洲 11 国依年龄分组的价值类型（1972—1973 年）

（最初的四选项指数，根据 1970 年调查中使用的年龄数据列成表格）

年龄	德国 Mats.	德国 P.-Mats.	法国 Mats.	法国 P.-Mats.	意大利 Mats.	意大利 P.-Mats.	比利时 Mats.	比利时 P.-Mats.	爱尔兰 Mats.	爱尔兰 P.-Mats.	荷兰 Mats.	荷兰 P.-Mats.	丹麦 Mats.	丹麦 P.-Mats.	瑞士a Mats.	瑞士a P.-Mats.	卢森堡 Mats.	卢森堡 P.-Mats.	美国b Mats.	美国b P.-Mats.	英国 Mats.	英国 P.-Mats.
19—28	24%	19%	22%	20%	26%	16%	18%	23%	24%	13%	27%	14%	33%	11%	27%	15%	26%	19%	24%	17%	27%	11%
29—38	39%	8%	28%	17%	41%	8%	20%	17%	31%	9%	22%	17%	34%	9%	26%	17%			27%	13%	33%	7%
39—48	46%	5%	39%	9%	42%	7%	22%	10%	41%	6%	28%	9%	47%	4%	30%	15%	40%	7%	34%	13%	29%	6%
49—58	50%	5%	39%	8%	48%	6%	25%	10%	37%	6%	40%	10%	44%	5%	35%	9%			32%	10%	30%	7%
59—68	52%	7%	50%	3%	49%	4%	39%	3%	45%	2%	41%	12%	48%	4%	34%	6%	44%	8%	37%	6%	36%	5%
69 +	62%	1%	55%	2%	57%	5%	39%	5%	51%	4%	51%	5%	58%	2%	50%	6%			40%	7%	37%	4%
不同人群的总分布	56hko		51		42		39		36		35		34		32		29		26		17	

注：a 瑞士的数据来自 1972 年；美国的数据结合了 1972 年 5 月，1972 年 11—12 月以及 1973 年 3—4 月的调查结果；b 由于样本数太大，卢森堡的样本只划分为 3 个年龄人群（19—38 岁，39—58 岁和 59 岁以上）。

两种极端的类型：竖排开头为"Mats"的指的是每组物质主义类型的百分比，竖排开头为"P.-Mats"的指的是每组后物质主义类型的百分比（如果想知道其他混合类型的百分比，只需要将两种极端类型相加，再用100去减），1970年和1971年的调查发现所有11个国家都具有基本的价值模式。年龄一代与年老一代相比，更倾向于后物质主义而不是物质主义。反复地在不同国家测试，我们发现这个相同的变化痕迹。但是，不同国家变化的幅度，以一种显著的但是持续的可预测的方式在变动。美国的样本比除英国外的其他国家变化要小。美国人口中最年长的人群更倾向于后物质主义，远高于欧洲国家的同龄人——反映了这个国家曾经的优势地位——但是，年轻一代美国人并没有像欧洲的同龄人那样迅速地走向后物质主义。

爱尔兰、荷兰、丹麦和瑞士的案例形成了一个中间群落，正如我们所预期的：它们价值变化的速度看来处于列表的中间位置。1970—1971年，德国看来处于列表的最高处，英国处于相反的另一端。特定国家所处的位置相对稳定。价值变化总量似乎反映了特定国家新近的历史。我们相信，我们对来自11个国家调查数据的解读为各种目标提供了很好的功能上的替代品。但是，跨国比较总是有风险的：从一种语言或者文化，到另一种语言或者文化，切割点可能就变了。结果就是，我们将总体上比较特定国家内部发现的那些价值模式，而不是直接比较原始的得分。因此，我们不强调表面的事实，如美国公众中31%的人陷入物质主义，而德国却有42%的人如此。我们关注的是，德国样本中不同年龄人群之间的变化远远大于美国。前一种比较可能会被语言或者文化因素而扭曲。后一种比较，尽管不是完全的简单易行，但至少不会假设德国和美国的问卷调查在其各自的文化内部强制使用相同的切割点，可能的情况是，一个德国的物质主义者可能比一个美国的物质主义者更加（或者更不）物质主义。然而，即使这是真的，很显然，年轻一代德国人与年老一代德国人之间的差异要大于年轻一代美国人与年老一代美国人之间的差异。总之，在样本内部的二级比较可能是精确的，即使不同国家之间的绝对数是不可比较的。

放弃对不同国家调查数据的直接比较,我们来简单地看一下每个国家样本中物质主义与后物质主义者的比例。我们可能会想至少要有一个关于不同类型分布的总体想法。另外,我们有一个假设需要测试:受制于语言和文化,我们可能期待较富裕的国家更倾向于选择后物质主义,尽管我们也已经说过,在获致富裕与形成后物质主义价值之间可能有一个时间上的滞后。像德国这样的国家,只是在新近变得富裕,需要一些时间让其公众的价值来反映其经济水平。表2.3列示了相关数据。

表2.3 依国家划分的价值分布(1972—1973年)

	Mats.	P.-Mats.	P.-Mats.占Mats.的百分比
1. 比利时	25%	14%	56%
2. 荷兰	31%	13%	42%
3. 美国	31%	12%	39%
4. 瑞士	31%	12%	39%
5. 卢森堡	35%	13%	37%
6. 法国	35%	12%	34%
7. 英国	32%	8%	25%
8. 意大利	40%	9%	23%
9. 德国	42%	8%	19%
10. 爱尔兰	36%	7%	19%
11. 丹麦	41%	7%	17%

注:1976年调查发现,丹麦的物质主义者占37%,后物质主义者占10%,这将使得该国在这个表格上的位次要上升好几位。

一个重要的事实来自表格的即时证据:11个国家中,后物质主义者的数字都被物质主义者远远超出。物质主义者的优势比例从1/2到1/5不等。西方社会仍然被物质主义所主导。只是在年轻一代中,后物质主义才与物质主义旗鼓相当。

期待较富裕的国家人们相对较多地偏好后物质主义被证明是对的。这些调查中人均收入最高的两个国家,即美国和瑞士,后物质主义者相对于物质主义者的比例分列第2位与第3位。比利时的比例最高。比利时尽管不如美国与瑞士那么富有,但也是较富裕的国家,而且富裕的时间保持较久——而这在考虑经济发展与价值变化的虚拟时滞变量时应该是非常重要的。意大利与爱尔兰是两个最贫穷的国家,它们的比例也相对较低。迄今,日本是这些国家中最穷的,如果也包括它的话,那么它的比例排位较低。丹麦是所有国家中比例最低的,这一点很异常,它的人均收入处第 5 位,其公众看起来似乎不应该如此地物质主义。然而,除了这一个异常的案例外,人们还期待这样一种跨国形态,即那些早就富裕起来的公众被发现较少持有物质主义观念。

五、开发具有更广泛基础的价值指标

我们的 4 个选项的指数看来可以测量人们观念中那些普遍且持久的东西。但是,我们不能忽视这一指数的缺陷。它最严重的缺陷就是它只是基于 4 个选项。结果就是,它可能对短期选项非常敏感,比如,这些指数中关于价格上涨的选项。西方国家近年来经历了严峻的通货膨胀。看来,高比例的受访者偏好"抵制物价上涨"并非根本价值变化的结果,而仅仅是因为这是一个严重的现实问题。如果我们仅仅要求受访者判断物价上涨它本身的重要性,那么这种不确定性将会很高。但是,在我们的指数中,人们对这些项目的选择受制于这样一个事实,即一个选择还必须与其他期待中的目标相比较。几乎每一个人都知道,在 1973 年,物价上涨的问题比 1970 年更重要。但是,1970 年选择了"言论自由"优先于"抵制物价上涨"的那些人,1973 年仍然不会改变这一排序。这 4 个选项提供了比一个选项更好的测量,但是,一个具有更广泛基础的指数可以将风险分散到更多的选项上,使得个人的得分更少受制于新近发生的某些特定事件。另外,一个具有更广泛基础的指数可以减少测量中的偏误,而这经常是调查研究中的一个主要问题。在回答调查提问时,大量受访者给出的答案都只是表面上的,或多或少是"不假思索的"。对于一个选项,难以区分人们的答案哪是真实的态度,哪是毫无意义的? 但是,对一系列相关问题的持续回答却可以反映人们的真实偏好。

在 1973 年的调查中,我们试图开发一种关于个人价值优选的具有更广泛基础的指标。对这些偏好的分析应该能使我们对价值变化是否真的在发生进行可靠的测量。它同时也可以为物质主义者与后物质主义者各自不同的世界观提供更加详细的图景。

1973 年调查包括了原始价值偏好指数在内的 4 个选项,但是,这一次它们中补充了另外 8 个目标。问题如下:

最近很多谈话都涉及我们国家接下来的 10 年里的目标是什么(手写答题卡 A)。在答题卡上,列举了不同的人可能优选的不同的目标。您认为哪一个是您认为最重要的?

答题卡 A

A. 维持高速经济增长。

B. 确保国家拥有强大的国防力量。

C. 确保人们在工作与社区生活中有更多发言权。

D. 使我们的城市与乡村更美。

哪一个是第二重要的?(手写答题卡 B)

如果您必须选择,卡上的哪一个是您最需要的?

答题卡 B

E. 维持国家秩序。

F. 让人民在政府决策中有更多发言权。

G. 抵制物价上涨。

H. 捍卫言论自由。

您的第二选择是什么?

这里有另一个列表(手写答题卡 C)。根据您的看法,下面哪一个最重要?

答题卡 C

I. 维持稳定的经济。

J. 社会朝更有人情味更加人性化的方向发展。

K. 与犯罪作斗争。

L. 社会朝理想比金钱更重要的方向发展。

这一系列的问题使我们对 12 个重要的目标有了一个大致的排序。

前面的引言将所有问题置于一个较长的时间框架内,选择涉及广泛的社会目标而非受访者的即时所需,我们要打听的是人们的长期需求,而不是对即时情境的回应。12 个选项本身在设计上就是为了充分地探索马斯洛的需求等级。图 2.1 展示的是每一个选项力图说明的基本需求(用大写字母表示的原始指数的 4 个选项)。有 6 个选项是为了强调心理的或物质主义的需求,"抵制物价上涨"、"经济增长"和"稳定的经济"是出于生存的需求;而"维持秩序"、"与犯罪作斗争"和"强大的国防力量"是出于安全需求。剩下的 6 个选项,是为了研究各种不同的"后物质主义"需求而设计的。[16]我们认为,后几类需求是普遍的,每个人都有尊重、内在渴求知识与审美满足的需求。

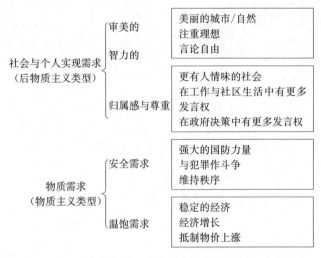

图 2.1　1973 年调查所用到的选项和他们打算开发的需求

他或她将实践这些需求,除非环境压制他们。换言之,"人们不仅仅为了面包而活着",尤其当他有了足够多的面包的时候。因此,我们的期待是,6 个强调物质主义的选项会形成一个集合,而另外的后物质主义的选项则形成另一个集合。

为了测试这些假设,我们对这 10 个国家关于这些目标的排序进行了传统因素分析。[17]每个国家的首要的影响因素的加载系数(loadings)见表 2.4。

表 2.4　10 个国家的物质主义/后物质主义因素

（价值优先选项对于第一个因素的加载系数）

目　标	国　　　家 法国 (23%)	德国 (22%)	美国 (20%)	比利时 (20%)	卢森堡 (20%)	丹麦 (20%)	意大利 (20%)	荷兰 (19%)	英国 (18%)	爱尔兰 (17%)
对工作有更多发言权	0.636	0.562	0.451	0.472	0.659	0.604	0.599	0.568	0.611	0.636
更有人情味的社会	0.592	0.675	0.627	0.532	0.558	0.566	0.553	0.451	0.498	0.393
注重理想	0.499	0.498	0.508	0.562	0.476	0.577	0.577	0.539	0.482	0.453
对政府有更多发言权	0.400	0.483	0.423	0.478	0.434	0.464	0.566	0.514	0.506	0.572
言论自由	0.486	0.575	0.409	0.564	0.527	0.330	0.499	0.338	0.210	0.401
更美的城市	0.087	0.092	0.278	0.040	-0.089	0.181	-0.100	0.141	0.197	-0.073
抑制物价上涨	-0.305	-0.440	-0.334	-0.511	-0.342	-0.154	-0.386	-0.306	-0.238	-0.395
强大的国防力量	-0.498	-0.359	-0.464	-0.324	-0.322	-0.366	-0.326	-0.414	-0.295	-0.375
经济增长	-0.412	-0.398	-0.397	-0.297	-0.497	-0.517	-0.245	-0.442	-0.536	-0.152
与犯罪作斗争	-0.457	-0.418	-0.484	-0.417	-0.347	-0.387	-0.490	-0.405	-0.233	-0.465
稳定的经济	-0.441	-0.451	-0.435	-0.407	-0.345	-0.523	-0.322	-0.410	-0.574	-0.202
维持秩序	-0.558	-0.376	-0.491	-0.497	-0.488	-0.440	-0.462	-0.549	-0.346	-0.459

注：括号里出现的是每个国家样本根据第一个因素解释形成的总方差的百分比。

结果显示出令人叹为观止的跨国间的一致性。在每一个案例中,有 5
个选项——每个国家中的相同的 5 个选项——集中接近正向的一端。有
6 个选项——同样是每个国家中的相同的 6 个选项——集中于接近负向
的一端。剩下的选项接近中点。

接近负向一端的是 6 个物质主义选项。6 个后物质主义的选项接近
正向一极。只有一个选项——即关于"更美的城市"的选项(或美国数据
中的"保护自然免受污染")——不属于任何一个类别。这个选项显然不
符合我们的预期,我们必须探索其中更详细的真相。但另外 11 个选项以
一种几乎神秘的程度符合我们的预期。对这些选项回答的一致不能归因
于诸如应答集一样的伪相关的共同来源:关于选项的提问采取的是一种
"自助餐厅式"的风格,对"正确"答案没有任何暗示。

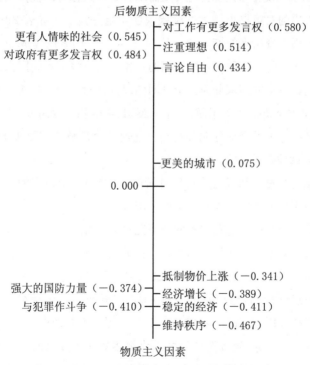

图 2.2 物质主义/后物质主义因素
对 10 个国家调查数据分析时第一个因素的平均加载系数(1973)。

图 2.2 展示了 10 个国家每一个选项在物质主义/后物质主义维度的相对位置。这些回答的布局再次证明了关于这些选项反映了一组呈等级次序的需求的假设。某些受访者倾向于专注于一个连续的需求组合，它可能处于集合范围内物质主义的一方或者后物质主义一方。12 个选项中的 11 个分为两个集合，分别反映了物质主义与后物质主义偏好（如果我们将这些结果与图 2.1 进行比较就会看到）。设计用来反映审美需求的选项不属于任何一个集合，而其他 11 个选项各有归属且具有相同的一致性。审美需求这个选项在任何 10 个国家都没有显示出高于 0.300 的加载系数。为什么？

显然，答案就在于这个选项不仅仅反映的是审美的需求，正如它力图做到的那样。反之，它似乎涉及集体经济发展与个人的安全相冲突这类工业/反工业话题。而且，它与安全需求有着令人惊奇的强烈关系。我们分析中提出的对第二个因素的检验说明了这一点。正如表 2.5 所示，与第一个因素表现出来的惊人的一致相反，第二个因素的构成在不同国家存在显著的变化。这种国与国之间的变化似乎反映了不同国家的发展水平。我们调研中的国家分为三个鲜明的部分：一是由德国、法国与比荷卢经济联盟（Benelux）国家组成；二是由英国、美国和丹麦组成；三是爱尔兰与意大利。这第三个部分尤其有趣。在前两个部分中，"更美的城市"与这一因素只是微弱相关。

爱尔兰和意大利碰巧是这里分析的 10 个国家中最穷的。它们也是仅有的一半以上人口住在农村的两个国家。[18]

这第二个维度的主题在不同的研究对象组都不一样，但坦率地说，它似乎涉及反对城市工业社会的问题。在类型 1 的国家中，它突出关注"更美的城市"和犯罪而反对强调政治激进主义和经济稳定。在爱尔兰和意大利，有点像类型 1，除在关注"更美的城市"选项没有出现在主要选项中外。如果这个因素反映了对城市—工业问题的不同回应，那么似乎很明显，关注"美"与那些经济发展与城市化都相对比较发达的国家有较紧密的关系，其发达程度足以让公众对环境中"美"的缺乏相对比较敏感。在这些国家，丑可能被看作城市问题的一部分——与犯罪和混乱相联系，而这似乎是经济发展阴暗的一面。

表 2.5　10个国家的经济与环境

（价值优先选项对于第二个因素的加载系数）

目　标	国家（类型 1）比利时(14%)	法国(13%)	卢森堡(13%)	德国(12%)	荷兰(12%)	目　标	国家（类型 2）英国(13%)	丹麦(12%)	美国(13%)	目　标	国家（类型 3）意大利(12%)	爱尔兰(14%)
更美的城市	-0.621	-0.587	-0.416	-0.606	-0.516	更美的城市	-0.508	-0.491	-0.551[a]	与犯罪作斗争	-0.567	-0.500
与犯罪作斗争	-0.479	-0.485	-0.501	-0.534	-0.504	维持秩序	-0.574	-0.498	-0.375	抵制物价上涨	-0.429	-0.385
抵制物价上涨	-0.312	-0.467	-0.494	-0.450	-0.279	言论自由	-0.395	-0.407	-0.378	强大的国防力量	-0.023	-0.446
注重理想	-0.056	-0.029	-0.153	-0.133	-0.116	强大的国防力量	-0.139	-0.215	-0.215	对工作有更多发言权	-0.229	-0.217
维持秩序	-0.046	0.061	0.055	0.089	0.193	缺少人情味的社会	-0.259	-0.209	-0.089	想法有价值	-0.107	-0.167
更有人情味的社会	-0.029	0.054	0.238	0.059	-0.121	与犯罪作斗争	-0.176	-0.055	-0.292	更美的城市	-0.127	-0.108
对工作有更多发言权	0.038	-0.011	-0.165	-0.043	0.150	经济增长	-0.138	-0.138	0.022	缺少人情味的社会	-0.002	-0.025
言论自由	-0.047	0.079	0.062	0.055	0.208	稳定的经济	0.109	0.306	0.202	言论自由	-0.052	0.039
强大的国防力量	0.083	0.128	0.112	0.102	0.047	抵制物价上涨	0.314	0.320	0.239	对政府有更多发言权	0.261	-0.013
对政府有更多发言权	0.329	0.377	0.287	0.287	0.293	对工作有更多发言权	0.456	0.446	0.215	维持秩序	0.044	0.225
稳定的经济	0.564	0.466	0.418	0.448	0.597	对政府有更多发言权	0.398	0.284	0.574	稳定的经济	0.576	0.627
经济增长	0.685	0.583	0.563	0.535	0.560	经济增长	0.453	0.456	0.559	经济增长	0.669	0.756

注：a 这里的因子加载系数基于美国样本中的"保护环境免受破坏与污染"选项。

在较贫穷的较低城市化的社会,如爱尔兰与意大利,经济增长极受重视,可能很少有人联想到它对环境的美是有害的,环境在任何情况下都很少处于优先。爱尔兰人与意大利人比其他国家公众显示出对"经济增长"的较高的偏好,除卢森堡人以外。而且,他们对"美的城市"比其他任何国家的公众显示出较低偏好,除德国人以外(参见表2.6)。在爱尔兰和意大利,开始出现反工业的维度,但关注环境之美并不扮演重要角色。在其他8个国家,对美的关注形成了反工业综合征的一部分。但是,正如我们预期的那样,它与强调经济增长和稳定有负向关联,而与对安全需求的关注则正向相关。它的位置是模糊不清的,对关联矩阵的检验显示,强调"更美的城市"与高度偏好"一个更有人情味更加人性化的社会"和"理想比金钱更重要的社会"正向关联。但是,它也与高度偏好"与犯罪作斗争"相关联。结果是,"美的城市"与后物质主义集合只有微弱的总体上的联系。

关于更加富裕更加城市化的国家中的反工业维度,有两种说法。它们都反映出维护人身安全与环境美、反对经济效益,因为如果城市不安全,看起来就不美。但是,在类型中,即在法国、德国和比荷卢经济联盟国家中,反工业回应强调个人安全,反对集体经济目标:在复合的反工业一端,与犯罪作斗争、关注环境美非常突出。在类型2中,即在英国、丹麦和美国,更像一种政治腔调:仍然占据主流的环境与经济因素由于关注捍卫公共秩序与自由言论而被强化了。对于前者,强调政治激进主义;对于后者,强调社会激进主义。在两种版本中,环境美与法律、秩序之间有一种未知的联系。

总之,涉及"更美的城市"的选项看来带有一种怀旧的腔调,要求的不仅是审美收益,还有更加安全、更慢变化的社会的理念。另外,不同于其他用来反映后物质主义需求的5个选项,这一选项相对来说得到了年纪更大一些的受访者的高度偏好。[19]总的来说,在发达国家,这一选项在任何情况下都更加倾向于后物质主义一极。但是,它与后物质主义选项的联系仅此而已,而且,民众可以采纳反工业回应的内涵来使之完全中立。

回顾一下,似乎容易理解为什么我们的审美关注指标并没构成后物质主义集合的一个部分。根据我们的理论框架,强调审美需求代表了需求满足度的一个最高水平。我们调查的多数国家并未达到那样一个富裕

表 2.6　西方民众的目标（1973 年）

（12 个目标中特定目标被选作作第一与第二重要的百分比）

目　标	国　家										
	比利时	法国	卢森堡	德国	荷兰	丹麦	英国	爱尔兰	意大利	9 个欧洲国家平均	美国
抵制物价上涨(E)[a]	52%	43%	29%	44%	26%	24%	50%	44%	41%	39%	25%
经济增长(E)	19%	18%	33%	24%	14%	23%	29%	29%	31%	24%	16%
与犯罪作斗争(S)	21%	20%	9%	21%	26%	21%	17%	25%	37%	22%	22%
稳定的经济(E)	12%	12%	22%	39%	16%	28%	25%	24%	16%	22%	21%
维持秩序(S)	10%	21%	28%	18%	18%	31%	11%	16%	17%	19%	20%
对工作有更多发言权(B)	18%	13%	22%	12%	24%	20%	15%	20%	9%	17%	16%
更有人情味的社会(B)	17%	28%	11%	11%	26%	17%	12%	8%	14%	16%	12%
对政府有更多发言权(B)	11%	9%	19%	9%	14%	8%	15%	15%	11%	12%	16%
捍卫言论自由(A)	17%	14%	7%	11%	13%	11%	11%	6%	9%	11%	10%
更美的城市(A)	15%	9%	7%	4%	10%	7%	6%	5%	3%	7%	18%[b]
注重理想(A)	7%	11%	9%	3%	10%	7%	4%	3%	5%	7%	8%
强大的国防力量(S)	2%	3%	3%	5%	4%	2%	6%	6%	7%	4%	16%

注：a 括号里的字母表示特定目标的分类：(E)＝经济，(S)＝安全，(B)＝归属，(A)＝自我实现；b 在美国，选项变为"保护自然免受破坏与污染"。

水平,在那里,审美需求本身真正明显地受公众关注。当我们从较贫穷的国家转向较富裕的国家,有一种趋势是环境选项开始突显,并趋近后物质主义集合。在爱尔兰与意大利的样本中,这一选项第一个因素的加载系数为负数。[20]这些加载系数在所有国家都是正向的,在最富裕的国家如美国达到了 0.300 的水平。在未来更加富裕与安全的时候这一选项是否与5 个后物质主义选项具有强烈的正向关联,当然是一个我们回答不了的问题。但是数据暗示这有可能成真。

目前,只有少部分人对"更美的城市"具有较高偏好。这一选项在 9 个欧共体国家的公众中排第 10 的位置。表 2.6 显示了西方公众两个首要答案在 12 个选项中的分布方式。这一表格反映了公众最看重的价值的图像。不同国家之间有一些明显的差异。比如,美国民众相比于多数欧洲的民众,不太强调降低物价和维持经济增长,这可能反映出美国人在过去几十年享受了相对的经济安全。相反,德国民众格外地强调经济稳定,这一态度反映了令人难以置信的通胀以及影响了魏玛时期德国人的严酷的大萧条挥之不去的痕迹。还存在大量的跨国之间的变化,但有些共同特征异常突出,也许最突出的就是,经济(或"生存")目标占据了被选择答案中的 3/4。在表 2.6 中它们用"E"来标示。另外,在 5 个首要目标中,有 2 个是关于安全需求的指标(在表 2.6 中用"S"标示)。另 3 个目标是归属感需求指标(以"B"标示),它们与旨在表达和智力需求的 3 个选项相关(用"A"标示)。

我们可能期待在以物质主义公众为主体的人群中发现对应于需求等级概念的偏好分布。生存与安全需求被给予最多重视,而归属感和自我实现的需求则较少强调。但是,情景影响了这些结果:与"强大的国防力量"相关的选项清楚地说明了这一事实。作为一个"安全"指标,人们可能先验地期待它在全部物质主义公众的选择中排位第 4、第 5 或者第 6。事实上却是,在大多数欧洲国家,它被给予最低的关注。在美国,它获得显著重视,在 12 个选项中排位第 6。自二战以来的 30 多年里,欧洲公众在很大程度上不再强调抵抗外敌的安全问题。只有在美国,因它直至最近的 1973 年仍处于战争中,所以对军事力量的强调仍然处于较高的地位。

进一步的分析对 1970 年和 1971 年调查中用到的 4 选项指数提供了更多的证明这 4 个选项在经验上切合它们意图开发的维度。[21]但是,这些分析也使得我们超越了原来的测量,并基于对 1973 年更广泛的选项池的回应而设计了一个指数。这一新的指数的分值区间从 0(那些人的选择是压倒性的物质主义的)到 5(那些选择了最多后物质主义选项的)。[22]我们将为某些特定的目的而继续运用这 4 个选项的指数,如历时比较。我们有自信这样做,因为 1973 年调查的每个国家这两个指数在 0.6 或 0.7 的水平彼此相关。但是,在任何可能的时候,我们将使用新的指数,因为经验论证表明,相比较于原来的四选项指数,它是其他态度更加稳定有力的预测者。它反映的是相同维度,但看起来更加精确。

最后,我们要指出,广泛基础的价值优选指数比原来的指数与年龄的相关性更强。图 2.3 说明了年龄与作为整体的 9 个欧洲国家的综合样本中各自的价值类型之间的关系。[23]当我们从年长的受访者转向年轻人时,物质主义优势的消退是突出且持续的。证据再一次证明变化在进行中。

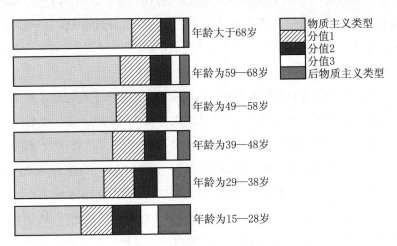

图 2.3　依年龄划分的价值类型
9 个欧盟国家 1973 年的综合样本,基于 12 个选项的价值指数(N = 13 484)。

六、价值类型与职业目标

在探索价值变化的政治意义前,我们必须回答西方社会价值变化特征的问题。用以测量人们价值优选的选项涉及广泛的社会目标。这是有意为之,我们希望从最广泛的可能的视角来探索一个人长期的偏好。但是,我们的理论意味着,这些选择也可能反映了一个人的个人目标。是这样吗?

为了测试这个假设,我们的受访者被问道:

这里有些问题是人们经常考虑的与其工作相关的。您个人会将什么放在首位? ……其次是什么?

——好的薪酬,您不用担心钱的问题。

——安全的工作,您不用担心倒闭或者失业的问题。

——跟您喜欢的人在一起工作。

——做一份给您带来成就感的重要的工作。

这些问题,不同于此前涉及的那些社会目标,指向更加即时且个人的关切。第一选项与第二选项指向物质主义的个人目标,即收入与安全。第三选项与第四选项指向马斯洛需求等级中的"更高的次序"需求。正如人们所期待的那样,每一组合可以结合起来选择。

我们的受访者仅仅因其在自己的周围或年龄层次中赶时髦才对这些目标给出口头漂亮却与其个人偏好无关的答案吗? 显然不是。我们根据新的基础更加广泛的价值优选的物质主义/后物质主义指数,将人们的工作目标制作成交叉表。表2.7总结了1973年调查的9个国家的结果。在每个国家,物质主义的受访者倾向于选择"好的薪酬"和"安全的工作",而后物质主义者选择的是"跟喜欢的人在一起工作"和"成就感"。就9个国家整体而言,后物质主义选择后两个选项的人是物质主义者的2倍。也有一点例外,当我们从纯粹的物质主义类型经过4种中间类型,而转向纯粹的后物质主义类型时,对"归属"与"自我实现"需求的强调有少量的增加。图2.4说明了当我们从物质主义转向后物质主义类型时,对4种工作目标中的每一个强调程度的变化,在类型2与类型3之间,有一个转折点,在那里,成就感的权重开始超过薪酬,志趣相投的工作伙伴的权重也开始超过工作安全。前三种类型可以被描述为绝对的物质主义,后三种则是绝对的后物质主义。

表 2.7 依价值类型和国别划分的工作目标

（以"您喜欢的人"或者"成就感"为第一选择的百分比）

价值类型	法国	比利时	荷兰	德国	意大利	卢森堡	丹麦	爱尔兰	英国
物质主义类型	34%	33%	51%	26%	29%	35%	60%	35%	39%
分值=1	38%	33%	46%	31%	40%	48%	59%	41%	41%
分值=2	39%	44%	59%	42%	46%	32%	61%	46%	43%
分值=3	47%	51%	63%	55%	59%	63%	64%	57%	56%
分值=4	56%	59%	68%	70%	60%	77%	82%	55%	59%
后物质主义类型	70%	71%	85%	89%	87%	79%	86%	90%	77%

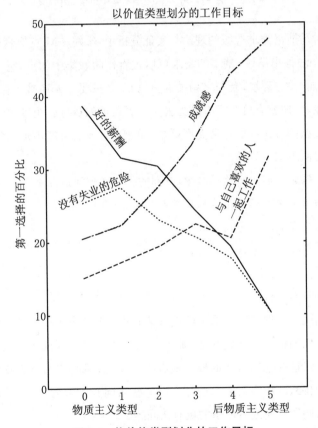

图 2.4 依价值类型划分的工作目标

在选项"工作中最重要的事情"中的第一选择。基于 9 个欧盟国家 1973 年的综合样本（N = 13 484）。

人们对长期的社会目标的选择看起来是与其即时的个人的目标相一致的。这意味着，如果后物质主义类型变得越来越普遍，就会向雇主提出改变的要求。各种迹象表明，这在某种程度上已经发生了。但是，西方社会的价值变化还有其他很多意义，其中有些甚至具有更加直接的政治意义。

七、需求等级和人的眼界

在对马斯洛需求等级的理论与实证分析中，珍妮·M.克努森(Jeanne M.Knutson)得出结论，基本的需求可以被看作闭联集中的点，它从"关注自身"走向"关心环境(及与之相关的自己)"。[24] 只要个人还被生存与安全需求掌控着，他就有可能没有能力去关心更遥远的目标。也就是说，后物质主义类型拥有比物质主义类型更宽广的眼界，他们可能不那么狭隘，在基本的方面更加世界性。

为了探索人们的政治认同感，欧洲的受访者被问道：

下列地理单元哪一个是您最想归属的？……其次呢？

——您居住的地方或者城镇。

——您居住的地区或者省。

——(您的国家)整体。

——世界整体。

人们第一选项与第二选项的交叉表说明，这一选项有一种强烈的倾向指向人们的狭隘—开放维度，即是说，那些首选居住地或者城镇的人极有可能第二选择他们居住的地区或者省。反之，那些首选世界整体的人极有可能将欧洲作为其第二选择。而那些认同其国家的人，对于欧洲会比那些认同居住地或者城镇的更有认同感。

图2.5显示的是将欧共体作为一个整体的情况下，每一种对比国家更大的地理单元持有认同的价值类型的百分比。国家间变化较大，德国、意大利和荷兰更具有世界主义认同感，而丹麦和爱尔兰则较少世界主

义。[25]但在任何特定的国家内部,后物质主义比物质主义更有可能具有超越国界的认同感。比如,在法国,只有20%的物质主义者认同超越国家的共同体,但64%的后物质主义者有超国家认同。其政治意义非常重要,尤其对于欧洲国家。如果后物质主义价值优选存在一种渐进的但是持续的变化,这一进程将对超国家一体化发生潜在支持。长期来看,它将形成有利于欧洲一体化的压力。从更长期的视角看,它甚至可以被预期作用于更加广泛的一体化形式,如大西洋共同体或一个永久的世界政府,因为后物质主义类型显著地倾向于他们属于一个更加广泛的政治共同体。

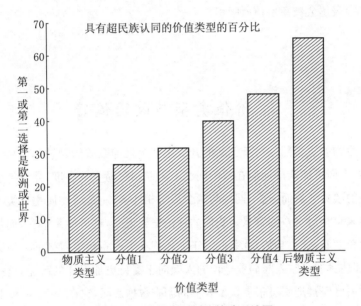

图 2.5　依价值类型划分的地理认同

在"我最喜欢生活的地理单元"选项中将欧洲或全世界作为第一或第二选择的百分比。基于9个欧盟国家1973年的综合样本(N = 13 484)。

基于相同的理由,我们还可期待后物质主义类型将更有可能持有世界主义的认同感,我们可以期待他们在总体上对于创新持相对开放的态度:积极回应理念而不是当下的环境,回应那些时间上较遥远的事情而不是今日的流行。这同样被证明是正确的。欧洲的受访者被问道:

有些人被新事物与新观念所吸引,而另一些人对这些事则漠不关心。您对新事情是何态度?

——非常容易被吸引。

——一般来说容易被吸引。

——看情况,不一定。

——一般来说不关心。

——非常冷漠。

后物质主义类型相比较物质主义,更加倾向于选择前两个选项。如果将欧洲 9 个国家作为一个整体,只有 1/3 的物质主义者说他们被新事情"吸引"或者"非常容易被吸引"。纯粹的后物质主义中的显著多数(58%)表达会被新事情所吸引。

八、价值类型与政治偏好

后物质主义部分对于创新的开放态度会延伸至政治领域吗?从逻辑上讲,人们可能期待他们在政治问题上采取相对易变的态度,并支持更加多变的政党。然而,这一期待与两个事实相冲突:一是后物质主义类型更可能来自相对富裕的背景。我们的理论框架说明,这可能是事实,而从经验的角度看,这一趋势是深刻的,正如我们在下一章将要看到的。但第二点,那些具有高收入与职业地位的人倾向于支持更加保守的政党,这一现象过去已经被证明过很多次。我们的调查数据表明,它在 1972 年和 1973 年被调查的 10 个国家中仍然是正确的。当我们将这两个事实结合起来,即意味着后物质主义可能比易变团体更保守,他们对创新的总体上的开放态度会被他们的社会背景所抵消。后物质主义的个人价值足够强大到与他们的中产阶级环境的影响相抗衡吗?

答案是肯定的,尽管不同国家的程度各不相同。正如人们所期待的,特定国家的政治传统与制度限制了其个人价值影响其政治态度的程度。然而,我们调查的 10 个国家的后物质主义类型看来不太保守,比物质主义类型在政治立场上更倾向于变化。

考虑到实践,这是一个难以证明的问题。任何特定的问题从一个国家到另一个国家,可能都有略微不同的含义。另外,在一个社会可能是尖锐的政治问题,而在另一个国家则不是。比如,种族关系在美国异常重要,而在丹麦或者意大利的政治中,则几乎可以忽略不计。因为这些差异,期待任何特定的问题在所有国家都是同样好的测定公众易变的指标,就显得有些乐观。在一个环境中可能对保守主义敏感的指标,在另一个环境中甚至可能与激进主义相联系。在每一个欧洲国家中,大多数人民能够也愿意将自己置于左右两边,他们用这个来概括其总的政治立场。同样,在美国,大多数人能够在一个由"非常自由"到"非常保守"的闭联集中找到自己的位置。人们在这个闭联集中的自我定位有助于我们以一种合理比较的方式,来区分这 10 个国家公众的政治观念。[26]欧洲的受访者被问道:"在政治事件中,人们谈到'左'和'右'。您怎样定位您的政治观点?(显示量表 1,不提示)"这些受访者拿到一个分成 10 个小格子的水平比例尺,单词"左"在一端,"右"在另一端。在美国,受访者被问到同样的问题,除了选项改为"非常自由""自由""保守"与"非常保守"。表 2.8 显示了将自己置于 6 种价值类型的第一类的闭联集的"左"或"右"那边的比例。[27]

表 2.8　价值类型自我定位的左翼—右翼维度

（自我定位为左的百分比）[a]

价值类型	国　　家									
	法国	比利时	荷兰	德国	意大利	卢森堡	丹麦	爱尔兰	英国	美国
物质主义类型	43%	53%	38%	44%	64%	41%	50%	36%	47%	43%
分值=1	57%	49%	45%	50%	73%	56%	53%	39%	55%	50%
分值=2	68%	49%	49%	55%	75%	67%	53%	42%	55%	55%
分值=3	74%	51%	48%	63%	84%	59%	67%	43%	62%	49%
分值=4	80%	57%	56%	77%	89%	78%	61%	53%	59%	70%
后物质主义类型	86%	68%	72%	83%	94%	80%	80%	84%	76%	77%

注:a 对于美国的样本,是指自我定位为"自由"或者"非常自由"的百分比。

在这 10 个国家的每一个,物质主义价值的减弱与对"左"或者"自由"政治立场的支持相联系。平均说来,属于纯粹物质主义类型的 46% 的受访者将自己置于左的一边,而纯粹后物质主义类型的 80% 则作了同样的选择。两者关系的强度,从最大的法国和意大利,到最弱的爱尔兰和比利时变动,但是,在每一种情况下,纯粹的后物质主义类型处于任何其他团体的左的一边。

这里我们不一个国家一个国家地详细讨论这些发现。让我们只是简单地说,跨国差异反映了特定国家的政治与物质主义/后物质主义维度相吻合的程度。在有些国家,稳固的政治忠诚是强烈制度化的且持续的。某些个人可能无视其个人价值而附属于左或右。在其他情况下,宏观政治是相对易变的,使得更倾向于将个人价值解读为政治立场。另外,价值变化的过程在所有社会的发展并非同等的,这已经极大地影响了那些相对较小的国家。最后,在有些时候,难以测量这两个重要的政治派别哪个比另一个更加易变。更何况两个派别经常存在半斤对八两(tweedledee-tweedledum)的情况,最好的办法就是模糊一点,比如,比利时的精英民族主义运动是左的还是右的? 多数局外人可能认为他们是右的,但是他们的信徒给自己的定位则大相径庭。基于这所有理由,价值类型与左—右自我定位之间的关系强度,在不同国家变动较大。表 2.8 说明了这种分野。但是,所有 10 个国家的基本模式是一样的,后物质主义在任何团体中都是在左的一边。

除了他们收入与职业地位相对较高外,后物质主义类型比物质主义类型更明显地倾向于将自己置于左的或自由的地位。从广义来看,后物质主义更乐意看到政治变化。他们在用来测量价值类型的 12 个选项中的偏好说明,后物质主义倾向于强调某些特定的变化。

各个价值类型显示了不同的但是内在的世界观,从诸如态度这类多样化领域,到创新、人们的工作、人们的地理认同感和政治偏好。其各自的世界观有一个基本的差异,即物质主义者聚焦于生存的手段,而后物质主义者更加关心终极的目标。

九、一些关于价值变化的其他观点

强调终极目标而不是经济理性,当然不是新鲜事。纵观历史,先知们通过各种方式追问过："如果一个人得到了全世界而没有了灵魂,那还有何益?"

用更加学术化的方式,马克斯·韦伯深深地关注工具理性与实体理性之间的冲突。他发现,工业社会强调效率与生产力的价值、西方文明——强调个人的自主与创造性——中一些最基本的价值之间存在根本的冲突。曼海姆则在其 1929 年的著作中提出,主导的世俗化趋势与终极目标重要性下降相关,人们更加强调当下的手段,概而言之,即经济手段:"政治逐渐让位于经济,这至少是一种可识别的趋势,有意识地否定过去与历史时期的概念,有意识地抛弃每一个'文化理想',这难道不可以解读为从政治竞技场产生的每一种乌托邦主义都消失了吗?"[28]

但是,韦伯与曼海姆观察到的这一趋势也有可能逆转。再次强调,这不是新观念。在长篇故事《布登勃洛克一家》(*Buddenbrooks family*)中,托马斯·曼(Thomas Mann)描绘了代际变化的过程,它相当于描述了在一个主导的物质主义环境下后物质主义类型的出现过程。戴维·里斯曼(David Riesman)提出了另一个相关的讨论,即美国精英正由"内在指导"型向"他人指导"型转变。[29]在《德意志意识形态》中,马克思与恩格斯认为,"生活首要的就是吃、喝、住与穿。首先的历史活动就是满足这些需求……【但是,】只要需求得到满足,新的需求又会产生。"[30]尽管他们一般性地假设了条件匮乏,马克思与恩格斯非常清楚,环境的变化会导致新的目标的出现。再近一些的研究,查尔斯·里奇(Charles Reich)认为,美国人正在经历基本世界观的改变,他描述的"第三类意识"与我们这里谈论的后物质主义世界观非常相近。[31]当然也有重要的差别,尤其是,里奇有时让人感觉到,美国公众似乎是一夜之间发生改变的,而我们的数据表明,我们面对的是更加渐进的过程。马克思、曼、里斯曼、里奇和其他人的著作,看起来深刻,但是,他们关于价值变化的观察是基于个人的印象而非数量证据。

贝尔与利普塞特认为,有些涉及经济理性为何占主导的具体理由正在减弱。贝尔认为,后工业社会的特征就是从工业(和农业)部门向服务业和"知识工业"转移。受雇于后者的雇员倾向于有一种不一样的世界观:它们的功能是传递信息与生产知识,而不是物质产品。工业部门的体验使得人们更加重视高效的生产与努力将自己的经济所得最大化；而服务职业却能促使人们更加创新。[32]另外，受雇于服务部门的人更加专业化：他们更加关心专业整体的价值与目标，而不是特定商业企业的活力。

利普塞特赞成前述观点，但赞不绝口正式教育的重要性。不同于其他任何服务部门，学术关注的是知识的生产与分布。这一观点被传递给学生，并且通过精英传播媒体，传递给在经济生活中作用日益重要的专家与技术人员："知识的'反抗文化'，它们反对资本主义和后资本主义社会政治与工业的所有者与控制者的根本价值与制度，且内在于它们工作的本质中，强调创造力、原创性和'突破'。"[33]

因此，随着"社会独立知识分子"数目的增加，并且随着文职人员而不是流水线上的雇员在增长，社会开始强调终极目标。

奇怪的是，尽管贝尔和利普塞特都认为教育的发展和第三部门导致了价值的分化，但他们主张青年激进主义主要是源于生命周期（lifecycle）的影响。因此，利普塞特引用亚里士多德的话说，青年"具有崇高的理念，因为他们还没因生活而变得谦卑，或者还没有学会生活中的缺陷；另外，他们充满希望的性情使得他们认为自己胜任任何伟大的事情——而这包含有崇高的理念。他们总是做高贵的而不是有用的事情；他们的生活更多地受道德情感而非理性控制"[34]。

代际变化可能性被大打折扣的这种趋向并不完全合乎逻辑，因为高等教育和服务部门的职业因代际影响而严重被曲解，年轻一代倾向于赞同两者。这些人群当他们长大后，不一定会转向教育水平较低或者第二产业的职业。另外，关于每一代会随年龄增长而变得保守的结论的经验基础也存疑。贝尔与利普塞特的论据基础是一系列关于美国的调查，这些调查表明，年长人群对共和党的支持随时间变化在每个点上都趋向走强。他俩都认为这意味着年龄会导致保守：如果世代影响存在，他们认为，年轻一代比年长人群更加支持共和党。[35]

事实上，他们观察的方式与对世代的解读是一致的，促使我们去假设：转向共和党需要一个长期的过程——这一假设现在得到大量证据的支持。最近，更多详细的研究用于对不同世代进行分析，以追寻美国民众中不同年龄组人群最近几十年的情况。他们提供了有说服力的证据，以证明这些人群并未随年龄增长而更加倾向共和党或者民主党。[36]

相反,沃伦·E.米勒和特蕾莎·E.利瓦伊廷(Warren E.Miller and Teresa E.Levitin)认为,近年来,美国选民有一种政治价值观逐渐向左的趋势——部分是因为新的年龄人群的加入,但部分原因则是即使年长人群中更加自由的政治态度的发展。[37]

尽管他们低估了成年前生活经历对代际价值变化影响的重要性,毫无疑问,贝尔和利普塞特提醒了人们关注这一过程中的几个重要因素。我们将在下面几章试图区分不同因素的相对重要性。

定性地说,后物质主义类型的存在不是新鲜事。在某种程度上,阳光下没有什么是新鲜的。然而,它们看起来新鲜,是因为后物质主义的定量证据:在最年轻的人群中,它们与物质主义一样数量巨大。假定他们比其他类型更善于表达且对政治更加感兴趣[38],他们就会在同辈人中设定政治讨论的调子。这可能是历史上第一次后物质主义在整个一代人中如此接近数量上的优势。

调查的另一条线索看起来也是相关的,它基于经验研究的令人印象深刻的主体。因为,物质主义强调秩序和狭隘的内向的视角,看起来使人联想起"独裁主义人格"综合征。[39]物质主义/后物质主义现象仅仅是独裁主义和它的对立面的表现吗?

从这项研究的一开始,独裁主义人格似乎就存在有趣的暗示。一个独裁主义的标准化的选项组,早些时候被用于研究跨国的民族主义和跨民族主义。结果令人沮丧:维度分析表明,独裁主义选项并未如理论上应然的聚集。[40]

接下来的导向试验也有同样的结果。独裁主义选项相互之间表现出微弱的关联。有些看起来与物质主义/后物质主义联系紧密,但是,其他则看起来反映的是完全不同的维度。独裁主义在经验上与物质主义/后物质主义的吻合非常微弱,至少在至今的操作中是如此。

独裁主义的理论基础并不必然与物质主义/后物质主义不相容,但是,它们在核心问题上存在重要差别。独裁主义的原始概念强调早期成长实践中的心理动态,而不是更广泛的经济与政治环境的影响。另一方面,赫伯特·H.海曼和保罗·B.希茨利(Herbert H.Hyman and Paul

B.Sheatsley)在他们对早期研究的批判中提出了一种认知解释：有些受访者，尤其是那些经济社会水平较低者，可能会作出"威权主义"类型的回答，因为这更加精确地反映了掌控他们成年生活的环境。[41]我们自己对物质主义/后物质主义价值基因的解读包含了两种地位的成分。它强调相对早期生活的重要性，但也将其与环境因素而不是父辈的规定相联系。

最早的独裁主义假设不能预期不同年代人群的差异，也不能预测数据中明显表现出来的社会阶级差异（正如我们将在第三章看到的）。事实上，对独裁主义的研究发现，儿童比成年人更倾向于威权主义。只要独裁主义与物质主义相关，这一发现就肯定削弱了那种简单化的理念，即年轻一代比年长一代总是且天生地远离物质主义。

用这样一种方式来解释年龄与阶级差异，是不可能解读威权主义人格的。人们可能会说，成长实践因社会阶级不同而千变万化，并且也会因时间推移而不断发展。但是，在那种情况下，人们可能需要寻求的解释是为何他们会变化以及为何这些变化会发生。很有可能，人们最终将解释指向经济和政治改变，就像我们的解读一样。成长实践可能是一个重要的干预变量，目前我们缺乏必要的信息说它们是或不是。在任何情况下，需求满足假设看起来都能够为分析价值优选变化提供一个有用的基础。

十、结　　论

我们刚才讨论的发现说明，价值变化的大量方式可能影响到发达工业社会的政治。这里，我们将简单地总结几点意义。

我们最一般的结论是，民众的目标并非持续的：构成条件的变化会导致社会目标的变化。但是，这些变化正在逐步地发生。

个人的目标似乎反映的是他或她成年前生活最重要的需求。因此，伴随西方繁荣的复兴，人们可能会期待，某些问题类型在这些国家变得更加主流。归属需求将会开始取代经济增长成为人们的优选，对社会平等的需求将会变得比完全的经济平等要求变得更加重要。再渐进一些的，人们可能会更加关注个人的自我表达，即使付出经济收益的代价。人们可能已经看到一些转变的迹象，如强调诸如工人要求重新组织起来，成立一些小型的更加自主的团体，在那里他们每个成员都可以就工作如何做而发言。不管它们在经济上是否更加高效，这些团体看起来能够为个人提供更强的归属感，以及以有意义的方式进行参加。

在社会上更加富裕的（也是更加后物质主义的）部门，对传统的组织等级结构官僚形式的不满已经非常明显，要求学校、地方政府和商业企业的决策采取更加平等主义的风格的呼声非常普遍。它们可能反映了人们更加强调成为占据其工作时间的单位真正的一员，并且要求像一个人而不仅仅是雇工那样来表达自己。

我们关于价值类型与人们归属于左翼或右翼之间关系的数据的显著意义是，政治的社会基础可能得到调整。传统的对左翼政党的支持来自工人阶级，几乎在西方所有国家，中产阶级都是投票给右翼政党的。在1973年的调查中，人们确定的政党忠诚的持久性仍然维持上述情景。然而，存在一种稳定的趋势，即绝大多数中产阶级后物质主义类型认同左翼，而较不富裕的物质主义类型更加倾向于将自己置于右翼。从长期来看，这可能导致中立化甚至走向相同阶级投票模式的反面。简单的事实就是，后物质主义倾向于认为自己归属于左翼，当然这并不意味着他们会投票给左翼政党。方程式中还涉及大量其他因素。但是，看起来似乎有一种潜在的压力，会削弱社会阶级投票倾向。我们在后面的章节将考察这一问题。

最后，让我们考虑价值变化的过程可能对西方国家系统支持的影响。传统上，民族国家宣称自己拥有合法性，大部分是基于其保证国内秩序和保护国家免遭外敌入侵的功能。提及真实的或者想象的国家安全威胁是现政权聚合公共支持的常用手段。军事设施仍然保持着正面的公众形象，但是，在西方公众中，优选国防已经滑落到相当低的水平。民族主义的一个主要象征已经失去很大一部分效力，而向后物质主义价值的转向将会进一步削弱对民族国家的支持。

但是，问题不止于此。在二战后的几十年，多数西方国家能够维持较高的经济增长速度，这似乎满足了公众的另一个主要需求。西方政府才开始认识到如何处理对后物质主义非常重要的这些需求类型，还不清楚它们最终是否会克服这些问题。后物质主义日益增强的发展，会使人们更加重视那些西方政府没有能力好好处理的问题——至少目前还没有。看起来，它似乎侵蚀了公众对政府的信任——在某些西方国家，这一进程似乎已经开启。

西方政府的未来看起来有些困难。如果它们不解决目前的经济问题，它们会冒失去公民中物质主义大多数支持的风险。但是，新的繁荣也有自身的危险：它看起来似乎引发了一系列新的挑战与要求。

注　释

1. 参见 Abraham H. Maslow, *Motivation and Personality*（New York：Harper，1954）；将马斯洛理论应用于政治学分析的重要努力包括：James C. Davies, *Human Nature and Politics*（New York：Wiley，1963）；Davies, "The Priority of Human Needs and the Stages of Political Development,"未发表的论文；Amitai Etzioni, *The Active Society*（New York：Free Press，1968），Chapter 21；Robert E.Lane, *Political Thinking and Consciousness*（Chicago：Markham，1970），Chapter 2。根据规范的需求等级次序对人类追求目标的行为稍有不同的分析，可见 Karl W.Deutsch, *The Nerves of Government*（New York：Free Press，1963）。

2. 参见 Jeanne M.Knutson, *The Human Basis of The Polity：A Psychological Study of Political Men*（Chicago：Aldine，1972）。然而，埃里克·阿拉德特（Erik Allardt）质疑是否存在需求的等级次序。他发现，收入水平与爱、存在等主观指标并无关系。另外，他的数据表明，社会支持感可能是强调自我发展时的一个前提。参见 Erik Allardt, About Dimensions of Welfare：An Exploratory Analysis of A Comparative Scandinavian Survey（Helsinki：Research Group for Comparative Sociology，1973）。

3. 参见 Philip E.Converse, "The Nature of Belief Systems in Mass Publics," in David Apter（eds.）, *Ideology and Discontent*（New York：Free Press，1964），pp.202-261；参见 Philip E.Converse, "Attitudes and Non-Attitudes：Continuation of a Dialogue," in Edward R.Tufte（eds.）, *The Quantitative Analysis of Social Problem*（Reading，Mass.：Addison-Wesley，1970）。

4. 皮尔斯和罗斯认为，康弗斯的研究大大高估了受访者中无态度人口的比例：对某一项目回应的跨时空的低关联度很有可能只是反映了调查方式固有的粗陋。其结果是，假设态度调查中跨时空关联度要达到 1.00 就成为不现实。然而，如果个体样本误差是随机分布的，回应者的边际分布就可能是精确的，即使个体的得分都不是精确的。因此,调查研究中心(Survey Research Center)自 1952—1962 年的调查中,关于政党认同的总体分布的变动从来没有超过几个百分点。然而,在这个系列的一次面板调查中,39%的受访者从 1956—1958 年事实上改变了他们的回答(这个数据只包括两年都表示认同的,其他的算法的结果数据更高)。康弗斯对皮尔斯和罗斯的质疑作出了强有力的答辩。但是,双方都认为,此类访谈高达 80%的随机回答(在一个事例中)不能被理解为"等概率";这些随机的受访者就好比持偏见硬币——不管是因为不能测量的态度倾向,还是简单地因为反应定势。参见 John C.Pierce and Douglas D.Rose,"Nonattitudes and American Public Opinion: The Examination of a Thesis," *American Political Science Review*, 68, 2(June, 1974), pp.626-649;参见 Converse, "Comment," ibid., pp.650-660; and Pierce and Rose, "Rejoinder," ibid., pp.661-666。

5. 这些假设的镜像态度之间的关联度是 −0.37;其他态度变量中被报告的关联度没有超过 0.30。参见 Sidney Verba et al., "Public Opinion and the War in Vietnam," *American Political Science Review*, 62, 2(June, 1967), pp.317-334。相同的报告,还可参见 Robert Axelrod, "The Structure of Public Opinion on Policy Issues," *Public Opinion Quarterly*, 31, 1(Spring, 1967), pp.51-60。

6. 参见 Frank M.Andrews and Stephen B.Withey, "Developing Measures of Perceived Life Quality," *Social Indicators Research*, I(1974), pp.1-26。

7. 参见 Robert Lane, *Political Ideology*(New York: Free Press, 1962);参见 Lane, "Patterns of Political Belief" in Jeanne M.Knutson(eds.), *Handbook of Political Psychology*(San Francisco: Jossey-Bass, 1973), pp.83-116。

8. 这些调查是由欧共体特别顾问拉比耶领导进行的一项经常性的公共舆论调查中的一部分。感谢他分享这些数据,并在本书涉及的这些调查几年来的计划、检验、执行和分析过程中给予的鼓励与开放性建议。田野调查的早期工作是 1970 年 2、3 月,由 Louis Harris Research, Ltd.(London), Institut für Demoskopie(Allensbach), International Research Associates(Brussels), Nederlands Instituut voor de Publieke Opinie(Amsterdam), Institut français d'opinion publique(Paris), and Instituto per le Ricerche Statische e l'Analisi del' opinione Pubblica(Milan)展开的。样本数包括:1 975(英国);2 021(德国);1 298(比利时);1 230(荷兰);2 046(法国);1 811(意大利)。欧共体国家调查由欧共体信息服务部发起,而英国一项短得多的问卷调查则是由密歇根大学资助发起的。问卷调查简短,是因为用于此项调查的经费非常有限。1971 年 7 月的田野调查,是由 Gesellschaft für Marktforschung(Hamburg), International Research Associates (Brussels), Institut Français d'opinion publique(Paris), Demoskopea(Milan), and Nederlandse Stichtiong voor Statistiek(The Hague)开展的。受访者的数量分别是:1 997, 1 459, 2 095, 2 017, 1 673。

9. 在早期的著作中,我们使用术语"贪得无厌"和"后资本主义"来描述价值优选维度的两种极端类型。这两个术语过于强调价值变化的经济基础。我们对价值优选进行测量的分析的框架以及方法,对安全的需求给予了同等重要的地位。术语"物质主义"应该被理解为对经济与人身安全相对较为重视。

10. 这 11 次不同调查中的选项的相关矩阵,参见 Ronald Inglehart, "The Nature of Value Change in Post-Industrial Societies," in Leon Lindberg(eds.), *Politics and the Future of Industrial Society*(New York: McKay, 1976), pp.57-99, Table 1。

11. John P.Robinson and Phillip R.Shaver, *Measures of Social Psychological Attitude*(Ann Arbor, Michigan: Institute for Social Research, 1969), p.410.

12. 德国公众的回答显示相对较高的约束,以及对我们每一次调查的较大兴趣。英国公众的约束程度最低,但它并不表示其对政治不感兴趣。这与英国价值变化还不是很突出的看法是相一致的。这绝不能归因于理解误误,因为它本来就是用英文表述的。然而,它们看起来在英语人群中最没效力。

13. 我们也有 1973 年卢森堡的数据。但是,样本数太少(N = 300)使得基于年龄划分作出的分析结论都没有其他国家可靠。出于比较的目的,卢森堡的数据列在表 2.2 中,但它们只能谨慎地解读。

14. Agency for International Development 的数据表明,瑞典和瑞士在 1975 年超过美国。上述讨论没有考虑科威特和卡塔尔等小国。如果将它们也包括进来,美国排位会更低。

15. 瑞士的调查是由日内瓦大学和苏黎世大学进行的,并得到 Swiss National Fund 的联合资助。田野调查是由 KONSO(Basel)在 1972 年 1—6 月完成的,共进行了 1 917 次访谈。感谢杜赞·西德简斯基和格哈德·施米特兴让我使用这些数据。其他 10 次调查是 1973 年进行的,全部是欧共体信息服务部提供资助的。第一次是由普林斯顿的盖勒普组织(Gallup Organization, Princeton)在 3—4 月进行的,样本数为 1 030。对欧共体 9 个成员国的公众的调查都是在 9—10 月进行的,每个国家的调查组织以及样本数如下:法国, Institut français d'opinion publique(IFOP), N = 2 227;比利时, International Research Associates(INRA), N = 1 266;荷兰, Nederlands Instituut voor de Publieke Opinie, N = 1 464;德国, Gesellschaft für Marktforschung, N = 1 957;意大利, Institùto per le Ricerche Statistiche e l'Analisi del' opinione Pubblica(DOXA), N = 1 909;卢森堡, INRA, N = 330;丹麦, Gallup Markedsanalyse, N = 1 200;爱尔兰, Irish Marketing Surveys, N = 1 199;英国, Social Surveys, Ltd., N = 1 933。这里,我再次希望能够感谢让我参与设计这些调查,并且允许我使用这些数据。有兴趣的学者也可以从那里获取所有关于欧共体调查的数据。

16. 在美国的调查中,选项"保护环境免受破坏与污染"被"努力使我们的城市与乡村更美"所代替。正如我们所见,这两个选项在了解人们意图方面都不是特别有效。

17. 在这个分析中,每个选项都分别用数字 1—6 记录为不同的变量。如果某个选项在 12 个选项中被选作"最需要的",即记为 1。如果位次在所有选项中排第二,则记为2;如果排位最后,则记为6。如果在4个选项组中被选为第一(但不是在全部选项中的第一或者第二),则记为3。如果在4个选项组中排位第二,则记为4。排位既不高也不低的选项,记为5。我们在这个案例中使用的因素分析某种程度上是非传统的。我们的变量建基于相对次序而非绝对分数。这对证实我们的假设非常重要,但也意味着这些选项并非独立的。这就使得我们的因素分析非常不适用于选项较小的情况。比如,在只有两个选项的情况下,第一个选项的排序决定了第二个选项的排序,它们间就自动地产生一个-1.0的关联度。在有3个选项的情况下,人们可以期待得到一个0.5的关联度。而在4个选项的情况下,这一影响仍然非常重要:第一个选项的排序导致三种可能性,而随机回答将导致所有4个选项之间的关联度大概为0.3,结果只有两个选项会对第一个因素产生影响。当选项为12个时,一个选项的排序影响另一个选项的程度会降低。所有选项还存在某种可能性趋向于负相关,因此我们排序的非独立性会使这些选项分散到不同的维度,减少由第一个因素来解释的方差总量。但是,正如我们的实验结果所显示的,这一影响是由物质主义选项同时被选中的强大倾向所决定的;另一方面,后物质主义选项也被以另一种方式同时选中。

18. 关于欧洲国家,这些数据来自 A Survey of Europe Today(London:Reader's Digest Association,1970);关于美国,数据来自 *Reader's Digest Almanac*,1973,p.121。

19. 这不是美国调研中用到的对应的选项:相比较年长的受访者,年轻人对"保护自然免受破坏与污染"明显地具有更高的偏好。这一选项也与后物质主义集合有更强烈的联系。

20. 令人吃惊的是,在我们对卢森堡数据进行分析时,"美的城市"选项的物质主义/后物质主义因素加载系数为负数,而卢森堡明显比爱尔兰与意大利要更富裕且城市化程度更高。然而,我们必须记住在评价这一现象时卢森堡这一小规模的样本。

21. 这些选项同时构成一个足够好的格特曼量表(Guttman scale)。根据欧洲的数据,我们制作出包含这10个选项的量表,这些选项的因素加载系数与符合期望的百分比分布都来自需求等级模型。

其可测量性相当好。在9个国家的综合样本中,10个选项构成一个再现系数为0.88的格特曼量表。这比通常认为的一个好的量表的标准水平0.90略低,但是理论上更重视这样一个事实,即人们并不期待在3个"经济"选项中存在特定的次序,比如,只要他们涉及相同的需求,人们在这3个选项中的偏好次序就是不可预期的,导致给选项排序时的"偏差"扩大。我们允许每个受访者的两个"偏差"最大化,那些有两次以上的回答不符合标量模式的人,被作为非标量类型。在我们的欧洲综合数据中,71%属标量类型,且选项的标量次序符合马斯洛预期(Maslovian expectations),物质主义者占人口的主流。从"最容易"到"最难",物质主义选项包括:

1. 抵制物价上涨;

2. 经济增长;

3. 稳定的经济；

4. 与犯罪作斗争；

5. 维持秩序。

换言之，3个"生存"选项在经验上最容易，2个"安全"选项紧跟其后。当然，后物质主义选项相对于物质主义选项具有相反的人气，并且反映在我们的分析中。其中，3个"归属"选项是最容易的，紧跟其后的是2个自我实现的选项。

这些结果似乎支持一个假设，即人们对这些选项的回答存在一个等级次序，但这不是对马斯洛模型的理想测试，这一模型的意思是随着环境变化，占主导的需求次序会发生改变。换言之，选项量表仅仅是在物质主义视野中仍然占据主流。

22. 我们的物质主义/后物质主义价值优选指数的构建有两个阶段。第一阶段，如果前两位的选择都是"后物质主义"选项，那么每个受访者记"＋2"分；如果只有一个这样的选项，则记"＋1"分。如果最末的选择都给了物质主义选项（在这个阶段"更美的城市"或"保护自然免受污染"都是作为中立的），我们还有附加的1分。因此，第一阶段最后得到的分值在"0"和"3"之间。接下来，我们在从3个不同的四选项组合中选择的2个后物质主义选项中的每一对的得分的基础上再加1分，同时在从四选项组合中选择的每一对物质主义选项得分的基础上扣除1分。负分记为"0"，于是出现了"5"分和"6"分，以避免类别过多。因此，我们最后的指数的得分在"0"（物质主义一极）和"5"（后物质主义一极）之间。

23. 在这里，像在本书的其他很多地方一样，我们使用了来自9个欧共体国家的样本池。问题于是产生了："什么是样本池适当的权重体系？"一种可能性是根据人口来决定国家的重要性——如德国样本的权重是丹麦的12倍，是爱尔兰的20倍。如果我们试图预测谁将在欧共体范围内的选举中取胜，这一方法就有意义了。但在其他很多方面，它却不一定有意义。特定社会的知识兴趣与理论作用并不一定取决于其规模，即德国的权重为什么是丹麦的12倍？也许有人会将每个国家权重设置一样，用同一个标准对待每个样本。尽管后一种讨论引人入胜，我们还是对"一国一票"方式进行了细微的调整。我们根据每个国家受访者的数量来权衡其样本的重要性，前提就是样本N更大，则结果将更可靠。换言之，我们仅对13 484次访谈没有进一步的加权。结果，对大国的权重稍微有些大于小国，原因仅仅是大量的受访者集中在4个大国而不是5个小国（对卢森堡的影响特别大，因为它只有300名受访者，因此它的权重只有德国的15%）。除特别说明的外，当我们在本书中说结果来自"欧洲整体"时，它的意思是，我们使用了9个国家的样本池，其中每个受访者的权重是一样的。

24. Knutson, *Human Basis of Polity*, p.28.克努森对马斯洛的需求等级理论进行了实证检测，并发现了证明其适用性的证据。她的分析既深刻又刺激，但她的数据基础（就像我的一样）存在不足。在她的研究中，样本的规模与构成令人很不满意；在我的研究中，大量选项是有效的。

25. 在丹麦的案例中，存在广泛的斯堪的纳维亚认同感，但我们的问题没有涉及。

26. 支持证据,可见 Ronald Inglehart and Hans D.Klingernann, "Party Iden-tification, Ideological Preference and the Left-Right Dimension Among Western Publics," in Ian Budge et al.(eds.), *Party Identification and Beyond*(New York: Wiley, 1976), pp.225-242。

27. 那些不能将自己置于左右两边的人和那些将自己描述为"中间道路"的美国人(尽管这不是提供的一个选项)排除在表 2.8 年龄基数的百分比之外。

28. Karl Mannheim, *Ideology and Utopia*(New York: Harcourt, Brace, 1949), p.230.

29. 参见 Thomas Mann, *Buddenbrooks*(New York: Knopf, 1948)。参见 Walt W.Rostow, *The Stages of Economic Growth*(New York: Cambridge Univer-sity Press, 1958)。参见 David Riesman et al., *The Lonely Crowd*(New Haven: Yale University Press, 1950)。

30. 参见 Lewis Feuer(eds.), *Marx and Engles: Basic Writings*(Garden City: Anchor, 1959), p.249。

31. Charles Reich, *The Greeting of America*(New York: Random House, 1970).

32. 参见 Bell, *Coming of Post-Industry Society*, passim。

33. 参见 Seymour Martin Lipset and Richard B.Dobson, "The Intellectual as Critic and Rebel," *Daedalus*, 10(Summer, 1972), pp.137-198。

34. Aristotle, *The Basic Works of Aristotle*(New York: Random House, 1941), p.1404, 引自 Lipset, "Social Structure and Social Change," paper presented at the 1974 annual meeting of the American Sociological Association。

35. 参见 Seymour M.Lipset and E.C.Ladd, Jr., "College Generations—From the 1930's to the 1970'sl," *The Public Interest*, 25(Fall, 1971), pp.99-113。贝尔两次引用这一研究,并未参考这一课题的其他证据。利普塞特在很多地方参考了它。这篇文章的理解基于曼海姆的政治代际概念,涉及特定世代在某些特定趋势方面的替代兴衰。但是,代际变化并不必须会伴随这一类型的变换。完全可以想象,很多世代它可能都朝着某个特定的方向发展。

36. 参见 Norval Glenn and Ted Hefner, "Further Evidence on Aging and Party Identification," *Public Opinion Quarterly*, 36, 1(Spring, 1972), pp.31-47; and Parl R.Abramson, "Generational Change in American Electoral behavior," *American Political Science Review*, 68, 1(March, 1974), pp.93-104; and Norval Glenn, "Aging and Conservatism," *Annals of the American Academy of Political and Social Science*, 415(September, 1974), pp.176-186。参见 Angus E.Campbell et al., *The American Voter*(New York: Wiley, 1960), pp.155-156; and David Butler and Donald Stokers, *Political Change in Britain*, 2d Edition(London: Macmillan, 1974); and Parl R.Abramson, *Generational Change in American Pol-itics*(Lexington, Mass.: Winthrop, 1976)。

37. 参见 Warren E.Miller and Teresa E.Levitin，*Leadership and Change*：*New Politics and The American Electorate*(Cambridge，Mass.：Winthrop，1976)。

38. 参见第 11 章下面关于这一问题的证据。

39. 关于这一问题的文献很多；经典著作有：Theodor W.Adorno et al.，*The Authoritarian Personality*(New York：Harper，1950)。最近重新研究的杰出成果见：Fred I.Greenstein，*Personality and Politics*(Chicago：Markham，1969)，pp.94-119。

40. 所使用的威权主义选项中的一半，都有它的反面，以使得到的答案组合最小化。这可能会打破相互联系。但是，即使是相同极的选项也没有显示国与国之间存在统一的方式。参见 Ronald Inglehart，"The New Europeans：Inward or Ourward Looking?" *International Organization* (Winter，1970)。威权主义选项测量的主要内容只是简单的答案组合，参见 Richard Christie，"Authoritarianism Revisited," in Richard Christie and Marie Jahoda(eds.)，*Studies in the Scope and Method of "The Authoritarian Personality"*(Glencoe：Free Press，1954)。

41. 参见 Herbert H.Hyman and Paul B.Sheatsley，"'The Authoritarian Personality'：A Methodological Critique," in Christie and Jahoda(eds.)，*Studies in Authoritarian Personality*，pp.50-122。

第三章
价值变化的根源

一、教育的多方面影响

我们不确定代内是否发生了价值变化，直到我们多年来测量了某些特定个人的价值偏好以后。同时，一些非直接的证据告诉我们，代内的变化确实正在发生。正如我们在上面章节所看到的，不同年龄人群的价值优选存在显著差异，而且在特定国家发现的年龄分组模式看起来能够反映那个国家的历史。

我们可用另种方法来检验这一问题。需求满足假设选项的含义是，价值类型的分布会体现出两种基本的模式。首先是（检验过的）年轻一代相较于年长一代倾向于不那么物质主义。但是，如果经济变化是引致价值变化的一个重要因素的话，我们同样会发现在同一年龄人群中价值类型的分布存在显著的变化。这些国家总的经济水平有明显提升，但是，并非人人均享。如果我们的假设是精确的，一个特定年龄人群的成员越富裕，与那些不太富裕的人相比，他们就会越后物质主义。更详细地说，那些在成年实践中经济上安全的人，更可能具有后物质主义的价值优选。

确定一个人在其成长过程中是否经济上安全并非易事。因为对于我们的很多受访者来说，相关事件发生在 30 年或 40 年前。然而，确定一个人今天的相对经济水平比较容易。从事非体力劳动职业的人比体力工人赚得更多,而农民甚至比工业工人赚得还少。由于拥有中产阶级工作的人们倾向于来自中产阶级家庭背景,一个人目前的地位也是他成年前经济地位的一个粗略指标。但是,其关系远远不够精确:约1/3的我们的受访者都经历过向上或向下的代内的社会流动。[1]然而,我们可能期待中产阶级受访者是最少物质主义的,工人阶级受访者则次之,而来自农民家庭的受访者则程度最低。

表3.1使用我们1970年和1971年调查中的数据来检测这一预期(因此,也包括我们最初的四选项价值指数)。这一预测得到证实。在这7个国家中的每一个,中产阶级受访者选择物质主义的比例最低,而选择后物质主义的比例最高。[2]

差异并不是特别大。在英国的案例中,它们事实上非常微小。英国的农业人口是如此之小,以致在我们数据中无法识别。另外,英国中产阶级整体也与工人阶级整体差异不大。只有当我们区分技术工人与非技术工人的时候,才发现有些价值差异。但尽管数据都比较适中,英国也还是如预期的那样存在差异。而且,在其他所有国家,我们的预测都以一种适中的但稳定的方式得到了证明。

我们1973年的调查包含了家庭收入的数据。这一变量表现出与价值类型微弱但稳定的关系:那些拥有高收入的人更可能是后物质主义者。在最低收入与最高收入人群之间存在一个10%的平均差异。

但是,我们刚才检验的变量是人们目前经济地位的指标,而非我们真正感兴趣的变量——可称之为"成长的影响"。对于我们真正想知道的东西我们进行了更加精确的测量吗?答案是肯定的。受访者的教育水平几乎可以肯定地精确表示在其成长过程中家庭的富裕程度。对于大多数人来说,一个人的教育完成于青年或者童年晚期。在欧洲这是现实情况,在那里,只有少数人接受了高中或者大学教育;其中大部分人是受中产阶级家庭资助完成的;而大多数人则没有接受高中或者大学教育,他们来自工人阶级或者农民家庭。受教育程度与社会阶级出身之间的关联,今天相较于一个世代以前可能较为微弱,但是几乎一半的受访者是在一个世代或更早前成长起来的。有充足的理由相信,教育可能比一个人目前的职业更能作为一个说明"成长的影响"的指标。因此,我们可能预期,价值类

表 3.1 依职业、总工资划分的价值类型[a]

	德 国			意大利			法 国			荷 兰		
	Mats.	P.-Mats.	数量	Mats.	P.-Mats.	数量	Mats.	P.-Mats.	数量	Mats.	P.-Mats.	数量
中产阶级	41%	12%	(1 778)	27%	13%	(1 444)	34%	16%	(1 411)	28%	17%	(1 306)
工人阶级	45%	9%	(1 397)	36%	11%	(936)	41%	9%	(1 209)	36%	10%	(768)
农 民	48%	5%	(277)	48%	6%	(473)	45%	7%	(451)	38%	8%	(327)

	比利时			英 国			美 国		
	Mats.	P.-Mats.	数量	Mats.	P.-Mats.	数量	Mats.	P.-Mats.	数量
中产阶级	26%	20%	(1 190)	34%	8%	(551)	18%	17%	(436)
工人阶级 / 熟练工人	36%	10%	(895)	44%	9%	(712)	31%	12%	(450)
农 民 / 非熟练工人	31%	11%	(213)	40%	6%	(682)	26%	5%	(42)

注: a 综合了欧洲国家 1970 年与 1971 年调查的数据以及美国 1972 年 5 月调查的数据。

型与教育的联系要强于与职业的联系。我们的数据以深刻的形式证明了这一预期：因教育而产生价值类型差异的百分比是因职业而产生的差异的3倍。在欧洲大陆国家，受过大学教育的人选择物质主义的数量，还不及那些只具有初等教育水平的人的一半；而他们选择后物质主义的数量，则是那些只具有初等教育水平的人的5倍。英国和美国也存在相同的差异，只是表现更加明显。同样，我们1973年数据表明，教育与价值类型之间的关系远强于收入与价值类型的关系：10个国家整体来看，对于前者，$\gamma = 0.297$；而对于前者，$\gamma = 0.080$。

教育与价值类型的联系如此深刻，以至于它需要加以密切考察。毫无疑问，教育是关于"成长的影响"的一个好的指标。但是，它也反映出几个问题，尤其是：

1. 普遍的认知发展：受教育多的人能够学到更多技能。

2. 非正式的沟通模式：受教育多的人与不同的人交谈，阅读不同的报纸，一般来说会接触不同的信息，而这些受教育少的人则遭遇不到。

3. 明确的教化：可以想象，后物质主义价值在学校里被有意识地灌输。

让我们首先来看看这三种可能性中的最后一种。尽管对于教育者可能是令人沮丧的，但是有证据表明，正式教育看起来对一个人的根本态度的影响令人惊奇地微弱。[3]我们可以这样表述：如果是在初级教育阶段，正式的教化看起来相对没有效果。很少听说教化在早期教育中是有成效的；而根据预测，它的成效应该很大。但是，我们的数据显示只受初等教育的人的情况与受教育更多的人正相反，如果说这种差异是基于教化的话，那这种教化是发生在较高年级的教育当中。令人难以置信，这就是我们对于观察到的巨大的价值差异的主要解释。

上面列的第一个因素与第二个因素看起来可能更加重要。受教育更多的人与受教育少的人确实生活在不同的环境当中，他们的交际网络带有不同的信息，而受教育少的人则接受不到。人们可能会期待这些影响以明显的方式形塑着他们。同样的，受教育多的人拥有某种技能——简言之，即对付抽象事物的技能。这些技能可以使他们更易于应付新的理念与远程目标。这些新的遥远的事物看起来似乎没有威胁，它们更易于形成相对开放的世界性的世界观，而这些正是后物质主义的特征。

我们的数据表明,认知发展与沟通变量对价值类型有显著影响。但是,它们只提供了一部分解释。为了理解为何某些社交网络带有不同的内容,有必要深入分析其中的因果关系,其中一个重要的因素就是特定世代的成长经历。让我作些说明。

教育的一个影响是受教育者一般知道得更多。这一点也不奇怪,我们的数据表明,受良好教育的人比没受教育的人知道得更多。比如,20世纪70年代早期,一个叫作曼斯霍尔特计划(Mansholt Plan)的农业项目在整个欧共体国家的大众传媒上引起广泛争议。在我们1971年的调查中(在比利时、荷兰、德国、法国和意大利进行的),我们询问受访者是否听说过曼斯霍尔特计划,(如果知道)请描述它。结果证明,在这5个国家中,40%的受访者说没有听说过。人们可能会期待,受过教育的人应该比没有受教育的人更熟悉这个计划。让我们将其作为个人信息水平的一个粗略指标:那些没有听说过曼斯霍尔特计划的人表现出相对较低的信息水平,而那些听说过的人则信息水平较高。

我们的沟通假设表明,受过更多教育的人相对更可能与精英或者"世界性的"宣传不一样的价值偏好的社交网络相联系。如果这是真的,信息更灵通的人可能与信息不灵通的人的价值优选不同。是这样的吗?

显然,答案是肯定的。那些听说过曼斯霍尔特计划的人选择后物质主义的概率是那些不知道的人的两倍:我们的信息指标关于价值类型有效的预测工具。[4]难道价值与教育之间的联系仅仅反映了受教育更多的人更易于接受世界性的社交网络这一事实吗?这可能是一个因素,但(就我们的数据能够验证的)只是故事的一部分。如果成长的影响是重要的,我们可能也会期待教育即使在那些信息水平低的人中也对价值优选存在影响。受良好教育的人一般来自于更加富裕的家庭。即使他们与精英社交网络没有联系,他们的家庭背景也会使他们比那些受教育少的人更易于接受后物质主义。

表3.2显示的是对这一假设的检测。由于在5个国家其模式相似,结果就整合在一个简单的表格中。而且,这一假设似乎得到了证明。较高的信息水平倾向于后物质主义。但是,受更多教育的人群比受教育少的人更后物质主义,即使将信息水平作为控制变量。事实上,即使那些受过

良好教育但信息水平较低的人,也比那些尽管信息水平较高但受教育较少的人显著倾向后物质主义。不管总的信息水平是高(如在荷兰)还是低(如在意大利),在所有 5 个国家这都得到了证实。总之,因教育导致的差异百分比是因信息水平导致的差异的 2 倍。

表 3.2　依教育划分的价值,信息水平作为控制变量

(综合了 5 个国家的样本,1971 年)

受访者的 受教育水平	信息水平低			信息水平高		
	Mats.	P.-Mats.	数量	Mats.	P.-Mats.	数量
初　　等	52%	5%	(2 522)	43%	7%	(1 699)
高中或更高	36%	11%	(1 849)	30%	18%	(2 366)

有人可能会争论,到底信息水平是后物质主义价值的原因还是结果。一方面,人们可能会说知道得更多的人更倾向于后物质主义,是因为这些价值在相对见多识广的精英圈子里比较时尚。或者,相反,人们可能会反驳,后物质主义的生活观不那么狭隘,导致更加关注政治事件:他们的信息水平高是因为他们的价值。不管事实是什么(可能两者都影响微弱),仅是认知方面看来不能解释教育与价值之间的联系。当然,人们可能对信息水平进行更好的测量。各种努力用于测量信息水平,其中之一与价值联系最强,且能解释价值与教育之间的部分联系,但决不是所有联系。

但是,我们可以对成长的影响与价值优选之间的关系进行更强有力的验证。我们 1971 年的欧洲调查取得了受访者处于青年时期其父亲的教育水平与职业信息。[5]这些数据可以使我们估计其成年前的相关经济安全问题。在这一信息可用的那些国家,一个人的父亲过去的职业证明比一个人自己或者一家之主目前的职业更能强有力地预测价值。当我们将父亲的职业和教育结合起来产生一个社会经济地位指数时,我们就获得了一个关于价值类型的更强大的预测工具——而且,一个人的父亲的社会经济地位能够预测价值类型,就正如一个人自己的社会经济地位一样。[6]

这是非凡的发现。理由不言而喻,一个人自己的社会特征,一般可以比其他特征更好解释其态度。比如,一个人自己的政党倾向,比自己父亲的政党倾向更能预测其投票行为。政党认同在世代内部的连续性保持意外高的比率。对于其他价值与态度,像父母的特征通常对儿童的态度预测作用微弱。另外,几乎可以肯定,父母的职业和教育,相比较于受访者自己的职业与教育,更易受到大量偏差的曲解。[7]因此,父母的特征就好比一个严重残障的劳动力:他们在测量中包含更多偏差,这将导致他们解释方差总量的减少。然而,要计算物质主义或后物质主义价值优选的出现情况,不管我们是测量父母的社会经济地位还是儿童的,差别几乎没有:我们可以预期,儿童的价值选择几乎与两者一致。

表3.3比较了这两组关系。这5个国家中的每一个,再次呈现出根本相同的模式,我们将所有5个国家的结果都简单地呈现在表中。正如表中所示,因父亲社会经济地位导致的差异百分比和系数完全与因受访者自己所导致的一样大。

表3.3 依父亲的社会经济地位和受访者个人的社会经济地位而划分的价值[a]

	父亲的社会经济地位			受访者的社会经济地位		
	Mats.	P.-Mats.	数量	Mats.	P.-Mats.	数量
低	45%	8%	(5 196)	47%	6%	(2 265)
中	37%	12%	(1 740)	39%	10%	(2 207)
高	32%	18%	(1 487)	33%	17%	(2 532)
	$\gamma = 0.170$			$\gamma = 0.169$		

注:a 数据来自1971年调查中欧洲5个国家的样本。

但是,父亲的各种特征作为受访者价值的预测工具与孩子的各种特征来预测,其强度之间存在着有趣的矛盾。受访者的教育水平自身比其社会经济地位——基于教育加上职业,对价值类型有更强有力的预测作用。但受访者父亲的教育则不是这样的:当我们将教育与职业结合起来构建一个社会经济地位指数时,预测效果得到了改善。因此,对价值类型最强有力的预测,就是受访者的教育水平。

为什么两组变量表现不一样? 我们期待,答案应该在于这样一个事实,受访者父亲的教育是一个关于成长的影响的更加排他的指标,而受访者自己的教育则反映的不仅是他的经济地位,而且也包括各种认知与社交影响。受访者父亲受教育水平高,并不必然说明受访者自己懂得更多,或者接触到了某些特定的社会渠道。而受访者自己受教育水平高则能够说明这一问题。沿着父亲这条因果链,受访者自己的教育融入其目前环境的强化影响中,因此形成其价值优选的强有力的预测。

让我们从另一个角度来看这个问题。如果后物质主义价值是教育本身内在的结果而非一个人成长经历的反映,那么将教育作为控制变量,我们就可以消除与年龄相关的变化。年轻一代相对后物质主义,可能仅仅是因为他们比老一代受的教育更多。高等教育近几十年来极大地发展:在西方国家,我们调查的最年轻的人群接受高中或大学教育的人数,是最年长人群的 3 倍或 4 倍。价值的差异可能基于教育所产生的认知变化。

另一方面,如果年龄产生的差异反映了历史上不同时间点经济与人身安全的变化水平,那么我们应该发现在每一个教育层次中都存在大量的因年龄而导致的差异。过去几十年已经发生了巨大的变化。如果生长在 20 世纪 50 年代和 60 年代,即使那些只受过初等教育的人也比生活在 30 年代和 40 年代的人享有更多的经济与人身安全。受教育更多的人应该比受教育更少的人倾向于后物质主义,不管处于什么年龄层次:他们的相对经济地位要优于同时代生长的其他人。但是,成长经历的差异对每个年龄人群的价值类型都有遗留影响。让我们看看它们是否真的如此。

在将教育作为控制变量的情况下,根据年龄对各个国家的价值逐个分解,得到一个巨大且冗长的表格,这里没有列出来。[8] 它从根本上反映出所有 7 个国家都是一样的模式,其中当我们保持教育水平不变时,不同年龄之间的差异仍然存在。表 3.4 总结了这种模式,包含了 1970—1972 年调查的 7 个国家的数据。正如它清楚地表明的,价值类型并不只是一个人教育水平的反映,我们也不能认为后物质主义价值的出现是大学亚文化所特有的——说得粗暴一些,就是一种校园时尚。

后物质主义类型在年轻的受过大学教育的人群中,比其他人群更占主流些。事实上,这看起来似乎是后物质主义在数量上超越物质主义的唯一的社会部门——这是一个非常有意义的事实。塔尔科特·帕森斯和杰拉尔德·M.普拉特(Talcott Parsons and Gerald Platt)将这一现象称为"学生期"(studentry),它出现于大量人口开始进入大学时。[9] 稍微有点类似的研究还有,阿勒贝克讨论了当大量年轻人聚集在大学里时环境影响

表 3.4　7 国依年龄划分的价值，教育作为控制变量[a]

年　龄	受访者的受教育水平								
	初　　等			高　　中			大　　学		
	Mats.	P.-Mats.	数量	Mats.	P.-Mats.	数量	Mats.	P.-Mats.	数量
16—24	31%	13%	(1 139)	23%	22%	(1 995)	13%	39%	(429)
25—34	38%	8%	(1 839)	30%	15%	(1 635)	16%	37%	(362)
35—44	44%	7%	(2 169)	33%	13%	(1 325)	19%	31%	(259)
45—54	44%	6%	(2 119)	34%	14%	(1 015)	25%	20%	(165)
55—64	49%	6%	(2 175)	37%	9%	(693)	36%	12%	(122)
65 +	52%	4%	(2 221)	51%	4%	(535)	34%	12%	(123)
最年轻与最年长人群间的幅度	+ 21	− 9		+ 28	− 18		+ 11	− 27	

注：a 基于 1970 年和 1971 年欧洲调查与 1972 年 5 月美国调查的综合结果。

的重要性，因为大学与大的社会环境相对隔绝，而与之联系的成年人又比较倾向于同情他们的价值选择。[10] 在受过大学教育的受访者中的最年轻的人群中，后物质主义者正在形成多数。在精英型大学，他们可能已经占大多数。这种情形会创造出一个重要的群体，他们使"离经叛道"的生活方式合法化。那些与社会整体不一样的文化规范可能在学生亚文化中占据主导。知识分子一般比较善于表达，而且，大学环境中产生的非常规行为已经广而告之。另外，它还成为大众商业推销的目标。大量的书籍、文章、电影、录像和电视节目又从总体上夸大了 20 世纪 60 年代"反主流文化"的规模。紧接着，不可避免地就是全面倾销文化变迁正在发生的理念。这些商业时尚通常是比较吸引人的，但是，他们提供了一个不可靠的关于正在发生的变化的指标。

如果我们的数据哪怕有一点粗略的暗示根本价值正在发生变化，且它怎样在变化，那么其图景应该是下面的样子：

1. 在调查的每一个国家，物质主义者的数量大大超出后物质主义。

2. 价值变化的过程似乎正在发生，但它是渐进的，且与代内更替相关。如果美国正在变绿，那么这一过程很慢。[11]

3. 后物质主义在一个主要的社会机构中可能占据主导,可能只有一个,即大学。

4. 价值变化的过程绝不限于校园,看起来它渗透了西方社会。

后物质主义看起来在青年专业人士与公务员中相当有市场。在受教育最少的人群中,他们相对没有那么流行。但是,代内的变化即使在那里看起来也非常明显。后物质主义价值开始渗透到工人阶级中。这一现象不易觉察,也没有超过大学校园,但它确实在发生。

几十年来,欧洲左翼政党一直寻求给予工人阶级在管理工厂中更多的发言权。遗忘多年后,这一要求最近焕发出新的活力。它是目前德国政治中最热的话题,社会民主党的一支正在寻求扩大工人协会的地位。即使是右翼政党,如戴高乐联盟,也在寻求将此变成自己的议题。而工人自己看来比以往任何时期对参与决策更感兴趣。

在美国,"工作丰富化"计划与"工业民主"实验已经迅速展开。它们反映了这样一个事实,即许多工业工人,尤其是年轻一代,不再仅仅满足于经济回报。[12]实践中,这似乎意味着在工作场所他们有机会塑造自己的工作——表达自己的观点而非在等级体系中作为工具。这一观点似乎只代表了目前美国工人中的少数人。现有的生产制度比以往提供了更高的物质回报,大多数人看起来都对他们的工作感到满意。但是,变化的迹象是广泛的,而且我们的数据说明,后物质主义要求将在工业中变得越来越重要。这些发生在传统劳动场所的要求与管理层之间的冲突已经形成,但是它反映工人追求的目标的重要变化。

二、成长经历和目前的经济水平

我们调查的7个国家中,教育是价值类型强有力的预测工具。但是,其关系复杂:教育似乎在很多方面影响价值;另外,它与年龄相关,它似乎也对价值有独立的影响。让我们试着来评价我们刚才讨论的每一个变量的重要性,同时也考虑其他因素的影响。

　　图 3.1 中的因果模型对我们 1971 年调查数据中的 5 个变量之间的实际关系提供了简明的总结。它表明每个变量影响其他变量的程度以及 4 个背景变量影响价值类型的强度。从一个变量指向另一个变量的箭头明确地显示了每个箭头旁边数据之间的因果关系（β 系数）；在其他因素考虑进来时，每个箭头指示的是关系的相对强度。比如，从"受访者的教育"指向"价值类型"的箭头，β 系数是 0.122；这表示在控制其他 3 个变量的情况下，教育对于价值类型的影响。表 3.5 表示在控制其他变量的影响时，每个变量之间的相关性。它表示教育与价值类型之间的零阶（zero-order）相关系数为 0.269，相比于图 3.1，这是一个相当高的数值。教育与信息水平以及价值类型相关的事实，有助于减少 β 系数的强度；年龄与教育、价值类型相关的事实也如此。教育与价值的关系，部分是基于受教育更好的人更年轻。

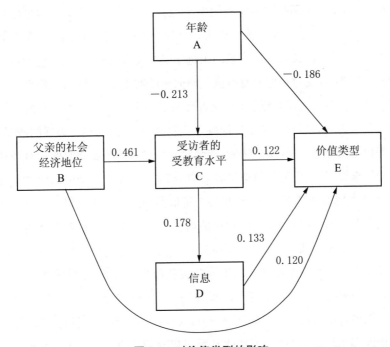

图 3.1　对价值类型的影响

　　对 1971 年 5 个欧盟国家调查数据的路径分析。只包括两种极端的价值类型（N = 4 406）。显示了每一种路径的标准偏回归系数，相关系数 = 0.358。

表 3.5　图 3.1 的相关矩阵[a]

	年　龄	信　息	受访者的受教育水平	父亲的 S.E.S.
信　息	0.017			
受访者的受教育水平	− 0.311	0.192		
父亲的社会经济地位	− 0.172	0.128	0.534	
价值类型	− 0.242	0.169	0.269	0.234

注:a 为满足作为路径分析基础的区间水平假设,除年龄外的所有变量被一分为二。

　　让我们来理解每个因果关系箭头的意义。最强的关系是父亲社会经济地位与受访者的教育之间的关系(β 系数为 0.461)。这反映了一个事实,即受过良好教育的人可能来自相对富裕的家庭。但是,即使我们控制这一事实,父亲社会经济地位与价值类型之间仍然具有明显的联系。它的强度用 β 系数表示为 0.120。从 B 到 E 的箭头反映的是年轻时相对富裕的影响,削弱了那些富裕的人倾向于得到更多教育的事实。因果链从 B 到 C 再到 E。受访者的教育从两种路径与价值类型相联系,一条是直接的,另一条是间接的。后一条因果链条是从 C 到 D 再到 E。它反映这样一个事实,即受过良好教育可能更倾向于后物质主义,因为他们懂得更多。这可以解读为成长的影响,或者反映了目前成功的影响。它的原因可能是两者,但是,我们还是作最保守的假设:它只是反映了当前的成功。在那种情况下,这一模型意味着,年轻时的相对成功与成年时的相对成功都同等重要,如它们对价值类型的影响,β 系数分别是 0.120 和 0.122。然而,当我们控制所有这些影响,年龄与价值类型之间的联系仍然明显。从 A 到 E 的 β 系数是负值,反映随年龄增长而后物质主义趋势在减弱。这个箭头代表了什么? 它反映很多问题。一个是,它可能反映了不同年龄人群除其教育水平的差异外的不同的成长经历。或者,它反映的是生命周期影响的结果。前面的分析结果使得后一种解读有些不合理,但是我们不能将其排除在外,直到我们检验过长时段的数据后。然而,我们可以安全地得出结论,代内价值变化几乎可以肯定正在发生,即使从 A 到 E 的箭头完全是基于生命周期影响。片刻的思考将使我们清楚,为何这是真的:正如模型所表示的,教育与价值类型有强烈的关联。年轻一代比年长一代教育水平更高。很显然,这一倾斜的分布并非生命周期的影响。年轻一代不会随年龄增长而变得受教育变少;如果有变化,那只能是受教育变得更多。因此,随着成年人口中年轻的且受教育更多的人群取代年长的且受教育更少的人群,我们可以期待,后物质主义类型在这些人口中的比例将会增长。

生命周期影响可能可以解释 A 到 E 的箭头的强度,但是,看起来这并非全部解释。另两个都与一个人的成长经历相关的因素,可能是重要的。第一个是成长的影响。从 B 到 E 的箭头代表年轻时相对富裕的影响,但是它并未全部考虑这样一个事实,即年轻人群作为一个整体,与年长者相比,是在更加富裕的环境下成长起来的。让我们回到表 3.4 来说明这一点。[13]箭头 B—E 反映的是表 3.4 的行间差距——即当我们控制社会背景时年轻人群更加后物质主义。然后,成长的影响可能沿箭头 A—E 而起到重要作用。但是,成长的影响的差异是仅有的依年龄划分的人群互相之间区别的方式。另一个重要的差别可以描述为"成长中的人身安全"。有些年龄人群在其成年前经历了入侵与毁灭性的灾难,而其他人则是在和平时期成长起来的。这些经历看起来在特定年龄人群的态度中留下了清晰的痕迹。比如,在西欧民众中,那些第一次世界大战前出生的人仍然大多数对德国人不信任;年轻一代则具有正向的情感。同样的情况也发生在对待俄罗斯人的态度上:年轻一代比年长一代对其更加信任(尽管整个信任水平远远低于对待德国人)。可能的理由是基于生命周期的影响:年轻人本能地对外国人更加信任,而不论其民族。但是,事实并非如此简单:对某些民族(如美国人或瑞士人)的感情真的与年龄无关。[14]

总之,不同年龄的人群因其成长的经历不同而在经济与人身安全问题方面表现不同。这两者都会导致年龄与价值类型的联系较强。

我们从各种角度分析了代内价值变化的假设。没有任何证据会自动证明这些变化正在发生。我们刚才考察的模型说明,社交模式是重要的,而且一个人目前的成功程度也有些影响。但是,总体来看,有证据表明,代内变化正在发生。

三、其他社会背景影响

我们刚从理论上考察了看起来影响价值类型的社会背景变量。但是，大量其他的变量也有显著的影响，包括宗教信任、政党偏好、工会成员身份、性别和民族。对这些变量的讨论将会简单些，因为它们在我们的理论框架中作用相对不那么核心，而且也因为它们与价值的实际联系普遍弱于年龄与教育水平的影响。

表 3.6　欧洲 6 国依参加教会活动的频率划分的价值（1970 年）

	Mats.	P.-Mats.	数　量
未加入	22%	26%	（1 134）
加入，从来参加活动	31%	12%	（2 077）
一年参加几次活动	40%	8%	（3 733）
每周至少参加一次活动	38%	11%	（3 598）

经常参加教堂活动和女性身份两者看起来会倾向于秩序与经济安全。而这些发现在我们的假设中并未预测到，它们之间是一致的。表 3.6 说明了欧洲 6 个国家中参加教堂活动与价值类型之间的联系。那些属于某些教会的人更倾向于物质主义价值优选，而那些不加入教会的人则不是。另一方面，那些不加入教会的人中，其中一年才参加几次活动的人最物质主义。这一关系可能有点不真实：农民比其他任何团体更多参加教会活动，农业人口收入较低，与人口的总体情况相比，他们也更少机会接触世界性的社会渠道。然而，有迹象表明，参与有组织的宗教活动的人更倾向于强化对传统价值的坚持，在现代工业社会，这即意味着物质主义的价值。天主教徒与新教徒的区别不重要，在美国，宗教因素似乎不如在欧洲重要。在美国，天主教徒与新教徒真的没有区别；另一方面，犹太教则差别明显（他们绝大多数是后物质主义者）。但是，犹太教徒在美国人口中占的比例很小，因此，根据宗教变量来解释的差异相对很小。

表 3.7　西欧和美国依性别而划分的价值[a]

	9 个欧洲国家			美　国		
	Mats.	P.-Mats.	数量	Mats.	P.-Mats.	数量
男性	33%	13%	(15 934)	30%	14%	(1 458)
女性	41%	8%	(16 387)	32%	9%	(1 806)

注：a 欧洲的数据基于 1970 年、1971 年和 1973 年欧共体调查的综合结果；美国的数字基于 1972 年 5 月 SRC 关于经济行为调查、密歇根大学政治研究中心 1972 年 11 月的选举调查以及 1973 年 3 月欧共体的美国调查的结果。

正如表 3.7 所说明的，女人不如男人后物质主义。在所有 7 个国家中，与性别相联系的差异是一样的，但是在法国、比利时和意大利，差异程度最强，而美国最弱。事后，人们可能会想各种理由来解释为何女人与男人的价值优选不一样。从很小开始，至少在过去，她们就被教育要维护家庭、供养家人以及保持传统价值。而且（至少过去），她们的社会地位很少强调在政治领域的自我表达。但是，有迹象表明，性别差异正在随时间而减弱。当我们依年龄与性别而制定价值交叉表时，我们发现，16—24 岁的女性的价值分布与 25—34 岁的男性非常接近——好像她们要滞后一个 10 年。[15]但是，25—34 岁女性的价值与 45—54 岁的男性类似——相当于要滞后 20 年；后一个年龄序列也是如此。如果真有变化发生，二战前，女性的价值滞后男性 20 年；二战后，滞后 10 年。在美国，年轻人群中，这一区别消失了。

尽管这些变化的迹象非常有趣，性别对于价值类型而言仍然是一个相对较弱的预测工具，至少在西方国家是如此。1973 年调查中用到的 12 个价值选项中的 6 个表明，女性与男性选项的比率完全没有差异（见表 3.8）。女性比男性更加关注犯罪与物价上涨，而男性更重视表达自由与整个经济环境。这些差异看起来容易理解。女性的传统地位是作为家庭这一单元的主要购物者，自然更加敏感于物价上涨；而男人是家庭的主要收入来源，自然关心经济增长及其对整个就业环境的意义。因此，两者都关心经济形势，只是关注的是经济的不同方面。

在非经济领域，不同性别关注的问题存在适度但显著的区别，净结果就是：女性比男性稍微物质主义一些。女性更加强调与犯罪作斗争，也许是因为她们更易受到伤害，而男性更多强调言论自由，可能因为政治传统

表 3.8 依性别划分的价值优选

（12 个目标中特定目标被选作第一与第二重要的百分比排序，
根据 1971 年 9 个国家样本的综合数据）

目　　标	男性	女性	
抵制物价上涨	35%	45%	女性尤其重视[a]
与犯罪作斗争	19%	26%	
更美的城市	6%	8%	
强大的国防力量	4%	4%	
维持秩序	18%	17%	
更多人情味的社会	16%	16%	
注重理想	6%	6%	
对工作有更多发言权	17%	14%	
对政府有更多发言权	13%	10%	
稳定的经济	23%	20%	
经济增长	27%	20%	
言论自由	13%	9%	男性尤其重视[a]

注：a 显著性测试基于所有的比率（编码从 1 至 6），如上表所示，不仅仅涉及第一位与第二位的选择；假定样本数巨大，上面所列选项的差异显著性水平为 0.01，尽管其差异百分比可能更小。

上被认为是男人的事业。法国、比利时与意大利的女性直到二战结束才取得选举权，有趣的是，这些国家在 1973 年调查的全部 10 个国家中表现出最明显的性别差异。

我们最初的四选项价值指数中，其中有两个包括了显著的性别差异。结果是，12 选项指数不如最初的指数对性别敏感——另一种观点出于更多测量目的的需要而赞成使用更加基础广泛的测量方式。

价值与其他三个变量之间的总体关系可以简单地加以概括。价值类型的分布根据民族而不同，正如我们已经看到的那样。然而，在多数章节，不同的民族被看作同一个样本中的成员。这样做的原因是，我们考察的影响似乎是跨民族的。不同国家之间的差异是明显存在的，对此我们在第二章已经注意到。但是，促使价值发展变化的根本动力看来在多数西方国家是相同的。

工会成员身份看起来似乎比非工会成员更后物质主义,支持保守政党的人,比那些支持左翼政党的人也更后物质主义。另外,那些参加工会组织的人更倾向于支持左翼政党。在每一种情况下,从属于一个左翼组织即意味着倾向于后物质主义价值。价值与政治派别之间的关系明显比上述两者更重要。此后的章节将更加详细地考察这个问题。这里我们只是简单带过,因为它主要是作为持有某种价值的结果而非原因。然而,为了说服我们自己,一个人的价值优选与诸如年龄、富裕等因素而非政党偏好有更强烈的关系,我们在这里必须考察这一关系。如果这不是事实,我们可能会疑问,后物质主义是否只是简单地反映了一个人的政党偏好。

表 3.9　7 个国家的价值类型预测[a]

价值类型	λ	β
教　育	0.354	0.226
年　龄	0.330	0.218
政　党	0.209	0.128
参加教会活动频率	0.223	0.126
一家之主的职业	0.261	0.103
民　族	0.173	0.088
工会成员身份	0.092	0.082
性　别	0.161	0.081
		多重相关 = 0.496

注:a 基于 1970 年 6 个欧洲国家和 1972 年 5 月美国调查数据的多重分类分析;只包括两种极端的价值类型(N = 5 425)。

表 3.9 显示的是对价值类型预测的多变量分析的结果,使用的数据来自 1970 年调查的 6 个国家和美国。独立变量根据其 β 系数的强度依次从高到排列——测量我们控制 7 个变量中的每一个变量的影响后它们对价值的影响。β 系数显示在调整这些影响前的关系强度。

在控制每一个其他变量的情况下,受访者的教育水平表现为价值类型的最强预测工具。我们可以回顾,教育在 1971 年的调查数据分析中也是最强的预测工具,当只分析教育本身的时候。因为我们没有考虑多级因果序列(如果教育、信息与价值之间的因果),教育现在也具有最高的 β 系数。但是,紧接着是年龄人群。这两个变量在对价值类型的影响方面 远超于其他任何变量。看起来,价值类型事实上是由相对富裕与成长经 历而非其他因素塑造的。一个人的政党选项排位第3,但其 β 系数远低于 年龄变量,事实上只与参加教会活动作用相同等。政党偏好是否应该被 看作一个原因而非价值类型的结果,还存有疑问。在多数情况下,政党选 择在生活中对一个人价值的影响可能还不及成长经历。但是,我们还有 另一个可能更加有效的变量,因其出现在人生中较早的时期而对价值类 型产生影响。这一变量就是一个人父亲的政党偏好。当我们将它(而不 是一个人自己的政党偏好)用于同一个分析时,我们发现,其 β 系数只有 0.069。一个人成长的家庭的社会经济地位是一个人价值类型的强有力 的预测工具,那个家庭的政党偏好提供了相对较弱的解释。作为孩童时 的安全感或剥夺感看起来比一个人的政党偏好对价值具有更大影响。

在分析中,职业和工会成员身份也用于进一步考察一个人目前的社 会地位的相对重要性。它们看起来都有些影响,但是是次要的影响。当 我们控制了其他变量的影响时,性别地位的影响明显削减。女性比男性 更倾向于有规律地参加教会活动,并支持相对保守的政党。她们受教育 相对较少,平均来看年龄也更长一些。当我们调整这些因素,剩下的性别 地位的影响比较适中。

民族在分析中被作为一个预测变量。无论从理论上还是经验上,这 是一个有趣的变量。但是,民族自身对价值类型的影响在这个分析中并 非最重要。在我们 1973 年调查数据的相似分析中,民族仅次于教育,成 为价值类型的最强两个预测工具之一。这可能是基于一个事实,即 1973 年调查中涉及大量民族,结果因民族而出现的差异被扩大了。在其他方 面,1973 年的结果与表 3.9 类似:年龄、政党偏好和参加教会活动是其他 重要的预测工具。职业、工会成员身份和性别是比 1970 年的分析中相对 更弱的预测工具。另外,国与国之间的模式是一致的:相同的预测变量在 每个国家都起着重要的作用。某个特定国家的历史和政治制度对变化发 生的速度及其对政治生活的后果有着重要的影响。但是,通过考察价值 变化的原因,相同的变化过程看来在每个国家正在发生。

四、世代、生命周期和教育：1973 年的证据

　　基于 1973 年调查的数据的一项分析中，拉塞尔·多尔顿（Russell Dalton）试图区分世代、生命周期、教育与目前的收入的分别影响。他将年龄作为分析单位，针对 8 个国家中的每一个国家，试图解释 11 个不同的年龄人群的价值优选的方差。[16]他将某个特定国家某个特定生长年限即 8—12 岁这段时期内的人均 GDP 作为世代影响的指标。通过多元回归分析，他发现这一表示成长时期家庭富裕程度的指标是他最强有力的解释变量（与价值类型的部分关联值为 0.47）。次之的是本世代平均教育水平（部分关联值为 0.35）。生命周期影响排末位（年龄与价值的部分关联值是 −0.25）。令人惊奇的是，当前的收入只导致了很小的方差，当我们控制其他变量的影响时。人们可能自信地预期，当前的收入对一个人的偏好有影响。在这一分析中，它的部分关联值仅为 0.30。

　　多尔顿分析中的其他几点也值得注意。也许最突出的是，早期的社会化超越了后期的经历而占据主导。多尔顿测试了几种可能的成长阶段，使用的变量是某一人群处于 8—12 岁、13—17 岁和 18—20 岁成长阶段时的经济条件。这些年龄人群最早的经历对价值类型最有解释力。结合下列事实，即本世代目前的收入对价值方差的解释力令人吃惊的微弱，这一结果表明，受访者对我们价值选项的选择反映的是早期的经历而非当前的处境。

　　多尔顿还发现了饱和（saturation）影响的证据。日益发展的繁荣看起来在经济发展水平低的时候影响最大，而当其繁荣达至较高水平时，其影响消失。这符合下述观点，即繁荣的主观影响遵循回报递减（diminishing return）规律。但是，正如多尔顿所指出的，它也说明，价值变化的过程可能比我们此前分析中的预测还要慢。

　　多尔顿分析中的另一点看起来尤其有意义。即，将不同年龄人群作为分析单位时，他获得与独立变量的多元关联值为 0.79。在我们自己对

相同调查的分析中，也使用完全相同的预测工具（如年龄、教育或者收入），但是将个人作为分析单位，我们获得的关联值仅为 0.41。换言之，多尔顿"解释"的价值方差 4 倍于我们的结论。

解释力的显著增强，部分原因可能是，多尔顿设计出了一个更好的指标来指代形塑某一代人的成长环境，而非个人层面的其他数据。但是，这并非全部解释，因为即使这些变量，如教育，当汇总到一代人的层面时比个人层面与价值有更强的关联。另一个可能的解释是，在转向总体层面时，我们克服了调查数据中有些不可避免的测量偏差。正如我们在第二章所讨论的，当我们汇总一个人群所有回答时，一些偶然的噪音给排除了。

一个人的根本价值难以通过调查方法来测量，我们关于某些特定个人价值类型的指标可能被大量的偏差所曲解。然而，这一发现提示我们，对某一人群平均分值的估算可以相对精确。调查数据在测量态度变量时是必需的；奇怪的是，在总体层面，它们可能是最可靠的。

五、结　　论

正式教育、一个人当前的社会环境和可能的生命周期看起来都会有助于形塑人们的价值偏好。但是，某一代人成长经历的影响看起来是最显著的变量，无论是实践中还是理论上。在特定时段特定环境会强调某些价值这一事实只是解释了这些偏好起源的第一步。人们必然问为何某些特定目标而非其他事情对某些世代是最重要的。当我们寻求答案时，考察不同历史阶段成长经历的变化看来高度相关。这些经历的影响被围绕在某些个人周围的社交网络给调和了。但是，交际的内容可以随时间而改变。两者都重要。

另外，我们可以肯定地得出结论：除了成长经历等其他变化外，代内价值变化也在发生。正如多尔顿和我们的研究所指出的，教育与价值类型有显著的关联。不同的教育水平是各个年龄人群的一个结构特征：年轻一代比年长者受教育更多，而这一关系会随时间而变化。因此，不同人群的经历差异与教育水平差异都会导致根本价值优选的改变。

职业结构的持续变化看起来也会强化这一过程。我们的数据倾向于支持韦伯、曼海姆、贝尔与利普塞特的理论：专业技术人士事实上明显地比其他职业人群更倾向于后物质主义。服务部门的增加与职业化、教育水平的提升以及朝更加世界性的社交模式转变存在密切关系。但是，我们观察到的不同年龄人群的价值差异不能仅仅归因于专业技术人士与"社会独立知识分子"的增多。看来，有必要补充关于工作经历性质变化的这些深入观察，采用应对需求满足变化程度的心理适应概念。由于某些职业人群中存在明显的代际之间的价值优选差异，我们发现了一种有说服力的模式，它事实上冲击着每一个社会阶层，专业技术人员或管理层的，体力劳动者或非体力劳动者，教育程度高的或低的。这一模式反映了生命周期影响与社会结构变化影响的叠加吗？在某种程度上，它是的。但是，跨国变化的模式使得将不同年龄人群之间的差异全部归因于太年轻或太老本身的影响，这完全是不可能的。因为这些差异在那些最近经历过经济和人身安全方面较大历史变故的国家内部也非常明显，所以，那些较少历史变故的国家的差异相对较适中。

没有哪个变化是不可逆转的。但是，要取消这些影响，需要经济安全与教育在当时的水平急剧降低。停止教育扩张还不够。比如，正进入选民队伍的年轻一代受教育远高于相继去世的那代人，以至于选民整体的教育水平在今年几十年内会持续提升，即使受高等教育的人所占的百分比永久停留在目前的水平。要阻止价值变化的长期过程，经济与教育停滞将不得不保持一个足够长的时期，其间，进入政治关系的人群，与那些相继去世的人相比，将不再是后物质主义的。

注　释

1. 我们1971年的数据表明比利时、法国和荷兰世代内部的社会流动比率约为25%。其他国家则稍高。有些社会流动的统计资料在第七章有引用。

2. 有关于高经济水平与非物质主义态度之间的联系的进一步证据，可参见Louis Harris，*The Anguish of Change*（New York：Norton，1973），pp.36-41。

3. 比如，参见 Kenneth Langton and M.Kent Jennings，"Political Socialization

and the High School Civics Curriculum in the United States," *American Political Science Review*, 62, 3 (September, 1968), pp.852-867; 参见 Edgar Litt, "Civic Education, Community Norms and Political Indoctrination," in Roberta S.Sigel (eds.), *Learning about Politics* (New York: Random House, 1970), pp.328-336。

4. 有点奇怪的是,对这一问题的回答,相比较于 1970 年我们的调查中关于谁是所在国的首相和外交部长的回答,更能强有力地预测人们的价值类型。

5. 因为只在 1971 年调查中包含了这些选项,下面的分析仅限于那一年的这 5 个国家。我们感觉到,有些德国受访者被问到其青年时代父亲的职业时,访谈受到干扰,可能侵犯了他们的隐私。结果,我们在德国没有问那个问题,而且也只是在德国样本内基于其教育水平来估计其父亲的社会经济地位。1972 年瑞士的调查包括一个问题,即在受访者青年时期其父母是否"特别富裕"、"勉强度日"和"很难收支平衡"。与报告的父亲教育与职业选项形成鲜明对比的是,这一选项证明只是微弱的价值类型预测工具。对后一指标表现不佳的比较公允的解释:它涉及的是不如职业或者教育明确具体的事情。大多数人至少会以一种相对精确的方式报告自己青年时期父亲的职业或教育程度。他们对其父母是否"非常富裕"或者"相当富裕"的认知看来相当不清晰,对于不同的人其意义就不同。只要这是真的,那么调查因测量偏差而被严重曲解,从而只能微弱地预测价值类型。

6. 我们的社会经济地位指数的推导,无论是受访者的还是其父亲的,遵循的都是同样的方式。那些从事体力劳动且只接受初等教育的人,我们分类为"低"。那些从事非体力劳动且上过高中或者大学的人我们分类为"高"。那些其他组合分类为"中"。在构建受访者的社会经济地位指数的过程中,我们使用了一家之主的职业而不是受访者的职业作为变量。这将会提供更加精确的经济水平指标,而且也将提供更强有力的价值类型的预测。

7. 基于现实的亲子分析的证据,可参见 M.Kent Jennings and Richard G.Niemi, *The Political Character of Adolescence: the Influence of Families and Schools* (Princeton: Princeton University Press, 1974); 参见 M. Kent Jennings and Richard G.Niemi, "The Transmission of Political Values from Parent to Child," *American Political Science Review*, 62, 1 (March, 1968), pp.169-184。

8. 对每个国家逐项分解感兴趣的,可以参见 Ronald Inglehart, "The Silent Revolution in Europe: Intergenerational Change in Post-Industrial Societies," *American Political Science Review*, 65, 4 (December, 1971), p.1004. 对 6 个欧洲国家中的每一个,在控制社会经济地位变量的情况下,同样的对年龄导致的价值差异进行的分析,参见 ibid., pp.1002-1003. 形式是一样的。这些表格不包含美国在内,对美国数据的另外分析表现了同样的形式,除了(正如我们所预期的)不同年龄间差异比欧洲大陆国家要微弱以外。

9. 参见 Talcott Parsons and Gerald M. Platt, "Higher Education and Changing Socialization," in Matilda W.Riley et al.(eds.), *Aging and Society* (New York: Russell Sage, 1972), 3, pp.236-291。

10. 参见 Klars R.Allerbeck，"Some Structural Conditions for Youth and Student Movements," *International Social Science Journal*，24，2(1972)，pp.257-270。

11. 里奇的 *The Greening of America* 使我印象深刻。但是它非经验的方法使得其对变化发生的程度与速度的估计没有根基：它是一夜之间发生的且到处都存在，还是只存在于耶鲁？里奇过分的兴奋导致其批判理论中部分存在过分的犬儒主义。然而，他直观地瞥见了一个极端重要的现象。参见 Reich，*The Greening of America*（New York：Random House，1970）。

12. 这一得分项的一些证据，参见 harold L.Sheppard and Neil Q.Herrick，*Where Have All the Robots Gone*?（New York：Free Press，1972)。

13. 当然，严格地说，我们应该控制父亲的社会经济地位，参考依年龄而制定的交叉表。但是，父辈的社会经济地位和一个人自己的受教育程度联系如此紧密，以至于表3.4表现出来的形式差异很小。

14. 进一步的发现基于 1970 年调查中欧共体的分析，它包括一系列涉及对各国人民信任的问题。

15. 如果愿意，人们当然可以将此作为女性比男性早熟 10 年的一个证据。

16. 参见 Russell Dalton，"Was There a Revolution? A Note on Generational Versus Life Cycle Explanations of Value Differences," *Comparative Political Studies*，9，4(January，1977)，pp.459-473。多尔顿使用了 1973 年调查中的 7 个欧共体国家的数据。他的独立变量是最初的四选项价值指数，其中的物质主义类型标记为"1"，混合类型标记为"2"，而后物质主义为"3"。

第四章
价值优选的稳定与变化

前面章节的证据说明，价值类型的分布在经历着渐进的代内变化；它同时也说明，这些价值类型抵制变化，是由于社会经济环境的短期波动，这两点都同等重要。如果面对短期冲击没有最低程度的稳定，任何长期的趋势都将淹没在当前环境的影响中。

然而，我们不能直接测量长期的价值变化，只能从短期的变化中寻找迹象。这样做，我们就必须区分两种形式的变化：(1)个人层面的变化；(2)总的变化。

一、个人层面的变化

面板调查数据一般被认为是测量个人层面变化所需要的。可利用的面板数据不多，但是，最初的四选项价值优选问题包含了1973年5月和1974年5月在萨尔州(Saarland)进行的一次德国面板调查。[1]两次共访谈了1 307人。如果我们将这些受访者分成三类(物质主义的、后物质主义的、混合型的)。我们发现，1974年再次访谈的那些人中的61%将自己归于1973年同样的类别中。这是经济环境发生了巨大变化的一段时间，但是那些改变了的39%的人代表的是对这一逆转的干扰。一些受访者表现了更高的稳定性。比如，68%的样本在1973年与1974年表达了同样的政党偏好（将政党偏好分为四类：基督教民主党、自由民主党、社会民主党、无党派）。理论上，价值优选在一个人的世界观中占据比政党偏好更重要的位置，因此应该在时间序列上表现出更大的稳定性。但是，现实情况是，价值指标很少表现出稳定性一点也不奇怪。人们很少被要求表达自己的根本观点。但是，人们不断地在生活中宣告自己是共和党人或者民主党人——这些标签被很多团体纽带与社会压力所束缚。

39%的样本从一种价值类型转向了另一种的事实，可能反映了测量的问题而非深层次的价值不存在。萨尔州面板调查中价值类型的稳定在那些受教育较少且对政治较少兴趣的人中是最弱的；在那些受教育较多且对政治感兴趣的人中，它绝对要大得多——可能是因为，他们更加熟悉如何去表达自己的观点与价值。准确地说，在某段时间对其态度限制最多的人群，在整个时间序列都是约束最多的人。

我们的四选项指数很显然不能完美地测量一个人的根本价值。然而，我们应该注意到，它比两次调查中包含的其他选项表现出更高的稳定性。萨尔州调查问了 1973 年与 1974 年调查中同样涉及根本态度的 29个问题，其中 5 个表现出比价值指数明显高得多的稳定性。为了降低稳定性，这些选项包括：政党偏好；左右两翼的自我定位；两个"政治效能感"选项；一个关于婚前贞洁的提问。政党倾向一再被证明在民众中异常地稳定，左右的自我定位与之密切相关。[2]一个人的效能感与性观念一般被认为是个人性格特征的一部分。只有这些选项证明比价值指数更抵制变化。

另一方面，大量的态度序列显示欠稳定：包括对流产、色情、学生保护、异见者的言论自由、共产主义是否危险、德国社会秩序是否公正、艰辛的劳动是否得到回报以及大的商业机构是否权力过大等问题的态度。这些几乎不能成为表面上重要的话题，人们可能会期待，它们合理地植根于个人态度结构中。这些价值指数表现出比其他指数更强的稳定性。

事实是，我们的价值指数在个人层面远远低于总的稳定性。它提醒我们，关于先前的观察，期待态度研究中不同选项或者不同时间的约束水平较高是不现实的。然而，如果个人的测量偏差是偶然分布的，答案的边际分布将会是精确的，即使个人的分值并非如此。因此，在密歇根大学调查研究中心对美国公众进行的调查中，政党认同的总体分布在 1952 年至

1962 年间只变动了几个百分点。然而,在这一系列的一次面板调查中,39%的受访者从 1956 年至 1958 年事实上是改变了他们的答案。[3]

新的 12 选项价值指数比萨尔州调查中用到的四选项指数表现出更大的稳定性。对于这一新的指数,普遍表现出比最初的四选项指数更多的态度约束。将 9 个欧洲国家作为一个整体,新的指数"解释"的左右自我定位方面的方差又是一半,工作目标方面的方差几乎是此前的 2 倍。如果基础更加广泛的指数对不同态度的约束更强,它可能也证明不同时间的约束也更强。至于它真的是否如此,有待未来的研究。

二、聚集的变化(1970—1976)

萨尔州面板数据弄清楚了个人层面的价值类型有很多短期的波动。但是,我们并不清楚这代表了多少态度的系统变化,以及有多少是因为随机的波动或者测量中的偏差。可以想象,多数波动代表的是"噪音"而非真实的态度变化。

另一方面,有好的理由解释为何人们会期待在 1973 年 5 月与 1974 年 5 月的萨尔州调查的受访者中发现其一些完美的真实的态度变化。介于中间的一年是经济环境的严重恶化——其间,恶性通货膨胀因 1973 年晚期阿拉伯石油禁运而加剧,导致工业产出的锐减与失业率上升。人们可能会期待发现在这种环境下一种向更加强调物质主义的趋势转变。问题是,我们发现了导致这些短期力量的系统性转变吗?

萨尔州调查数据提供了部分答案。它们几乎没揭示出系统变化。样本总体而言,从 1973 年到 1974 年,物质主义人口只有少量增长,后物质主义只有少量减少。总数只有几个百分点。

然而,为了检测总的变化,我们必须转向我们的国家样本。它们提供了更加广泛的数据基础,既有时间上的也有空间上的,时间跨度将近 7 年,包括 1970 年早期、1973 年秋与 1976 年晚期调查中用到四选项指数的 6 个国家。

1970 年早期是西欧一段比较繁荣和高就业率的时期。在 20 年内,经济发展几乎没有间断。但是 1971—1975 年则是严重通货膨胀的时期。1973 年,物价涨到 1960 年代的将近 4 倍。在 1973 年的石油禁运后,严重衰退出现了。实际收入下降,失业率迅速上升,经济增长停滞。这些因素对西方公众的态度具有明显的影响。在每年的 12 月,德国公众中一些样本会被提问,"对进入新年您是充满希望还是恐惧?"在 1969 年 12 月,即我们首次调查前一年,一直都保持自信:63% 的人充满希望。接下来的年份,自信心有明显的退步。到 1973 年 12 月,只有 30% 的样本表达出希望;德国公众中的自信达到 1950 年以来的最低点。[4] 自信的崩溃是普遍的。到 1974 年[5],84% 的意大利公众感到经济形势比头一年糟糕,而只有 5% 的人感到经济形势在改善。荷兰、比利时和法国的结果也同样令人沮丧。[6]

如果这种形势持续较长时间,我们会期待,西方公众会变得更加物质主义。但是,问题是,"多久?"如果我们的选项真的是在探究个人的根本价值优选,它们应该有理由抵制短期的波动。

让我们考察 1970 年早期调查中我们取得数据的 6 个国家价值类型分布的变化(参见表 4.1)。从 1970 年到 1976 年,并无后物质主义分布急剧降低的迹象:它在意大利与荷兰表现出轻微的下降,英国和比利时没有变化,而德国与法国则有少量增长。物质主义所占的百分比在 6 个国家中的 4 个有增加,但是相比较于这一时段观察到的消费者信心的灾难性转变,这些变化看起来令人难以置信地微小。

表 4.1　价值类型的分布随时间的变化

(基于 1970 年 2—3 月、1973 年 9—10 月和 1976 年 11 月调查中使用的四选项指数)

	英　国			德　国			法　国		
	1970	1973	1976	1970	1973	1976	1970	1973	1976
物质主义	36%	32%	37%	43%	42%	41%	38%	35%	41%
后物质主义	8%	8%	8%	10%	8%	11%	11%	12%	12%

	意大利			比利时			荷　兰		
	1970	1973	1976	1970	1973	1976	1970	1973	1976
物质主义	35%	40%	41%	32%	25%	30%	30%	31%	32%
后物质主义	13%	9%	11%	14%	14%	14%	17%	13%	14%

资料来源:欧共体的调查。1976 年的数据是本书出版过程中收集的,只在本章使用。

我们两个主要假设之一就是,年轻一代可塑性相对较强。因此,我们可以预期他们比老一代更容易改变。这正是我们发现的,如表 4.2 所示。在这 6 个国家中,价值类型的总的分布从 1970—1976 年真的没有改变。但是,这一结果隐藏了两个潜在的互相抵消的过程:(1)最年轻的一个人群比物质主义多出 5 个点,而此后物质主义少了 4 个点,正如我们所假设的,向物质主义转变的有 9 个百分点,说明青年最容易受当前环境的影响;(2)次年轻的一个人群转向了相反的方向。此前它全部由 1945 年前出生的人组成,人口的更替将更多人带进了这个队列,从二战后到 1976 年出生的一代。尽管这些人由于经历了经济衰退而更加物质主义,但是这个人群最初还是不那么物质主义,至少比较于它们替代的那些人,以至于使得人口替代的过程大大抵消了经济衰退对这个人群的影响:

表 4.2　依年龄划分的价值变动(1970—1976 年)

(上表所列 6 个欧洲国家的综合数据)

年　龄	1970		1973		1976	
	Mats.	P.-Mats.	Mats.	P.-Mats.	Mats.	P.-Mats.
15—24	20%	24%	21%	20%	25%	20%
25—34	31%	13%	28%	13%	29%	16%
35—44	35%	12%	35%	9%	35%	11%
45—54	36%	9%	39%	7%	39%	8%
55—64	45%	7%	43%	6%	47%	6%
65 +	48%	3%	45%	4%	52%	5%
总　计	35%	12%	34%	10%	37%	12%

它向后物质主义一极转变了 5 个百分点。4 个相对较年长的人群相对未受到经济衰退的影响。

图 4.1 用图形的形式显示了这些价值变化。纵轴基于后物质主义与物质主义百分比之差距:如果后物质主义在数量上超过物质主义,则结果为正;相反,则为负。正如我们此前已经表明的,1970 年,那些二战末或二战前出生的人(1970 年时大于 25 岁)与二战后出生的人之间,有一个明显的分水岭。这一分水岭在图 4.1 中显示得非常清楚,其中我们可以发现 1970 年时两个最年轻的人群间存在 22 个点的差距。我们认为,这一差距

是基于战后出生一代与年长一代成长经历的不同。当然,也可以认为,这一差距仅仅是基于生命周期的影响:人们在 20 多岁结婚生子并开始固定于物质主义观念。如果这一生命周期的解释是正确的,我们就可以期待在 1976 年的 25 岁人群中也发现这一差距。但是,图 4.1 表明,我们并未发现这一点。到 1976 年,那些 1945 年出生的人都已经 31 岁了。而且,在 1976 年,最年轻的两个人群的差距已经缩减到 8 个百分点。但同时,在 34—35 岁人群之间开始出现一个 11 个百分点的差距:这是目前最大的价值差距。难道二战这个分水岭随二战后出生的一代走进了他们的 30 岁?听起来这似乎是真的。当我们将受访者按其出生年而非固定的年龄分类时,我们发现在所有三个时间点,最大的差距(不低于 13 个百分点)出现在 1945 年或更早出生的人与此后出生的人之间。这一分水岭肯定是由于历史的变化而非生命周期的影响。

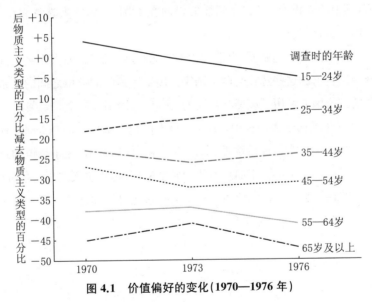

图 4.1　价值偏好的变化(1970—1976 年)

基于 6 个国家综合样本的分析结果。

对未来的预测总是不确定的。但是很显然,首先可以确定大规模的灾难会大大减少后物质主义者的数量。如果它们的总分布是持续的未被 20 世纪 30 年代以来最严重的经济衰退所削弱,那么,随着新的经济繁荣出现,基于人口替代出现的向上的趋势又会再次起作用。

三、来自其他途径的时间序列数据

我们反复强调，不管变化是否发生，作为结论性的测试，时间序列数据是必需的。迄今为止，我们至多能够处理几年的价值变化。但是，德国公众一段20多年时长的价值优选数据可资利用。1947年的一个提问有助于我们从比较的视角来看待这一问题。西德的一个代表样本被问道，"政府的这两种形式您个人会选择哪一个：一个政府为人民提供经济安全与过上好生活的机会；另一个政府保证言论、选举、出版与宗教自由？"62%的人回答更中意一个提供经济安全的政府，而26%选择保证自由的政府（其他的人没有意见）。[7]同样的提问在美国，83%的人选择自由，而21%的人选择经济安全。[8]

不同国家的对比鲜明：大部分德国人选择经济价值，而大多数美国人选择表达自由。这些选择与两个国家人民生活其中的环境之间的关系是明显的。德国人经历了废墟与广泛的饥饿。美国则是安全与繁荣的。

1949年给德国人的选项，1970年再次向他们提问。问题是："4种自由中您个人认为哪一种最重要——言论自由，信仰自由，免于恐惧的自由以及免于匮乏的自由？"正如我们的物质主义/后物质主义选项，这一问题迫使人们在一系列积极的价值目标中去指认他自己的优选。因为大多数人选择"言论自由"或"免于匮乏的自由"，看起来它指向同样的层面。

在1949年的德国，"免于匮乏的自由"是大多数人压倒性的选择。德国的恢复才开始起步。但是，紧接着的是几年经济奇迹（wirtschaftswunder）。这个国家以令人难以置信的速度迅速从贫困走向繁荣。到1954年，"免于匮乏的自由"的选择仍然微弱地领先于其他选择，但是到1958年，"免于匮乏的自由"的选择已经不再领先。到1970年，选择"言论自由"的人已经超过选择所有其他选项的人。[9]毫无疑问，德国人价值优选的这些变化反映了其经济环境的变化。它也说明，经济变化与价值变化之间存在时间上的滞后性。1962年，58%的年龄在16—25岁之间的德国人选择

"言论自由",而年长一代的这一数字则大幅度下降,65 岁或以上年龄的德国人中只有 34%选择"言论自由"[10]。这里也是,我们发现了代际变化的迹象。但在这种情况下,历史时期的影响强化了代际变化(而不是像1970—1976 年那样呈中立状态)。1949—1970 年总的变化是如此之大,以致不同年龄人群,年长或年轻的,随着年岁增长,他们变得越来越不关注经济安全。

在一项关于德国调查数据的精巧的间接分析中,肯德尔·L.贝克(Kendall L.Baker)和卡伊·希尔德布兰特(Kai Hildebrandt)考察了德国公众在 1961 年、1965 年、1969 年和 1972 年最关心的一些问题。[11]他们发现,年轻一代明显地比年长一代更加重视后物质主义价值类型,再年长的人群相比于再年轻的人群,结果也是这样。他们还发现,从 1961—1972年,物质主义问题在减少,而后物质主义问题越来越突出。这段时间正好是德国大学反主流文化运动开始前:这种重点的转变不能简单地归因于对大学为基础的文化精英的模仿。

日本是另一个经历了明显的经济和社会变故的国家,我们也找到了日本公众价值优选的一个 21 年的系列数据。符合逻辑的是,当英国观察家们开始怀疑他们国家一切根本的价值都在发生变化的时候,日本政治文化当局似乎也认为日本发生了一些重大的变化。因此,布拉德利·M.理查森(Bradley M.Richardson)发现日本公众对待其政治制度及政治参与程度的态度方面存在大量的代际差异。[12]

池信孝(Nobutata Ike)尤其关注日本是否已从物质主义价值转向后物质主义价值的问题,正如我们所假设的一个经历了深刻的经济发展后的社会那样。为了验证这一假设,他对 1953 年、1958 年、1963 年和 1968年调查中取得的日本"国民特征"的数据进行了分类分析。[13]他的结论是,代际变化确实在发生,年轻人相对年长的一代,对钱财没有那么渴望,而是更加重视价值自由。但是,他的发现也提示,西方与非西方社会的价值变化过程有一些不一样。生理需求是普遍的,但当我们超越它后,我们最重视的需求就会受到文化环境的影响。比如在西方,归属感可能一般代表对后物质主义的特别急切;因为,现代西方社会特别强调个人的经济成就,即使以一整代人的成长为代价。但是在其他社会,比如日本,文化模式可能就是那种指归属感得到满足或者过度满足的情况。无论如何,池信孝认为,日本文化最重要的变化是转向"个人主义"的代际变化,取代了日本传统模式中根深蒂固的个人过于附属于集体的情况。如果这是真的,日本的后物质主义可能更少强调归属感而更多强调的是尊重和自我实现。

日本价值变化的过程有一个鲜明的特点,但是它很显然正在发生变化且朝后物质主义方向发展。在池信孝的研究后,从 1953—1973 年,关于国民性格的调查一直在深入地进行。它们显示出持续的对池信孝所认为的物质主义价值的侵蚀和后物质主义反应的增长。从 1953 年至 1973 年,日本公众选择的作为其生活目标的缓慢且持续的增长趋势是:"不用担心钱与声誉的问题,过一种适合自己品位的生活"。其中,选择这一目标的人数从 21% 上升至了 39%。根据这一特定年龄人群的时间跨度为 21 年的情况,坂元庆行(Yosiyuki Sakamoto)的结论是,"观念的变化并未因为特定世代人群在这 21 年间改变了他们的观念而发生,相反,是更年轻一代将新观念带进了社会。"[14] 铃木达三(Tatsuzo Suzuki)根据对这些材料的分析也得到了相同的结论。

上述研究采纳了大量包含有西方调查中用到的类似于物质主义/后物质主义选项相关问题的纵向数据基础。但是,直到 1972 年,我们最初的四选项价值优选系列事实上才在日本得到运用。[15] 绵贯让治(Toji Watanuki)对上述结果的分析证明,在日本的调查结果在很多方面都与西方相同,然而同时,它提供了一个特定民族文化影响的更进一步证据。[16] 正如我们的假设可能揭示的,日本比西方任何国家都更加物质主义而不后物质主义:两者的百分比分别是 44% 和 5%。这可以预测得到,因为直到最近,日本也不如我们调查的任何一个西方国家经济上更发达。尽管日本人目前的生活水平高于欧洲公众,但按照西方的标准,相当部分日本人是在严重的经济萧条的背景下长大的。但是,这种跨国对比不能全部归因于经济历史的影响。绵贯让治的研究结果也说明,在日本,性别地位的影响也要大于西方。在西方国家每一个样本中,女性相比较于男性不那么后物质主义,其差异大致处于一个 2 比 3 的样子。在日本,性别差异不仅巨大而且持久。日本女性选择后物质主义的比例比男性要少一半。另外,这些差异在日本的年轻一代中并未消失,不像西方社会那样。如表 4.3 所示,在日本男性年轻人群中,后物质主义者的比例几乎等同于物质主义者;而在最年轻的女性人群中,物质主义者是后物质主义者的 7 倍。但在最年轻的男性人群中,物质主义者比后物质主义者少 1/4。没有西方国家表现出明显的性别比例。在日本社会,女性的性别地位看来对后物质主义价值的发展具有强有力的抑制性影响。[17]

表 4.3　日本依年龄与性别划分的价值类型(1972 年)[a]

年　　龄	男　　性			女　　性		
	Mats.	P.-Mats.	数量	Mats.	P.-Mats.	数量
20—24	23%	21%	(57)	35%	5%	(113)
25—29	29%	17%	(189)	41%	6%	(152)
30—39	28%	8%	(212)	44%	1%	(289)
40—49	45%	1%	(188)	50%	4%	(222)
50—59	48%	5%	(155)	57%	3%	(129)
60 +	50%	3%	(154)	72%	2%	(83)
不同人群的总分布	45 点			40 点		

注:a Joji Watanuki, "Japanese Politics: Change, Continuities and Unknowns"(Tokyo: Sophia University Institute of International Relations, 1973, mineo), Table A.如本书其他地方所做的那样,百分比被重新计算过,为了在原百分比的基础上剔除已经遗失的数据。

年龄与价值类型的关系表明,日本正在经历与西方类似的价值代际变化——但是女性以较大距离落后于男性。如果我们比较日本男性与西方公众的价值模式,会发现两者非常类似。日本男性的百分比占到 45%,大大超过英国或者美国(如表 2.2 所示,其数据分别是 17% 和 26%)。事实上,仅对日本男性进行比较(使用表 4.3 中相类似的年龄分类),日本明显的代际变化远超于我们调查的 11 个西方国家中的 9 个(只有德国与法国显示出较低的年龄差异)。我们再一次发现,那些最近经历了相对严重的历史变故的国家,会产生相对较大的代际价值差异。

日本的结论在另一方面也与西方类似:日本后物质主义者相比较物质主义者更倾向于支持左翼政党。绵贯让治发现,在物质主义类型中,65% 支持占统治地位的自由民主党;而在后物质主义者中,只有 33% 如此。因此,同与不同有了一个有趣的结合:不同的是,日本的性别地位具有了更加重要的影响；相同的是，日本似乎已经发生了物质主义向后物质主义的大量转型，像西方那样，并且似乎出现了相同的结果。

四、大学的价值变化

1960 年代后期的学生激进主义难道仅仅是青年人叛逆的有趣且短暂的发泄吗？只是遣散他们的决定是轻率的。保持某种政治激进主义所需要的高能量也许正是青年的一个特征。但是，一个运动的目标是重要的，以及其后聚集的能量，而青年运动所追求的目标看起来在很多方面发生了改变。这里，德国的例子尤其突出。

彼得·洛温伯格（Peter Loewenberg）对于青年相较于年长人群天生地更左或者更自由的看法提出了毁灭性的反击。根据他的研究，纳粹在魏玛共和国末期崛起，主要是因为它对于青年选民不相称的巨大吸引力，他们中的许多人在那个时候开始自己的第一次选举投票。纳粹的吸引力不限于那些低于中产阶级的人或者流氓无产阶级。在取得全国政权之前很多年，纳粹候选人在很多德国大学的学生选举中已经取得绝对的大多数支持。洛温伯格将纳粹在青年选民中的成功，归因于一战期间渡过儿童时期的这一年龄人群的成长经历。还有一个典型特征，就是在极端饥饿边缘的父爱的缺失。[18]

人们不需要老想着德国和意大利 20 世纪 30 年代学生运动的右倾或者威权主义问题。尽管人们并未广泛地认识到这一点，但是当时受到了政治激进主义强力推动的法国学生运动也明显地带有右翼特征。他们对政治的主要介入发生在 1934 年，当时君主主义者和半法西斯青年（许多来自大学）是一系列几乎推翻第三共和国的骚乱的主力。

大西洋一侧的美国的代际对比要弱得多。但是，很清楚，在二三十年前，精英校园的流行规则是要求认同共和党。[19]同样清楚的是，这些地方要求一致的压力现在有利于民主党。

今天的校园相对比较安静。但是，抗议不会发生在真空，它可能从人们内心的价值开始爆发，但是，它受制于人们生活于其中的制度，并与外部世界的问题相关。一个人如果按照其价值行事，有些问题必须加以考虑，并且必须认识到将政治制度与自己的目标相联系的可能性。越南问题的消失与政治效能感的下降（甚至感到激进主义适得其反）看来促使了学生亚文化中政治运动的减少。另外，人们可能会期待，最近的经济衰退对后物质主义现象有抑制性影响。然而，某些与 20 世纪 60 年代后期政治激进主义相联系的潜在价值看来正日益变得流行，即使激进主义自身正在衰落。对美国青年的一系列调查提供了相关证据。在其分析中，丹尼尔·扬克洛维奇（Daniel Yankelovich）发现两种不同的变化模式。

一方面，他发现一种远离政治激进主义的趋势。比如，相信校园激进主义的人口，从 1970 年的 67% 急剧下降到 1971 年的 34%。在 1971 年，61% 的学生认为，他们更关心自己的私人生活，与一年前的关注不同。

另一方面，数据显示了一种广泛接受与工作、金钱、性别、权威、宗教、毒品等相关的"新"文化价值的趋势。在学生亚文化中，相信"努力总有回报"的人出现了惊人的锐减，相信的人从 1968 年的 69% 下降到 1971 年的 39%。在大学校园外的青年人群中也可见相同的趋势，尽管其变化非常缓慢。在 1969 年，这些人群中的 79% 相信要努力工作，到 1973 年，这一数据则下降到 56%。两类人群中越来越多的人表达宁愿不那么强调金钱。在 1968 年，65% 的大学生不再强调金钱，到 1973 年，这一人数增加到 80%。大学校园外的青年的对比数据也是 54% 和 74%。另一方面，这一阶段的学生更加强调工作安全——毫无疑问，这是 1973 年严峻的就业市场的反映。最后，两类人群中认同爱国主义是非常重要的价值的人数都有急剧下降。在 1969 年，35% 的大学强调爱国主义；到 1973 年，只有 19% 的人这样认为。而非大学生青年中，这一数据从 60% 下降到了 40%。[20]

大量的证据都证实了发达工业社会的价值变化。没有任何东西是可以免于这些变化的：它们是由于某些特定条件而产生的，只有在这些条件具备的情况下才能继续存在。如果青年人群中相对占主导的后物质主义是基于富裕程度的提高，那么人们可能会期待富裕的消失则意味着后物质主义的不再。在本书形成过程中，西方世界正在经历二战以来最严重的经济危机。广泛的经济不安全或者一场导致对这些国家入侵的战争所引发的转折,可能都会导致后物质主义现象的前提条件的终结。价值变化的过程可能会逆转目前的方向。我们不能排除那种可能性。有些观察家认为,从 1950—1970 年的繁荣是一场不寻常的畸变,西方社会正在进入一段漫长的经济衰退时期。如果这是真的,我们就真的可以期待,后物质主义会大幅下降。后物质主义集中于最年轻的和最可塑的人群中,面对短期的外力作用,它目前的排序比物质主义(集中于年长的且较不易改变的人群)更脆弱。后物质主义现象,以及与之相关的抗议问题与类型,可能只是作为 20 世纪 60 年代后期有趣的历史事件而被人们记住。

或者我们可以见证持续了几十年的繁荣的复苏,然后是经济崩溃(《增长的极限》的基本预测)。[21] 如果是那样,我们最终将会发现,年龄与今天流行的价值类型的对立关系:年长人群将会表现出过去的后物质主义时代的痕迹,而年轻人群则开始成为物质主义者,以及没有教养的贪得无厌者。

但是,发达工业社会似乎有可能找到办法来解决目前的经济危机,正如他们过去所战胜过的那样。这不一定涉及原材料消费的呈指数的增长——它只是一种所有人或者多数人获得经济和人身安全的一种模式。如果这是真的,我们可以期待后物质主义者的长期增加——同时带着对于西方国家政治的独特的愿景与价值偏好。

注 释

1. 我非常感谢 Max Kaase of the Zentrum, für Umfragen, Methoden und Analysen at the University of Mannheim,使我有机会接触到萨尔州的资料,并且根据自己的需求进行了大量的分析。它证明萨尔州并非理想的测试这些选项稳定性的地方,其人口严重倾向物质主义一端。倾向后物质主义的萨尔州人,1973 年只有 5%,1974 年不到 3%。这一水平远远低于西方国家发现的正常比例,但它符合事实,即萨尔州是德国最穷的地方。后物质主义在萨尔州人看来是一种稀有的几乎是不正常的现象。这一特点并没有削弱卡斯样本总体上的有效性,但是它明显地限制了样本随时间推移作为价值稳定测量工具的功效。

2. 参见 Ronald Inglehart and Hans D. Klingemann, "Party Identification, Ideological Preference and the Left-Right Dimension among Western Public," in Ian Budge at al.(eds.), *Party Identification and Beyond* (New York: Wiley, 1976), pp.243-273.

3. 参见 John C.Pierce and Douglas D.Rose，"Nonattitudes and American Public Opinion: the Examination of A Thesis," *American Political Science Review*，68，2(June，1974)，p.631。上述的 39% 只包括两年都表达相同的人；其他的算法更是导致相反的数字。

4. Institut für Demoskopie，annual greeting card(Allensbach，December，1973)。

5. 参见 ISB Newsletter，2，2(Summer，1974)，p.2；同样地，1973 年 12 月，the Slindinger Consumer Confidence Index(基于美国公众对收入水平、工作安全和商业环境的期望)显示出 25 年来最悲观的愿景。

6. 参见 Commission of The European Communities，"Information Memo: Results of the Sixth Survey on Consumers' Views of the Economic Situation" (Brussels: April，1974)。

7. OMGUS Report 74，October 27，1947，引自 Sidney Verba，"Germany: The Remarking of Political Culture," in Lucian Pye and Sidney Verba(eds.)，*Political Culture and Political Development*(Princeton: Princeton University Press，1965)，pp.131-154。

8. NORC *Opinion News*，August 1，1948，引自 Verba，"Germany"。

9. 这些数据引自 Arnold J.Heidenheimer，*The Governments of Germany*，3rd ed.(New York: Crowell，1971)，p.105。

10. 这些数字来自 EMNID *Pressedienst*，引自 *Encounter*，22，4 (April，1964)，53。我试图沿袭早年分析不同人群时的最初数据：它们永久地丢失了。它悲伤地说明调查数据档案管理的至关重要。

11. 参见 Kendall L.Baker，Russell Dalton and Kai Hildebrandt，*Transitions in German Politics*(即将出版)；参见 Baker et al.，"The Residue of History: Politicization in Post-War Germany," paper presented at the Western Social Science Convention，Denver，May 1976。

12. 参见 Bradley M.Richardson，*The Political Culture of Japan*(Berkeley: University of California Press，1974)，pp.189-228。

13. 参见 Nobutaka Ike，"Economic Growth and Intergenerational Change in Japan," *American Political Science Review*，67，4(December，1973)，pp.1194-1203。

14. 参见 Yosiyuki Sakamoto，"A Study of the Japanese National Character-Part V: Fifth Nation-Wide Survey," *Annals Of The Institute For Statistical Mathematics*(Tokyo: Institute for Statistical Mathematics，1975)，p.33。参见 Tatsuzo Suzuki，"Changing Japanese Values: An Analysis of National Surveys," paper presented at the twenty-fifth annual meeting of the Association for Asian Studies。

15. 这一调查是由 Association for Promoting Fair Elections 发起的，田野调查是 1972 年 12 月完成的。在日本民众中随机抽取了 2 468 个样本进行访谈。

16. 参见 Joji Watanuki，"Japanese Politics: Changes，Continuities and Un-

knowns"（Tokyo：Sophia University Institute of International Relations，1973，mimeo）。

17. 它看起来阻止日本女性表达任何关于社会的观点——这一影响在年长人群中尤其深刻。在那些 50 岁及以上人群中，25% 的男性没有回答关于物质主义/后物质主义问题。这一数据与年轻男性人群比算是高的，但与相同年龄的女性比则很低——女性中有 41% 的没有给予回答。

18. 参见 Peter Loewenberg，"The Psychohistorical Origins of the Nazi Youth Cohort," *The American Historical Review*，77，1（December，1971），pp.1456-1503。

19. 本尼顿（Bennington）是一个有趣的例外——但是例外。关于 1950 年和 60 年代早期耶鲁学生政治文化的调查，参见 Robert Lane，*Political Thinking and Consciousness*（Chicago：Markham，1969）。关于十年后的鲜明对比，参见 Kenneth Keniston，*Young Radicals：Notes on Uncommitted Youth*（New York：Harcourt，Brace，and World，1968）；或者 Reich，*Greening of America*。

20. 参见 Daniel Yankelovich，*The Changing Values on Campus*（New York：Washington Square Press，1973），pp.39-41。参见 Yankelovich，*Changing Youth Values in the 1970s*（New York：JDR 3rd Fund，1974）。

21. 参见 Donella Meadows et al.，*The Limits To Growth*（New York：Universe，1972）。

第五章
价值、客观需求与主观生活质量

一、概　　述

思考人类满意度的根源有着久远的历史。一个最简单但看起来最合理的假设是由柏拉图提出来的:那些物质上富足的人更容易得到满足,而那些遭受贫困的人更容易不满足,而这正是政治不稳定的根源。但是正如托克维尔已经指出的那样,尽管看起来很矛盾,但法国革命不是发生在最贫困的时间点而是发生在相对富裕的时期。

假设客观条件与主观满意度之间存在一一对应关系的想法,受到了一些观察家的质疑,但其并未终结。在 20 世纪 50 年代与 60 年代早期,支撑意识形态和激烈的政治冲突已经衰落的信念的一个主要观点就是,假设人们拥有得越多,就越感到满足。看起来似乎有些道理,即经济福利的提升,会导致公众满意度的提升。

然而,到 60 年代后期,很显然出了问题。传统的福利经济的原则似乎不起作用了。美国公众的实际收入在 1957 年至 1973 年年间得到了明显的增加,但是研究发现他们的幸福水平事实上有轻微的下降。[1]西方公众此前从未享受过如此好的物质福利,所有这些都通过客观的指标得到了测量。然而,大概是从 20 世纪 30 年代开始,从未有过如此明显的不满足。为了理解与测量主观幸福感,另外还有现在我们熟知的经济指标,这些条件导致对需求的认知更多。

二、环境、愿望、价值与满足：一些假设

近年来出现了显著的社会指标研究的兴盛势头。基于杰拉尔德·古林(Gerald Gurin et al.)[2]、哈德利·坎特里尔(Hadley Cantril)[3]和诺曼·布拉德伯恩(Norman Bradburn)[4]的领先研究，在美国和其他众多西方国家出现了一些主要针对生活质量认知的研究。

这一研究在很多方面结出了丰硕的成果。但目前而言，其最有趣的结果就是很多调查反复发现一个不太明显的事实，即在某个特定的社会，不同人群之间总的生活满意度差异很小。比如，在一项对于美国数据的分析中，弗兰克·M.安德鲁斯和斯蒂芬·B.威西(Frank M.Andrews and Stephen B.Withey)发现年龄、性别、种族、收入、教育和职业结合起来的影响，对一个仔细验证的总体生活满意度指数只导致了8%的差异。[5]

人们可能会预期，富人会比穷人对其收入更满意，受教育更多的人对其教育可能会比受教育更少的人满意。但是差异比人们预期的要小，当我们分析人们对整个生活的满意度时，即使收入(在几乎每一个国家这都是最强有力的社会背景预测工具)也只表现出适中的关联度。

为何环境迥异的不同人群对其整体生活满意度的差异如此之小呢？整体生活满意度的全球特征本身可能是一个重要的解释原因。正如安德鲁斯和威西自信地认为的那样，总体生活满意度只是添加剂——它反映的是人们对各个不同领域(比如收入、住房、业余活动、家庭生活等等)的满意度根据每个领域的相对重要性加权后的总和。

对一个领域的满意度与其他领域的满意度之间存在明确的匹配趋势，但其关联度不够精确。结果是，一个领域的满意弥补了另一个领域的不满意。比如，对家庭生活的满意是总体生活满意度的一个重要组成部分，但它与收入无关。这一事实削弱了收入与满意度之间的关联。收入与总体生活满意度之间的关系不是特别强，但是在其他多数社会生活领

域,满意度水平之间的差异更小。

　　一个领域到另一个领域满意度的均分,可能会减少不同人群满意度的差异。但是,另一个过程看起来更加重要。坎贝尔(Campbell)和康弗斯、罗杰斯(Rodgers)也发现,美国数据分析中社会背景变量与满意度之间的关系令人意外地微弱,并提出了另一个有趣的解释模型。他们认为,一个人对于生活任意方面的主观满意度反映的是他的期望水平与他对形势认知之间的差距,但是期望水平会随着生活条件的变化而逐渐调整。如果这是真的,假设特定的社会团体拥有合理稳定的成员,那么人们难以发现其主观满意度之间存在差异:长期来看,稳定团体的期望水平将有时间随其具体的外部环境而进行调整。

　　团体之间差异化低的这一模式,极大地契合那些按遗传或者归属特征定义的团体,因为这些是明显的特定个人的稳定特征。具有波动型的成员的社会分类不一定符合事实——尤其是那些一个类别的变化往往符合满意度水平变化的团体。比如,一个人的收入水平即使在短时期内也会发生很大改变。当真如此,则个人的关切点会同时从一个收入类别转向另一个类别,从一个满意度水平转到另一个满意度水平。结果是,公众向上(或向下)的比例在两个变量上都明显表现出较高(或低)的水平。因此,我们可以期待发现满意度与收入之间有较强的关联。教育更能够比收入预测到人们的态度,但是对于特定个人,教育是一个更加稳定的特征,并呈现出与总体生活满意度较弱的关系。对于我们所拥有的跨国数据,性别可能是最稳定的个人特征,相应地,我们一般会期待发现性别导致的满意度水平差异极其微小,不管女性所面对的劣势是什么。

　　这些预期看起来首先是反直觉的。任何人都知道,当你得到自己所要的某物时,你会比得到之前更加满足。很显然,主观满意度必须对外部环境做出回应。事实上是这样的,至少短期内是这样。一个在荒芜的沙漠中迷路的人,毫无疑问,当其最后到达绿洲时会高兴。但是,在连续几周甚至几个月丰沛的水供应之后,我们还能期待人们会表达出持续的高兴吗? 很难。人们可能认为这种供应是应当的,并开始担心其他的事情。而对于那些生活在供水充足地方的人,它真的看起来没有价值,因此可供给的数量与主观满意度并无关系。

因此,主观满意度水平之间的差距反映的是长时期的变化的影响,而非外部环境的绝对水平的影响。在任何一个大的样本内,我们都能够发现满意度水平的较大区间,反映了这样一个事实,即有些人的最近经历超越了他们的预期,而有些人的则达不到。当需求突然得到满足,人们会体会到满足感的强化,但是过一段时间后,人们会将这一情况视为当然,期望与客观环境之间达成了平衡。人们在表现出上述反应时,很显然需要有一些起作用的机制。否则,某些目标的满足会导致停留在过分满足的状态。

我们认为人类是目标追逐的生物,正如其他追求生物学存在的动物一样,但是其适应程度以及他所追求的非生理学目标的范围之广则是独一无二的。从赤道到北冰洋、从海洋底部到月球表面,他都能够生存。他的目标的范围从食物到氧气再到知识和美。人类在广泛变动的环境中追求自己的目标,令人奇怪的是,这么无限变化的行为则受制于内在平衡的驱动。像其他动物一样,人类需要在体内保持稳定的水的含量,血液中需要有稳定的氧气和糖分的含量。当这些内在平衡被打破,他就会努力,有时甚至是不顾一切地,要么将自己重新置于环境当中,要么通过那些纠正平衡的方式来改变环境。

人类对非物质目标的追求,似乎也遵循相同的形式。在这里,不再是维持生理平衡的问题,而是人们的生理满足感或不满足感有助于有意识地引导追求人类不同的目标,正如愉快或疼痛等较低意识水平的感觉,有助于引导人们去达到生理上的存活一样。对物质与非物质需求的双重满足会产生主观满足感,但是它只会持续一段有限的时间。在一个特定需求通过安全且持续的方式得到满足的环境中,这些需求的特点被削弱了,而导致不满足的原因变得非常重要。这一最终结果是,从长期来看,一个人主观满意度的总体水平是趋向平衡的。

尽管每个人都追求幸福、满足或一种总体满足感,但是这些目标是难以达到的。总体满意度不是物,而是持续地趋向平衡的过程。然而,人们一般是能够在某些特定时刻感知满意或者不满意并且能够报告这些感受的。对这些报告的分析表明,满意度只是添加剂:一个人的总体满意度明确地反映了对某个特定的人重要的那些领域的满意度加权后的平均数。但是,这些权重不同个人以及不同文化,都是各不相同的。总体满意度不会自动地从最优的生理条件中获得。或多或少,人类不只是动物,而是具有范围巨大的高层次的目标。在任何社会,社会的、认知的和审美的需求看来都是存在的。人们在追求生存的间隔,创造了艺术与仪式,并寻求对宇宙的解释。毫无疑问,不同需求的相对权重受自然环境的影响,但并非只受其决定。

调整的过程是繁杂的。一方面是需求或者期望,另一方面是满足,两者之间的平衡不断被打乱并重新调整。对某一需求的满足可能造成极大的压力,但在几天或者几个月或者几年(取决于多长或者人们追求特定目标的强度)后,人们可能期望的更多或者是其他不同的东西。

但是它会变成什么呢? 更多地与这一样,还是转向了其他目标? 分别看来很重要,这两个答案有不同的意义,它们看来有不同的时间框架。一方面,我们对期望进行数量上的调整,它并非立即发生。坎贝尔等的结论是:期望水平只是"缓慢地且在相当长的期限内"自行调整。[6] 然而,有证据表明,特定个人可以根据其形势而调整其期望,繁荣时向上调整,逆境时向下调整(有点慢)。根据坎贝尔等的研究结果,美国公众所有样本中,年龄最长的人群的满意度最高,所以他们认为,人在一生中,可以渐进地很好地达成期望与外部环境之间的平衡。

这一数量上渐进变化的过程可能会费些时间,但是其他一些过程——从一种类型的目标转向另一些目标的数量变化——看来运行更加缓慢。一旦他成年了,特定个人的期望便会与某些目标类型紧密地结合在一起。看来,将观察转向更高收入或者更大住房而非不同目标种类或者不同生活方式更容易一些。价值优选的主要变化在社会中会发生,但是它们更多是作为人口的代际替换而发生的。

因此,经济和社会环境的变化有三种不同的影响,每一种都有自己的时间框架:

1. 短期内,客观环境的变化可以产生立即的满足或者不满足。

2. 渐进地持续了一段时间的变化在某些特定领域会提升或降低个人的期望。

3. 持续了很长一段时间的变化可能导致代际价值变化,结果是不同的领域都有可能成为某一社会人们的优选。

这些不同过程的存在对于一个社会占主导的主观满意度具有重要意义。它们意味着，我们不能简单地找到客观福利与主观满意之间简单的一一对应的关系。尽管短期变化的立即影响因依"得到越多，感觉越好"的规律而起作用，但是它可能会被其他两个过程而抵消。调整期望水平可能会调和相对较高的期望，其满足与相对较高的客观福利相联系。

价值优选的变化可能导致客观福利与主观满意度之间更大的差距，它们甚至可能导致出现下述状况，即在客观福利指数方面列居高位的群体事实上比那些列居低位的相比更加不满足。比如，如果一个高收入群体存在明显的强调非经济领域重于经济因素的价值偏好，那么这就可能发生，他们对其偏好的领域的满意度就不如低收入群体对其偏好的领域的满意度高。这种客观条件与主观满意度之间正常关系的倒置不仅仅在理论上是可能的，实际上似乎正在发生。正如我们下面将看到的，后物质主义明显地表现出对其生活很多方面相对较低的满意度，尽管他们在平均收入、教育和职业地位方面都远占优势。

由于存在这些破坏平衡的过程，我们接下来可能会预测，在特定国家内部，不同稳定的社会种类之间总体满意度水平的差异只是适中的。当然，短期的变异可能发生。任何时候，有些人总比别人做得好些，而另一些做得不够好。但是，当我们比较一些大的群体时，短期变异的影响看来被抵消了。这是否意味着所有短期的变异的影响就这样在一种个人层面的可见的但合力为零的布朗运动中消失了？当然不是。人们可以轻易地感知到某些不频繁但强有力的事件能够突然提升或者降低所有群体的满意度水平。但是，这些轻而易举地进入人们头脑中的事件，如战争或者经济衰退或者政治倒台，很容易对整个国家或几个国家产生影响。因此，它们可以改变特定国家人民从一年到下一年的满意度水平，或者导致一个国家与另一个国家之间巨大的差异。但是，在一个国家内部的不同部分，我们发现社会团体之间差异很小。

我们可以依次发现，特定国家内部的总体满意度水平只有相对的差异。但是，我们需要赶紧加上一点，这一模式并非铁律——它只是相关可能的条件。至于经济或政治灾难的影响，有时被曲解了。这样的事件可能会降低特定国家每一个人的总体满意度水平，但是，如果影响被严重扭曲,有些群体可能被迫下降得比其他团体更快,从而使得群体内的差异拉大。人们甚至可以感知到那些预期中可能提升一个大的群体同时降低其他群体的总体满意度水平的主要事件。比如,共和党总统候选人可能带给共和党人的是欣喜而给所有民主党的人则是沮丧。如果认识到政治在大多数人的生活中只占次要的位置,这些事件对一个人的总体满意度水平只具有边际影响。但是,让我们将这一事例推向极端。想象一种情形,即一个群体在国内战争中战胜了另一个群体,我们会期待前者在全球满意度方面表现出较高的水平吗?当然会。在这种情况下,我们将期待一个特定国家内部不同群体之间存在巨大差异。我们的观点就是,相比较对某个特定宗教或国家大多数人具有相同影响的那些大的变化,这些情形可能不会那么频繁地出现——好的时候(或不好的时候)将有利的(或不利的)变化带给富人和穷人、新教徒和天主教徒、男人和女人。即使不同的群体的绝对位置是不同的,他们也朝同一方面变动,是变化在决定着人们的主观满意度。

接下来的假设看来与关于相对剥夺的部分文献相冲突。相对剥夺感难道不会抵消任何导致群体之间差异最小化的趋势吗?术语"相对剥夺"被用于各种用途。在关于美国士兵的经典研究中[7],人们发现,士兵在经受大量的客观剥夺后仍然能维持较好的精神面貌,假设他们没有感受到相对剥夺。重要的因素看来关乎是否至少受到了与其他参照群体一样好的对待。但是,军队是一个特殊的案例。军队里的人互相之间异常紧密地生活在一起,在非常一致的规范与条件下,且与同时代的外部世界相对隔绝。在那种条件下,参照组比较异常地突出和令人不可抗拒。最近的研究(基于平民样本)继续使用"相对剥夺"这一术语,但是给予了它新的含义。与强调参照组比较不同,这一研究强调不同时间的比较,以及与抽象的规范和期望的比较。个人会将自己目前的幸福程度与过去的条件相比较,或者将其期望与未来相比较。[8]用历时比较来解释满足或不满足的努力有多种形式。哈德利·坎特里尔(Hadley Cantril)测量了人们对其实际成就水平的认知与他想象中最好的可能状况之间的差异。[9]另外一些分析集中于认知到的成就与人们感觉到应有的水平之间的差异[10],以及认知到的成就水平与期望水平之间的差异。[11]

我们自己的解读强调比较的后一种类型。然而,参照组比较可能有些影响。一个人根据环境对其期望进行的调整从不完美。那些低收入且学历低的人,对其收入与教育状况的满意度,要低于那些客观上状况比较好的人。但是,正如我们将要看到的,其差异比我们想象的要小,当平均到其他领域时,其对总体生活满意度的影响就更小了。

让我们总结一下上面提到的观点。我们做如下假设:

1. 一个人的总体生活满意度可以看作一个人对生活的每一个方面的满意度的总和,再根据每个领域对于个人的重要性而加权。满意倾向于从一个领域扩散到另一个领域,但其程度有限。

2. 一个人对生活特定方面的满意度是由下列差距决定的:

a. 人们对他或她目前状况的认知;和 b. 一个人的期望水平。

3. 期望可根据环境而调整。人们通过两种方式调整期望:

a. 上调或下调期望水平——即对相同的事物期待得到更多或者更少。人们在繁荣时提升期望,在萧条时降低期望;但是这一过程是渐进的,因而调整很少是完美的。

b. 改变生活不同方面的权重——即改变其价值偏好。这一过程可以调和甚至逆转物质条件与主观满意度之间的正常关系,导致持有某种价值偏好的群体,比另外境况客观地看起来更不利的群体满意度更低。价值偏好变化的时间滞后,看起来是巨大的,可能导致代际人口更替。

4. 因此,在任何特定文化内部,总体主观满意度在稳定的社会分类中经常只呈现中等程度的差异:

a. 短期的影响可能会被抵消,因为在任何一个大的社会分类中,那些近期经受了有利个人经历的人,倾向于被那些近期经受了不利个人经历的人给平衡掉了。

b. 结构性差异可能会被抵消,因为期望水平和价值逐渐调整到适应长期的客观环境的差异。

5. 然而,我们发现在不同国家间存在较大的满意度水平差异:

a. 只要一个国家是一个独特的文化单元,与其他文化相比,它的人民在价值与期望方面就可能呈现出相对的同质性。因为不同的文化可能给某些领域不同的权重,因此即使面对相同的外部环境,其满意度水平也可能大相径庭。

b. 另外,不同社会的人们面临的环境不同。国界仍然规定着社会经济的主要单元。相比较于其他社会分类,因民族不同而导致短期变化的影响差异很大。

三、总体生活满意度:
关于低差异群体假设的一个测试

我们的假设是,人们可以发现特定国家不同社会群体总体生活满意度水平只存在适中的差异。这个预测有多精确?让我们用 9 个国家的实际数据来检测它。

1973 年欧共体的调查包括一系列跨国标准化问题,如人们对生活的一些重要方面以及总体生活是否满意。表 5.1 显示的是 9 个国家综合样本中对总体生活非常满意的百分比。满意度随着收入由最低转向最高有一些增加,但是变化不大——只有 9 个百分点的增加。这种中等程度的变化与下列事实无关,简言之,即总体数据来自 9 个不同的国家。当我们分别考察这些国家时,其结果是一样的。

表 5.1　依家庭收入划分对其总体生活"非常满意"的百分比:
9 个国家的综合样本(1973 年)

200 美元/月以下	28%	(1 618)
200—399 美元	24%	(2 665)
400—599 美元	29%	(2 640)
600—799 美元	30%	(1 695)
800—999 美元	31%	(1 428)
1 000 美元及以上	37%	(824)

表 5.1 给出了一个人社会背景变量(收入)与其满意度测量(对其总体生活)之间关系的具体看法:这种关系证明非常微弱,正如我们所假设的。这一发现反映的是孤立的偶然事件,还是占主流的模式?为了回答

这一问题,我们来看 9 个国家中每个国家主观满意度每一个可用指标与一系列社会背景特征之间的关系。我们发现,表 5.1 事实上揭示出了普遍模式。为了说明这一事实,我们将考察基础广泛的多选项的主观满意度指数与背景变量组合之间的关系,同时控制多变量分析中的每一个背景变量。

我们第一步就是实证分析人们回答我们提出的关于满意度问题的各种方式。否则,我们在加总个人的回答以形成满意度指数时将面临在橘子中加入苹果的危险。1973 年调查要求每个受访者回答 12 个领域的满意度问题。[12] 表 5.2 显示受访者对这些问题回答的因素分析结果。为了加总大量材料,我们将再一次显示 9 个国家综合样本的结果。

表 5.2　9 个欧洲国家的主观满意度维度(1973 年)

(传统因素分析的加载系数在 0.300 以上)

第一个因素:总体满意度(32%的方差)		第二个因素:社会政治满意度(10%的方差)	
总体生活	0.722	(英国)民主运转情况如何	0.625
休闲时间	0.622	我们生活的社会类型	0.580
个人收入	0.616	代际关系	0.393
工作——在单位、家里和学校	0.613	工作——在单位、家里和学校	− 0.342
我们生活的社会类型	0.577		
与他人关系	0.572		
住房,我们住的寓所	0.551		
小孩的教育	0.538		
(英国)民主运转情况如何	0.518		
代际关系	0.486		
社会福利	0.479		
人们对于您的尊重	0.406		

这些选项分为两个大类。第一个因素显然针对的是总体满意度维度。加载系数最高的选项是对"总体生活"的满意度,其加载系数为 0.722。但是,所有 12 个领域在这个因素上都有至少 0.400 的加载系数。这一模式可能支持安德鲁斯和威西的结论,即满意度只是添加剂,总体生活满意度反映的是对各种其他领域答案的加总。

满意度看来是以某种程度从一个领域向另一个领域扩散的,其所有的二元关联都是正向的——大多数情况下甚至很强。结果是,仅第一个因素足以解释这些选项之间所有方差的32%——数量巨大,尽管其中有部分毫无疑问应归因于回答组合(这些选项不是以强制性二选一的格式进行的,而是一个统一的系列)。如果你对一个领域满意,则显然也提升你在所有其他领域的得分。

单独的国别因素分析也完成了。不同国家之间的模式显然相同,这就意味着这些问题在9个国家具有相同的意义。在每一个国家,选项被分为两个集合,第一集合的方差是第二集合的两倍。每一个国家的第一个较大的集合被看作总体生活满意度群体,与表5.2所显示的一样。

第二个集合主要是人们对其他两个领域的满意度:"您所处社会的类型"以及对"(英国、法国等)民主运行方式"的满意度。这些领域的满意度与人们总体生活满意度正相关,但是其联系相比较其他领域要弱些。社会政治满意度(我们这样称呼)是生活质量相对自主的方面,并以独特的方式不断变动。另外,我们必须指出,9个欧洲国家的公众对总体生活满意度集合中选项的回答主要是正面的,但在社会政治满意度方面,回答"不满意"的人大大超过了回答"满意"的人。

这一分析导致我们将选项分为两类,以探讨主观满意度两个特征鲜明的方面。不同国家这些选项集聚的方式是一样的。看起来,我们为了测量广泛范围的特定生活满意度,可以将人们对某一特定集合中选项的回答综合起来。我们通过加总表5.2中关于第一个因素的最高加载系数的四选项的答案,来构建一个总体生活满意度指数。分值从1(对所有4个选项都非常不满意)到13(对所有4个选项都非常满意)。我们还构建了一个相同的指数,使用了1972年5月调查研究中心进行的关于美国公众消费态度调查中包含的一系列几乎相同的选项。[13]将这一指数作为我们的独立变量,我们试图根据下面的社会背景变量来解释满意度的相对水平,包括年龄、性别、收入、职业、教育、宗教派别、参加教会活动、政党认同、政治信息、工会成员身份、地区、受访者所居住的社区的规模、母语(比利时)、种族(美国)和价值类型。

我们使用前述的变量来预测多元分类分析中的总体满意度。[14]这一分析的结果证实了表 5.1 给人们留下的印象。在欧洲国家和美国,我们的社会背景变量组只解释了主观满意度极小部分的方差。正如表 5.3 所示,9 个国家的平均数只有 10%,具体国家的数值从最低的 8% 到最高的 13%。这些数字意外地低。相比较而言,我们可能会说,同一组背景变量解释了 9 个国家平均数在政党认同方面的 30% 的方差,在某些具体情况下其值高至 49%。为了进一步证实我们的发现,表 5.3 还显示了使用三个独立变量进行相同分析的结果。与选举意愿、价值优选、在左—右两翼自我定位相联系,我们的预测变量解释的方差,是使用总体满意度指数时的两到三倍。总之,满意度水平在我们分析的所有社会特征中倾向于保持相对稳定。根据年龄、性别、收入、教育等等,对这种方差明显不足的可能解释有很多。比如,可能仅仅是因为我们的选项不能很好地测量主观满意度。但是,多数这些选项是改编自此前已经详尽地验证与证实过的研究中。另一种解释可能是,这里没有真实的态度可测量。在回答他们知道或者关心较少的问题时,受访者有时或多或少会随机给一些毫无意义的答案。这样的答案表现出的与社会背景特征之间的关系是无效的。

表5.3 9个国家社会结构所体现的态度差异[a]

（通过标准社会背景预测变量的多重分类分析模型所解释的总方差的百分比）

国　家	左—右的自我定位	政党认同	投票意愿	价值优选	总体生活满意度
法　国	51%	37%	28%	35%	12%
荷　兰	41%	43%	35%	22%	10%
比利时	16%	49%	43%	23%	12%
意大利	58%	25%	25%	24%	10%
丹　麦	35%	28%	23%	28%	11%
英　国	45%	25%	26%	12%	13%
德　国	31%	27%	23%	28%	8%
爱尔兰	10%	2%	4%	15%	12%
美　国	8%	37%	27%	17%	6%
所有国家平均数	33%	30%	26%	23%	10%

注:a 由于样本数不够,本分析不适用于卢森堡。

但是可以确定的是,人们肯定知道且关心对自己的收入、休闲、工作和总体生活是否满意。这些是与之直接相关的非即时关切。距离受访者较远或者对其无意义的问题,即意味着无反应率异常地高——有时在一个样本中达到30%。但是这里的无反应率非常低,涉及个人的收入、休闲和工作的无反应率平均不到4%,涉及个人生活总体的不到1%。看起来,不同人群之间的差异真的比较小,意味着,一个适应的过程正在发生。

我们仍然要解释某些方差。哪些变量导致了方差呢?表5.4显示了9个国家综合样本的多元分类分析中所包含的大量社会群体的平均满意度分值。它揭示了一个有趣的事实。当民族作为预测工具时,它能够比其他任何变量解释更多方差。事实上,民族能够比我们所有其他的综合变量解释更多方差。它独自解释了总方差的13%。如表5.4所示,平均满意度分值从最低的意大利公众的7.1到最高的丹麦人的10.4。这种跨国差异是巨大的也是有趣的。我们将在下面的章节中详细解释。这里,我们只是简单地指出,国家看来是研究生活质量的一个重要的分析单元。

在民族之后,一个人的家庭收入证明是满意度分值第二强有力的预测工具——与我们的下列假设一致,即诸如收入等相对易波动的特征相比较于固定的特征如性别,与方差的联系更强。我们必须指出,在后一种联系中,我们发现,从性别来看,满意度水平简直没有方差。同样地,我们发现几乎与价值类型没有联系,尽管后物质主义倾向于具有较高的收入。不同群体之间的满意度水平,没有任何其他变量表现出较大的差异。教育、职业和政党偏好确实有些影响,但是相比较于收入,其联系明显要弱。即使收入,也只是导致了总体满意度水平的适度差异。从那些月收入低于200美元的人,到那些月收入超过800美元的人,满意度水平只变化了1.2个百分点——略低于标准偏差的一半。在任何国家,它都没有导致超过3或4个百分点的总方差。

基于8个欧共体国家和美国的数据,我们的发现与我们的下述假设是一致的,即特定社会不同社会分类之间的总体生活满意度存在一种长期的保持稳定的趋势。同样地,根据对北欧4个国家数据的分析,埃里克·阿拉特(Erik Allardt)指出,"当满意度测量与普遍的背景变量,诸如

表5.4　9个欧洲国家依社会背景划分的总体满意度分值（1973年）[a]

（总体满意度指数平均值）

国家	分值	(案例数)	家庭收入	分值	(案例数)	教育（受访者离开学校的年龄）	分值	(案例数)	价值类型	分值	(案例数)
丹麦	10.4	(1 171)	200美元/月以下	8.2	(1 570)	15岁或以下	8.5	(7 091)	Mats.	8.8	(6 765)
荷兰	9.9	(1 388)	200—399美元	8.3	(2 582)	16—19岁	9.1	(4 295)	分值=1	8.9	(2 338)
比利时	9.9	(1 214)	400—599美元	8.8	(2 586)	20岁或以上	9.2	(1 610)	分值=2	9.0	(1 742)
卢森堡	9.8	(300)	600—799美元	9.1	(1 658)				分值=3	8.9	(1 106)
爱尔兰	9.5	(1 171)	800美元/月以上	9.4	(2 368)				分值=4	8.8	(749)
英国	8.8	(1 904)	不确定	9.0	(2 232)	**性别**			P-Mats.	8.7	(673)
德国	8.2	(1 894)				男性	8.8	(6 294)			
法国	8.1	(2 122)	**一家之主的职业**			女性	8.8	(6 699)	**政党认同**（受访者感觉亲近的政党是：）		
意大利	7.1	(1 832)	非体力	9.1	(4 617)	**参加教会活动的频率**			右翼	9.1	(3 573)
年龄			农民	8.6	(1 014)	每周至少1次	9.0	(4 136)	没有；中立	8.8	(5 339)
15—19	8.8	(1 013)	体力	8.6	(4 634)	每年至少几次	8.7	(4 406)	左翼	8.6	(4 084)
20—24	8.8	(1 394)	退休；家庭主妇	8.6	(2 731)	从不；不信教	8.7	(4 427)			
25—34	8.8	(2 496)									
35—44	8.7	(2 390)									
45—54	8.8	(2 140)									
55—64	8.9	(1 759)									
54 +	9.0	(1 801)									

注：a 分值为13.0（最大值）即意味着该个体对其收入、工作、休闲和总体生活"非常满意"；分值为1.0即意味着受访者对4项都非常不满意；分值为7.0算中等。所有样本的平均数为8.8。括号中的数字表示的是作为某一特定平均分值基础的案例的数目。

职业、教育、性别、年龄等相关联时,会发现一个鲜明的事实。在每一个国家内部,依社会特征划分的不同类别之间的总体满意度水平趋向于惊人地一致。"[15]在这些社会类别中,财富、声望与自我表达的机会分布不均。然而,我们发现不同类别的总体满意度很少存在明显的变化。

这一现象直觉并不明显。每个人都知道,女性比男性赚得少,承受很多不利;然而,两性总体主观满意度水平看起来是相同的。每个人都知道,在美国,黑人的客观环境明显差于白人。但是,两个种族的总体满意度水平只有很小的差异。后一发现确实令人吃惊。但是,它不仅在这里得到了证实,而且也在其他几次美国调查中得到了证明。[16]更令人吃惊的是,最近的研究表明,具有严重身体残障——肌肉疾病、中风、四肢缺失或失明——的人,主观满意度水平与其他人并无明显的差异。[17]尽管令人吃惊,但是符合我们的假设,总体主观满意度在特定国家的不同人群中趋向于保持稳定。

四、变化与满意度

我们认为,主观满意度更多受最近的变化影响,而非需求满足的绝对水平。当然,对于这一假设的结论性的验证,还需要大量纵向数据基础。但是,1973 年调查中的一些选项使得我们可以进行一项准纵向测试。我们的受访者被问道:

如果您回想 5 年前的生活,您会说您是:

——比 5 年前更满意?

——没有 5 年前满意?

——没变化?

如果我们增加这一选项到我们的多元变量分析中,我们会发现它能够更好地解释总体满意度水平。它是比任何社会背景变量更强有力的预测工具(民族除外)。我们的新 MCA 模型现在能够解释总体满意度的29%的方差——几乎是各国分析中社会背景变量单独解释力的 3 倍。

对最近改进的认知和总体满意度之间的关联并不令人吃惊。应答集可以解释其中的一些关系。那些目前满意的人可能对最近的发展持乐观的评价。但是,这种关系绝不是同义反复。相比较于其对未来改进的预期,一个人对最近变化的认知能够更好地预测目前的满意度。而且,后一种变量对于应答集应该至少是同样脆弱的。前者涉及真实的经历,后者很大程度上取决于个人目前的总体感受。上述问题之后我们接着询问:

您认为您的日常生活条件未来 5 年将会改善或者不会?

——是的,很多。

——是的,一点。

——不,不会。

表 5.5 显示了对最近变化的认知以及对未来的期望所导致的满意度的变化。我们发现前一变量的方差是 1.7 个百分点,后者则只有 0.8 个百分点(有趣的是,在后一种情况下,多数感到不满意的群体不是那些期望值低的人而是那些不确定的人)。将 9 个国家作为一个整体,对最近变化的认知导致的方差 3 倍于对未来改善的期望。看来,近期的短期变化在形成一个人的总体满意度方面发挥着重要且独立的作用。

表 5.5　依对最新变化的感知和对未来改变的期望而划分的总体满意度

（总体满意度指数的平均分值）

根据对最近变化的感知		
比 5 年前满意多了	9.3	(5 526)
没变化	9.1	(4 242)
比 5 年前更不满意	7.6	(2 963)
根据对未来改变的期望		
今后 5 年会有很大改进	9.1	(1 891)
今后 5 年会有一点改进	8.7	(4 555)
今后 5 年不会有改进	8.5	(4 549)
不知道	8.3	(2 001)

我们必须谨慎对待短期变化的影响数据。个人对其最近变化的陈述,不如对其在一系列时间点上的直接测量可靠。但是,我们的数据肯定

是倾向于支持那些强调基于个人内在纵向比较的相对剥夺的重要性的理论家。我们的发现与下述理解不一致，即相对剥夺感也能够跳过与其他群体的跨地区比较——但是，后者的影响看来相对要弱些。总之，一个人的期望水平看来是由其个人经历而非同一社会的其他群体的成就水平来决定的。

五、价值优选和主观满意度

我们的发现倾向于支持这一假设，即期望水平会随着外部环境而调整，其中，个人内在纵向比较在形成主观满意度方面起到了关键的作用。只要有利的变化超出了一个人的期望，人们就会感到满意。

至今我们很少关注到一个社会占主导的期望的特征可能的长期变化。这些变化应该具有非常重要的意义。只要人们的价值转向强调新的目标，特定的"有利的"变化过程在那些人中将不再产生满足感。另外，只要不同的群体具有不同的价值优选，能够满足一个群体的一系列条件可能会使另外一个群体不太满意。因此，外部条件、价值与主观满意度之间的相互作用是复杂的，有时还是矛盾的。

马什最近的一项研究说明了这种复杂性。[18]通过分析包括了我们最初的四选项价值指数的1971年英国调查数据，马什发现后物质主义者相比较于物质主义者，对其物质条件并未表现出更高的满意度水平——事实再明显不过，后物质主义者拥有更高的收入与教育水平，以及更令人渴望的工作。首先，这一发现看来与基于需求等级概念的任何解读都相冲突。我们已经说过，后物质主义具有独特的目标，因为他们的低层次需求已经得到较好的满足。因此，接下来，他们应该对其收入、住房、工作与健康等表现出相应的极大满足吗？

正如我们所见，答案是否定的。这一假设是，它们取决于一个可以理解但至关重要的错误，没有区分外部需求与满意的主观感受。最近有大量的证据证明这两者间的关系是非常松散的，而且将两者等同的倾向是非常错误的。然而，单词"满意"一般被用来指这两者，马什将其等同，也许是无意识的。如果这些事件和最近一些年的研究告诉了我们这一关联中的什么事情的话，那就是，人们可以客观上非常幸福，但主观上则不满意。让我们来看看这一切到底是怎样发生的。

需求等级概念的意思是，人类以一种或多或少可以预测的顺序，来追求一个接一个的目标，先从那些对其生存最重要的需求开始。如果某一需求得到满足，他们会转而追求另一个更高级的需求。正如布雷赫特（Brecht）所言，"衣食足而知道德"。假设那些经济与生理安全需求得到满足的人倾向于对这些领域表现出相对较大的满意度（正如马什所做的那样），看起来是合理的。但是，他们真的是这样的吗？需求等级模型认为，那些特定客观需求得到满足的人，过一段时间后，会改变其偏好，更加关注追求其他的需求——不是那些能够必然体现其较高的与较低层次领域相关的主观满意度的需求。马斯洛认为，"我观察到的是，需求满足只导致暂时的幸福，接下来的可能是更多的不满足。"[19] 短期内，特定需求的满足会导致主观满意度的提升；但长期来看则不是这样。而我关于代内价值非常清楚地发生了变化的假设，与长期的影响有关。它们意味着，后物质主义价值偏好将主要适用于那些经历了长期的经济与人身安全的人——确切地说，是在其成长的过程中。总之，后物质主义之所以是后物质主义，正是因为他们不会从其相对有利的物质条件中得到相应的巨大的主观满意度。

马什的批评帮助澄清了西方社会价值变化的特征。正如他所指出的，年轻一代中出现大量的后物质主义少数，并不意味着出现了本质上更加高尚、更加利他的一代人。像每一个人一样，他们也追求对其更加重要的需求。变化在于这样一个事实，即后物质主义者试图最大化与年长一代最看重的价值不同的价值。马什认为，后物质主义只是试图通过赞同变化中的意识形态和支持左翼来获得同辈人的崇拜与尊敬。他们的行为反映的只不过是对激进（Radical Chic）的渴望。尽管不是全部，但这种解读可能抓住了正在发生的事情，且与作为我们理解基础的马斯洛模型的含义一致。根据马斯洛的理论，归属与获得他人尊敬的需求正是我们所预期得到重视的，人们在生存与人身安全得到保证后所追求的。至少一些后物质主义可能受到自尊或自我实现（实际上可能与利他行为无法进行区分）的需求所驱动。但是，即使我们不全相信这些可能性，马什的发现看来还是支持而非破坏马斯洛的理解。[20]

最重要的是，马什强调了一个非常有意义的事实。尽管其明显的价值偏好可能是由于成长过程中客观需求满足水平相对较高，后物质主义并未表现出较高的主观满意度水平。相反，他们对发达工业社会的非经济缺陷更加敏感，对生活许多方面似乎表现出比其他群体更低的满意度。

一开始，这一发现似乎令人吃惊。为何后物质主义没有表现出较高的满意度水平？在关于马斯洛需求等级理论的富有思想性的讨论中，马库·哈伦纳（Marku Haranne）和阿勒特指出了其中一方面的意义：那些对其较低层次需求获得了（客观）满意的人，可能对一些高层次的需求表现出相对不满。[21]如果，仅仅是如果，有问题的群体改变了其价值偏好，在更高层次的需求领域要求得到更多，那么人们可以期待这一结果。哈伦纳和阿勒特没有测量任何个人的价值偏好，结果他们不能识别那些物质需求满意度较高但对更高层次需求相对不满意的群体。但是，如果我们的解读是正确的，后物质主义应该符合这一描述。这一群体享受较高的物质福利水平，他们对此已习以为然。结果，他们越来越强调生活的非物质方面。与物质主义多数相反——他们较高的物质福利水平为生活的其他方面打造了有利的光环——而后物质主义则被证明对某些较高层次的生活领域可能满意度水平相对较低。

他们这样做有迹象可查吗？表 5.2 中的维度分析显示了两种广义的满意度类型——"总体满意度"和"社会政治满意度"。后一维度反映的正是我们可能预测物质主义的满意度水平区别于后物质主义的领域类型。在第一个地方，这些选项相对于广义的"总体满意度"群体形成了一个较小的集合；对这两个选项的应答相比较于"总体满意度"选项，存在一种弱的被其他应答所平均掉的趋向。撇开更大集合的惯性不说，我们可以期待社会政治满意度更容易受短期力量的影响，这些力量对不同价值的群众有着不同的影响。另外，这些选项的内容强化了出现不同类型应答的可能性。至于他们的特征，后物质主义被认为更加专注于即时的个人需求,如第一集合中强调的那些,而且对社会问题更加敏感;从理论上,他们相比较于那些强调其他价值类型的人,他们使用不同的标准来评价社会成就。没有理论上的理由来解释为何后物质主义比其他群体必然对政府和社会成就更加不满意,我们知道在西方社会,他们已经构成一个少数群体。作为最近才以显著的数据出现的相对较小的群体,他们生活在社会,其主流是物质主义的目标。很有可能,他们经常被否定。

最后,正如我们早先提到的,政治领域是这样的一个领域,群体的所有人都可能经历过环境的急剧变化。比如,在1973年的英国调查中,那些支持保守党的人比那些支持别的党派的人,政治满意度要更高。这与主张右翼政党的支持者比支持左翼的人感到更满足的广义模型是一致的。但是,它看起来也反映了一个事实,即当时保守党正执政。在德国,左翼政党执政,因此社会民主党的选民比其他群体政治上要更满足。1975年调查显示,在英国工党上台后,其追随者比其他选民的政治满意度要高。

后物质主义比物质主义更加强调社会政治满意度吗?我们认为,如果物质需求获得了长期的满足,其他需求就必然日益关联一个人的总体主观满意度。因此,物质主义与后物质主义价值类型的总体满意度水平真的不易区分。但是,总体满意度的不同构成对于两者的意义应该是不一样的。

当我们对每一种价值类型的满意度因素进行个别的分析时,这并没有明显的证据。在这些分析中,所有选项都如表5.2所示,具有相当高的加载系数:存在一种很强的趋势,使满意度从一个领域影响到另一个领域。另外,在物质主义与后物质主义子样本中,总体满意度是作为第一个因素的最高加载系数选项而出现的。这一因素反映的是两种情况下的总体满意度。但是,过了这一点,出现了两种不同的模式。在物质主义中,对其工作、休闲时间和收入三者的满意度都是最高加载系数的选项——这些领域与总体满意度关系密切。另一方面,在后物质主义中,第二加载系数的选项是"我们生活其中的社会的类型",接着是"孩子的教育"、"休闲时间"和"民主运动情况如何"。社会与政治领域所发生的事情看来对后物质主义的影响要大于物质主义。

一个人的客观收入与主观生活满意度之间的关系也表现了不同价值类型所具有的截然不同的模式。相比较于物质主义,收入对后物质主义的总体满意度水平的影响要小些。对于纯粹的物质主义类型,在我们调查的9个国家整体样本中,实际家庭收入与总体生活满意度之间的关联指数＝0.130;而在后物质主义中,只有很微弱的负向关联(＝－0.002)。[22]表5.6显示了两种绝对的价值类型中根据收入,人们选择对其总体生活"非常满意"的百分比。在物质主义中,总体满意度随家庭收入由低到高而增强。而在后物质主义中,没有明显的模式,而且最贫穷的群体比最富裕的群体更加满足。这一模式反复出现在不同国家的调查中:在物质主义中,收入与总体生活满意度之间总是正向相关。而在后物质主义中,联系始终很弱,在9个国家中,我们最后还发现其中4个国家存在负向关联。

表5.6 依家庭收入划分的总体生活满意度:物质主义与后物质主义

(欧洲样本综合起来"非常满意"所占的百分比)

每月家庭收入	Mats.		P-Mats.	
200 美元以下	27%	(9 330)	33%	(55)
200—399 美元	26%	(1 397)	16%	(111)
400—599 美元	30%	(1 297)	20%	(102)
600—799 美元	31%	(9 787)	23%	(120)
800—999 美元	31%	(7 280)	24%	(98)
1 000 美元以上	40%	(391)	23%	(57)

我们假设,后物质主义对其国家的政治与社会生活相对更满足。正如图5.1所示,后物质主义价值存在一个很明显的与政治不满意相联系的趋势。对一个人收入或者总体生活的满意度与价值类型关联很小;但是,价值与政治满意度之间的关联非常大。

将9个欧共体国家作为一个整体,其中51%的纯粹物质主义类型对其国家民主的运行情况是满意或者非常满意的;但后物质主义则只有29%是满意的。

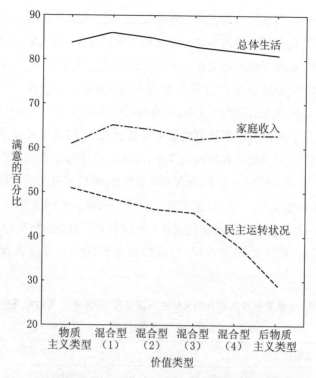

图 5.1   依价值类型划分的 3 个领域的满意度(1973 年,欧洲)

1973 年调查的 9 个欧盟国家综合样本中"满意"或"非常满意"的百分比。缺失的数据排除在百分比基数之外。

后物质主义价值并非内在地意味着政治不满意。然而,如图 5.2 所示,不同国家其中的关联强度变化很大。8 个国家中的 7 个,后物质主义群体比其他任何群体都要更不满意——有时显示是大片空白。但是,我们确实也有一个异常的例子(丹麦),在那里,后物质主义很特别地没有不满意。有一种总的可能性,即后物质主义对其政治制度的结果感到失望。但是,这些制度各国都不同,在任何特定的时候,要么是相对保守的力量在执政,要么是相对激进的群体在当权。因此,人们可能发现,在集合的物质主义一端或者后物质主义的一端,对政治都有强烈的失望。

毫无疑问,对这一事实的最有力的说明就是意大利的新法西斯。在我们 1973 年调查的数据中,新法西斯的支持者比任何其他 52 个政党的选民都要更倾向于物质主义一端。同时,他们对 52 个群体表达了最低程度的满意。新法西斯并非表示不满意的唯一极端的物质主义群体。在丹麦,社会民主党的长期统治缔造了世界上最发达(也最昂贵)的福利国家。在这里,或多或少普雅德派的"进步党"提供了另一个选民是物质主义的但又对政治相对不满意的样本。

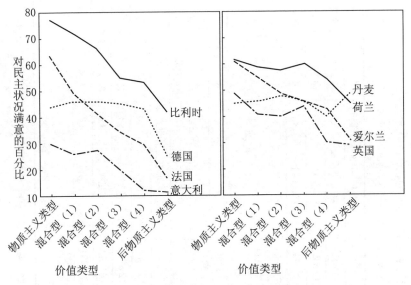

图 5.2　依价值类型划分的政治满意度

1973 年调查对自己国家民主运转状况"满意"或"非常满意"的百分比。

政治不满意在闭联集的两端都可以看到。然而,全球的趋势是:后物质主义中充斥着不满意。作为在一个物质主义占主流的社会形成的相对少数,他们正在适应他们自己的价值与他们身边社会之间的不同。

对生活其中的社会的满意度表现的是与对民主运行方式满意度相同的模式。为了提升这个方面更加可靠的分析,我们基于对这两个选项的应答而建构了一个社会政治满意度指数。[23]将其作为我们的独立变量,我们对每一个国家的样本与 9 个欧共体国家的综合样本进行了与表 5.4 所示相同的多元分类分析。后一分析的结果在表 5.7 中。民族再一次成为满意度的最强预测工具。但是在其他方面,模式与总体满意度分值表现出来的不一样。首先,平均分值是负的。一方面,大部分欧洲公众看来对总体生活很满意(尤其是对物质方面),同时对社会和政治生活的不满意

表 5.7　9 个欧洲国家依社会背景划分的社会政治满意度

（政治满意度指数平均分值：最大值＝7.0）[a]

国家			家庭收入			教育（受访者离开学校的年龄）			价值类型		
比利时	4.6	(1 253)	200 美元以下	3.9	(1 618)	15 岁或以下	3.9	(7 212)	物质主义	4.0	(6 765)
卢森堡	4.6	(323)	200—399 美元	3.8	(2 639)	16—19 岁	4.0	(4 379)	分值＝1	4.0	(2 338)
爱尔兰	4.3	(1 198)	400—599 美元	3.9	(2 644)	20 岁或以上	3.7	(1 674)	分值＝2	3.9	(1 742)
荷兰	4.1	(1 423)	600—799 美元	4.0	(1 700)				分值＝3	3.7	(1 106)
丹麦	4.0	(1 199)	800 美元以上	3.9	(2 414)				分值＝4	3.5	(749)
德国	4.0	(1 946)	拒绝回答收入，不确定	4.0	(2 329)	性别			后物质主义	3.2	(673)
英国	3.8	(1 931)				男性	3.8	(6 514)			
法国	3.7	(2 166)				女性	4.0	(6 823)			
意大利	3.1	(1 903)									

年龄			一家之主的职业			参加教会活动的频率			政党认同（受访者感觉亲近的政党是）		
15—24	3.8	(3 619)	农民	4.2	(1 055)	每周 1 次以上	4.0	(685)	右翼	4.0	(3 677)
25—34	3.9	(2 448)	退休；家庭主妇	3.9	(2 806)	每周 1 次	4.1	(3 599)	没有；中立	3.9	(5 475)
35—44	3.9	(2 273)	体力	3.9	(4 741)	一年几次	3.9	(4 512)	左翼	3.8	(4 190)
45—54	3.9	(1 913)	非体力	3.8	(4 740)	从不；不信教	3.7	(4 546)			
55—64	3.9	(1 771)									
65＋	4.1	(1 176)									

注：a 这个指数分值为 7.0 即意味着该个体对"我们今天生活的社会（英国）"和"（英国）民主运转的方式""非常满意"；分值为 1.0 即意味着该个体对两个选项都非常不满意；分值为 4.0 算中等。

要高过满意。另外,几乎没有因收入而导致的社会政治满意度方差。与总体满意度的分析相反的情况是,高收入群体并未比低收入群体有更多满足。职业也是如此。事实上,非体力职业的人表现了最高的总体满意度,但他们对社会政治的满意度最低。

我们已经指出一个事实,它有助于解释满意度与收入、职业之间微弱的甚至是逆向的关系。后物质主义者(有更高的收入与更好的工作)绝对没有物质主义者满足。物质主义的平均社会政治满意度分值是 4.0——正好是满意与不满意之间的中界。中间形态的价值类型慢慢地在降低其满意度水平;而后物质主义一端平均分值为 3.2——使之比 9 个国家中的 8 个要低——只有意大利更低。我们的多因素分析说明,价值类型是社会政治满意度第二强的预测工具。只有民族能够解释表 5.7 中显示的更多的预测方差。这对于总体满意度是正确的,这一分析中总方差的百分比适度:只有 12%。正如先前我们所说,一个适应的过程可能抑制了满意度比率的变化。然而,价值与社会政治满意度之间的关系毫无疑问是显著的。尽管在不同地方它的变动很大,这一分析说明,其关系并非虚假:调整适应收入、教育、年龄、政党等的影响后,我们发现,价值比一个国家任何其他变量对方差的解释都更有力。

正如马什发现的那样,后物质主义并不比物质主义对其生活甚至其收入更满意。他们有时可能还要更不满意一些,部分原因是较高的经济期望抵消了他们较高的客观条件所带来的影响。但是,下列事实似乎同样重要,即后物质主义不再强调引致其满意的标准,导致收入与主观满意度几乎没有关系。相反,他们国家的政治和社会生活成为总体满意度的相对重要的组成部分,并倾向于负面地评价它们。

六、结　　论

总体主观满意度在不同社会群体之间变化非常小——看起来似乎是负面的发现,其实反映了人类具有适应与改变的巨大能力——较高的满意度水平看来内在地脆弱。外部条件的有利变化可以提升个人的满意度水平，但是长期来看，也会导致期望的提升——从更长的周期来看，会改变价值——最后将影响中和了。

财富的增长可能导致短期的满足感，但个人会慢慢地根据外部环境来调整自己的期望水平；在一个特定的时期后，人们会把某种成功水平看作当然，从而会期望更多。因此，具有稳定成员的群体之间结构性的物质福利差异只与主观满意度的很小差异相关联。另外，那些从未被剥夺过特定需求的一代人，很显然会将自己的价值优选转向强调那些性质不同的目标。对于这些群体，相对较高的物质需求满意度水平事实上可以与较低的总体满意度水平相关联，如果在追求其最看重的目标的过程中经历过挫折的话。

因此，这只是后物质主义陷入的一个明显的悖论，他们对总体生活或者物质生活都没有表现出较高的主观满意度水平。根据定义，这个群体有其独特的价值偏好。与其他群体相比，它不太强调物质福利，而较多强调社会的定性方面。

20世纪70年代占主流的环境下，后物质主义比物质主义倾向于表现出较低的社会政治满意度水平。这一事实的意义可能远不止于此。在工业社会的早期，政治不满意通常有其物质条件方面的起因，而且主要集中在低收入人群。我们的发现证明，相对富裕的后物质主义现在正在形成一个政治不满意的领导中心。政党是这一趋势发展的结果，社会政治不满意不再主要集中于工人阶级。当那些非体力劳动者表现出较高的总体满意度时，他们的社会政治满意度却很低。相应地，中产阶级的后物质主义元素提供了一个支持左翼政党和政治抗议的潜在基础。

政治抗议不会自动地从不满意中产生。它在付诸实践前，要求有相应的组织、领导、问题、技巧和效能感。在20世纪70年代中期，政治抗议在西方国家处于衰退期。但是，政治不满意决不会消失。它显然已经将其重心转向了一个新的社会基础，但是仍然在扩散。

注 释

1. 参见 Angus E.Campbell et al., *The Quality of American Life*：*Perceptions*，*Evaluations and Satisfactions*（New York：Russelss Sage，1976）。参见 James A.

Davis, "Does Economic Growth Improve the Human Lot? Yes, Indeed, About 0.0005 per Year." paper prepared for The International Conference on Subjective Indicators of The Quality of Life, Cambridge, England. September 8-11, 1975; and Otis Dudley Duncan, "Does Money Buy Satisfaction?" *Social Indicators Research*, 2(1975), pp.267-274。

2. Gerald Gurin et al., *Americans View Their Maetal Health*(New York: Basic Books, 1960)。

3. Hadley Cantril, *The Pattern of Human Concerns*(New Brunswich: Rutgers University Press, 1965)。

4. Norman Bradburn, *The Structure of Psychological Well-Being*(Chicago: Aldine Press, 1969)。

5. 参见 Feank M.Andrews and Stephen B.Withey, *Social Indicators of Well-Being in America*(New York: Plenum, 1976)。

6. Campbell et al., *Quality of American Life*, p.209.

7. 参见 Samuel Stouffer et al., *The American Solder*(Princeton: Princeton University Press, 1949)。

8. 关于这一方法的案例,参见 James C.Davies, "Toward a Theory of Revolution," *American Sociological Review*, 6, 1(Febrary), pp.5-19。

9. 参见 Hadley Cantril, *Pattern of Concerns*, 参见 Don R.Brown et at., "Deprivation, Mobility and Orientation toward Protest of the Urban Poor," in Louis H.Masotti and Don R.Bowen(eds.), *Riots and Rebellion: Civil Violence in the Urban Community*(Beverly Hills: Sage, 1968); and Joel D.Aberbach and Jack L.Walker, "Political Trust and Racial Ideology," *American Political Science Review*, 64, 3(September, 1970), pp.1199-1219。

10. 参见 Bradburn, *Structure of Well-Being*; and Ted Gurr, *Why Men Rebel* (Princeton: Princeton University Press, 1970)。

11. 参见 Campbell et al., *Quality of American Life*。

12. 文本为:"我想问您如何评价目前您生活状态的某些方面。我将为您读出一些方面,每一个都希望您告诉我们,您是否非常满意,或比较满意,或不太满意,或者一点也不满意。"受访者被问道:"房子、公寓或者您住的地方;您的收入;您的工作(作为家庭主妇,在上班或者上学);小孩的教育;您的休闲时间(业余时间);当您病了或者失业您会接受的社会福利救助;概括地说您与他人的关系;您今天所处社会(英国)的类型;代际关系;(英国)民主运行的方式。"受访者还被问道:"总体来说,您对自己的生活是非常满意,还是比较满意,不太满意,或者一点也不满意?"最后,他们被问道:"一般来说,人们给予您应有的尊重,还是没有?"

13. 对这一调查的描写,参见附录, Burkhard Strumpel(eds.), *Economic Means for Human Needs*(Ann Arbor: Institute for Social Research, 1976)。非常感谢伯克哈特·斯特伦佩尔以及安德鲁斯和威西与我分享这些数据。

14. 我们在这里使用了 OSIRIS II 多元分类分析项目。参见 John A.Sonquist，*Multivariate Model Building：The Validation of A Research Strategy*（Ann Arbor：Institute for Social Research，1970）。

15. 参见 Erik Allardt，"The Question of Interchangeability of Objective and Subjective Social Indicators of Well-Being." Paper presented to the 1976 Congress of the International Political Science Association，Edinburgh，August 16-24，1976，5。

16. 参见 Andrews and Withey，Social Indicators，and Campbell et al.，*Quality of American Life*。

17. 参见 Paul Cameron，"Social Stereotypes：Three Faces of Happiness," *Psychology Today*（August，1974），pp.62-64。

18. 参见 Alan Marsh，"The 'Silent Revolution,' Value Priorities and the Quality of Life in Britain," *American Political Science Review*，69，2（March，1975），pp.21-30。这是一篇评论，见 Ronald Inglehart，"The Silent Revolution in Europe：Intergenerational Change in Post-Industrial Society," *American Political Science Review*，65，4（December，1971），pp.991-1017。

19. Abraham H.Maslow，*Motivation and Personality*，2nd edition（New York：Harper & Row，1970），p.15.

20. 对 Marsh 观点的详细分析与驳斥，参见 Ronald Inglehart，"Values，Objective Needs and Subjective Satisfaction among Western Publics," *Comparative Political Studies*（January，1977），pp.429-458。

21. 参见 Markku Haranne and Erik Allardt，*Attitudes toward Modernity and Modernization：An Appraisal of an Empirical Study*（Helsinki：University of Helsinki Press，1974），pp.63-71。

22. 这些系数基于家庭收入与涉及总体生活满意度的选项之间的关系。价值类型是通过十二选项指数测量的，因此"纯粹的"类型就是我们划分的 6 个大类中处于两端的群体。物质主义与后物质主义的样本数分别为 5 533 和 543。

23. 这一指数只是加总了每个人对这两个选项的满意度水平，产生了一个指数，其分值范围为 1（对两者非常不满意）到 7（对两者非常满意）。

第六章
主观满意度：跨文化与跨时空变动

在前面的章节，我们假设在特定文化下，不同社会群体的总体生活满意度倾向于保持恒定，而有证据支持这一假设。但是，"在特定文化下"这一限定短语非常重要，因为某一特定国家不同群体的总体生活满意度只有适度的变动，但不同国家之间则变动巨大。

一、客观福利的跨国差异

人们可以有很多方法来令人信服地解释这一跨国差异。一个最明显的（也是直观可信的）可能性就是，特定国家表现出不同的主观满意度水平，仅仅是因为他们要更加富裕，人民有更高的收入、更好的住房、更好的医疗条件以及更适宜的气候等等。总之，更好的客观条件直接导致更高的主观满意度。

但是，这一关于跨国差异的令人迷惑的简单解释，事实上等同于另一解释模型，即已被令人意外地证明不宜于解释个人层面的生活满意度差异。客观条件确实对个人生活满意度有影响，但是，两者的关系在那些至关重要的方面则受到内在的愿望与自身会改变（尽管时间上会滞后）的价值的决定。稍作思考即可明白，客观决定模型也不能为跨国差异提供充分的解释。

事实上,意大利公众总体生活满意度水平最低,意大利是我们的样本中最贫穷也是最麻烦的国家之一,在这一点上,这一模型似乎行得通。但是,除此外,我们碰到的情况与之并不一致。爱尔兰比意大利贫穷,而且,在我们调查时,它并非这些国家中人均收入最低的唯一国家,但是也正经受最高的通货膨胀率(与意大利一样高)和最高的失业率(远远高于意大利)。如果说这还不够的话,当时北爱尔兰正经历内战。[1]然而,爱尔兰公众(也包括北爱尔兰公众)表现出相对较高的总体满意度水平,高于意大利人、法国人、德国人和英国人。反之,丹麦公众(人均收入第二高,但失业率也高)最满意,而德国人(在9个国家中人均收入最高,经济总体表现明显很好)的总体满意度水平在9个国家中处第7位。理查德·A.伊斯特林(Richard A.Easterlin)在分析坎特里尔的跨国数据时也有同样的发现。他发现,在许多国家,收入与幸福水平之间正向关联很小。[2]

我们怀疑这里涉及门槛效应(threshold effect)。像在印度那样极度贫困的社会,人均年收入只有100美元左右,确实挨饿的人口达几百万。总体生活满意度可能非常低。但是,如果人们处境高于最低生活水平,经济因素可能就变得与总体满意度以及幸福感无关了。所有的欧共体国家的人均收入至少都是印度的15倍,其中有些国家不如另一些国家富裕,但是远高于最低生活水平。那么,在西方工业社会,就不可能将观察到的生活满意度水平的跨国差异解读为客观福利的直接反映。跨国差异反映了长期的文化因素的影响吗?或者由于样本的误差,它们只是反映了短暂的侥幸?

为了确定我们处理的到底是偶然事件还是深层次的模型,时间序列数据是必需的,幸运的是,我们正好有这样的数据。[3]图6.1反映的是在3个时间点上对9个欧共体国家进行调查时涉及总体生活满意度相关问题的回答。模型反映出9个国家作为一个整体,在时间序列上高度的稳定性——尽管在2年间有一种非常缓慢的几乎觉察不到的向下的运动趋势。选择"非常满意"的人的比例从21%变为20%再到19%,而相应的选择"非常不满意"的比例有所上升。每一个时间点上的4个类别合计进一个加权指数,以反映这一下降趋势:1973年9月是2.97,1975年5月是2.94,1975年10—12月是2.90。

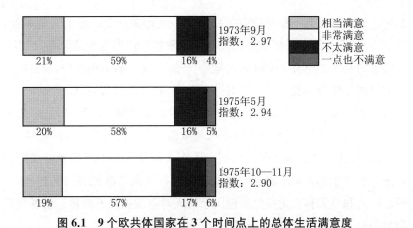

图 6.1　9 个欧共体国家在 3 个时间点上的总体生活满意度

根据对总体生活满意度问题的回答分别赋值,"相当满意"为 4,"非常满意"为 3,"不太满意"为 2,"一点也不满意"为 1,以此估算出指数。

在这三个不同的时间点,特定国家的相对位置有多稳定呢?图 6.2 描述了这一模型,使用了刚才描述过的指数,将特定国家受访者的答案加

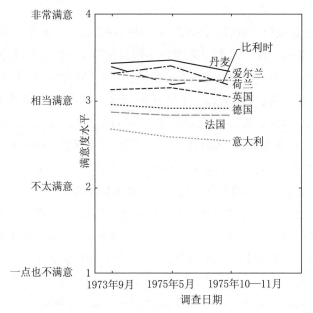

图 6.2　8 个较大的欧共体国家的总体生活满意度水平

特定国家的满意度水平是根据图 6.1 的估算,基于平均满意度指数得出的。指数为 4 即意味着特定样本中的每一个人都是"非常满意"的,而指数为 1 即意味着每个人对其总体生活"一点也不满意"。

起来。[4]其绝对位置与相对位置的稳定性令人印象深刻。除了下列事实，即 1975 年 5 月比利时样本有轻微上浮而爱尔兰样本有少量下降，所有 8 个国家的次序在所有 3 个时间点都是一样的。4 个较大国家中，没有哪一个的位次有任何的变动。从绝对数来看，所有 8 个国家的公众 1975 年秋天的满意度略低于 1973 年 9 月，但是其变化非常微小。明确无误，跨国差异反映的不是偶然，而是不同国家公众真实的且显著深层次的属性。

但是，这一属性的特征是什么？法国人和意大利人对其生活真的比丹麦人和爱尔兰人更不满意吗？或者只是存在某些有说服力的趋势，表明法国人和意大利人觉得比其他国家的人对生活更加不满足？或者我们面对的只是某种翻译神器（artifact of translation）？

二、语言与满意度

首先，让我们来看后一种可能性。从一种语言翻译成另一种语言，极少能够完美地一致。因此，在调查以不同语言完成的情况下，要比较不同国家访问结果的绝对数值往往有些危险。可以确信的一点是，根据其他社会特征测量的不同国家的主观满意度倾向于保持稳定，而基于民族测量的结果被倾向于被扭曲。比如，法语"非常满意"（très satisfait）的含义与英语"非常满意"（very satisfied）或者德语"非常满意"（sehr zufrieden）、意大利语"非常满意"（molto soddisfatto）大不相同，且要求更高。这是可能的。但是，已有的证据表明，跨国差异并非翻译的结果。

有一个事实是，一半的比利时受访者使用的是法语，而另一半使用的是荷兰语（Dutch）。结果证明，讲法语的比利时人（Francophone Belgians）表现出来的满意度水平，不仅高于法国总样本，而且也高于来自法国其他地区的任何样本。无论是讲法语的比利时人还是讲佛兰德语的比利时人（Flemish-speaking Belgians），对其生活都比法国人要更满足。因此，划界似乎应遵循国界而非语言边界。

1972 年瑞士调查为比较提供了更加丰富的资料，因为其访谈是以德语、法语和意大利语进行的。在瑞士调查的问题不同于欧共体调查使用的问题,并未包括关于对总体生活满意度的提问。但是,对瑞士的调查问题与其他地方使用的问题非常相似,应该可以进行粗略的比较。比如,在瑞士与欧共体,我们的受访者都被问到对其收入是否满意。瑞士的问卷中包括选项"非常满意""比较满意""满意""不太满意""一点也不满意"。欧共体的问卷中只提供了前两个和后两个选项。如果我们假设"满意"是一个根本上正向的回答,而选项"不太满意"、"一点也不满意"可以结合起来成为负向的回答,那么我们就可以对那些国家进行跨国比较,在那里,每一种语言都在一个以上的国家使用。表 6.1 即显示了其结果。说德语的瑞士人的满意度水平远远高于德国总样本以及来自德国其他地区的任何样本。同样,说法语的瑞士人的满意度水平远远高于任何地区的法国人,说意大利语的瑞士人的满意度水平远远高于意大利人。不能将意大利人满意度水平较低归因于这样一个假设,即意大利语"满意"

表 6.1　西欧对收入的满意度

(不太满意或者一点也不满意的百分比)a

瑞士(德语)	11%	卢森堡(德语方言)	31%
荷　兰	16%	爱尔兰(英语)	37%
比利时(荷兰语)	16%	德　国	41%
瑞士(法语)	18%	英　国	43%
丹　麦	19%	法　国	45%
瑞士(意大利语)	25%	意大利	53%
比利时(法语)	28%		

注:a 在瑞士,关于收入的提问有 5 个选项:"非常满意""相当满意""满意""不太满意"与"一点也不满意";在欧共体国家,只提供了前两个与后两个选项。因此,在本表中,在瑞士的调查中答案"满意"也看作积极的回应。在有一种以上官方语言的国家,访谈使用的语言写在括号中。瑞士的数据来自 1972 年调查,而其他国家的数据则来自 1973 年。

(soddisfatto)比英语"满意"(satisfied)要求更高的切入点,因为,说意大利语的瑞士人的满意度水平远高于爱尔兰人和英国人,而对后者的访谈都是通过英语进行的。另外,生活在小国的 9 个群体中的每一个的满意度水平,都高于生活在 4 个较大国家中的人。很显然,这里倾向于支持下列假设,即某种语言可能会使受访者的回答偏低或者偏高,然而,说意大利语的瑞士人的满意度水平大大低于其同胞,而说德语的瑞士人则满意度水平最高——正如在大国中的意大利人的满意度水平最低而德国人最高。我们能够得出结论说意大利语"不满意"(per niente soddisfatto)比德语"不满意"(gar nicht zufrieden)天然地更容易吗？这样说是轻率的。因为瑞士说意大利语的地区碰巧经济上不如说德语的地区发达，同时，说意大利语的瑞士人平均收入大大低于我们访谈的说德语的瑞士人，因此，对其收入的满意度与其实际收入相关，这比不同语言中内在的任何其他东西都更能解释说意大利语的瑞士人在表6.1中为何表现出满意度水平较低。

另一组比较可能有助于解决我们的迷惑。在前面的问题中，每一位受访者都被问到与其收入相关的问题。现在，让我们转向另一个问题，每个特定国家的每位受访者都会被问到同样的问题：国家运行的方式。同样，瑞士人被问到的问题不同于欧共体其他国家，但是这一次，瑞士与欧共体国家都提供了4种答案。瑞士人被问到："您如何评价瑞士政府管理国家的方式？您是非常满意、比较满意、不太满意或者一点也不满意？"欧共体国家的受访者则被问到对"（您的国家）民主运转的方式"是否满意。选项有"非常满意""比较满意""不太满意"和"一点也不满意"。在瑞士与欧共体，政治满意度的问题前面有一系列事关住房、工作、收入等满意度的选项。在对其的回答中，说意大利语的瑞士被证明比其说德语的同胞要更满足。事实上，他们是13个群体中满意度最高的一个。但是，瑞士的所有3个群体的满意度都高于其他群体。看来，是国家而非语言在比较中起决定作用，没有任何理由可以让人相信跨国差异来自其所使用的语言。

表6.2 西欧的政治满意度

（相当满意或者非常满意的百分比）[a]

瑞士(意大利语)	79%	荷 兰	52%
瑞士(法语)	70%	丹 麦	45%
瑞士(德语)	68%	德 国	44%
比利时(荷兰语)	63%	英 国	43%
比利时(法语)	62%	法 国	41%
爱尔兰(英语)	55%	意大利	27%
卢森堡(德语方言)	52%		

注：a(每个国家)提供的选项是："非常满意""相当满意""不太满意"与"一点也不满意"。

三、地区政治文化与满意度

很显然，不同的总体生活满意度水平与特定的地理或者政治单元而非语言相关。果真如此的话，我们应该来考察事关特定政治单元最重要的制度——政党的影响。

法国与意大利是生活满意度最低的两个国家，而到目前为止，这两者碰巧拥有西欧最大的共产主义政党。这一事实能够解释其低满意度水平吗？

没有任何简单且直接的方式——即使我们将所有共产主义政党的支持者全部移除出样本，剩下的法国和意大利受访者的总体生活满意度水平仍然比其他国家公众要低。如果是强势的共产主义灌输导致了不满足，其影响看来呈明显的扩散状。它影响着非共产主义者（甚至反共产主义者）和共产主义者。我们不能完全排除这一因素，因为这是有可能的，即共产主义的强势存在，在多年后，会导致政治系统中所有部分的不满意表达逐渐合法化。因此，这些公众并非真的比其他国家的人更不满意，他们仅仅是更想表达其存在感。

后一假设难以反驳，但多数分析家可能会将对共产主义的广泛支持归因为不满意，而不是其他方面。事实上，1976 年选举中意大利共产主义者得票攀升之前，即有不断增长的政治不满意势头。

L.怀利（L.Wylie）、爱德华·C.班菲尔德（Edward C.Banfield）、塔罗对法国南部和意大利南部地区政治文化的经典研究得出的结论是，这些亚文化存在普遍的不信任与悲观的特点。[5]这些特性不能等同于主观满意度，但与之相关。如果确实如此，我们的数据可以证实上述研究者得出的结论。南部意大利的总体满意度低于 9 个国家中的其他地区（仅次于西西里岛与撒丁岛），而且，东南部法国和西南部法国也低于除巴黎外的法国其他地区。

另外,如怀利、班菲尔德和塔罗以及其他人所提出的,总体满意度的不同水平看来是特定地理单元的稳定特征。地区、省或者受访者所居住的领地,被证明是事关总体满意度的较好预测工具。在一个国家一个国家的分析中,只有收入是比它更好的解释变量,而且,特定地理单元对应着或高或低的总体满意度,从时间序列看,其表现具有高度的一致性。表 6.3 即显示了欧共体 55 个不同地理单元的相对位置,首次调查是 1973 年 9 月,然后是 1975 年 5 月。[6]

1973 年调查中总体生活满意度水平最高的地区是荷兰的德伦特省(Drenthe),排第二的是丹麦的日德兰(Jutland)半岛。在我们掌握可靠数据的 55 个地区中,排位最低的是南意大利。在 1975 年调查中,这三个地区的地位不变。德伦特省仍然是第 1,日德兰第 2,南意大利最后。在1973 年调查中排位最高的 15 个地区中,在 1975 年调查有 9 个仍然在前15 位。在量表的另一端,稳定仍然是鲜明的特点。在 1973 年调查中排位最低的 13 个地区中,在 1975 年调查中有 9 个排位不变,或者与此前排位相邻。

这种独特的稳定性,部分原因可能在于下列事实,即某些国家的排位事实上也没有变化。当然,有些国家内部,也表现出明显的稳定性。比如,在荷兰,德伦特省、弗里斯兰省(Friesland)和上艾瑟尔省(Overijssel)在 1973 年调查与 1975 年调查中都位列前四;而北荷兰(Holland)、南荷兰和林堡省(Limburg)在两次调查中都处最末三位(位于列表的底部,在 55个地区的中点附近)。令人奇怪的是,比利时的林堡省——与荷兰的林堡省比邻,且拥有相同的名字以及相信的语言与宗教——在两次调查中都是比利时排位最高的两个省之一,1973 年比其同名的荷兰邻居高出 23 个位次,1975 年要高出 24 个位次。在英国,约克郡—亨伯赛德郡(Yorkshire-Humberside)、东米德兰郡(Midlands)和东南部在两次调查中都在排位最高的 4 个地区之列。同样在德国,石勒苏益格—荷尔斯泰因州(Schleswig-Holstein)、下萨克逊州(Lower Saxony)和北莱茵—威斯特法伦州(Rhine-Westphalia)在两次调查中都在排位最高的 4 个地区之列。在意大利,东北部和西北部地区在两次调查中都分别排位第一与第二。在法国,7 个地

表 6.3 分地区的总体生活满意度（1973 年、1975 年）[a]

1973 年[b]			1975 年[c]		
排位	国家、地区或省	平均分值	排位	国家、地区或省	平均分值
1	荷兰—德伦特省（Drenthe）	3.58	1	荷兰—德伦特省	17.00
2	丹麦—日德兰半岛（Jutland）	3.56	2	丹麦—日德兰半岛	16.94
3	比利时—林堡省（Limburg）	3.54	3	比利时—安特卫普省	16.81
4	荷兰—上艾瑟尔省（Overijssel）	3.54	4	丹麦—西兰岛	16.70
5	丹麦—菲英岛（Funen）	3.52	5	荷兰—弗里斯兰省	16.57
6	爱尔兰—都柏林地区	3.51	6	比利时—林堡省	16.36
7	荷兰—弗里斯兰省（Friesland）	3.48	7	爱尔兰—蒙斯特省	16.31
8	荷兰—布拉班特省（Brabant）	3.48	8	荷兰—西兰岛	16.28
9	比利时—法兰德斯地区（Flanders）	3.48	9	爱尔兰—伦斯特省	16.24
10	比利时—安特卫普省（Antwerp）	3.46	10	比利时—西法兰德斯省	15.96
11	荷兰—格罗宁根省（Groningen）	3.46	11	荷兰—上艾瑟尔省	15.85
12	爱尔兰—蒙斯特省（Munster）	3.40	12	荷兰—乌得勒支省	15.85
13	比利时—西法兰德斯省	3.40	13	比利时—布拉班特省	15.82
14	爱尔兰—伦斯特省（Leinster）	3.40	14	英国—东米德兰兹郡	15.78
15	荷兰—海尔德兰省（Gelderland）	3.39	15	爱尔兰—康诺特—阿尔斯特	15.76
16	英国—约克郡、亨伯赛德郡（Yorkshire, Humberside）	3.37	16	比利时—埃诺省	15.60
17	丹麦—西兰岛（Sealand）	3.35	17	比利时—那慕尔省	15.60
18	荷兰—乌得勒支省（Utrecht）	3.35	18	荷兰—格罗宁根省	15.59
19	荷兰—西兰岛（Zealand）	3.35	19	荷兰—北布拉班特省	15.54

（续表）

排位	1973年[b] 国家、地区或省	平均分值	排位	1975年[c] 国家、地区或省	平均分值
20	荷兰—南荷兰省(Holland)	3.32	20	丹麦—菲英岛	15.42
21	比利时—列日省(Liege)	3.28	21	英国—西南部	15.31
22	卢森堡	3.27	22	荷兰—海尔德兰省	15.29
23	比利时—布拉班特省	3.25	23	德国—石勒苏益格-荷尔斯泰因州	15.28
24	英国—东米德兰郡(Midlands)	3.25	24	英国—约克郡-亨伯赛德郡	15.26
25	荷兰—林堡省(Limburg)	3.25	25	英国—伦敦与东南部	15.21
26	比利时—埃诺省(Hainaut)	3.20	26	爱尔兰—都柏林地区	15.12
27	荷兰—北荷兰省	3.19	27	比利时—列日省	15.01
28	比利时—那慕尔省(Namur)	3.19	28	英国—苏格兰与威尔士	14.89
29	英国—苏格兰与威尔士	3.17	29	荷兰—林堡省	14.88
30	爱尔兰—康诺特-阿尔斯特(Connaught-Ulster)	3.17	30	荷兰—北荷兰省	14.80
31	英国—伦敦与东南部	3.16	31	荷兰—南荷兰省	14.79
32	英国—北部	3.16	32	卢森堡	14.60
33	英国—西米德兰堡(Midlands)	3.14	33	德国—下萨克逊州	14.56
34	法国—阿尔萨斯—洛林	3.12	34	英国—北部	14.55
35	德国—汉堡-不来梅地区(Hamburg-Bremen)	3.11	35	英国—西米德兰郡	14.54
36	德国—石勒苏益格-荷尔斯泰因州(Schleswig-Holstein)	3.09	36	英国—西北部	14.51
37	英国—西南部	3.06	37	比利时—东法兰德斯省	14.43
38	德国—北莱茵-威斯特法伦州(Rhine-Westphalia)	3.05	38	德国—黑森州	14.27

（续表）

排位	1973年[b] 国家、地区或省	平均分值	排位	1975年[c] 国家、地区或省	平均分值
39	德国—下萨克逊州（Lower Saxony）	3.03	39	法国—阿尔萨斯－洛林	13.84
40	德国—黑森州（Hesse）	3.03	40	德国—北莱茵－威斯特法伦州	13.82
41	英国—西北部	2.99	41	德国—巴伐利亚州	13.75
42	法国—西北部	2.99	42	德国—巴登－符腾堡州	13.70
43	德国—巴伐利亚州	2.96	43	法国—西北部	13.59
44	德国—巴登－符腾堡州（Baden-Wurttemberg）	2.96	44	德国—莱茵－普法尔茨州	13.38
45	法国—北部、加来海峡（Pas de Calais）	2.96	45	北部、加来海峡	13.37
46	法国—东南部	2.96	46	法国—东南部	13.27
47	法国—巴黎盆地	2.94	47	法国—巴黎盆地	13.03
48	法国—西南部	2.92	48	法国—巴黎大都会	13.03
49	意大利—东北部	2.88	49	法国—西南部	13.00
50	德国—莱茵－普法尔茨州（Rhine-Palatinate）	2.87	50	意大利—东北部	12.89
51	意大利—西北部	2.78	51	德国—汉堡－不来梅地区	12.72
52	法国—巴黎大都会	2.77	52	意大利—西北部	12.51
53	意大利—中部	2.71	53	意大利—群岛	12.23
54	意大利—群岛	2.56	54	意大利—中部	12.19
55	意大利—南部	2.54	55	意大利—南部	10.63

注:a 1975年调查涉及的爱尔兰地区只与1973年调查相当。有些时候,样本数少的地理单位需要与其他单位的数据结合。因此,不来梅与汉堡、威尔士与苏格兰,东安格利亚(East Anglia)与伦敦,东南部单位放在一起。

b 1973年,量表中平均分值的范围从1(非常不满意)到4(非常满意)。

c 1975年,指数平均分值的范围从1(非常不满意)到20(非常满意)。

区在两次调查中的排位是一致的,唯一的变化是 1973 年调查与 1975 年调查中的第 6 位与第 7 位调换了位置而已。

在法国,有另一个有趣的现象,即政治边界穿越了语言边界:在阿尔萨斯—洛林地区(Alsace-Lorraine),大量人口的母语是德语。尽管访谈是以法语进行的,这一地区表现出比法国任何其他地方要高得多的满意度水平。但是,我们不能确定,是否应该将阿尔萨斯—洛林地区较高的满意度水平归因为其与德国的文化联系,因为这一地区的满意度水平同样高于邻近的德国地区以及整个德国的满意度水平。德国自身也存在一种令人称奇的反常现象:汉堡—不来梅地区(Hamburg-Bremen)在 1973 年调查中排位最高,而在 1975 年调查中却排末位。不过,这是该国人口最少的一个样本单位,相应地其访谈次数较少,数据相较于其他各州(Länder)不太可靠。根据表 6.3,我们必须认识到,我们只是掌握了某一地区访谈资料的一部分,就像对某一个国家的调查一样。因此,考虑到我们在这一较低聚集层面上可能存在的较大的边际误差,一个国家内部不同地区之间满意度水平排位的稳定性,应该与不同国家之间的排位是一样的。

这些地区总体满意度水平与经济发展水平之间的关联缺乏明显的证据(就如国家层面一样)。南意大利是该国最贫穷的地区,在两次调查中满意度水平都排末位。但是,德伦特省是一个中等富裕国家中最穷的省,而其满意度水平在两次调查中都排位最高。相反,巴黎大都会是迄今法国最富裕的地区,但其主观满意度水平相对较低。对这里观察到的模式,我们没有简单且明确的解释,它可能反映了历史、社会背景与当前的经济变化之间的相互作用。

看来可以得出结论,即特定国家相对稳定的政治文化特征——包括特定地区的次文化——有可能影响生活在该生态单元里的人们表现出来的生活满意度水平。但是,完整的解释仍然需要更多关于最近变化的资料,事关诸如人均收入、住房、生活成本,以及生活在特定国家或者地区的人们的非经济生活。目前已有的资料还不足以进行此类分析。进一步将调查数据与生态数据结合起来,将有助于理解不同地理单元人们主观满意度水平差异背后的原因。它看起来非常有价值。

四、规模与满意度

不同国家满意度水平的差异,暗示着一个我们很少提及但却可能会激发读者好奇心的特点:在每一个案例中,小国都显示出比大国更高的满意度水平。这种明显的一致性,即生活在小国的人们满意度水平要高于生活在大国的人们,意味着生活在较小的政治体有可能比生活在大的政治体,更令人满意。但是,小本身并非答案。当我们观察 4 个大的国家与6 个小的国家的二分时,规模与满意度之间并无关系。瑞士人口多于丹麦或爱尔兰,与卢森堡比较更是巨人,但无论是经济方面还是政治方面的满意度都高于前三者。同样地,德国是 4 个大国中最大的国家,但在两种满意度方面都排位最高(略低于小国)。另外,美国规模数倍于德国或法国。然而,美国公众看起来相对较满意。与美国进行直接比较的数据目前没有,但粗略地比较发现,美国公众至少与德国人一样满意,甚至比那些小国的公众的满意度水平要更高一些。

刚才考察的生活在小国还是大国(上述的二分法)与相对满意度之间的关联度为 1.00。但是不幸的是,我们可能并未发现永恒的真理。人们可能轻信于假设:比利时人在一战期间的满意度水平应相对较高,可当时该国倒霉地沦为两个邻国战争的战场。看起来,规模较大且未有毁灭性遭遇的国家如美国或者英国的公众,在那时应有更高的满意度水平。人们可能有很多这种关于二战到印度支那战争期间的假设性事例,尽管数据很少,但常识告诉我们,小国的满意度水平并不必然地处于令人羡慕的高位,尽管在某些条件下他们可能具有一些优势。

1948 年进行的跨国调查中的部分数据有助于说明这一点。[7]这次调查的有些对象与 1/4 世纪后欧共体进行的调查相同,其中有个问题至少可以粗略地作为总体生活满意度的指标。这个问题是:"对您的现状是否感到满意?"这一问题的前面涉及的是工作安全感、对世界和平的展望以及人性的相关问题。在这一语境下,这一选项指向的是更一般意义上的满意度。表 6.4 显示的是生活在欧共体国家、挪威和美国的公众对这一问题的回答。正如表 6.4 所示，英国和美国的满意度水平要高于荷兰，尽管荷兰比这两个国家要小得多。结果很简单，也在意料之中，英国与美国逃脱了最近折磨着表 6.4 中所有其他国家的因外敌入侵与占领所带来的创伤。在欧洲大陆，二战带来的蹂躏还未被平复，存在着广泛的荒芜与贫穷。数据说明，小国人民比大国人民满意度水平更低——如果事实并非如此，那才真的令人惊奇。

表 6.4　7 个西方国家的总体满意度水平(1948 年夏)[a]

对您现在的生活感到满意吗?						
	挪威	美国	英国	荷兰	德国	意大利	法国
非常满意	21%	15%	12%	8%	2%	5%	2%
还　好	68%	58%	54%	56%	53%	47%	32%
不满意	10%	27%	34%	35%	45%	48%	66%

注:a 德国样本只取英占区部分。

数据来源: William Buchanan and Hadley Cantril, *How Nations See Each Other* (Urbana: University of Illinois Press, 1953), pp.135-213。

但同时，表 6.4 显示出与 20 世纪 70 年代发现的模式惊人的连贯性。事实上，1948 年不满意的绝对水平远高于一个世代之后，1948 年表达不满意的人口所占的比例是最近我们调查中人口的 2 倍到 3 倍。但是，特定国家满意度水平的相对排位大致相同。

在两个时段，意大利与法国都垫底——只是两者调换了位置。德国高于这两者——1948 年与 70 年代一样，尽管在 1948 年时多数德国人几乎在挨饿，他们的城市被毁，领土被外国军队占领。正如我们所指出的，荷兰在 1948 年调查中排位低于英国，但除此外，英国是 4 个欧洲大国中满意度水平最高的。最后，1948 年调查与 1975 年调查还有一点相似，尽管它依赖于某种思路的跳跃。让我们假设(根据文化的相似性以及二战中类似的经历)，在 1948 年，挪威公众的满意度水平类似于丹麦人，如果丹麦人当时也接受了调查的话。如果这个假设成立，那么就有一个有趣的契合，即挪威人在这一列表上居首位——正如丹麦人在一个世代之后所显示出来的那样。但是，不管我们怎样将挪威人看作丹麦人可能的代理人,一个总的印象就是,绝对满意度水平波动的背后,是基于文化因素的相对位置的某种程度的稳定。

另一种证据也表明,小国的主观生活质量并非总是且不可避免地高于大国。1975 年 5 月欧共体调查中问了受访者这样一个问题:"综合各种情况,您如何评价目前的状况——您会说您目前非常幸福、比较幸福或不太幸福吗?"幸福不同于总体生活满意度。满意意味着相比较于自己的合理预期对一个人状况的理性判断。幸福意味着一种存在的绝对状态,更多感情而非认知。然而幸福与总体满意度在概念上有诸多重叠,而且在经验上它们有结合的趋势。1975 年 5 月的调查包含了两方面的问题,而在所有 9 个国家,对这两个选项的回答的关联度为 0.6。表 6.5 显示了 9 个欧洲国家的幸福水平,以及较早些美国调查中对相同问题的回答。

表 6.5　10 个西方国家民众报告的幸福感[a]

	丹麦	比利时	荷兰	美国	卢森堡	英国	德国	爱尔兰	法国	意大利
非常幸福	41%	37%	33%	24%	26%	22%	12%	17%	16%	6%
比较幸福	52%	54%	57%	67%	52%	51%	66%	54%	56%	49%
不太幸福	7%	10%	11%	9%	22%	27%	22%	30%	28%	45%

注:a 美国的数字基于 SRC 于 1972 年进行的两次调查结果的平均数。
数据来源:Campbell, Converse and Rodgers, *The Perceived Quality of Life*, Chapter 2。欧洲的数据来自 1975 年 5 月欧共体的调查。

欧洲 9 个国家的幸福水平的排位,几乎与相关的总体生活满意度水平排位一样。有一个明显的例外:爱尔兰的生活满意度水平排位第 2,但其幸福感水平却降到第 8(再一次,北爱尔兰的受访者的表现更像爱尔兰人而非英国人,如果将其单独当作一个国家的话,北爱尔兰的总体生活满意度水平排位第 2,幸福感水平则排第 6)。[8] 当然,这一下降使爱尔兰更接近人们根据客观物质条件而对其期待(尽管他们仍然比其应得排位更高)。如果幸福更多的是绝对条件而非满意度,不易于根据一个人的长期经历来判断的话,那么它可以解释为何爱尔兰人的幸福感水平相对较低而 1975 年调查中的满意度相对较高。1965 年对 5 个国家的跨国调查中用到了一个表达相同的提问(见表 6.5)。[9] 按最幸福到最不幸福排位,这些国家依次是:英国、美国、西德、法国和意大利。1975 年的调查除了美国与英国调换了位置外,其他结果与 1965 年相同。

表 6.5 显示的跨国差异真的意味着比利时人、丹麦人和荷兰人比德国人、意大利人和法国人幸福吗?或者它们只是表明了总是导致比利时人、丹麦人和荷兰人认为自己更满意或者更幸福的某些看不见的因素?

这是一个学术问题。如果它真的存在的话,根据定义,我们不能测量这一看不见的因素(尽管未来的研究可能会对跨国差异作出完美的寻常解释)。或者,我们面对的是具有重要的政治意义的特定文化的深层特征。

表 6.5 还显示了另一个小国公众比大国公众更满足这一普遍规律之外的特例。但是,即使是在这里,这一规律仍然是有效的,除爱尔兰是个特例。

罗伯特·A.达尔和爱德华·R.塔夫特(Robert A.Dahl and Edward R.Tufte)曾深入研究了大国或小国的优劣势,并将其与国家走向和保持民主的前景相联系。[10] 他们的结论是,没有哪一类地理单元能够在达成公民效能感与制度有效性两方面均表现最优:小国可以为公民有效地参与国家的决策而提供更多的机会,但是该国发生的事情可能大部分是由其他大国的决策所决定的。

但是在目前的情况下,欧洲的小国公众在上述两方面都处于最好的状态。他们幸运地生活在维护和平的国际秩序下,因为超级大国与欧共体力量的增长在当地处于僵持当中。另外,这一联盟在不损害认同感的前提下为其提供了通往更大经济体的途径。也许最优的安排就是一个松散联合的欧洲,有点类似于瑞士行政区的模式,在其中,决策权最大程度地被分解到地方当局,而中央政府负责关键的财政与维护和平的功能。

五、社会政治满意度的改变水平

当我们考察不同时间总体满意度时发现,不同国家的相对位置呈现

144

出明显的稳定性,即使当我们将注意力由总体生活满意度转向较少认知属性的幸福感时。

这一稳定性很有趣,因为它暗示着存在某些不能理解但潜在的非常重要的特征,它们深深地隐藏在特定国家的政治文化当中。但同时,这一稳定性也有令人困惑的方面,因为这一跨国模式与不同的公众所居住其下的各不相同的经济条件几乎毫无关联,这看起来不合情理。它似乎是反直觉的,因为这些公众的主观体验似乎对当前的状况无动于衷。

表 6.6　受访者对本国"民主运行方式"的满意度(1973 年、1975 年)[a]

1973 年(4 点量表)			1975 年(11 点量表)		
排位	国　家	平均分值	排位	国　家	平均分值
1	比利时	2.70	1	德　国	6.26
2	卢森堡	2.66	2	卢森堡	6.09
3	荷　兰	2.56	3	比利时	6.03
4	爱尔兰	2.49	4	丹　麦	5.76
5	德　国	2.38	5	荷　兰	5.67
6	丹　麦	2.35	6	爱尔兰	5.11
7	法　国	2.33	7	法　国	4.80
8	英　国	2.32	8	英　国	4.66
9	意大利	1.99	9	意大利	2.83

注:a 1973 年,作为平均分值基础的量表范围为 1(非常不满意)到 4(非常满意)。1975 年,作为平均分值基础的量表范围为 0(非常不满意)到 10(非常满意)。

正如我们在前几章所看到的,人们对社会与政治制度的满意度是第二个基本的维度,它与总体生活满意度集合不同。这第二种主观满意度看来很少受到长期的文化因素的约束。社会政治满意度在跨国相对位次上可以表现出巨大的变化,即使在相对较短的时期内,它们在直觉上是可以接受的,且符合有见识的观察家们期待的方向。因此,主观满意度的两个主要维度在时间序列上表现出相反的模式。一个在不同国家的相对位次上令人吃惊(几乎令人沮丧)地稳定且与当前条件几乎无关,而另一个的位次则根据当前的形势以一种简单易懂的方式发生着变化。让我们考察 1973 年和 1975 年调查的政治满意度水平,以作为第二类模式的范例。

表 6.6 提供了相关数据。即使在这里,我们也发现相当高程度的稳定性。但是,也存在非常明显的变化,包括一个非常显著的转折,跟德国相关的。在我们所测量的所有的总体生活满意度中,德国公众处于量表的低端,还有其他 4 个欧洲大国。事实是,德国排位还要高于法国和意大利,但是在所有与总体生活满意度相关联的领域,它们都低于 5 个小国。比如,即使是对收入的满意度,德国人也只排第 6——尽管他们的人均收入在欧共体是最高的。

表 6.7　对"今天生活的社会形态(法国、丹麦)"的满意度(1973 年、1975 年)

1973(4 点量表)			1975(11 点量表)		
排位	国　家	平均分值	排位	国　家	平均分值
1	比利时	2.91	1	卢森堡	6.56
2	卢森堡	2.88	2	德　国	6.42
3	爱尔兰	2.78	3	比利时	6.37
4	丹　麦	2.68	4	爱尔兰	6.02
5	德　国	2.61	5	丹　麦	5.88
6	荷　兰	2.56	6	荷　兰	5.55
7	英　国	2.48	7	英　国	5.14
8	法　国	2.33	8	法　国	4.68
9	意大利	2.13	9	意大利	3.31

社会政治维度则反映了不同的结果。在 1959 年阿尔蒙德和西德尼·维巴(Sidney Verba)对政治文化所进行的开创性的比较研究中,他们发现,英国公众对其政治制度尤其自豪。在回答问题"您对这个国家的什么事情最为自豪"时,46%的英国样本提及其政治制度——大幅度领先于其他选项。同时,只有 7%的德国人提及其政治制度,政治制度是其第 7 位的选项。[11]尽管自豪与满意不太相同,但可能放心地假设,英国人的政治满意度也会比较高。

如果是这样,到 1973 年时这一关系有了改变。在经历了几十年的国家衰落与优柔寡断的政府之后,英国人的政治满意度变低了——而德国人相应较高,略高于英国,甚至还高于某个小国。在 1973 年至 1975 年间，德国人继续扩大了这种差距，其政治满意度一路从排位第5跳到第1。二战后时代的弃儿终于重获了自信。这种相对幸福感不仅局限于政治领域。如表6.7所示，德国人在回答对"您今天生活的社会形态"是否满意的问题时，德国的分值高于除卢森堡之外的每一个国家。不仅仅是《时代》杂志将德国看作是"欧洲最成功的社会"[12]。

德国在1973年至1975年间迅速崛起并不令人吃惊。它与下列事实完美地吻合，即当其邻国正遭受15%—25%的年通货膨胀率时，德国的通胀率只有相对适中的6%——德国人事实上获得了购买力的净增长。当邻国失业率高达12%时，德国的失业率低于5%。当大多数欧洲国家在经受因石油价格飞涨而引发的巨大的收支赤字时，德国还有大量盈余。

反之，爱尔兰（也包括北爱尔兰）公众如预期的那样，面临经济和政治的困难。爱尔兰共和国的政治满意度从第4位降至第6位。北爱尔兰在1973年调查中没有参与，但其1975年平均分值为3.00，远低于表6.6中所示的除意大利之外的所有国家。其时的意大利也遭受了失控的通胀、无休止的罢工，以及因政府显然无法治理甚至不能保障秩序而导致的政治暴力。这些情况在1973—1975年间继续发展。但是，在1973年，意大利的政治满意度已经低于所有其他国家——他们的相对位次不可能再降了。但是，我们可以粗略地估算1973年与1975年相应的绝对水平，尽管这两次调查使用的是不同的量表。[13]对这些绝对值的比较发现，1973—1975年间，欧共体9个国家中除两个国家外，有7个国家的政治满意度都下降了——其中，意大利的下降超过其他任何国家。在丹麦，只有少量变化；而在德国，政治满意度显示出中等但绝对的提升。

这些变化都不会让一个训练有素的观察家感到吃惊。即使是德国相对位次令人注目的提升也与下列假设完美地一致，即公众都认识到，多数政府看起来是表现差劲的，但德国的制度相比较而言则表现很好。

然而，令人困惑的是这样一个事实，即公众表现得好像非常训练有素，能够对当前的事件进行理性判断，然后只将其应用于对社会政治满意度的评价。至于总体生活满意度，长期的文化因素很明显继续对不同国家的相对位次施加重要影响。

当我们考虑到以下现象时会更加令人吃惊,即特定国家的经济成就似乎只是用来解释为何一些国家的社会政治满意度提升了而多数国家却下降了。然而,对其收入、工作和生活的其他经济方面的满意度,却与社会政治满意度无关。反之,它对应的是总体生活满意度集合。像这个集合的其他选项一样,收入满意度表现出国家间相对位次的极大稳定性。在 1973 年和 1975 年调查中,不同国家的位次与生活满意度模式事实上是一样的,如图 6.2 所示。

总之,对事关社会政治满意度证据的考察,使得国家间总体满意度的排位的稳定性一如既往地明显。很清楚,特定国家的满意度水平会根据当前的环境而发生改变,民众能够认知到重要的经济和政治事件并对其做出反应。如果这是真的,那么与总体满意度相联系的文化构成必须是强有力的,以维持我们所观察到的那种持续性。

相同的道理,关于社会政治满意度,公众能够明确地对当前的形势做出符合逻辑的且有预见性的反应,也有助于恢复其对民众潜在理性行为的信心。公众确实能够明了目前的社会经济形势,并能够对统治当局表达赞誉或者责难。

表 6.8 提供了这一方面的某些证据。它说明了一个事实,即特定国家支持执政党或者执政联盟的那些人,事实上总是比那些在野党的支持者表现出更高的社会政治满意度水平。概括起来,每次调查共列举了 40 个政党。1973 年调查中满意度最高的 20 位选民中,有 13 位支持执政党;在公众最不满意的 20 个政党中,只有 3 个是执政党。1975 年的模式相类似。在最受欢迎的 20 个政党中,有 12 个是执政党。而在最令人不满意的 20 个政党中,只有 4 个是执政党。1973 年调查与 1975 年调查期间,有些政党失去了政权,如比利时社会主义党和英国保守党。在这两个案例中,失去政权的政党满意度水平,相对于那些取得政权的或者继续执政的政党,有下降的趋势。

当然,对这一现象可能有两种不同的解释。首先,执政党的拥护者相对满意,仅仅是因为他所在的党掌权了。其次,那些不满意的人转而反对执政党或者支持反对党。在所有的可能中,两个因素都发挥了作用。为了弄清楚它们的相对重要性,面板调查数据是必需的。

表 6.8 依政党划分的对"您的国家民主运行的方式"的满意度(1973 年、1975 年)

(根据从非常满意到非常不满意的平均分值排序)ᵃ

排位	国家	政党	平均分值	国家	政党	平均分值
		1973 年 10 月			1975 年 5 月	
1	ᵇ荷兰	天主教人民党(Catholic People's)	3.33	ᵇ德国	社会民主党	6.62
2	ᵇ法国	戴高尔乐联盟(Gaullist)	3.21	ᵇ比利时	基督教社会党	6.51
3	ᵇ荷兰	社会主义党	2.98	丹麦	激进党	6.48
4	ᵇ比利时	基督教社会党(Social Christian)	2.97	ᵇ德国	自由民主党	6.27
5	荷兰	基督教历史联盟(Christian Historical)	2.94	德国	基督教民主党	6.26
6	比利时	法语民族主义党(Francophone Nationalist)	2.94	比利时	自由党	6.15
7	ᵇ比利时	社会主义党	2.90	ᵇ法国	戴高乐联盟	6.14
8	ᵇ荷兰	反对革命党(Anti-Revolutionary)	2.87	丹麦	保守党	6.13
9	比利时	自由党	2.79	ᵇ丹麦	社会民主党	6.10
10	ᵇ爱尔兰	统一党(Fine Gael)	2.74	ᵇ荷兰	社会主义党	6.09
11	法国	改革运动党	2.70	丹麦	自由党	6.02
12	荷兰	自由党	2.69	荷兰	基督教历史联盟	5.93
13	ᵇ英国	保守党	2.67	ᵇ比利时	法语民族主义党	5.92
14	ᵇ丹麦	社会民主党	2.65	ᵇ法国	改革运动党	5.86

（续表）

	1973 年 10 月			1975 年 5 月		
排位	国家	政党	平均分值	排位	国家	政党	平均分值
15	b荷兰	六六民主党,激进党,和平主义社会主义党(Democrats 1966, Radical, Pacifist Socialist Party)	2.64	15	比利时	社会主义党	5.84
16	b德国	社会民主党	2.62	16	b荷兰	六六民主党,激进党,和平主义社会主义党	5.81
17	爱尔兰	共和党(Fianna Fail)	2.55	17	b荷兰	天主教人民党	5.78
18	法国	社会主义党	2.52	18	b荷兰	反对革命党	5.66
19	b爱尔兰	工党	2.50	19	比利时	佛兰德民族主义党	5.61
20	b德国	自由民主党	2.46	20	b爱尔兰	统一党	5.57
21	比利时	佛兰德民族主义党(Flemish Nationalist)	2.41	21	爱尔兰	共和党	5.47
22	丹麦	自由党	2.41	22	荷兰	自由党	5.32
23	丹麦	激进党	2.40	23	丹麦	社会主义人民党	5.21
24	b意大利	基督教民主党	2.31	24	丹麦	进步党	5.19
25	英国	工党	2.29	25	b英国	工党	5.01
26	丹麦	社会主义人民党	2.28	26	法国	左翼激进党	4.85
27	英国	自由党	2.25	27	英国	自由党	4.17(原著可能有误)

(续表)

1973年10月				1975年5月			
排位	国家	政党	平均分值	排位	国家	政党	平均分值
28	丹麦	保守党	2.24	28	英国	保守党	4.41
29	法国	左翼激进党	2.22	29	b爱尔兰	工党	4.36
30	德国	基督教民主党	2.20	30	b意大利	基督教民主党	4.19
31	英国	苏格兰—威尔士民族主义党	2.06	31	法国	社会主义党	4.14
32	法国	共产党	2.06	32	英国	苏格兰—威尔士民族主义党	4.11
33	b丹麦	进步党	2.06	33	b意大利	共和党	3.52
34	b意大利	社会民主党	1.97	34	法国	共产党	3.40
35	意大利	自由党	1.93	35	意大利	社会民主党	2.80
36	意大利	社会主义党	1.92	36	意大利	社会主义党	2.51
37	意大利	共和党	1.77	37	意大利	新法西斯党	2.36
38	法国	统一社会主义党	1.65	38	意大利	自由党	2.26
39	意大利	共产党	1.63	39	法国	统一社会主义党	1.92
40	意大利	新法西斯党	1.47	40	意大利	共产党	1.77

注:a 1973年使用的是4点量表,其中1代表非常不满意,4代表非常满意。在1975年5月的调查中,使用的是11点量表,其中0代表非常不满意,10代表非常满意。
b表示调查时正在执政的政党。

六、结　论

我们研究结果的意义在某种程度上是悲观的：很显然，没有任何政府可以使人民永久幸福。即使是最开明的政策，对总体生活满意度也只有有限的影响，而且也只能持续有限的时间。但是，无论是这一点还是常见的满意度水平与易于反抗之间的低关联度，都可视作证据，即民众对社会经济环境不够敏感，或者反应迟缓。相反，正如我们关于社会政治满意度的数据所表明的，西方民众非常清楚其面临的社会经济条件，而且能够完美地表达对其的赞誉或者指责。与总体满意度的低关联反映了这样一个事实，即社会经济条件只是诸多条件中的一个组成部分，还应包括长期的文化构成。没有政府能够使其人民永久地幸福。长远地看，每一个成功的政权都在为自己挖掘坟墓：新的需求变得日益突出，导致新的要求与新的不满。但是，这终究是一件幸事。因为没有不满的社会，将会成为一个僵尸般的社会。

注　释

1. 1975 年，欧共体调查第一次将北爱尔兰的数据与英国其他地方收集在一起。而且，北爱尔兰的样本数过量，为了有足够的案例来精确地估算该地区公众的观点（N = 300）。北爱尔兰的满意度水平更接近爱尔兰共和国而非大不列颠，尽管所有的访谈都是以英语进行的。如上所述，爱尔兰公众总体生活满意度水平奇高，而北爱尔兰公众在这一点上稍微高于他们南方的邻居。北爱尔兰没有包括在下面的表 6.3 中，因为这是 1973 年进行的调查；如果它包括在内，则它在 56 个地区中居第 10 位，平均分值为 16.04。

2. 参见 Richard A.Easterlin, "Does Economic Growth Improve the Human Lot? Some Empirical Evidence," in Paul A.David and Melvin W.Reder（eds.）, *Nations and Households in Economic Growth*（New York：Academic Press, 1974）, pp.89, 126。

3. 欧共体在 1975 年 5 月与 1975 年 10—12 月发起了对 9 个国家的调查，作为对公众意见常规了解项目的一部分。在这一系列调查中，除卢森堡（N = 300）外，每个国家都进行了略多于 1 000 次的访谈。而且，正如上述，英国样本中补充了

300 个北爱尔兰样本。田野调查是由 IFOP(France)，Nederlands Instituut voor de Publieke Opinie(NIPO-Netherlands)，DOXA(Italy)，Irish Marketing Surveys (Ireland)，Gallup Markedsanalyse(Denmark)，INRA(Belgium and Luxembourg)，Gallup Polls，Ltd.(Britain)，and EMNID-Istitut(Genmany)完成的。

4. 卢森堡的结果表现出比任何大国更大的波动，因为在这个国家收集的样本较小(在每一个时间点差不多是 300 个)。相应地，卢森堡在图 6.2 中没有呈现出来。即使在如此小的范围内这一相对不太可靠的样本发生了波动，其值仍然处于丹麦与英国之间。

5. 参见 L.Wylie，*Village in the Vancluse*(Cambridge：Harvard University Press，1957)；Edward C.Banfield，*The Moral Basis of a Backward Society*(Glencoe：Free Press，1958)；and Sidney Tarrow，*Peasant Communism in Southern Italy*(New Haven：Yale University Press，1967)。

6. 表 6.3 显示的 1975 年的分值，基于受访者对两个问题的回答，即对总体生活的满意度，两个问题结合更具有可靠性。第一个问题与 1973 年使用的相似，第二个问题在访谈中明显置后，使用了一个 11 点语义差示量表(an eleven-point semantic differential scale)，对应着从"非常满意"到"完全不满意"。

7. 参见 William Buchanan and Hadley Cantril，*How Nations See Each Other* (Urbana：University of Illinois Press，1953)。

8. 我所看到的关于瑞士的唯一相关数据将瑞士人置于首位，略高于丹麦人。当然，这与我们的总体生活满意度数据高度吻合，它也意味着瑞士人是最满足的。然而，关于瑞士的数据比表 6.4 所示数据要早 10 年。可以有保留地说，事情发生了改变，根据这些数据，在瑞士人中，42%选择"非常幸福"，52%选择"幸福"，6%选择"不太幸福"。引自 Denis de Rougemont，*La Suisse：L'Histoire d'un People Heureux*(Paris：Hachette，1965)，p.172。

9. 基于坎特里尔的 World Survey III 中的分析，引自 Easterlin，"Economic Growth，" p.107。

10. Robert A.Dahl and Edward R.Tufte，*Size and Democracy*(Stanford：Stanford University Press，1974)。

11. 参见 Gabriel A.Almond and Sidney Verba，*The Civic Culture：Political Attitudes and Democracy in Five Nations*(Princeton：Princeton University Press，1963)，p.102。

12. 参见封面故事，德国被誉为"欧洲最成功的社会"，*Time*(International Edition)，May 12，1975。

13. 因为方法论的原因，1975 年用的是 11 点量表，而非 1973 年调查中那样的 4 点量表，尽管问题的表述没变。但是，1975 年 5 月调查中关于总体生活满意度的提问使用了这两种格式。结果证明，事实上，通过 4 点量表测量的生活满意度水平，如果乘上常数 2.40，就与我们调查的 9 个国家中每个国家通过 11 点量表测量到的生活满意度分值是一样的。使用这一方法，我们也可以将 1973 年调查的 4

点量表生活满意度分值换算成 11 点量表的相应值。它们证明略高于 1975 年 11 点量表所测得的相应分值——它们应该如此,因为 1973—1975 年间,生活满意度水平有轻微下降。正如与 4 点量表分值的比较所揭示的,我们可以使用这一方法去估算 1973 年测量的每一个相应的满意度变量在 11 点量表上的对应值,并将这些结果与 1975 年对应数据进行比较。总体生活满意度集合的选项表明只发生了很少的变化(一般是下降的趋势)。这两个社会政治满意度选项揭示出相当大的变化。表 6.6 所示 1973 年调查的政治满意度分值在 11 点量表上的相应值如下。

	1973 年分值	1973—1975 年的变化
比利时	6.49	− 0.46
卢森堡	6.39	− 0.30
荷 兰	6.15	− 0.47
爱尔兰	5.98	− 0.77
德 国	5.72	+ 0.54
丹 麦	5.64	+ 0.12
法 国	5.60	− 0.80
英 国	5.57	− 0.91
意大利	4.78	− 1.95

第三部分

· ·

政治分裂

第七章
工业社会的政治分裂

一、引　言

　　一场渐进但根深蒂固的价值观的转变正在西方社会无处不在地发生。这对大众政治行为会有什么影响？或者，我们也可能会问，真有这种影响吗？

　　从大量经验主义的研究来看，那种认为个人的价值观会对其选举立场产生很大影响的看法是不现实的。对选举行为的里程碑式研究强调社会背景变量（特别是党派认同）对选举立场的重要影响。那些传统的政治忠诚和社会环境所不能解释的问题在很大程度上都可以归咎于对候选人的感知（或错误的感知）而非问题。[1]政治态度所发挥的作用微弱可能由于这样的事实，即在大众政治行为中，其感知是模糊的非结构化的，且随着时间的推移缺乏稳定性。[2]如果投票行为和问题偏好之间几乎没有联系的话，我们就可以预期，其与人们潜在的价值观之间的联系更微弱。

　　物质主义类型（Materialist）价值观有一种较强的维护秩序和经济所得的倾向。后物质主义类型（Post-materialist）价值观则强调个人的自我表达，以实现一个轻等级、重参与的社会。在过去的几十年间，西方社会已经成功地实现了经济增长，但他们对实现后唯物主义的目标重视不够。

157

因此,我们可以预期物质主义更愿意支持确定的秩序,后物质主义则相对倾向于改变。

另一方面,物质主义者一般从低收入群体中招募追随者,传统上他们支持左翼——而后物质主义者则主要来自中产阶级家庭,一般来说,他们更愿意支持保守的党派。社会阶层背景可能会中和后物质主义者支持立志改革的党派的任何倾向。再者,当平均收入水平增长后,对应的共享份额(shares)却没有什么变化。如果共享份额而非绝对水平对大众至关重要的话,经济增长对传统投票模式的影响可能就很小了。

此外,政治行为不是在真空中;它是人们生活其中的政治环境的主要方面形塑而成。即使大众有相对较强的政策偏好和参与政策投票的潜在可能性(就像在美国,这种情况越来越多),他们可能也做不到,因为主要的党派候选人在一些关键问题上总是模棱两可(Tweedledee-Tweedledum)。如果提供给他们的选择中没有可感知的政策差别,公众的价值观或态度对其投票行为可能就不会产生什么大的影响。因此,在1968年大选中,人们对美国参与越南战争的不同看法对其投票支持尼克松还是汉弗莱(Humphrey)没有什么影响。另一方面,1972年大选时,尼克松和麦戈文(McGovern)的境遇就有很大不同了——美国选民对他们所辩论问题的看法与其如何投票有着很强的联系。[3]

参加竞选的党派至少必须在相关问题上采取明显不同的立场,这样人们才能有机会按照其价值观作出选择。不管他们的价值观有多么牢固,如果政治精英们没有给他们提供真正的选择,那么他们只会感到沮丧——除非他准备接受组建一个新政党或取代现存党派的艰巨任务。

我们先暂且假设政治精英和制度约束(institutional constraint)都没什么问题。人们对物质主义或后物质主义的喜好仍然绝不是影响他们投票选择的唯一因素。在很大程度上,人们生长的环境对其投票选择有着先入为主的影响。通常,人们对政治派别的认同从其父母那里继承而来。来自几个国家的证据显示,这对人们的投票选择有着强大的影响。[4]我们的数据也证实,在更广泛的国内背景下,这种政党偏好所发挥的显著作用是代代相传下来的。

但即使父母没有传给他们什么根深蒂固的政党认同,也有一些背景

因素可能影响到人们的投票。从发展的角度看,这些变量可以分为以下三类:

(1)"前工业"变量——比如,宗教、语言群体和种族等。这些变量或多或少是其原因,其特点是,它们通常是代代相传,很少变化。

(2)"工业"变量——就是引起工业阶层冲突模式的那些因素,如收入、职业、受教育程度和工会成员身份等。虽然有一些子承父业的倾向,但受教育程度和职业也反映了一种靠后天努力而不是先天赋予的地位;这里的代际变化远比前工业变量频繁。

(3)"后工业"变量——反应个人层面的价值观,特别是那些基于后经济需求(post-economic needs)的价值观。与前两种变量相比较,这些价值偏好没有采取一种制度性的形式。然而,如果它们被深深地内在化为某些特定人群中,就可能构成可以预见到的长期政治分裂状况的基础。我们的价值优先指标意在挖掘政治冲突这一维度。

前两种分裂的重要性已经得到了广泛的承认。斯坦·罗坎(Stein Rokkan)、利普塞特、理查德·罗斯(Richard Rose)和达尔及其同事已经分析了发生在工业化之前的一系列历史危机,其中很多模式我们在现代政治分裂中也可以看到。[5]他们强调随着时间的推移对宗教、语言以及区域性政治差异的坚持。

西方工业社会的发展导致了一个被解放了的工人阶级的出现,它正侵蚀着有产者与管理层的利益。这方面的文献是海量的。在很大程度上,工业社会的政治总是围绕着社会阶层冲突,收入与职业地位较低的群体倾向于选择主张变革的政党,或者左翼政党;相反,中产阶级及以上的阶层,倾向于维护现状。

后工业分裂的特征(因为显而易见的理由)不易理解。我们怀疑后工业社会的政治在越来越高的程度上受制于个人的生活方式偏好和价值,而不是基于社会阶层的分裂或者类似的原因。

将个人的价值偏好置于熟悉的种族和阶级性变量分析的层面,乍一看是有些奇怪。一个人的价值观是无法确定的——直到由社会科学手段测定之前都是不可见的。但是,我们要记住,这些作为社会阶层的变量也是分析架构——简言之,是可以用来概括先前和正在进行的经历的不同结果的术语；他们也可能是无法确定的，直到由适当的工具测定。

可以肯定的是，宗教和社会阶层可以通过表面上看得见的制度纽带（institutional ties）而不断加强，比如教堂或工会等——后唯物主义者的特点之一似乎就是厌恶传统的官僚主义体制。尽管如此，某些基本价值观组合可能已经根深蒂固并持久存在，足以作为有效的预测变量。即使没有正式的制度纽带，像政党偏好等，也足以持久地被认为是国家社会结构的一部分。

个人的价值观类型会对他的投票行为产生影响吗？问题的回答一定是小心斟酌后的"有时"。没有什么不可更改的倾向左右选举结果。也许有一些潜在的倾向，但精英们所做的是如此重要，以至于我们只能对影响社会基础结构的变化作出一个概观性判断。戴高乐或艾森豪威尔的出现——或一场大战的到来——能对结果产生巨大影响。此外，投票行为的特定模式既已确立，并随着时间的推移显示出令人印象深刻的持久性。它们会对个人价值观在投票时的转变产生影响。

尽管价值观转变的影响受到制度和社会的约束，但我们还是可以斗胆对它可能产生的长期效果进行一些概括，其他的则都差不多。在一个日益发展的后唯物主义社会，人们可能期望那些最突出的政治问题从经济领域转向生活方式问题；随之而来的也许是左翼、右翼政党政治含义的变化，我们可能还会期待政党偏见的社会基础发生根本性变化。

在每个国家，后物质主义者最显著的特征之一就是他们基本上都来自社会最富裕的阶层。然而，他们在选举时却不相称地投票支持左翼政党。相反，物质主义类型大多来自低收入群体，但更乐于支持保守一些的政党。

可以想见，价值观对党派偏好具有显著影响是一个伪命题。对于为什么只有那些在选举时本应保守的劳动阶级表达着物质主义价值观，人们可以想象出各种各样的原因。比如，我们的价值指示器也许仅仅能用于识别那些工人的背景，他们多来自政治保守的家庭背景。或者，有些人喜欢传统价值和保守党派也许只是简单地因为他们与宗教信仰的联系。研究这些可能性，需要多元的分析。

但是，如果价值观和政党偏好之间的关系不是假的话，就会逐渐中立

(甚至逆转)工人阶层与左翼政党、中产阶级同右翼政党传统上的紧密联系。我们假设,这样的过程已在过去二三十年里悄然发生。

要想得到结论性的研究结果只能通过对这一变化进行一个相当长时间的观察。但是,我们将考查现在获得的数据,努力判断个人的价值偏好是否对其选举立场产生明显影响,其他变量的影响作为控制变量。如果这被证实就是那么回事,人口按照物质主义和后物质主义而产生的两极分化就会减少传统的社会阶层投票(social class-voting)的发生率。政治分裂的工业基础将逐渐减弱。我们可以期望前工业社会分裂的重要性也将随之减弱——但是(理由后面会涉及),比工业社会分裂的重要性减弱速度慢一些。

眼下,工业分裂和前工业分裂都同样重要;确实,它们继续主导着大多数的政治分裂,虽然不是全部。我们将逐一考查三类变量对左翼—右翼选举的影响。在不同国家发现的模式可以提供一些关于我们期待中的后工业社会各类政治冲突的线索。[6]

二、右翼如何告诉左翼

分析价值观对投票的影响会引起一个问题,"为什么人们会投票支持这个政党而不是另一个?"在美国,这个问题相对简单:人们问"为什么他或她支持共和党而不是民主党?"但是,在像荷兰那样的国家,在 1972 年选举中有 14 个党派赢得议会席位,问题可能就变成:"为什么他投票支持劳工党而不是天主教党(Catholic Party),或者激进党(Radicals),或者卡尔文原教派(Fundamentalist Calvinist),或者和平主义社会主义党(Pacifist Socialist)?"等等。在一个体制中有 14 个政党,有 91 对党派要比较。因此,为了将问题简化到可行的程度,在一个多党体制内,问题变为:"为什么他投票支持社会主义政党而不是宗教性质的党派?"或者,更宽泛点儿,"为什么他投票支持左翼政党而不是右翼?"这些宽泛的标签是有用的,尽管他们必然地牺牲了一些准确性。它们的含义可能因国家而不同,正如我们已经指出的,即使在特定的国家也会随着时间而改变。大致而言,左翼是指以变革为主导的政治力量,而右翼则寻求保持现有社会政治模式。更具体些,左翼意味着朝平等主义方向而变革;在工业社会的政治中,它就意味着倾向于经济上的更多平等高于一切。

左翼—右翼的维度(Left-Right dimension)可以比作传统因素分析中的第一个因素:它是一个有用的数据处理装置(data-reduction device),可以帮助公众归纳党派的差异。在最近对瑞士政治的研究中,因素分析被用于对瑞士主要的 11 个政党进行偏好排序。[7]支持这些偏好的第一个因素,事实上与受访者对其左翼—右翼的自我定位(self-placement)有极强的联系。对另外 10 个国家的数据分析显示,在多数情况下,个人的政党偏好与他们自己在左—右量表(Left-Right scale)上的自我定位有密切的联系。[8]左翼—右翼维度所解释的方差比——以及其他重要的维度的数量——毋庸置疑地因国家和时间的不同而不同。但是,左翼—右翼维度看来是最接近复杂现实的分析工具。

肯尼思·简达(Kennith Janda)根据 50 个国家政党的 3 500 份文件,详细归纳列举了不同政党不能达成一致且事实上代表着政党立场的那些主要问题。根据他的编码方案,左翼党派相对喜欢如下方面:政府对生产方式拥有所有权;政府在经济计划中起主要作用;财富的重新分配;基于公共支出的广泛的社会福利项目;与东方而不是西方阵营结盟;社会世俗化(secularization);军队配置更高;不受外国控制;超国家的整合(integration);国内整合;参政权的扩大;保护公民权利。[9]简达基于 26 个政党对问题立场的因素分析表明,列表中只有最前面的 6 个问题与单纯的左翼—右翼维度高度相关:它们的因素加载系数范围,从生产方式的政府所有的 0.91,到社会世俗化的 0.68。政党对宗教支持与否的立场与左翼—右翼维度的联系,不如其他问题高,但它仍可被看作这一维度的一个方面。其他问题与左翼—右翼维度的关联性相对较弱。支持部署更多军事力量,被证明与右翼而不是左翼有联系,但这种联系相对适中;保护公民权利也显示是一种非常微弱的负面力量。简达的编码的背景是 1957 年到 1962 年,但总的来说,它们今天也相当有说服力——至少对那些大的稳定的政党是这样。

在一个清楚明白的世界，基于左翼—右翼的投票（Left-Right voting）在以下情况才会发生：

（1）某些政党支持左翼的所有政策，而其他人则反对；

（2）实施这些变革是所有左翼政党的目标；相应地，他们更可能与左翼的其他政党而不是右翼结盟；

（3）选民理解这些政策的差异，并出于对这些政策的支持或反对而投票。

在这均匀、富有逻辑和单一维度的世界上，一个选民将支持在左翼—右翼集合中最接近他立场的那个政党；如果他改变投票立场，那也将会是转向相近的政党。

可惜，真实的世界并非如此简单。调查数据显示，在 1950 年代的美国，要识别出投票选择的任何一个主要维度（dimension）都是不可能的——尽管如唐纳德·E.斯托克斯（Donald E.Stokes）所指出的那样，在南北战争之前可能存在过"强有力的意识形态焦点"[10]。然而，随着 20 世纪 50 年代的温和政治向其后六七十年代的意识形态政治的转变，左翼对右翼的概念（或称，自由党对保守党）已经变得更适用于美国政治。[11] 相同地，人们也常提到，第三、第四共和国期间的法国政党沿着两条不同的主要轴线而分裂：一个与宗教相关，另一个与社会阶层相关。在戴高乐总统当政期间，一个单一的戴高乐主义反戴高乐主义（Gaullist-anti-Gaullist）维度开始主导法国的政治生活。

认识到没有一个单一的维度能充分概括西方国家政党的所有差异，我们因此认为，作为第一个近似值，我们能够试图将它们分为两大类（下面再分为几个小类），如表 7.1 所示。[12] 这个表试图显示不同国家的特定政党存在大致的相似之处，以及这些政党的相对力量。

许多见多识广的观察家可能不同意这些政党如何被划分为左翼和右翼的所有细节。比如，一些人可能会说，新左派实际上是共产主义政党的左派，理由是，前者与一般的共产主义政党相比，对现存社会正施加更根本性的批判。可能存在争议的是，该表符合关于多党体制下选民如何认知某一政党的既有信息。[13] 选民的理解可能滞后于现实，但这显然是影响其选举立场的一个重要因素。一些对左翼—右翼分类的替代方法也提到

表 7.1　8 个国家的政党结构

国　　家	左　　翼			中间派	右　　翼	
	共产党	新左翼	中左派	中间派	中右派	激进右翼
英国（1974 年 10 月投票）			工党 39%	自由党 18%	保守党 36%	
西德（1976 年投票）			社会民主党 43%	自由民主党 8%	基督教民主党 49%	
法国（1973 年投票，初创）	共产党 21%	统一社会主义党 3%	社会主义党 19%	改革运动党 12%	戴高乐联盟 38%	
意大利（1976 年投票）	共产党 34%	激进党 1%	社会主义党 10% 社会民主党 3%	共和党 3%	基督教民主党 39% 自由党 1%	新法西斯党 6%
比利时ª（1974 年投票）	共产党 3%		社会主义党 27%	自由党 15%	基督教社会党 32%	
荷兰（1972 年投票）	共产党 5%	激进党 5%， 六六民主党 4%	工党 26%	民主社会主义 党 70.4%	天主教党 18% 2—新教党 14% 自由党 14%	农民党 2% 新教右翼党 4%
瑞士（1975 年投票）	共产党 2%		社会主义党 27%	无党派 6%	激进教党 22% 基督教党 23% 人民党 10% 自由党 2%	国家行动党 3% 共和运动党 3%
美国（1976 年投票 括号中数据为政党认同率）			民主党 51% （民主党认同率 ＝ 42%）	（无党派认同率 ＝37%）	共和党 49% （共和党认同率 ＝ 42%）	

注：a 在比利时 1974 年选举中，佛兰德民族主义党与法语民族主义党共得到选票的 21%。这份表格中，我们没有将其放进来。

并强调既定体制（given system）的显著特征。例如，乔万尼·萨托利（Giovanni Sartori）提出"体制/反体制"（system/anti-system）政党二分法（dichotomy）的重要性。[14] 这样的二分法可能会把意大利共产党（Italian Communists）、无产阶级社会主义党（Proletarian Socialists）和新法西斯党（Neo-Fascists）放进后一大类中，原因是这些政党的营运不仅是为了在现有制度下实现改革，还寻求推翻整个体制。与此类似，人们可能会说，法国政治真正重要的裂痕在共产党（Communists）（也许还加上统一社会主义党，Unified Socialists）与其他看上去自愿服务于现行体制的政党之间。显然，这个体制/反体制（system/anti-system）二分法标出了意大利和法国政治分裂的重要界线（line）。但它在其他国家似乎却并不太重要：在大多数情况下，它导致极少数的反体制选民与一个庞大的大多数选民的鲜明对照。

然而，体制与反体制（system/anti-system）党派之间的鸿沟从未消失。自冷战开始以来至 1976 年，共产党（Communists）还未参加任何主要西方国家执政联盟（government coalitions），尽管它们似乎一直在朝这个方向努力。在 1973 年的议会选举（parliamentary elections）中，法国共产党（France's Communists）和社会主义党（Socialists）联合起来成为"左翼联盟"（The Union of the Left）。但尽管在精英层面形成了共同的平台与共同的竞选策略，但那些在第一轮投票中选举社会主义党（Socialists）的人中，大约有一半人表示他们不会在第二轮投票中为共产党（Communist）候选人投票。[15] 在 1974 年总统选举中，共产党和社会主义党支持一个共同的候选人——一个社会主义党人（a Socialist），几乎赢得选举。但是在葡萄牙共产党政变（Communist coup）未遂之后，这两个左翼政党之间的合作开始变得不稳定。

然而，根据所涉及的选民人数而言，这种体制/反体制的二分法（system/anti-system dichotomy）不是西方国家政治分裂的主线。即使在法国和意大利这些二分法似乎最重要的地方，共产党（Communist parties）是否真正的反体制党（anti-system parties）在如今也是非常值得怀疑的。他们近几年的语调越来越温和，在意大利，他们特别强调下列论调，即如果他们当权，他们将不会推翻代议制民主（representative democracy）等主要制度。从 60 年代中期开始，法国共产党（French Communist）致力于和其他左翼政党之间相当有效的选举联盟（electoral alliances）。在 1968 年的危机中，共产主义（Communist）精英们没有表现得像革命者。讽刺的是，当戴高乐联盟（Gaullists）宣称共产党是革命党（revolutionary party）时，共产主义（Communist）领导者们则努力表现出清醒的崇高形象。他们在最近的选举活动中继续培养这种形象，在一个不如英国工党（British Labour Party）那么激进的平台上运行着。

另一种替代（或补充）左翼—右翼框架（scheme）的分析方法是由罗坎和利普塞特提出来的"地域文化"（territorial-cultural）维度。[16]除了左翼右翼对立外，还存在着重要的地域性分裂，尤其是在比利时。植根于佛兰德语区（Flemish-speaking）和法语区亚文化的民族主义党（nationalist parties）在最近几年里已经显示出惊人的生命力：从十几年前几乎可以忽略的水平，上升到 20 世纪 70 年代早期赢得了比利时 21% 的选民。毫无争议地将这些党派非左即右地进行划分是很困难的。基于与特定地域和文化的联系，他们也可以被看作萨托利"反体制（anti-system）党派"的一个特例：在比利时，他们有时会比其他国家的各种共产主义政党以更直接的方式威胁到基本的政治制度安排。[17]

接下来的分析主要基于 8 个国家中左翼政党（parties of the Left）和右翼政党（parties of the Right）在每一个国家里的区别，但并不假定表 7.1 在所有细节上都是正确的。它们依据的是一个更加简单的假设：例如在法国，一方面共产主义政党、社会主义政党和激进派政党（Radical parties）之间存在着重大区别，另一方面，它们又与戴高乐联盟（Gaullist coalition）也有区别。换句话说，我们的分析将基于对两组政党的二分法（dichotomy）。我们甚至不需要对如何给两组政党定义标签达成共识。如果读者喜欢，可以将它们理解为"自由派对保守派"（liberal vs conservative）或者"集团 1 对集团 2"，只要读者认同在这两组之间存在重要的区分。因为"左翼"（Left）和"右翼"（Right）这一术语传播广为人知（且意义丰富），我们将还是用这两个术语来阐述二分的两边。根据这种方式，我们并不需要假定一个国家的政治冲突是单维的（unidimensional）。根据经验，不管使用多少维度，都可以证明其在解释两个主要替代方法的选择

理由时是很有效的。我们基于两个理由将因变量(dependent variable)进行二分:

1. 为了跨国比较的便利:在这种情况下,人们可以将受访者标示出其中工人阶级(working class)、中产阶级(middle class)、天主教(Catholic)、新教(Protestant)和其他类型投票给左翼或右翼的比例,用一个简单的数字代表每个组。因为我们要探讨的是每 8 个国家中的 14 个政党,如果我们能够展示出每个国家的每个社会群体为每个政党投票人数的比例,那将会陷入细节中。为了使之简化,我们必然舍弃一些信息,但条件会得到保证。

2. 关于多变量分析(这个会在第 9 章阐述),出于技术和理论上的考虑,我们要采用二分法(dichotomy)。以法国情况为例,替代方法可能是将戴高乐联盟(Gaullists)编为 1 号,独立共和党(independent republicans)为 2 号,中立党(Centrists)为 3 号,激进党(Radicals)为 4 号,社会主义党(Socialists)为 5 号,共产党(Communists)为 6 号,统一社会主义党(unified Socialists)为 7 号。这意味着有一个适用于所有党派的单一维度(a single dimension)——而且,社会主义党(Socialists)左的程度正好是戴高乐联盟(Gaullists)的 5 倍,是独立共和党(independent republicans)的 2.5 倍。这样的假设是无法自圆其说的。

二分法的难度因国家而异。在某些案例中,它相当简单:在"两党制"(two-party systems)体制下,二分法(dichotomy)明显而自然地存在。事实上,这所有国家都存在两个以上的政党,但是只有在(英国、西德和美国)三个国家,两大主要政党在近几次大选中获得了约 3/4 的选票。在这些案例中,我们的二分法能够简单地区分出两大政党。

在其他 5 个多党制(multi-party systems)国家,没有哪两个政党能够获得超过 75% 的选票。然而在其中的 4 个国家,却存在相当明确的二分(dichotomization)基础,尽管其中心相当地含混不清。在法国,执政党与反对党(opposition)之间有一条清晰的区分界限,这一点与我们的左右翼政党二分(Left-Right dichotomy)不谋而合,如表 7.1 所示。在我们调查的时间段,中心是按执政党与反对党来划定的,其支持者被排除在外(对两党体制下的第三党亦是如此处理的)。[18] 这个二分法意味着:共产党

(the Communists)更接近社会主义党(the Socialists)和统一社会主义党(Unified Socialists)而非戴高乐联盟(the Gaullists)——这一假设,大多数(但不是所有)观察家(observer)无疑会接受的。政党领袖和选民似乎也能够接受这种二分法。在第五共和国(the Fifth Republic)时期,戴高乐联盟(The Gaullists coalition)都显示出了高度的凝聚力,而在最近几次国民大会选举中,左翼政党(the Left)也开始将其内部的联系制度化。在荷兰,我们将其左翼政党作为一组(见表7.1),以与自由党(the Liberals)和忏悔天主教党(confessional parties)的联盟进行对照,后者曾在20世纪60年代末、70年代初联合执政。不久前,或许还有人会考虑将与教会有关的政党(the church-related parties)分为一组,以与世俗党(the secular parties)进行对照——这有可能导致将自由党(在经济问题上趋于保守)归入左翼。最近,荷兰左翼政党已经开始将自己作为替代政府而进行制度化。政党间的左右翼区分也变得更有意义。

意大利的情况更加棘手。在我们1970年调查的同时,意大利基督教民主党(the Christian Democrats)与共和党(the Republics)、社会主义党(Socialists)以及社会民主党(Social Democrats)联合执政。1972年大选后,基督教民主党开始与自由党、社会民主党结盟,而共和党转而支持新政府但不参与执政。正如人们所看到的,在意大利,联盟伙伴关系并不支持清晰的二分法:他们改变甚至突破了传统的左右翼政党的分界线(conventional Left-Right boundaries)。此外,意大利还是一个体制/反体制二分法(system/anti-system dichotomy)非常有说服力的国家。即使人们想当然地认为意大利共产党(the Communist Party)正在逐渐成为"体制内"政党,那里仍然存在有诸如新法西斯党(the Neo-Fascist party)与意大利社会运动党(MSI)这样的极右现象。人们可能振振有词地说,新法西斯党可以看作一种单独的政治力量,不应该将其归入意大利其他右翼政党(the Italian Right)。[19]问题是,意大利政治中的左右翼区分从哪里开始呢?在一个案例中,人们可能将共和党归入左翼;而在另一个案例中,人们可能又会说,基于政策和过去的表现,不仅共和党而且社会民主党都属于真正的右翼政党。面对这个问题,我们只能根据对意大利选民的认知进行二分。意大利选民将社会民主党、社会主义党、无产阶级社会主义党

(Proletarian Socialists)和共产党都看作左翼政党,其他政党则处在左翼—右翼闭联集中偏右的一方。此外,每个人在这个闭联集中的定位与其政策偏好和政党选择息息相关。[20]相应地,我们的二分法将左翼政党(见表7.1)与其他所有政党相区分。

比利时的问题更难处理。其两大政党——基督教社会党(the Social Christians)和社会主义党(the Socialists)——曾一度被视为左翼—右翼政党二分(Left-Right dichotomy)的基础。就在1958年的大选中,他们还获得了85%的选票。但是近年来,他们的支持率一路下滑,在1974的大选中只获得了61%的选票。除此之外,很难看出还有哪个政党可以和这两个政党一起组合,以形成一个更具综合性且更有意义的二分法。自由党可以令人信服地与基督教社会党结合以形成一个左翼—右翼政党的二分,但此举会将主要选民排除在外——他们会将选票投给一个语言民族主义政党(the linguistic nationalists parties)。这些政党几乎都不可能与三大传统政党整合在一个自然单元中。鉴于他们表现出的种族优越感(ethnocentric flavor),人们可能会将其置于右翼政党之列。戈登·L.韦尔(Gordon L.Weil)称之为"极度保守政党"(ultra-conservative)并强调这样一个事实,即在某种程度上,他们是二战前雷克斯特党(Rexist Party)的残余,而雷克斯特党最终蜕变成为亲纳粹(pro-Nazi)政党。[21]但是如今,这些群体以解放党自居,打着左翼政党的口号,毫无疑问是倾向于变革的。因此,也有人考虑将其纳入左翼政党。其他难题还包括弗兰德语区政党(Flemish-speaking)与法语区政党(French-speaking parties)之间的显著差异。从某种程度上说,后者是反对前者的。看来我们不能以一种全面连贯的方式将比利时的政党一分为二。我们的对策是妥协。比利时左右翼政党的二分仅仅是区分这两大政党的选民。诚然,这样做会把一大部分选民从分析中剔除。为了完成这一分析,我们还要进行类似分析,用来解释有些个人为何投票给一个种族民族主义政党(ethnic nationalist party)而不是一个传统政党(the traditional parties)。

关于瑞士,前面引述的分析说明,所有政党都可归入一个主要的左右翼政党维度(Left-Right dimension),除了独立联盟党(正好处于此维度的中间,并因此被从分析中排除)以及瑞士共和运动党(the Swiss Republic

Movement）和国家行动党（National Action）（两个小的致力于反对外国的政，多数观察家可能会将其置于极右政党之列）外。对后两个政党的支持探讨的是另一个维度的问题，与左右翼政党轴线（Left-Right axis）截然不同。和比利时种族民族主义政党（the ethnic nationalist parties）一样，这两个政党也必须单独分析，并且已经从我们的左右翼政党选举（Left-Right voting）分析中排除掉了。[22]

三、家庭传统和工业政治分裂：一些零阶关系

我们将使用一些工具来理解为何人们会投票给某个政党，尤其是想了解其价值偏好是否影响了其选择。我们的第一步将使用简单的交叉表（cross-tabulations）来考察社会背景与投票之间的关系。我们将考察大量这类表格，以获得其基本关系的详细情况，这样我们才能在多元分析归纳出的结果中揭示出其中更为复杂的模式。

每个欧洲国家的受访者都被问道："明天将有大选，您最有可能给哪个政党投票？"[23]

在多党制国家，受访者如上述被一分为二。

在美国，共有两个不同的问题，一个关于政党认同，另一个关于受访者在 1972 年总统大选中事实上投了谁的票。两个问题都是有意义的——一个作为长期政党忠诚的基准指标，另一个是对 1972 年这个特定环境下真实行为的测量。选项分别是："一般来说，您认为自己是一个共和党人、民主党人、无党派人士或者什么？"

美国人同时还被问到他们是否参加 1972 年的大选投票。如果投票了，则问："您在总统大选中投了谁的票？"

我们的受访者同时也被问到其父母的政党偏好是什么，如果有的话。[24]在回答出其父母政党偏好的受访者数量方面，存在重要的国别差异。这一比例美国与英国最高，受访者中的 75% 能够回答其父母的政党偏好；比利时与荷兰也比较高，比例高达 60—65%；意大利和法国相对较

低,分别只有 56% 和 53%；西德明显要低,只有 38% 的人回答了其父母的政党偏好。

这一跨国模式并不特别令人吃惊。英国和美国都有相对较长历史的政党制度,即两党执政。在这类制度下,受访者父母更有可能长期持续地与某一政党符号相联系。法国现行政党制度仅是 1958 年戴高乐上台后才形成,在此前,法国政治体系在右与偏中位置不停摇摆。在这所有的可能性中,父母很少具有稳定的政党偏好。意大利与德国经历了一段时间的法西斯统治,那时的政党自由竞争被搁置——而且,在德国,如果父母曾经与纳粹党有关联,那么受访者在回答父母的政治联系时就承受着更大的压力。

这些国别差异很显然影响着人们受其父母遗传下来的政治偏好影响的程度。然而,如表 7.2 所示,在所有 7 个国家,父母的政治偏好与一个人自己的投票意愿之间存在着深层的关系。即使在西德与意大利,这一影响看来也是非常重要的。我们应该知道,直到 1970 年(我们调查的时候),所有 45 岁以下的受访者至少其青年或者童年的某段时间是在战后时代度过的。但是,即使那些更年长一些的受访者,其父母的政党偏好对其投票意愿也有着可以测量的影响。

很显然,遗传自父母的政治倾向在所有 7 个国家,对形成一个人的选举选择起着至关重要的作用。我们在分析中必须注意到这种可能性。现在,让我们接下来考察工业变量部分。

社会阶层长期以来被认为对政治行为有重要的影响——也许是主要的影响。利普塞特通过总结大量相关的研究发现,并且评论道："关于政党支持令人印象深刻的真相就是,事实上在每一个经济发达的国家,那些收入较低的群体主要投票给左翼政党,而收入较高的群体则主要投票给右翼政党。"[25]最近,他又提到,"在欧洲多数国家,与阶层相关的政治斗争的激烈程度正日益下降"[26],但并非阶层投票。"对现代欧洲工人阶层投票模式的比较研究发现,除了荷兰和西德外,左翼政党获得了约 2/3 甚至更多工人阶级的选票,大大高于 20 世纪 30 年代大萧条时期"[27]。同样的,在分析了 1936—1962 年期间在英国、澳大利亚、美国和加拿大进行的所有 33 次调查中职业与政党投票的关系后,奥尔福德(Alford)发现,在每

表7.2 依父母支持的政党划分的投票意愿[a]

（偏好右翼政党的百分比）

英　国			西　德		
工党	30%	(567)	社会民主党	6%	(232)
不知父母的政党偏好	56%	(426)	自由民主	25%	(8)
自由党	63%	(111)	不知父母的政党偏好	47%	(906)
保守党	86%	(410)	基督教民主党	64%	(290)
法　国			意　大　利		
左翼政党	17%	(336)	左翼政党	18%	(226)
中立党	18%	(28)	不知道	61%	(554)
不知道	51%	(624)	极右翼政党	82%	(68)
右翼政党	82%	(305)	基督教民主党,共和党,自由党	86%	(374)
荷　兰			比　利　时		
左翼政党	11%	(262)	社会主义党与共产党	7%	(116)
不知道	42%	(414)	自由党	59%	(16)
忏悔基督教党,自由党	72%	(454)	不知道	62%	(241)
			基督教社会党	90%	(250)
美　国			美国:1972 年投票		
民主党	17%	(1 575)	民主党	57%	(1 362)
不知道	34%	(427)	不知道	61%	(257)
无党派,其他党派	45%	(75)	无党派,其他党派	70%	(150)
共和党	76%	(756)	共和党	81%	(789)

注:a 欧洲国家的数据基于 1970 年欧共体的调查。美国政党认同的数据基于 Institute for Social Research 的 1972 年 5 月综合调查、Center for Political Studies 的 1972 年选举调查和欧共体的 1973 年 3 月调查。1972 年投票数据只是基于上述后两次调查。这一变量不用于瑞士数据。

一个案例中,体力劳动者相比较于非体力劳动者,几乎都更加倾向于投票给左翼政党。他通过简单地将体力劳动者投票给左翼政党的百分比,减去非体力劳动投票给左翼政党的百分比,得到了一个"阶层投票指数"。阶层投票指数的平均值处于加拿大的 + 8 到英国的 + 40 之间。美国的平均指数为 + 16。[28]坎贝尔等(Campbell et al.)提供的证据表明,阶层对立在大萧条时期最严重,但在年长与年轻一代中程度较轻。[29]人们可能因此期待基于社会阶层的投票行为会逐渐弱化。奥尔福德怀疑这一解读，认为，基于他的证据，"自 1930 年代以来，美国政治的基础并无明显的变化，尽管二战后经济日益繁荣，尽管艾森豪威尔时期一度转右。"[30]最近，理查德·汉密尔顿（Richard Hamilton）得出了类似的结论：美国基于社会阶层的投票倾向并未减弱。[31]

我们的假设意味着，这一切符合过去的历史，但不太符合今天以及不远的将来的事实。让我们来看数据。表 7.3 显示了社会阶层（用一家之主的职业来表征）与投票之间的关系。

在社会阶层与投票意愿或者政党偏好之间，存在着清晰且稳定的关系。在每一个国家，从事体力劳动的人们（及其家庭），与白领背景的人相比较，更倾向于为左翼投票。在有些情况下，这种关系非常强烈。比如，在英国，工人阶级与中产阶级为左翼政党投票的可能性之间存在 34 个百分点的差异（换言之，我们得到的奥尔福德所言的阶层指数为 +34）。英国的例子说明了所有的事实，即社会阶层投票决非秘密：有时候，中产阶级压倒性地为右翼投票，而工人阶级绝大多数为左翼投票。瑞士的阶层投票指数也达到了令人印象深刻的 +21。然而，在其他 6 个国家，基于社会阶层的投票倾向较弱。其中有 5 个国家的阶层投票指数在 +13 到 +16 之间——仅仅是英国的一半。在第六个国家即美国，阶层投票指数（相对于政党认同）不足英国指数的 1/4。人们可能因此得出结论说，英国阶层投票指数相对较高，仅仅是因为近年来其经济发展较慢，但真相绝非如此简单。英国阶层投票指数高的原因，看来可以追溯到至少几十年前，甚至可能追溯到其工人阶级被首次赋予选择权的那个时代。就像斯堪的纳维亚半岛国家（其阶层投票指数更高）一样，英国能够以阶层来进行政治划线，是因为不存在竞争性的宗教分裂。在维护阶层划线的问题上，相对广泛且深层次的政党忠诚，可能比较低的经济增长更为重要。

然而，有证据表明，10 年或者 20 年前的阶层投票比 20 世纪 70 年代要强势且广泛得多。我们获得的英国的阶层投票指数略小于奥尔福德所报告的平均值。而且，美国的指数只有奥尔福德所报告的平均值的一半。当我们比较美国 1972 年阶层投票指数与基于受访者政党认同感得到的指数时，社会阶层投票倾向在减弱的印象被进一步强化。政党认同反映

表 7.3　社会阶层和政治参与 [a]

（支持右翼政党的百分比）

	英国		西德		法国	
中产阶级	78%	(442)	50%	(1 208)	50%	(467)
工人阶级	44%	(1 066)	37%	(1 039)	35%	(419)
奥尔福德指数	+34		+13		+15	
农　　民	67%	(272)	64%	(120)	67%	(148)

	意大利		荷兰		比利时	
中产阶级	63%	(758)	55%	(985)	70%	(468)
工人阶级	48%	(524)	40%	(541)	54%	(502)
奥尔福德指数	+15		+15		+16	
农　　民	67%	(149)	78%	(149)	90%	(114)

	瑞士		美国:政党认同		美国:1972年投票	
中产阶级	74%	(581)	44%	(1 565)	67%	(1 382)
工人阶级	53%	(395)	29%	(1 401)	59%	(842)
奥尔福德指数	+21		+15		+8	
农　　民	93%	(123)	53%	(168)	79%	(117)

注:a 社会阶层基于一家之主的职业:那些非体力劳动者归于中产阶级一类,那些体力劳动者被看作是工人阶级,除农民家庭外。奥尔福德指数(仅指前两类那些体力劳动者百分比的差异。在本表中,欧共体1970年与1971年调查数据综合起来适用于除英国以外的所有国家(1971年调查数据不适用于那里)。瑞士数据来自日内瓦和苏黎世大学(Universitier of Geneva and Zurich)于1972年进行的调查。美国政党认同的数据来自社会研究协会(Institute for Social Research)的1972年5月综合调查,政治研究中心(Center for Political Studies)的1972年选举调查和欧共体的1973年3月调查。1972年投票数据数据只是基于上述后两次调查。除了特别提及以外,这些资料来源也是本章其他表格的基础。

的是一种普遍联系,它可能被灌输的是家庭的政治倾向。它并不必然地反映当前的投票意愿(1972年选举结果已经证明得足够清楚)。奥尔福德基于政党认同的指数是+15——几乎等于奥尔福德得出的1936—1960年的平均阶层投票指数。尽管这些传统纽带将工人阶级与左翼、中产阶级与右翼相联系,基于1972年选举的实际投票指数却只有+8。

诺弗尔·D.格伦(Norval D.Glenn)和艾布拉姆森(Abramson)对大量时间序列数据的独立分析相当确定地说明,美国的阶层投票倾向存在长时间的减弱趋势。[32]且这一趋势并非遵循直线下降的规律。其阶层投票指数在艾森豪威尔时期暂时下降到+11,接下来的两次大选又有些反弹。但其长期的模型是清晰的:阶层投票指数从1936—1948年间大约+18,收缩到1972年的+8或更低。更显著的是,这一趋势看来是根深蒂固的。艾布拉姆森和格伦都认为,人群分类分析表明这一指数存在代际变化。某个社会阶层投票指数看来在特定年龄人群中可以持续一段时间,在年长人群中它较高,但在年轻人群中较低,甚至可以忽略不计。事实上,在1968年,艾布拉姆森和格伦事实上都发现在美国年轻人群中阶层投票指数出现了微弱的负值;到1972年,艾布拉姆森在其研究的两个年轻人群的阶层投票指数中都发现了负值。[33]随着政党改变其策略,也随着民主党从其1972年的溃败中恢复过来,我们期待在未来的选举中,还会出现持续的波动。但是,它可能只是一个变量的波动,一个在目前的美国政治中占次要位置的变量。

对多数欧洲国家的分析找不到同等可靠的数据,但我们还是听到了一个相同的故事。戈德索普等(Goldthorpe et al.)认为,英国的政治冲突并未减弱,相对来说,这个观点是对的。英国阶层冲突的弱化趋势小于其他地方,但最近的趋势仍然说明,在那里,冲突在减弱。[34]

我们如何调和这些发现与奥尔福德、汉密尔顿以及其他研究者从大量调查中通过审慎分析得到的结论?我认为,答案在于这样一个事实,即上述变化都是最近才发生的(而其数据最晚的也来自于1964年)。

让我们假设20世纪30年代经济问题比以前或以后更加突出,社会阶层冲突也更加激烈[35]。乍看起来下列结论是符合逻辑的,即如果社会阶层投票倾向有减弱,那么它应该是发生在相对平静且繁荣的50年代。

然而,奥尔福德、利普塞特和其他研究者提供的证据并未表现出这种下降趋势。相反,无论是在欧洲还是美国,50年代的社会阶层投票指数事实上看起来比30年代要高。对50年代阶层投票倾向下降的预期是基于这样一个含混不清的假设,即人们倾向于对变化了的经济环境立即作出反应。这一假设听起来足够合理,却与证据相违背。看起来,很少有人在这些年间改变其政党认同。美国选民从多数支持共和党,转而多数支持民主党,主要是基于人口的更替——其影响人们先前并没有充分明白,直到近些年,一些历史事件使得这种转变成为可能。同理,直到大萧条后不久,社会阶层投票才达至顶峰。它反映了一个人成长期间主要影响他的政治与经济条件。在大萧条与经济衰退时期完成社会化的年龄人群,直到50年代才被完全吸纳成为选民。只有到那时,这些成为选民的群体才开始不再像其长辈那样依阶层而划线。人口的更替再一次显著地延缓了历史事件对选民的影响。

表 7.4 社会阶层和政治参与(1973—1975 年[a])

（根据一家之主职业划分的支持右翼政党的百分比）

英	国		西	德	
中产阶级	68%	(545)	中产阶级	49%	(803)
工人阶级	33%	(839)	工人阶级	35%	(648)
奥尔福德指数	+ 35	(+ 34)[b]	奥尔福德指数	+ 14	(+ 13)
法	国		意 大	利	
中产阶级	47%	(914)	中产阶级	54%	(650)
工人阶级	28%	(663)	工人阶级	40%	(545)
奥尔福德指数	+ 19	(+ 15)	奥尔福德指数	+ 14	(+ 15)[b]
荷	兰		比 利	时	
中产阶级	57%	(721)	中产阶级	65%	(324)
工人阶级	36%	(518)	工人阶级	55%	(425)
奥尔福德指数	+ 21	(+ 15)	奥尔福德指数	+ 10	(+ 16)

注:a 基于欧共体 1973 年和 1975 年 5 月调查的综合数据。样本被合并,以提供合理可靠的阶层投票指数。
b 括号中显示的是 1970—1971 年的阶层投票指数,即 1973—1975 年为右翼投票的指数。

美国的社会阶层投票倾向减弱的证据是令人信服的。但是,我们仍然可以期待存在起伏。随着艾森豪威尔个人魅力后阶层投票率的部分恢复，它不再是一个重要因素，1972 年选举必须被当成一个非正常现象：近些年的历史上，从来没有这么多的美国人投票反对自己的政党认同感。在不久的将来，可以预期某些短时期的力量可能会提升阶层投票率——尽管达不到奥尔福德所发现的程度。另外，如果这些年的繁荣消除了突出的经济问题，人们可能会预期 1973—1975 年的经济衰退至少部分地将其恢复。让我们比较我们已经取得必要数据的欧洲六国在 1970—1971 年与 1973—1975 年间的阶层投票率。表 7.4 显示的是 1973 年和 1975 年调查中的阶层投票，使用的是奥尔福德用来分析前后两个阶段的指数。我们发现，在 6 个国家中，其中 4 个国家后段时间的阶层投票指数要高于前段时间，尽管只有荷兰与法国在所有实质层面都是上升的。其中两个国家（比利时和意大利），指数事实上是下降的。总之，经济衰退的影响看来遵循着预期的方向，但结果是适中的。模型的不一致说明，最近的变化反映的只是各地具体环境的变化，而非社会阶层投票的总体回归。

关于这一点，我们的分析将一家之主的职业作为社会阶层的指标。或许我们只是无法测量阶层冲突的真实基础。许多熟练体力工人现在挣得越来越高于低阶白领雇员，有人认为，后者正成为无产阶级的一部分。也许今天最重要的政治分裂在于低收入工人（既有体力劳动者也有非体力劳动者）与较高收入人群（体力劳动者或者非体力劳动者）之间。如果我们根据收入而非职业来分析我们的数据，我们会发现更强烈的阶层分裂的证据吗？表 7.5 显示的是 8 个国家中的 6 个，其收入与投票意愿之间的关系。[36]总之，收入与投票之间的关系并不强于职业与投票之间的关系。事实上，在西德、法国和意大利，最低收入人群看起来是最保守的。这一令人困惑的发现主要基于这样一个事实，即年长者与农民家庭一般收入较低，但倾向于支持右翼政党。但是，收入并不能为阶层投票提供比职业更强有力的证据支撑。

教育是社会阶层的另一个重要指标。表 7.6 显示了它与投票之间的关系。这里，我们也发现其中的曲线（curvilinear）关系。在英国、西德、法国和美国，大多数受过良好教育的群体不太可能像只接受过高中教育的群体那样为右翼政党投票。在法国，这一群体是所有三个类别中事实上

表 7.5　依家庭收入划分的投票意愿ᵃ

（支持右翼政党的百分比）

西德			荷兰		
250美元/月以下	54%	(157)	170美元/月以下	57%	(75)
250—320美元	48%	(204)	170—270美元	55%	(120)
320—400美元	47%	(266)	270—370美元	52%	(231)
400—475美元	52%	(217)	370—530美元	68%	(247)
475美元/以上	50%	(366)	530美元/以上	72%	(184)

法国			比利时		
160美元/月以下	52%	(183)	160美元/月以下	70%	(119)
160—350美元	42%	(520)	170—250美元	57%	(155)
350—500美元	44%	(242)	250—350美元	58%	(143)
500—600美元	41%	(164)	350—500美元	68%	(80)
600美元/以上	49%	(90)	500美元/以上	82%	(38)

意大利		
200美元/月以下	70%	(310)
200—300美元	58%	(323)
300—420美元	60%	(195)
420—580美元	61%	(82)
580美元/以上	70%	(40)

美国：1972年投票			美国：政党认同		
333美元/月以下	58%	(364)	333美元/月以下	33%	(706)
333—833美元	60%	(831)	333—833美元	31%	(1 561)
833美元/以上	69%	(1 482)	833美元/以上	43%	(1 675)

注：a 欧洲数据只来自1971年调查；美国数据来源同表7.3。

最左倾的。[37]在 8 个国家中,受访者的受教育程度看来与其政党偏好的关系,并不显著地强于一家之主的职业与政党偏好的关系。

表 7.6 依教育划分的政党偏好(1970 年、1971 年)

(支持右翼政党的百分比)

英	国		西	德		法	国	
初等	49%	(1 125)	初等	50%	(2 161)	初等	47%	(1 380)
高中	77%	(274)	高中	55%	(452)	高中	50%	(954)
大学	63%	(65)	大学	33%	(124)	大学	43%	(263)
意	大 利		荷	兰		比	利 时	
初等	63%	(1 531)	初等	53%	(1 282)	初等	62%	(811)
高中	63%	(428)	高中	54%	(842)	高中	66%	(353)
大学	67%	(205)	大学	61%	(138)	大学	80%	(63)
瑞	士		美国:政党认同			美国:1972 年投票		
初等	63%	(526)	初等	32%	(967)	初等	62%	(436)
高中	73%	(582)	高中	35%	(2 038)	高中	68%	(1 360)
大学	73%	(67)	大学	43%	(1 077)	大学	63%	(915)

为了完成整个图形,让我们来看看工业社会阶层冲突背后的另一个重要变量:工会成员身份。表 7.7 显示了在我们调查的 7 个国家中,每一个国家工会成员身份与投票意愿之间的关系。我们已经反复证明,隶属于工会组织与支持左翼政党之间存在关联。[38]表 7.7 的数据仅是证明了这些发现。在所有 8 个国家中,工会成员身份与左翼政党偏好相联系。有时,联系还非常强烈。工会是对工业形式的政治分裂的主要制度强化。然而,我们有理由相信,它可能正在减弱。在美国,1948—1956 年相较于1972 年,工会身份与支持民主党之间的联系要更加强烈。[39]另外,在多数西方国家,劳动力中工会成员的比例已经有所下降。

我们关于职业、收入、教育和工会成员身份的数据清楚地说明,政治分裂的工业形式绝没有消失。然而,其重要性可能在下降。有两个主要理由:(1)工人阶级与上一代人相比,不再有动力选举有变革倾向的政党;(2)越来越多的中产阶级却感到有这样做的动力。让我们来考察支持第一点的一些证据。

表7.7　依劳工组织或工会成员身份划分的政党偏好

（支持右翼政党的百分比）

英　国			西　德			法　国		
是	41%	(367)	是	27%	(591)	是	31%	(635)
不是	60%	(1 147)	不是	51%	(2 236)	不是	51%	(2 062)
意　大　利			荷　兰			比　利　时		
是	51%	(289)	是	43%	(465)	是	62%	(374)
不是	64%	(1 884)	不是	57%	(1 822)	不是	69%	(860)
瑞　士			美国:政党认同			美国:1972年投票		
是	43%	(133)	是	26%	(953)	是	58%	(712)
不是	71%	(1 042)	不是	40%	(3 092)	不是	68%	(1 991)

在工业社会的早期阶段,人口倾向于分为大量的低收入人群与相对较少的私有业主与管理者,他们收入高得多,且拥有极为不同的生活方式。[40]在发达的工业社会,中产阶级的地位随着从事管理、技术、文员和销售等职业人数的增长而得到极大提高。体力劳动工人的人数相对下降,但其收入水平提高了,且自由处置的闲暇时间增加了,结果是他们中的很多人能够过上相对接近传统中产阶级水准的生活方式。

备受批评的"中间的大多数"(middle majority)理论认为,随着这一过程的发生,阶层冲突会下降,政党差异会缩小。正如利普塞特在一篇常被引用且颇具争议的论文中所指出的,"然而,长期来看,意识形态性质的政治得以维持的基础将会继续被消解,这是因为现实与其对条件的界定之间的冲突,也是因为他们的口号与其以不可能存在的条件为号召的行动完全无关。"[41]在20世纪50年代和60年代早期,持有各种不同观点的研究者如阿伦(Aron)、贝尔、凯尼斯顿(Keniston)和马尔库塞等,带着各种程度不同的赞同或者沮丧,呼吁人们关注意识形态冲突的消解。这一讨论的隐意即是假设,激进的抗议运动只来源于工人阶级。这一假设带来了持续的混乱,并进而引发了"意识形态的终结"的争论。激进主义另外的基础(如年轻的中产阶级和学生)则很少被人注意到。人们想当然地认为他们是保守的或者冷漠的。正如马尔库塞所说:"每处每时,学生中的绝大多数都是保守的甚至是反动的。"[42]因此,如果工人阶级不再激进,我们必然就迎来了"意识形态的终结"。

如果前面阶段的解读意味着所有基于关涉政治的世界观的冲突都已经终结的话,这一论断显然是错误的,每一个生活在过去十年的人都知道这一点。但是,狭义地说,"中间的大多数"的论断,其含义是正确的。仍然存在很多冲突,很多是意识形态性质的;但它不再是传统的工人阶级与中产阶级的冲突了。抗议可能来自不同的群体,基于不同的动机。工人阶级不再是革命的动力。1970年调查的数据充分说明了这一点。

5个国家的受访者都被要求在一个从富到穷的7阶量表中对其家庭经济地位进行排序。这是对其主观经济地位的测量,以与表7.5所示的实际家庭收入相对照。一方面,这些结果比表7.5所示数据更强烈地支持下述观念,即政治是由经济决定的。那些自认为贫穷或者接近经济谱系中最底端的人,很可能为左翼投票,而那些认为自己富裕的人则更可能为右翼投票。但是,只有极少数人认为自己处于两极。大量的人将自己置于中间位置或者两个相邻点中的一个(见表7.8)。这种自我定义的"中间的大多数"在意大利最少——然而它占总样本数的78%。在其他国家,数值从86%到94%不等。没有多少欧洲人认为自己贫穷,即使在意大利——从客观条件来看,这个国家的贫困阶层人数最多。这些认知可能基于人们当前经济条件与过去的自我比较,而非自己与同一社会的其他人进行比较,因为最近这些年,收入的相对分配并没有变得显著的平等。但是,收入的绝对水平提高了,大多数欧洲人和美国人认为,跟过去相比,他们的物质条件已经好多了。[43]在某种程度上,"意识形态的终结"的争论是建立在错误的选项基础上的。一方强调收入增长的重要性,另一方强调收入分配不公平的持续;有时强调的变量几乎排斥其他任何变量。另外,经验分析容易导致规范分析的混乱。极端的,"中间的大多数"的倡导者们甚至声称反对更加平等的收入分配。从道义上讲,平等的分配可能是唯一重要的事情。但是事实上,收入水平看起来也非常重要。根据本人的观点,认清现实不可能有害,它是任何有效的社会变革运动的根本。

从相对的层面,西欧的工人阶级也有理由感到幸福。在除意大利之外的所有国家里,大量的非熟练的体力劳动由外来劳工承担。西欧的经济

表 7.8 中间的大多数：依国家划分的经济上的自我认知的分布[a]

（将自己列为富人、穷人或者中间层次的百分比）

将自己列为：	西 德		比利时		法 国		荷 兰		意大利	
穷 人	1%	(21)	1%	(18)	3%	(56)	5%	(55)	2%	(26)
	2%	(36)	3%	(39)	3%	(89)	3%	(36)	7%	(80)
中间层次	14%	(289)	24%	(306)	36%	(735)	32%	(356)	13%	(160)
	33%	(671)	27%	(355)	32%	(657)	26%	(290)	45%	(547)
	47%	(950)	40%	(512)	21%	(424)	28%	(311)	20%	(247)
	2%	(44)	3%	(42)	2%	(42)	2%	(23)	11%	(138)
富 人	1%	(3)	1%	(9)	4%	(8)	4%	(50)	1%	(13)
中间层次合计	94%		91%		89%		86%		78%	

表 7.9 依社会阶层划分对现社会、渐进改革或革命性变化的支持[a]

	西 德				法 国			
	现社会	渐进改革	革命性变化	数量	现社会	渐进改革	革命性变化	数量
中产阶级	17%	80%	2%	(699)	9%	84%	7%	(737)
工人阶级	22%	76%	2%	(725)	15%	79%	6%	(605)
农 民	24%	74%	2%	(170)	13%	84%	4%	(223)

注：a 数据来自欧共体1970年调查：没有其他国家的比较数据。

（续表）

	现社会	渐进改革	革命性变化	数量
意 大 利				
中产阶级	9%	82%	9%	(654)
工人阶级	11%	81%	9%	(392)
农 民	15%	80%	6%	(206)
比 利 时				
中产阶级	11%	85%	4%	(522)
工人阶级	20%	76%	4%	(370)
农 民	24%	75%	2%	(55)
瑞 士				
中产阶级	23%	75%	2%	(857)
工人阶级	32%	65%	2%	(547)
农 民	46%	54%	1%	(127)
荷 兰				
中产阶级	13%	81%	6%	(722)
工人阶级	17%	75%	9%	(330)
农 民	27%	65%	9%	(71)
美 国				
中产阶级	28%	63%	9%	(603)

注：a 欧洲数据来自欧共体 1970 年调查，美国数据来自 1973 年调查；没有英国的数据。

是由数百万西班牙人、葡萄牙人、阿尔及利亚人、印度人、土耳其人、希腊人、南斯拉夫人和其他外国人拉动的。在所有这些国家，收入最低、经济上最不安全的群体就是外国劳工，而他们并没有权利投票，因此也没有进入任何阶层投票的分析中。

我们的预期是，西欧国家的工人阶级不再渴望激进的社会变革。我们调查中的一个选项用来测试这一假设。1970年的欧共体调查与1972年的瑞士调查都包含了下述选项：

这张卡片上写了三种对于您目前生活的社会的态度。您能告诉我哪一种最接近您自己的观点：

1. 我们必须用革命行动改变我们社会的全部组织结构。

2. 我们必须通过明智的改革来渐进地改进我们的社会。

3. 我们必须保卫我们目前的社会免遭破坏。

表7.9显示的是我们取得数据的所有7个国家的受访者对这一选项的回答。我们再一次发现了一个大规模的中间的大多数。超过3/4的欧洲受访者和绝大多数美国人赞同渐进的改革。当我们要求这些公众在一个左翼—右翼量表（或者，在美国，是一个自由—保守量表）上自我定位时，也得到了相同的模型：大多数人将自己置于中间的位置。[44]正如我们在第五章所见，那些从事体力劳动的人与从事非体力劳动的人比较，对社会与政治并未表现出更多的不满。这里出现了同样的模型。工人阶级与中产阶级受访者支持革命或者激进选项的人所占比例几乎相等，但是在任何一个国家，支持者都不超过任何群体的1/8。在7个国家中，有6个国家的工人阶级比中产阶级更倾向于赞同坚决捍卫既有的社会。如果说支持或反对社会变革是左翼—右翼维度的根本，那么工人阶级看来跟中产阶级一样保守。可以想象，工人阶级为左翼政党投票，主要是因为传统的政党忠诚。如果这是事实，人们可能会期待阶层投票倾向会随时间消逝而逐渐减弱。正如我们早些时候所说，我们1970年调查中所获得的英国的阶层投票指数略低于奥尔福德使用1943年到1962年的数据得出来的数值。而且，我们得出的1972年美国的指数也远低于他的数值。6个国家的时间序列数据比较而言是不够的，国民舆论调查也是落后美国10年之后才得以开始进行。奥尔福德没有为这些其他国家计算阶层投票

指数,但是我们能够在利普哈特的研究中了解到其在1956—1959年期间的大小。他得到的西德、法国、意大利、荷兰、比利时与瑞士的平均阶层投票指数为+24。[45]我们1970—1972年调查的综合结果,为这同样的6个国家,计算出了一个平均阶层投票指数为+16。换言之,20世纪50年代的阶层投票指数再一次算出来,只相当于70年代早期的1/2。

西德具备相对较好的时间序列数据基础。在贝克、多尔顿、卡伊·希尔德布兰特(Kai Hildebrandt)利用这些数据对政治变革所进行的引人入胜的分析中,他们发现,西德的社会阶层投票指数从1953年的+30降到了1972年的+17。[46]有些下降毫无疑问是由于宏观政治事件,尤其是1959年社会民主党实行的中间道路(middle-of-the-road)运动。但是,这一下降看来并非简单的这一政策转向的结果。比如,1959年后,没有任何征兆的阶层投票倾向的下降就那样突然发生了(最大程度的下降发生在1969年)。又比如,阶层投票倾向的下降看来反映的是代际更替而非对精英地位变化的立即反应。正如研究者所指出的,在西德年长人群中,事实上阶层投票倾向并未下降,只是在战后出生的西德人群中,阶层投票倾向随时间推移在消解——也仅于此,它并未消失。

根据另外的数据,艾布拉姆森认为,阶层投票倾向在法国、西德和意大利正在消失——尽管英国并非如此。[47]我们可以得出结论,在本章所讨论的所有8个国家,(可能)除英国外,阶层分裂的趋势在减弱。

社会阶层两极分化在减弱的观念,更容易被满怀热情的正统的马克思主义者所接受,正如原教旨主义基督徒坚信千禧年不会到来一样。然而,在后工业社会,强烈的阶层投票意识即意味着为左翼投票。对于上一代人而言,很多国家的左翼确实曾经执政,如果仅仅是所有的体力劳动者根据阶层路线来投票的话。但是,人口中大量的蓝领工人正在稳步地收缩,很多年来,美国的蓝领工人的人数都超过了白领。到1980年,西欧多数国家也是如此。左翼如果希望赢得选举,就必须超越工人阶级基础。中产阶级中相对大量的后物质主义的出现,为左翼提供了新的机会——前提是,它能够吸引新出现的群体,而不背离其传统的基础。

注 释

1. 参见 Paul F.Lazarsfeld et al., *The People's Choice: How the Voter Makes Up His Mind in a Presidential Campaign* (New York: Columbia University Press, 1944); Bernard Berelson et al., *Voting: A Study of Opinion Formation in a Presidential Campaign* (Chicago: University of Chicago Press, 1954); and Angus E.Campbell et al., *The American Voter* (New York: Wiley, 1960); and Donald E.Stokes, "Some Dynamic Elements of Contests for the Presidency," *American Political Science Review*, 60.1(March, 1966), pp.19-28。

2. 参见 Philip E.Converse, "The Nature of Belief Systems in Mass Publics," in David E.Apter(eds.), *Ideology and Discontent* (New York: Free Press, 1964), pp.202-261。

3. 参见 Benjamin I.Page and Richard A.Brody, "Policy Voting and the Electoral Process: The Vietnam War Issue," *American Political Science Review*, 66, 3 (September, 1972), pp.979-995。有关证据请参见 Herbert F. Welsberg and Jerrold G.Rusk, "Dimensions of Candidate Evaluation," *American Political Science Review*, 64, 4(December, 1970), pp.1167-1185。然而,一些学者认为,议题投票在 20 世纪 60 年代已经变得越来越重要;对这一问题的绝妙分析请参见 Gerald M.Pomper, "From Confusion to Clarity: Issues and American Voters, 1956-1968," *American Political Science Review*, 66, 2(June, 1972), pp.415-428; idem, "Rejoinder," ibid., pp.466-467; Richard W.Boyd, "Popular Control of Public Policy: A Normal Vote Analysis of the 1968 Election," ibid., pp.429-449; idem, "Rejoinder," ibid., pp.468-470; Richard A.Brody and Benjamin I.Page, "Comment," ibid., pp.450-458; and John H.Kessel, "Comment," ibid., pp.459-465。米勒提供了有说服力的证据,认为议题投票在 1972 年美国总统选举中具有格外的重要性,参见 Arthur H.Miller et al., "A Majority Party in Disarray: Policy Polarization in the 1972 Election," *American Political Science Review*, 70, 3 (September, 1976), pp.753-758。

4. 参见 David Butler and Donald Stokers, *Political Change in Britain* (New York: St. Martin's, 1969); Angus Campbell et al., *American Voter*; M.Kent Jennings and Richard Niemi, "The Transmission of Political Values from Parent to Child," *American Political Science Review*, 62, 1(March, 1968), pp.169-184。

5. 参见 Seymour M.Lipset and Stein Rokkan, "Cleavage Structures, Party Systems and Voter Alignments," in Lipset and Rokkan(eds.), *Party Systems and Voter Alignments* (New York: Free Press, 1967);参见 Rokkan, *Citizens, Elections and Parties* (Oslo: Universitetsforlaget, 1970); and Robert Dahl(eds.), *Political Oppositions in Western Democracies* (New Haven: Yale University Press, 1966); and Richard Rose(eds.), *Comparative Electoral Behavior* (New York:

Free Press，1974）。

6. 本部分基于 1970—1972 年调查中来自 8 个国家的数据，因为某些背景变量没有包括在 1973 年调查中（比如，父母的党派偏好）。因此，我们必须使用原来的四选项价值指标而非后来开发出来的十二选项价值指标。尽管后者似乎在一定程度上可以更强地预测选举偏好，但基本的模式是相近的。

7. 参见 Ronald Inglehart and Dusan Sidfanske，"The Left，the Right，the Establishment and the Swiss Electorate," in Ian Budge at al.(eds.)，*Party Identification and Beyond*(New York：Wiley，1976)。

8. 参见 Ronald Inglehart and Hans D.Klingemann，"Party Identification，Ideological Preference and the Left-Right Dimension Among Western Publics," in Ian Budge at al.，*Party Identification*。

9. 参见 Kennith Janda，*A Conceptual Framework for the Comparative Analysis of Political Parties*(Beverly Hills：Sage Professional Papers in Comparative Politics，1970)，pp.96-98；and Janda，"Measuring Issue Orientations of Parties Across Nations"(Evanston：International Comparative Political Parties Project，1970[mimeo])。

10. 参见 Donald E.Stokes，"Sspatial Models of Party Competition," in Angus E.Campbell et al.，*Elections and the Political Order*(New York：Wiley，1966)，pp.161-179。

11. 参见 Arthur H.Miller at al.，"A Majority Party in Disarray"。

12. 在这里我们将不对丹麦或爱尔兰的政治分裂进行分析：从这些国家获得的数据（来自 1973 年调查）没有包括我们的关键变量之一——父母的政治偏好。由于样本数太少，卢森堡的情况我们也予以省略。

13. 参见 Emeric Deutsch et al.，*Les Familles Politiques Aujourd'hui en France*(Paris：Minuit，1966)；Samuel H.Barnes and Roy Pierce，"Public Opinion and Political Preferences in France and Italy," *Midwest Journal of Political Science*，15，4（November，1971），pp.643-660；Hans Klingemann，"Testing the Left-Right Continuum on a Sample of German Voters," *Comparative Political Studies*，5，1(April，1972)，pp.93-106；And A.—P.Frognier，"Distances entre partis et clivages en Belgique," *Res Publica*，2(1973)，pp.291-312；and Inglehart and Klingemann，"Party Identification"。

14. 参见 Giovanni Sartori，"European Political Parties：The Case of Polarized Pluralism," in Joseph LaPalombara and Myron Weiner(eds.)，*Political Parties and Political Development*(Princeton：Princeton University Press，1966)，pp.137-176。

15. IFOP 调查引自 *L'Express*，January 8，1973。

16. 参见 Lipset and Rokkan，"Cleavage Structures," pp.9-13；参见 Rokkan，*Citizens*。地域文化维度（territorial-cultural dimension）被视为两大主要分裂轴线

（two major axes of cleavage）之一——另一个是"功能"分裂（"functional" cleavage）（这大致相当于别人所说的左右翼维度（the Left-Right dimension））。

17. 参见 Martin O.Heisler, "Institutionalizing Societal Cleavage in a Cooptive Polity," in Heisler（eds.）, *Politics in Europe*: *Structures and Processes in some Postindustrial Democracies*（New York: McKay, 1974）。

18. 确切地说,在 1997 年的调查中,中间派（Centrist）受访者被问到支持哪一边——执政党还是反对党,其受访结果相应地被一分为二。1970 年还没有这样进行区别,中间派由于其模棱两可的态度而未被排除在二分之外。激进派（Radicals）则被归为左翼政党一列。

19. 除此处所作分析之外,笔者还对意大利的数据作了一个类似分析。此数据将意大利社会运动党（MSI）排除在右翼之外。部分原因是意大利社会运动党（MSI）的支持者较少,其结果不会对基于更广泛意义上的左右翼政党二分法的那些分析产生根本影响。

20. 参见 Samuel H.Barnes, "Left—Right and the Italian Voter," *Comparative Political Studies*, 42（July, 1971）, pp.157-175；参见 Barnes and Pierce, "Public Opinion"；and Inglehart and Klingemann, "Party Identification"。

21. 参见 Gordon L.Weil, *The Benelux Nations*: *The Politics of Small Country Democracies*（New York: Holt, Rinehart, and Winston, 1970）, pp.100-108。

22. 了解瑞士政治的两个主要维度以及国家行动党和瑞士共和运动党的作用,参见 Inglehart and Sidjanski, *Left*, *Right*。

23. 在瑞士,受访者被要求根据自己的喜爱程度,对 11 个主要政党从高至低进行排序。

24. 在美国,表述是:"您记得在您成长过程中,您的父亲对政治是特别有兴趣、有点兴趣或者不太关注政治?"（如果回答知道的话,则继续问）"他更倾向于将自己看成是民主党人、共和党人、无党派人士或者什么?"（同样关于其母亲的政治倾向也被问到。）在欧洲国家,受访者被问到:"您知道您父母是否特别偏好某一个政党吗?"（如果回答,则继续问）"您父母的政党偏好是什么?"这一问题关涉过往,但是由于这一问题涉及德国和意大利的法西斯历史,所以我们认为不能将其与受访者特定的过去相联系。

25. Seymour M.Lipset, *Political Man*: *The Social Bases of Politics*（Garden City: Doubleday, 1960）, pp.223-224.

26. Seymour M.Lipset, *Revolution and Counter-Revolution*: *Change and Persistence in Social Structures*（New York: Basic Books, 1968）, p.215.

27. Ibid., p.223.如上所述,利普塞特也极为关注文化与区域变量的重要性。

28. 参见 Robert R.Alford, *Party and Society*: *The Anglo-American Democracies*（Chicago: Rand McNally, 1963）。

29. Cambell et al., *American Voter*, pp.356-361.

30. Alford, *Party and Society*, p.226.

31. 参见 Richard Hamilton, *Class and Politics in the United States* (New York: Wiley, 1972)。

32. 参见 norval D.Glenn, "Class and Party Support in the United States: Recent and Emerging Trends," *Public Opinion Quarterly*, 37, 1(Spring, 1973), pp.1-20; and Paul R.Abramson, "Generational Change in American Electoral Behavior," *American Political Science Review*, 68, 1 (March, 1974), pp. 93-105。参见 Abramson, *Generational Change in American Politics* (Lexington, Mass: Lexington Books, 1975)。

33. 参见 Abramson, *Generational Change*, p.35。另外,尽管年长群体中社会阶级与政党认同之间存在相对较强的联系,但 1972 年首次参与投票的人的这些变量之间的任何方面都毫无联系。参见 ibid., p.52。

34. 参见 David Butler and Donald E.Stokes, *Political Change in Britain*, 2nd ed.(New York: St. Martin's, 1974), pp.139-154。

35. 正如 W.菲利普斯·夏夫利(W.Phillips Shively)最近的分析所指出的那样,美国的社会阶层投票率在 1936 年前相对较低——但是,逆转发生在低收入人群与民主党、高收入人群与共和党相联系的那些年。他的发现是对"新政一代"概念的新的支撑。参见 Shively, "A Reinterpretation of the New Deal Realignment," *Public Opinion Quarterly*, 35, 4(Winter, 1971-1972), pp.621-624。

36. 我们只在 1971 年欧洲调查中取得收入方面的数据,那次调查不包括英国。

37. 大量观察将学生的激进主义(尤其是法国)归因于这样一个事实,即到 1968 年大学毕业生的就业机会严重恶化,正是在这一年,大规模的学生起义了。这被认为导致了动荡,但从来没有得到过充分的解释。那些最激进的学生往往是学术上最成功且来自最好家庭的学生——确切地说,是那些最没有理由害怕失业或者不能充分就业的学生。然而,他们可能由于害怕陷于同辈那样的经济状况而寻求激进的改变,但这是隐藏在传统阶层冲突背后完全不同类型的动机。这一解读认为就业市场的萎缩导致了学生的激进主义,它应用于美国的现实时就令人难以置信了。在美国,学生的激进主义产生于社会对博士学位的需求特别强烈的时期,但却在就业市场崩溃的时候逐渐消退了。

38. 参见 Campbell et al., *American Voter*, pp.301-332; Butler and Stokers, *Political Change in Britain*, pp.151-170; Klaus Liepelt, "The Infra-Structure of Party Support in Germany and Austria," in Matter Dogan and Richard Rose (eds.), *European Politics: A Reader* (Boston: Little, Brown, 1971), pp.183-201; And Morris Janowitz And David R.Segal, "Social Cleavage and Party Affiliation: Germany, Great Britain and the United States," *American Journal of Sociology*, 72, 6(May, 1967), pp.601-618。

39. 关于早先的数据,参见 Campbell et al., *American Voter*, p.302。

40. 在多数这类社会,也存在大量农民,但是无论是站在马克思主义理论还是经验的立场,他们都处于工业社会主要社会冲突的边缘。

41. Seymour M.Lipset, "The Changing Class Structure and Contemporary European Politics," *Daedalus*, 93, 1(Winter, 1964), pp.271-303。也可参见 Robert E.Lane, "The Politics of Consensus in an Age of Affluence," *American Political Science Review*, 59, 4(December, 1965), pp.874-895。对这一解读诸多有力的批判中的一个好的例证,可参见 Joseph LaPalombara, "Decline of Ideology: A Dissent and An Interpretation," *American Political Science Review*, 60, 1(March, 1966), pp.5-16。最近,利普塞特总结了他这方的观点,参见"Ideology and No End: the Controversy Till Now," *Encounter*, 39, 6 (December, 1972), pp.17-24。

42. Marcuse, *interview in Le Monde*, April 11, 1968.

43. 参见 Reader's Digest Association, *A Survey of Europe Today*(London: Reader's Digest, 1970), pp.166-167。我们对欧洲 6 个国家的调查数据说明,在 1963 年与 1969 年,大多数人认为自己比 5 年前情况得到极大改善。理查德·M.斯卡蒙和本·丁·瓦滕伯格(Richard M.Scammon and Ben J.Wattenberg)提供了美国的相关证据。他们引用盖洛普调查数据,从 1949 年到 1969 年,美国表示对其工作、家庭收入和住房满意的人数所占的百分比有大幅度提升。最近这些年,88% 的人表示对工作满意,67% 的人对家庭收入满意,80% 的人对住房满意。参见 Richard M.Scammon and Ben J.Wattenberg, *The Real Majority*(New York: Coward McCann, 1970), 102。弗兰克·E.迈尔斯(Frank E.Myers)认为,重要的是相对收入分配而非绝对水平;由于前者没有显著变化,工人阶级仍然像过去一样不满,因而倾向于激进的变革。参见 Myers, "Social Class and Political Change in Western Industrial Systems," *Comparative Politics*, 2, 2(April, 1970), pp.389-412。迈尔斯关于收入影响的增强并不必然导致社会冲突终结的观点显然是正确的。但是,先前的证据强有力地证明,相对水平不是唯一重要的变量;收入的绝对水平对满意度水平、对谁抗议以及抗议什么,也可能产生重要影响。

44. 比如在美国 1972 年由 Center for Political Studies 主导的选举调查中,受访者在一个自由—保守的 7 格量表中,有 72% 的人自我定位于 3 个中心位置的某一个。关于 1973 年调查中欧洲民众分布的详细情况,参见 Inglehart and Klingemann, "Party Identification"。

45. 参见 Arend Lijpart, *Class Voting and Religious Voting in the European Democracies: A Preliminary Report*(Glasgow: University of Strathclyde, 1971)。我们在过于强调一次调查中获得的阶层投票指数时必须谨慎。奥尔福德审慎地将其分析建基于从大量调查中获得的平均结果之上。样本偏误对一个国家调查的总体结果可能只会产生几个百分点的影响,但是,当结果被职业类别所打破时,样本偏误(即使对一个好的样本)可能会达好几个百分点。另外,阶层投票指数是通过比较两类这种投票模型得出的。在那些不太可能发生的事件中,样本偏误会使这两类结果偏离至相反的方向,我们得到的阶层投票指数可能会超出真实值 10

个甚至 20 个百分点。因此,我们将利普哈特对 6 个国家所作的跨时间比较作为平均指数。利普哈特的数据包含了看起来非常低的阶层投票指数,如法国 1956 年为 +15。指数 +31 和 +25 来自 1947 年和 1955 年,其数据分别参见 Duncan Mac-Rae, Jr., *Parliament, Parties and Society in France;1946-1958*(New York:St. Martin's, 1967), pp.257-258;Lipset, *Political man*, 164,产生的 1958 年的指数为 +29。

46. 参见 Kendall L.Baker, Russell J.Dalton and Kai Hildebrandt, "Political Affiliations: Transition in the Basis of German Partisanship," paper presented at the sessions of the European Consortium for Political Research, London, April 7-12, 1975。参见 Baker, Dalton and Hildebrandt, *Transitions in German Politics*(即将出版)。

47. Parl R.Abramson, "Social Class and Political Change in Western Europe: A Cross-National Longitudinal Analysis," *Comparative Political Studies*, 4, 2(July, 1971), pp.131-155.

第八章
前工业社会与后工业社会的政治分裂

如果影响投票行为的阶层因素的作用正在减弱，常识似乎提醒着我们，基于前工业社会变量的投票模型（voting patterns）将以更快的速度在消失。普遍主义（universalism）而非特殊主义、后天所得而非先赋地位（achieved rather than ascribed status）被视为现代政治制度的标志。宗教、种族和其他民族联系（ethnic ties）似乎都不宜成为一个以权力的法理形式（legal-rational style）为特征的社会政治分裂的基础。尤其是宗教，自宗教改革运动以来，它一直是政治冲突的重要基础，但在 20 世纪，宗教问题已逐渐失去其重要性。此外，在大多数西方国家，过去十年来，参与教会活动的频率（church attendance）出现了明显下降。人们可能认为，宗教对政治行为的影响以相似的方式在逐渐减弱。

的确，上述情况是有证据支持的。过去几年，荷兰的宗教政党的得票率下降了。在 1922 年，59％的荷兰选民会投票给与新教或天主教相关的政党。数十年来，宗教投票保持着稳定态势，1963 年，这一数字是 52％。而到了 1972 年的大选，这一数字降到了 36％。在比利时，基督教社会党（Social Christians）的得票率从 1958 年的 47％，下降到 1974 年的 34％。

在 1946 年 6 月的法国大选中，由教会支持的人民共和运动党（Popular Republican Movement）赢得了 28％的选票，使之成为当时法国最大政党。到 1956 年，其总体得票率下降到 11％；而到了 1967 年，该政党已经解散。另一方面，在德国和意大利，宗教性政党的得票相当稳定。在这两个国家，基督教民主党（Christian Democrats）在 1976 年的得票率与 25 年前的得票率相同。但在这种稳定之下,存在着未来可能有所降低的先兆:这两个国家的参加教会活动频率正在下降。格哈德·施米特兴(Gerhard Schmidtchen)发现,年轻德国人参加教会活动的频率明显较低,这关系到贯穿于其整个生命的世俗价值观(secular values);塞缪尔·H.巴恩斯(Samuel H.Barnes)发现,相比于年长的意大利人,年轻的意大利人对神职人员的好感度出现了急剧的下降。[1]

阿尔蒙德认为,基于宗教的政治文化就像是前工业社会的残留物(survivals),"旧文化冒出来"(outcroppings of older cultures)是由于"19 世纪的中产阶级经历了政治文化的世俗化过程"[2]。

宗教因素持续了太长的时间,人们期待它的消失可能导致沿着阶层主线(lines)的两极分化的加剧。价值观及其他更多方面的眼前变化,是否意味着西方政治文化的世俗化过程正进入最后的完成阶段?

当然不是——至少现在还未完成。前工业社会的政治分裂相比于后工业社会,持续的时间更久,这看起来很矛盾。这主要基于两方面原因:(1)相比于工业社会,家庭往往会将前工业社会的特征以更高的保真度(fidelity)传递给其后代;(2)两种政治分裂形式与价值观变化的关系。接下来我们来分别探讨这两方面原因。

正如我们所见,父母支持的政党对于个人的投票行为是强有力的预测工具。在这里,我们可以假设,阶层、宗教和种族问题对投票都不再产生影响,那么,个人是选择左翼政党还是右翼政党,家庭固有偏好就成了唯一影响。显然,我们必须否定这些假设——其他人也一样,但这确实对政治行为产生了重要影响。

在这些假设规定的世界里,阶层和前工业社会的变量与投票行为之间保持着相关性,它们与政党偏好一样都可以通过代际传递。但不同的特征通过代际传递之后的保真度不一,且与大多数的前工业社会的特征相比,工业社会的特征经代际传递后得到的保真度更低。

社会阶层是可以遗传的,但会因社会流动而弱化。在 1962 年的美国,在男性中产阶级(middle-class males)人口中,24% 的人的父亲曾是工人阶级;但在男性工人阶级中,只有 10% 的人的父亲曾是中产阶级。[3] 英国的社会流动率相对较低:1963 年巴特勒和斯托克斯的研究发现,28% 的受访者经历了代际社会流动(21%向上流动,7%向下流动)。[4]在某些欧洲国家,代际流动率似乎比美国更高。[5]相似地,由于近十年教育的普及,子女的受教育水平肯定会高于其父母小时候的受教育水平。

尽管我们缺少前工业社会政治分裂特征的代际传递率数据,但有把握作出某种概括(it seems safe to make certain generalizations)。诸如种族和语言这类特征,其经代际传递后的保真率(rate of fidelity)无疑要高于社会阶层:在大多数国家,种族和语言在父母和子女之间的关系系数接近1.00。宗教特征具有某种程度的不确定性。由一种宗教信仰转向另一种宗教信仰的情况是不多见的,但不再参加宗教活动的现象似乎相当普遍。近些年,许多西方国家的参加教会活动频率不断下降。但总体而言,宗教纽带(religious ties)往往会在早期生活持续存在并且具有前理性基础(pre-rational basis),这比经济地位中的从属关系更为持久。进一步讲,父母通常会鼓励子女去恪守他们的宗教模式,然而,工人阶级的父母则往往会鼓励子女在经济地位方面应"向上移动"。因此,宗教信仰从父母向子女的传递比社会阶层更具保真度;参加教会活动频率(或不参加教会活动频率)的情况也是如此,至少就近期而言。

然而,我们必须承认,其他前工业社会的特征的代际传递率相对较低。利普塞特和罗坎认为,"地域文化"(territorial-cultural)差异构成政治分裂的两个主轴(main axes)。[6]这一维度的文化方面得到代际传递的可能性很高,但在地域方面,代际传递的可能性则较小。在过去的数十年,西方国家发生了大量的人口地理流动。在德国和法国,代际的地理流动与社会流动一样普遍。[7]如果我们将性别变量视为前工业社会政治分裂的基础,我们则在另一个极端发现还存在种族变量:父母和子女性别之间的关系系数为0.00。如果依据代际传递的保真度对前工业社会和工业社会的变量进行排序,那么,我们将得到如下顺序:

种族;

语言归属;

宗教信仰;

参加教会活动频率;

居住地;

工业社会政治分裂变量；

性别。

只要当代选举行为的唯一基础是家庭固有的偏好，上述的排序即意味着，各种变量与政党偏好之间存在的相关度到底有多强。比如，如果社会阶层相比于宗教信仰而言其代际传递的保真度较低，那么社会阶层与政党偏好的相关性就会比宗教信仰与政党偏好的相关性要弱，即使我们假设在上一代，社会阶层与宗教信仰同政党偏好的相关度是相同的。图 8.1 通过一个简单的因果关系模型（causal model）说明了这一点。该图指出，对于第一代，阶层和宗教与政党偏好的相关系数为 0.5，但传递到第二代（第一代的子女），这一相关系数分别变为 0.4 和 0.9。对第二代而言，宗教信仰与政党偏好之间的相关度是社会阶层与政党偏好相关度的两倍。

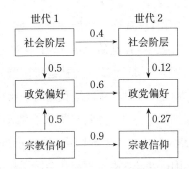

图 8.1　社会阶层、政党偏好和宗教信仰的代际传递

上述模型的假设与事实是不符的。当前的问题也在影响着人们的投票行为，经济问题似乎比宗教问题更加普遍而严峻，这也弱化了模型中显示出的那种影响。另外，经历了代际社会流动的人们会转而支持新环境中占优势的（prevails）政党，尽管看起来大多数人不会这样做。[8]代际之间价值观的变迁可能会对政治偏好产生影响，而上述模型没有考虑到这种可能性。

物质主义/后物质主义价值维度的出现将会影响政治选择，但它对工业社会和前工业社会的分裂类型产生的影响差异巨大。它会弥合（neutralize）工业社会的政治分裂，原因前面已指出，即后物质主义者竟然主要来源于中产阶级,而且他们更倾向于投票给左翼政党。这一过程消解了中产阶级背景和支持右翼政党之间的联系。

后工业社会分裂基础的出现不一定影响前工业社会分裂。事实上,随着宗教分裂,有时也会出现相反的情况。后物质主义可能产生于那些不太卷入宗教活动的人,而这一群体往往会投票给左翼政党。相反地,那些强烈依附于既定宗教的人总是投票给右翼政党,并恪守传统的价值观和生活方式。因此,后物质主义反主流文化(counter-culture)趋势的出现甚至会暂时地强化宗教和选民行为之间的联系。据此,后工业社会分裂的出现并不会天然地抵消前工业社会分裂,尽管它可能会抵消工业社会分裂的影响。

由于上述原因,我们期望前工业社会变量与政治行为之间保持一种相对强烈的关系,甚至在这样一个正步入后工业化时期的社会。让我们来考察一些证据。

把政党作为分析单位,理查德·罗斯和德里克·厄温(Richard Rose and Derek Urwin)研究发现,在其研究的 76 个政党之中,35 个政党与宗教"黏合"(cohesive),而只有 33 个政党与社会阶层"黏合"。他们总结道,"在现如今的西方世界,宗教而非阶层,是政党的主要社会基础。"[9]

我们的调查数据揭示了宗教信仰、参加教会活动频率与政党偏好紧密相关(见表 8.1 和表 8.2)。在大多数国家,与宗教相关的政党偏好差异百分比(percentage differences)要大于与社会阶层相关的差异百分比(正如我们比较表 7.3 和表 8.1 时所看到的)。英国则是这一模型中的明显例外。另一方面,在西德,63% 的天主教徒和只有 37% 的新教教徒支持基督教民主党——百分比为 26%;表 7.3 显示的工人阶级和中产阶级的差异只有上述百分比的一半。

在法国、意大利和比利时,人口中的绝大部分为罗马天主教徒;因此讨论宗教信仰的差异是毫无意义的。但执业天主教徒(practicing Catholics)和非执业天主教徒或无神论者之间的差异往往是相当明显的(见表 8.2)。在这 8 个国家中,那些有规律地参加教会活动的人相比于那些很少或几乎不参加教会活动的人,更有可能投票给右翼政党。在美国,这也是事实,尽管传统上天主教与民主党相关,并相对较频繁地参加教会活动。

表 8.1　依宗教信仰划分的政党偏好

（支持右翼政党的百分比）

英　国			德　国			法　国		
圣公会信徒	52%	(535)	不信教	20%	(108)	不信教	11%	(303)
非圣公会信徒	57%	(961)	新教徒	37%	(1 388)	新教徒	47%	(157)
			天主教徒	63%	(1 212)	天主教徒	52%	(2 179)

意　大　利			荷　兰			比　利　时		
不信教	17%	(188)	不信教	25%	(754)	不信教	11%	(165)
天主教徒	66%	(1 964)	自由加尔文教徒	57%	(540)	天主教	73%	(1 059)
			天主教徒	73%	(766)			
			原教旨主义加尔文教徒	89%	(214)			

瑞　士			美国：政党认同			美国：1972 年投票		
不信教	36%	(33)	犹太教徒	12%	(107)	犹太教徒	36%	(75)
新教徒	63%	(602)	天主教徒	23%	(991)	天主教徒	61%	(719)
天主教徒	78%	(518)	新教徒	43%	(2 706)	新教徒	70%	(1 774)

表 8.2　依参加教会活动频率划分的政党偏好[a]

英　国			德　国			法　国		
从不参加	49%	(510)	从不参加	27%	(800)	从不参加	31%	(1 061)
每月 1 次或更少	57%	(769)	每月 1 次或更少	42%	(1 149)	每月 1 次或更少	55%	(955)
每周 1 次	58%	(142)	每周 1 次	73%	(696)	每周 1 次	68%	(523)
每周 1 次以上	73%	(63)	每周 1 次以上	90%	(93)	每周 1 次以上	74%	(62)

意　大　利			荷　兰			比　利　时		
从不参加	28%	(382)	从不参加	37%	(959)	从不参加	28%	(353)
每月 1 次或更少	53%	(686)	每月 1 次或更少	55%	(393)	每月 1 次或更少	52%	(214)
每周 1 次	79%	(845)	每周 1 次	81%	(770)	每周 1 次	87%	(581)
每周 1 次以上	92%	(260)	每周 1 次以上	92%	(64)	每周 1 次以上	97%	(95)

瑞　士			美国：政党认同			美国：1972 年投票		
从　不	48%	(149)	从不	34%	(277)	从不	53%	(263)
很　少	61%	(272)	每月 1 次或更少	37%	(736)	每月 1 次或更少	63%	(634)
有　时	67%	(319)	差不多每周 1 次	41%	(197)	差不多每周 1 次	66%	(206)
差不多每周 1 次	74%	(166)	每周	36%	(500)	每周	72%	(478)
每周 1 次	88%	(242)						

注：a 欧洲数据来自欧共体 1970 年和 1971 年的调查；美国数据来自 Center for Political Studies 的 1972 年选举调查。

从阶级冲突理论的视角来看令人震惊的发现是：英国的宗教分裂程度适中，但它却是这些国家中社会阶层两极化程度最高的国家。近些年，英国的政治生活比其他任何国家的暴力程度都要低，除阶层投票指数（class-voting index）排位第 2 的瑞士以外。斯堪的纳维亚国家表现出相似的模型特征。其政治分裂程度相对适中，但其社会阶层两极化程度要高于英国，并且相对来说，其呈现出共识性政治（consensual politics）的特点。罗斯和厄温总结道，在因社会阶层而导致政治分裂的国家，政权面对的压力（regime strains）可能相对较低；如果政治分裂是基于宗教或其他种族问题，政权面对的压力则可能较高。他们认为，这种观点之所以正确，是因为经济学争论"总是通过金钱进行表达。金钱是一种持续变量，可以对其进行无限细分（indefinite subdivision），在经济利益分配中进行逐步的调整（incremental adjustments）。简言之，金钱是可以讨价还价的"[10]。另一方面，宗教立场（religious claims）则没有讨价还价的余地；其冲突总是以非此即彼的（dichotomous）、道义的形式表现出来：你要么是正确的或者错误的，好的或者坏的。涉及这些问题时，英国也会卷入激烈而棘手的争论之中，北爱尔兰问题即证明了这一点。

我们赞同这一分析，但对以下观点持保留意见：在现如今的西方世界，经济冲突可能相对容易得到解决；但情况并不总是如此。在经济萧条的情况下，除非威胁到生存，人们不太可能做出让步。在过去，改变的空间（the margin for maneuver）很小。19 世纪中期，西欧政治抗议的主要斗争方式是粮食暴动；到了 20 世纪，它仍然在西班牙和意大利的政治中扮演着重要角色。[11]生存问题是不能讨价还价的。经济冲突相对容易讨价还价（至少对于现在而言）的观点表达了一种令人不安的（disturbing）意义：基于个人价值偏好的冲突不具有相同的增量性质（incremental quality）。像宗教冲突一样，它们往往也带有道德的口吻。如果基于价值偏好的冲突在后工业社会中日益发挥着重要作用，那么我们可能与富裕时代的共识政治越离越远。意识形态的冲突可能会一直延续下去，其结果可能是对于相反意见的宽容慢慢消失。

刚刚提到的宗教分裂的分析方法似乎同样适用于种族和共识冲突。在发展的现阶段，相比于社会阶层冲突，它们会使政治冲突更为分散。

表 8.3 显示的是在比利时、瑞士和美国,语言与政治偏好、种族与政治偏好之间各自的关系。在比利时和美国,与前工业社会相联系的差异百分比大于与社会阶层相联系的差异百分比。佛兰德人对基督教社会党的投票数是瓦隆人的将近 2 倍。白人对共和党的投票数是黑人的 3 倍之多。这些差异被广泛地进行讨论,以至于对之评头论足已无必要。我们的数据仅仅再次证实了它们极其重要并将持续存在。瑞士是一个例外,其复杂的语言和宗教分裂通过一系列制度设计而被最小化了,这些制度设计实现了在特定地区占主导的群体实现自治的最大化,同时又避免了他们在地方、州或联盟层面的独占地位。[12] 在当前研究中,我们不会对这些特殊的制度进行探讨。但值得注意的是,甚至是在瑞士,语言差异与政党偏好的差异密切相关。

表 8.3　依语言和种族划分的政治偏好:比利时、美国和瑞士

比利时(支持基督教社会党的百分比)		
母语是法语	42%	(223)
母语是佛兰德语	75%	(402)

瑞士(支持右翼政党的百分比)		
母语是法语	56%	(246)
母语是意大利语	68%	(63)
母语是德语	72%	(855)

美国(支持共和党的百分比)					
政党认同			1972 年投票		
黑人	8%	(414)	黑人	16%	(222)
白人	41%	(3 518)	白人	70%	(2 466)

利普塞特和罗坎讨论了前工业社会各变量中的地区分裂变量,但它们并没有像前面述及的变量那样被传递给当前的这一代人。仅是在十年前,我们可以把法国划分为两个大区域,其中一个区域主要投票给左翼政党,另一个区域则主要投票给右翼政党,这种模式已经历了好几代人。法国政治中仍存在着相当多的地区差异,但其规模正在缩小。

在 60 年代,电子通讯的革命使电视机进入了法国家庭,公众似乎不太依赖地方名人来了解政治观点和信息:人们可以通过电视机了解巴黎正在发生什么,而且拥有一种以往的印刷媒体所不可能提供的直观且个性化的交流体验。这一发展又通过大规模的地理流动而得到强化。在18世纪,对于农民而言,一辈子到过的最远地方距离其出生地不可能超过10英里,这是常有的事。现如今,旅行变得迅速而简便,从而削弱了地区政治文化的重要性。

表8.4 依地区和语言划分的政治偏好

比利时(支持基督教社会党的百分比)		
4个以瓦隆人为主导的省	45%	(341)
布拉班特(其他省)	57%	(219)
4个佛兰德语省	75%	(683)

美国(支持共和党的百分比)				
	政党认同		1972年投票	
中西部	45%	(1 096)	67%	(836)
东北部	39%	(919)	60%	(689)
西 部	37%	(684)	63%	(464)
南 部	28%	(1 293)	69%	(729)

我们的目的不是要证明投票模型中的地区因素已失效。选举统计比我们的调查提供的数据要更加精确。但是,我们有必要呈现两个国家的地区差异仍然保留着极大的重要性这一事实。碰巧比利时和美国就是两个这样的国家,其语言和种族分裂是最突出的。

正如表8.4指出的那样,比利时存在严重的地区政治差异,而它们又关系到佛兰德—瓦隆的种族分裂。尽管我们可以肯定,瓦隆地区主要支持基督教社会党,反之亦然(vice versa)。但是,我们同样可以肯定地说,比利时地区分裂的原因,很大程度上是因为其种族分裂的强化。

同样地,美国的地区分裂由于种族因素的影响而加剧了。南方仍然与众不同,拥护共和党的人口比例明显较低,这甚至可以追溯到内战时期。但这一模式正在发生变化。现如今大多数的黑人不在南方定居,共和党不再被视为解放党(party of Emancipation)。在1972年大选中,南方是给共和党总统候选人投票最多的地区。这似乎意味着政党认同最终会发生转型,尽管这种变化形式的出现非常缓慢,正如1976年选举所表现出来的那样。

表 8.5　依性别划分的政党偏好

英　国			西　德			法　国		
男	50%	(699)	男	40%	(1 328)	男	44%	(1 321)
女	59%	(810)	女	53%	(1 532)	女	51%	(1 280)
意　大　利			荷　兰			比　利　时		
男	56%	(1 096)	男	53%	(1 221)	男	60%	(624)
女	70%	(1 077)	女	55%	(1 069)	女	64%	(617)
瑞　　士			美国:政党认同			美国:1972 年投票		
男	66%	(637)	男	37%	(1 670)	男	68%	(1 254)
女	70%	(535)	女	37%	(2 322)	女	63%	(1 473)

另一种变量应置于前工业社会的范畴,尽管有些专断:这一变量就是性别。性别分裂相当重要,因此我们必须对之加以讨论,而且毫无疑问,它的出现先于工业社会分裂。另外,我们今天发现的性别差异模型似乎反映了前工业社会女性的角色——即阻碍着女性参与那些旨在变革社会的运动。如表 8.5 所示,在某些情况下,性别与投票之间存在一种稳定而明显的关系。在 8 个国家中,其中有 7 个,女性比男性更可能投票给右翼政党。尽管法国的性别差异不再像过去那样严重,但在第五共和国早期,性别则是最重要的投票预测变量之一:女性比男性更倾向于戴高乐联盟。

我们可能预设,性别差异的程度与国家的经济发展水平有关。在前工业社会,经济产出在很大程度上依赖于单纯的肌肉强度,与之相对应,性别差异相对较大;女性的地位与男性形成鲜明反差。[13]在工业社会(更多是在后工业社会),成就主要依赖于人的知识素质(Intellectual quality);性别差异无关紧要,除非一个社会的角色期望落后于技术和经济变革。当然,我们并不期望性别差异反映一个国家当前的经济发展水平,但它会反映普通受访者成长时期(formative year)占主导的经济发展水平:简言之,它对应的差不多应该是上一代人所处的环境。

的确,各国性别差异的程度似乎符合上述预期。意大利的性别差异程度最高,而一代人之前,它正是最不发达的国家。美国的性别差异程度最低,长期以来,它都是经济上最发达的国家。我们的数据显示,在1972年美国总统大选中,常见的两极化(usual polarity)可能被逆转:女性显然比男性更倾向于投票给民主党。

我们可以得出结论说,当社会进入发达的工业时代,其政治中的性别差异会逐渐减弱。或者说,在我们的数据之外,人们可以将这一跨国模型解读为部分女性逐渐转向左翼政党的一种反映:过去,她们比男性更保守;在后工业社会,她们更有可能投票给左翼政党。女性的相对保守主义可能正在消失。

一、后工业社会的政治分裂

基于上述证据,我们可以得出结论说,前工业社会和工业社会变量都会影响政治选择,问题是"有多大影响"。迄今为止,我们都将自己局限在一个由某时某一个变量得到的政党偏好的交叉表(cross-tabulations),而没有控制其他变量。直至我们采取了多变量分析,我们才发现,很难说一个既定变量事实上对投票行为有多大的影响。

但在这样做之前,我们应该考察一下第三种类型的变量(a third type of variable):我们假设的用来探讨后工业社会对投票行为的典型影响的价值指标。当然,这一指标只是衡量个人价值偏好的暂时方法。在我们获得一种工具,或称其为确定的方法去衡量与政治相关的价值偏好之前,还需进行大量的探索。然而,基于4类目标的排序,这一简单的指标看来真的可以反映个人世界观的普遍方面。让我们来验证其显著性的影响。当然,我们的假设是后物质主义价值将会影响对左翼政党的选票。表8.6显示的是价值类型与投票意愿之间的关系。[14]结果证实了我们的预期,且在跨国研究中具有明显一致性。在这8个国家中,存在一个普遍而单一的模式:物质主义者投票给左翼政党的可能性最小,而后物质主义者投票给左翼政党的可能性最大;混合类型(理论上是矛盾的)在这两个极端之间。

表8.6　依价值优选划分的政党偏好[a]

（支持右翼政党的百分比）

英　　国			西　　德			法　　国		
后物质主义类型	50%	(115)	后物质主义类型	30%	(256)	后物质主义类型	18%	(299)
混合型	52%	(835)	混合型	46%	(1 181)	混合型	48%	(1 236)
物质主义类型	60%	(533)	物质主义类型	53%	(1168)	物质主义类型	61%	(1 019)
意　大　利			荷　　兰			比　利　时		
后物质主义类型	45%	(263)	后物质主义类型	34%	(330)	后物质主义类型	52%	(1 250)
混合型	57%	(1 023)	混合型	56%	(1 190)	混合型	63%	(556)
物质主义类型	73%	(888)	物质主义类型	62%	(720)	物质主义类型	68%	(403)
瑞　　士			美国:政党认同			美国:1972 年投票		
后物质主义类型	56%	(125)	后物质主义类型	27%	(275)	后物质主义类型	41%	(193)
混合型	67%	(6 260)	混合型	39%	(1 600)	混合型	63%	(978)
物质主义类型	74%	(9 348)	物质主义类型	39%	(911)	物质主义类型	76%	(655)

注:a 基于原来的四选项价值指数。

英国样本中的差异相对比较适中,这给人带来的印象是,近些年英国的变化相当缓慢——无论是政治上的变化,还是经济上的变化。在考虑政党偏好的情况下,只有10%的物质主义者从后物质主义者中分离出来。当然,这一差异并非全然没有意义:它比我们讨论过的其他变量的差异百分比要大。但与某些其他国家相类似的交叉表相比,它还是相形见绌。

就价值观对左—右翼投票的明显影响而言,比利时、瑞士与英国最为接近:相比于物质主义者,后物质主义者给左翼政党投票的百分比分别是16%和18%。在德国,这一差异更大。社会民主党在后物质主义者中获得23%的领先选票,基督教民主党则以同样的比分获得物质主义者的拥护。在意大利和荷兰,在投票给左翼政党的可能性方面,两种对立的价值类型之间的差异达到了 28 个百分点。

在我们研究的欧洲国家中,法国与英国处于两个相反的极端。在支持戴高乐联盟方面,物质主义者和后物质主义者之间的差异为 43%!混合类型在左翼政党和右翼政党之间几乎是平衡的;物质主义者中很大一部分支持戴高乐联盟,而戴高乐联盟获得的后物质主义者的支持则不足1/5。由于个人的价值偏好不同,法国选民的两极化已经达到一种相当严重的程度。在第十章我们将探讨这种现象的原因,1968 年 5、6 月的危机可能加重了这种极化,迫使物质主义者转向了右翼政党,而后物质主义者转向了左翼政党。如果是这样,那这一模式一直延续到了 20 世纪 70 年代。

尽管存在广泛且稳定的政党认同感——与价值偏好的联系并不紧密——1972 年美国总统选举与价值类型之间却呈现出一种强有力的联系。后物质主义者更愿意投票给麦戈文,其选票超出物质主义者 35%。就价值观对投票行为的影响程度而言,仅次于法国。

我们关于价值观和投票之间联系的预设迄今已经得到充分的证明:两者之间存在一种明显、单一但强烈的联系,且每个国家的后物质主义者都倾向于左翼政党。但涉及美国的政党认同感,这一模式则是失效的。价值类型之间的差异是相当微弱的,混合类型就像物质主义者之于共和党。这一发现不仅没有解构我们对价值观变化作用的解释,反而强化了这一解释,因为我们将价值类型视为一种潜在的变化推动力,且是一种近期越来越重要的因素。另一方面,我们假设政党认同可能反映过去经验累积的残留(accumulated residue),家庭传统在个人出生以前因曾发生的事件而已完成。政党认同和价值观之间相对脆弱(且不规律)的关系表明,选民并不"总是"因价值而走向两极化——事实上,价值分裂是近期的产物。

总体而言,价值观和投票意愿之间的联系是深刻的。我们将其视为一种以政治党争(partisanship)为基础的变革的根源。这种解释在何种程度上是合理的呢?可以想象,我们所观察的上述关系在某种程度上具有欺骗性:某些第三类变量(some third variable)可能导致特定个人同时兼具后物质主义价值观和极左政治偏好。在造成上述虚假现象的诸多可能的原因中,家庭政治背景是最可能的原因。众所周知,它是政党偏好的有力影响因素,同时还与价值类型相关。也许表 8.6 的数据只是表明,某些家庭给子女逐渐灌输自由主义价值观和极左政党偏好。

在广义多变量分析中,我们将控制家庭政治传统的影响和其他某些变量。但为了具体说明这三种关键变量如何互相影响,我们在控制父母政党偏好的条件下,来考察价值观和投票行为之间的关系;为了简化,我们将分析对象局限于两个极端的案例——英国和法国。正如表 8.7 所示,甚至当我们控制家庭政治背景时,物质主义和后物质主义受访者之间仍存在实质性的差异。在英国,价值观的影响程度仍然适中,但并未消失;在法国,价值观则仍然具有巨大的影响。[15]

表 8.7 可被解读为关于价值类型对政党偏好的代际变化的影响的一个有趣的说明。从这一视角出发,有两种现象非常明显:

表 8.7 英国和法国依价值类型划分的代际党派变迁[a]

（支持保守党和戴高乐联盟的百分比）

英　　国				
价值类型	支持工党的父母		支持保守党的父母	
物质主义	33%	(185)	86%	(171)
后物质主义	23%	(47)	78%	(31)
差　异	+10		+8	

法　　国				
价值类型	支持左翼的父母: 共产党、社会主义党		支持右翼的父母: 无党派、人民共和运动党、戴高尔联盟	
物质主义	29%	(106)	85%	(131)
后物质主义	6%	(52)	19%	(57)
差　异	+23		+66	

注:a 基于欧共体 1970 年调查。

1. 在英国,如果父母是工党党员,绝大多数的受访者也会支持工党;如果其父母是保守党人,他们则会选择保守党。但对于那些改变了取向的受访者(those who shifted),价值观在起作用——具有后物质主义价值观的受访者更有可能投票给左翼政党,而具有物质主义价值观的受访者则更有可能选择右翼政党。

2. 在法国,代际延续性(Inter-generational continuity)同样起主导作用,但已发生了很多改变。的确,在那些成长于支持右翼政党的家庭的后物质主义者之中,绝大多数人抛弃了政治谱系的另一半!根据我们的数据,这一群体中81%人背离了其父母的政治导向,只有19%的人仍在支持右翼政党。与父母的选择相背离似乎不能解释后物质主义者的转型,因为成长于左翼家庭的人显示出惊人的保真度:94%的人仍在支持左翼政党,只有 6% 的人转向了右翼政党。极左翼政党从后物质主义者中赢得的选票与戴高乐联盟从物质主义者中赢得的选票大致相当。但数据显示出代际变迁明显加强了,其结果是,政治选择两极化是由价值偏好而非社会阶层引起的。

总体模型似乎已经很清楚了:后物质主义价值观的存在与对左翼政党保持忠诚的倾向相关,如果人们成长于这样的传统之中;同样,对于那些成长于相对保守的环境之中的人而言,会出现一种转而支持左翼政党的趋势。M.肯特·詹宁斯和理查德·G.尼米(M.Kent Jennings and Richard G.Niemi)发现,回顾数据(recall data)(如我们的数据)可能会强化父母和子女政治偏好之间的一致性。[16]子女指出的父母的政党偏好应当是精确的,而一旦出现错误则往往会失去一致性。这一发现说明,我们的数据可能低估了正在发生的代际之间政党变迁的程度。

我们已经讨论了一系列背景变量和政党选择之间的零阶关系,这反映在一个左—右翼政党二分模型当中,但我们还未从体制/反体制的分裂或地区—文化(regional-cultural)的分裂的视角对政党选择进行验证。从纯粹量化的角度看(in sheer quantitative terms),这些分裂与左—右翼政党维度相比似乎不太重要:也就是说,很少有选民投票支持反体制政党或地区—文化政党。尽管如此,我们不应忽视以下可能性,即来自其他视角的分析可能有助于我们理解后工业社会政治中价值变迁的影响。传统的左—右翼政党维度在很多程度上是经济意义上的。然而,后物质主义群体的产生似乎与生活方式的议题相关,尤其与其他分裂类型有关。让我们将注意力转向其他国家——比利时,在那里,除左翼—右翼维度外,其他分裂同样重要。

二、地区—文化分裂:佛兰德与瓦隆民族主义者

关于这一点,比利时的分析数据关注的是左翼—右翼二分法,这同其他国家相似。但比利时的案例是个例外。这种二分法将一大部分选民

(share of the electorate)排除在考虑之外。1971年,足有21%的比利时人投票给说佛兰德语或法语的民族主义政党。此外,从理论角度看,这种选区划分非常有趣,它反映出一种前工业社会的分裂(就像美国的种族)正日益变得突出,而在其他地区,先赋性的(ascriptive)分裂的重要性似乎正在减少或是保持稳定。进一步说,如果我们使用传统定义,那么将难以在左翼—右翼政党维度之下为这些政党定位。新左派政党的立场可能是模糊不清的,但大多数的观察者至少会一致认为他们在某种程度上属于左翼政党。相似地,人们可能会质疑将新法西斯党或国家民主党与基督教民主党划为同一类的合法性,但每个人都会认为他们属于右翼政党。少数民族民族主义党似乎不能在我们主要的维度中找到位置。人们可能认为,这些群体与传统比利时政党之间的反差,反映的是一种体制/反体制或是地区—文化的分裂。

佛兰德语群体和法语群体之间的冲突深深扎根于比利时的历史之中。早在1815年,该国的社会经济精英大部分人开始讲法语,这可部分地归为法国统治20年的结果。自那时起,荷兰又开启了15年的殖民统治,但由于比利时人民的独立运动,在行政、法庭、军队、高中和大学逐渐开始禁止使用荷兰语和佛兰德语。如果不能流利地使用法语,向上的社会流动几乎是不可能的。在整个19世纪甚至20世纪,商业、工业和公共生活几乎完全被讲法语的人所控制,尽管佛兰德人在这个国家中占多数。

讲佛兰德语的群体成员身份始终意味着较低的社会地位。甚至在近些年,布鲁塞尔地区的佛兰德家庭有学习法语并"转移"到瓦隆群体的趋势。过去的10年里,这种趋势使得坐落于佛兰德语地区边界的布鲁塞尔成为主要讲法语的城市。

自19世纪上半叶的工业革命以来,讲法语的地区(瓦隆尼亚)逐渐成为比利时较富裕的地区。但在近些年,讲佛兰德语的地区发展迅速,在60年代赶超了瓦隆尼亚。随着工业化了的富裕的佛兰德人的出现,佛兰德民族主义运动开始迅速地扩张其实力。它当前的形式即佛兰德人民联盟(Volksunie),可视为一项民族解放运动,目的是为了寻求与经济所得相等同的社会平等。讲法语的民族主义运动是新近出现的同样重要的力量,部分原因是为了对佛兰德民族主义运动采取的过分行为的一种回应。

1970 年的调查显示,佛兰德人和瓦隆人都有同样的可能支持民族主义政党。因此,尽管一个人的母语决定着他支持的少数民族民族主义政党的类型,但在人们是否会具体支持哪一个民族主义政党方面,这是一个较弱的预测变量。当我们考察少数民族民族主义政党的背景特征时,正如表 8.8 所示,某些事实是很有意义的:

表 8.8　比利时民族主义党的社会基础[a]

（支持佛兰德或瓦隆民族主义政党的百分比）

父母所在的政党			价值优选		
左翼政党	5%	(136)	物质主义类型	9%	(275)
基督教党	13%	(314)	混合型	12%	(462)
自由党	12%	(58)	后物质主义类型	35%	(131)
不知道	17%	(365)			
民族主义政党	81%	(21)			

一家之主的职业			年　龄			教　育		
中产阶级	23%	(385)	16—24	29%	(158)	初等	8%	(413)
工人阶级	8%	(308)	25—34	11%	(149)	高中	20%	(380)
农　民	9%	(54)	35—44	16%	(164)	大学	27%	(86)
退休,或赋闲	10%	(147)	45—54	14%	(133)			
			55—64	12%	(133)			
			65 +	7%	(157)			

参加教会活动的频率			工会成员身份		
从不参加	14%	(250)	是	11%	(294)
每月 1 次或更少	14%	(163)	不是	17%	(599)
每周 1 次	17%	(415)			
每周 1 次以上	7%	(66)			

注:a 基于欧共体 1970 年调查。

1. 对这些政党的支持并不主要是青年极端主义或反叛的结果。相比于老年人,民族主义政党从年轻人中得到的支持更多。但是,对其的支持贯穿于各个年龄群体;大多数支持者的年龄是 35 岁或以上。此外,尽管只有少部分民族主义者的父母也支持民族主义运动,但这仍然是一种代际延续而非反叛的模式:少数民族民族主义者的子女相比于那些来自于其他政治背景的子女而言,更有可能支持民族主义政党。

2. 少数民族民族主义似乎是一种以中产阶级为主导的现象。大量的工人和农民支持这些政党,但其选票的大部分来自于中产阶级。这种现象在佛兰德民族主义运动和瓦隆民族主义运动中同时存在。

3. 尽管这些政党拥有中产阶级基础,但少数民族民族主义显然不只是一种大学时尚(university fad):大学生没有为这些政党提供足够的选票。大学生是这些运动的最重要的倡导者,在少数民族民族主义者之中,受过大学教育的代表较多,但他们在民族主义选民中只占据少数。

4. 少数民族民族主义者似乎主要是那些与既有的主要制度关系并不密切的人,但这一模式有点含混不清。一方面,他们不太可能是工会成员(除少数民族民族主义者的孩子之外),他们从父母那里获得的政党偏好可能就是含混不清的。另一方面,他们参加教会活动的频率较高,尽管他们不是与教会联系最密切的那群人中的一员。

5. 在持有后物质主义价值偏好的人中,少数民族民族主义者代表较多,后物质主义者中的少数民族民族主义者,是物质主义者中的少数民族民族主义者的3倍之多。相比于瓦隆民族主义,这一趋势更符合佛兰德民族主义的实际,但该趋势确实存在于两种群体之中。在瓦隆民族主义者中,后物质主义与物质主义的比率是2比1;而在佛兰德民族主义者中,后物质主义与物质主义的比率则为5比1!

我们不能将这些政党描述为后物质主义者。他们从传统资源中得到了重要支持:战前民族主义者的后代;地区政治文化;拥有物质主义价值偏好的个人。然而,有一点非常清楚,后物质主义者对他们的支持力度是不均衡的。

这些发现可能有助于解释对少数民族民族主义运动进行分类为何如此困难——为什么有些观察者将它们视为反动的(reactionary)和民族优越论的(ethnocentric),并强调其与战前时期的亲纳粹主义运动(proto-Fascist movements)的历史关联;而有些人将其中一方或另一方(甚至是双方)视为解放运动。

对数据的一种解读是后物质主义类型倾向于极左或极右政党。这种可能性具有很严肃的含义,我们不能掉以轻心,但这种解读的有效性是值得怀疑的。当前种族—民族主义运动和它们的战前准法西斯主义同类（quasi-Fascist counterparts）之间一致性的程度已经相当脆弱：在佛兰德与瓦隆民族主义政党回潮（resurgence）之前，那些早期运动就已经消失。此外，它们一致强调的东西看来反映的并非一种狭隘的民族主义，倒是更像一种特定文化模式自我表达的诉求。它们并非权威人格（authoritarian personality）模式下的种族中心主义。我们询问了一些关于支持欧洲一体化的问题，结果证明，少数民族民族主义者比三种传统政党支持者更倾向于国家间的一体化（international intergration）。在讲法语和讲佛兰德语的民族主义者之间再次出现了某种程度的差异。前者相比于那些支持传统政党的人而言，只是轻微地倾向于欧洲观，而后者则明显地表现出欧洲观。但这两个群体在同一方向上都出现了偏离。比利时的少数民族民族主义是地方共同体主义（communalism）的一种新形式，即使它以一种古老而令人沮丧的姿态出现。也许，它在特征上更类似于后物质主义。

令人困惑的是，佛兰德民族主义和瓦隆民族主义都具有变革倾向（change-oriented），在此意义上，都属于左翼。那么问题就出现了，"这两种看似截然相反的（diametrically opposed）运动为什么都属于左翼？"部分答案是：它们并不是完全对立的。它们的目标非常相似，且它们在实现目标的途径方面能够达成一致：为它们各自的社区争取更多的自治权。在其他方面，如关于怎样实现目标的问题，它们有很大差异，就像左翼各政党派别之间的差异一样。

争取文化解放的斗争是佛兰德民族主义的一个主要目标。在争取平等方面，它们曾处于弱势。佛兰德人的一项重要诉求是居住在佛兰德地区的讲法语的孩子不允许就读于说自己母语的学校。曾有段时期，这的确是法律所禁止的。这一措施的主要目的是阻止法语文化在佛兰德地区的进一步渗透；要求佛兰德人和瓦隆人的孩子在同类学校上学并非最主要的考虑。相反地，佛兰德人的另一个诉求是将一所重要的双语大学中所有讲法语的学生驱赶出去，这所大学碰巧位于佛兰德地区，距语言边界几英里远。

说清楚谁是压迫者，谁是被压迫者，总非易事。除布鲁塞尔地区之外，讲法语的比利时人比佛兰德人少一些，且佛兰德人往往是穷人（poorer）。两者立场如此不同，以至于它们都可能将自己的视为解放运动。比利时的民族主义群体可能提供了一个后工业社会悲剧类型的典范。佛兰德民族主义和瓦隆民族主义代表了一种新左派，因为它们主要关注的是文化而非经济。的确，为了实现文化自治，现阶段的民族主义似乎准备着做出巨大的经济牺牲。

它们代表了左翼而非右翼，因为它们倾向于文化变革而非文化传统主义——强调了一种自我表达的诉求而非安全诉求。这种相当简单的解释似乎很吸引人（由于简化）：后物质主义对秩序的偏好程度较低，因此，它们更可能支持任何一种反体制政党，而不论这一政党是左翼或是右翼。但这并不意味着这种解释在经验上是正确的。意大利和德国都有反体制右翼政党，而后物质主义似乎并不支持它们。例如，在意大利，新法西斯党只得到11%的物质主义者支持，和3%的后物质主义者支持。在60年代后期，一种某种程度上的新纳粹党，即国家民主党，在德国选民中得到了很多的支持。但到1970年和1971年，对它们的支持就降到了相当低的程度，因此在我们的样本中，这类案例很少。但我们的数据表明，略高于2%的物质主义者支持它们，而与之相对的则是仅仅1%的后物质主义者的支持。

因此，在我看来，现如今比利时的少数民族民族主义群体是文化变革导向的左翼政党。像这样的，它们属于新左派的一部分，不仅有可能与保守政党发生冲突，而且在特定条件下，它们还可能与老牌左翼政党发生冲突。

三、少数民族民族主义和后工业社会的左翼政党

在工业社会，左翼政党寻求导向经济平等的变革——甚至必要时，通过政府干预个人自由的方式来实现其目标。

后工业社会左翼政党因对个人自我发展的强调而别具一格——甚至

在必要时,它们主张以经济的进一步发展为代价。因此,工业社会和后工业社会左翼政党的目标虽然并非天然地不相容,但有时还是会互相冲突。工业社会左翼政党寻求日益强化的经济平等的主要原因是,这将意味着工人阶级的经济生活会达到更高的水平。但经济增长同时有助于实现这一结果,后工业社会左翼政党却对经济增长的偏好程度较低;事实是,经济增长可能导致生活质量的退化,因此新左派政党往往会反对经济增长。当这些不同的目标并列(juxtaposed)出现时,这两种左翼政党的冲突就不可避免了。

工业社会的左翼政党已经接受了相当程度的组织化纪律和等级制度,而这些对实现有效的政治变革和经济发展是必要的。而后工业社会左翼政党更倾向于个人表达,它们总是将政党官僚视为机器的仆从(machine hacks)或者斯大林式的党棍(Stalinist bastards)。由于对国家的怀疑,相比于理性的官僚制度规则而言,它们对个人主义和地方自治主义表现出更多的同情。在某种程度上,对个人而言,这是其与生俱来的(is that which he is born)。后工业社会左翼政党强调平等主义(egalitarianism),尤其关注允许个人以不同的生活方式表达自己而不是遵循某种标准化的模式(standardized mode)。因此,人们可以选择以一种全新的反主流文化的方式生活,也可以选择传统的具象的(particularistic)文化形式生活。

根据简达的编码方案(coding scheme),左翼政党往往会支持民族整合(national integration)。比利时的少数民族民族主义者很显然却不强调民族整合。再一次,它们成为了新左派政党的一部分,倾向于强调与政治集权相对的地区自治。

在某些情况下,后物质主义者似乎倾向于支持反体制政党,因为这些政党的一种潜在的重要功能可能满足了其归属感(belonging)的需求。一方面,我们了解和强调了在特定环境下某些运动目标的重要性,同时那些与其环境严重冲突的反体制运动给其成员提供的归属感,也同样具有重要意义。在那些大型的匿名(anonymous)社会中,反体制运动可能使小社区更加紧密地联系在一起,因为敌意使他们孤立于周围的环境。在这些运动中,对归属感的诉求是其重要组成部分,它们的意识形态涉及内容广泛。反体制政党可能是佛兰德人、瓦隆人的政党或者新左派政党。

在很多西方国家,代表新型左翼的政党和运动在近些年陆续出现。在附着于它们的众多标签之中,"新左派"一词获得了广泛的使用,但注定会遭到废弃:没有东西永远不会过时。我们认为,关于这些运动,的确具有某些独特的东西,然而——最独特的东西在于,存在一种被物质主义目标所激发,并得到后物质主义选民支持的趋势。沿着物质主义/后物质主义的维度,对新左派的支持是否可能走向两极化? 我们能否解答这一问题,取决于我们如何定义新左派。在法国,统一社会主义党(PSU)产生于1968年5、6月的危机,作为新左派的政治化身(political embodiment)——它是唯一坚定支持五月风暴的政党。现如今,法国某些极左分子却将其视为一个平凡而守旧的政党。他们认为真正的新左派起源于从左翼政党中分裂出来的小派别。接受对左翼政党的这样一种定义的困难之处在于对类似小党派的支持者人数太少,以致在国家样本中难以显现。如果某人愿意将PSU视为新左派政党,就像很多人认为的那样,那么我们就可以回答这一问题。尽管在法国样本中,PSU只获得2%的物质主义者的支持,但足有24%的后物质主义者支持它(见表8.9)。

表 8.9　依价值类型划分的对新左派和少数民族民族主义政党的支持[a]

价值类型	法　　国		意　大　利	
	统一社会主义党	数量	无产阶级社会主义党	数量
物质主义	2%	(1 072)	1%	(888)
后物质主义	24%	(324)	7%	(263)

价值类型	荷　　兰		比　利　时	
	激进党＋六六民主党	数量	少数民族民族主义党	数量
物质主义	9%	(720)	9%	(508)
后物质主义	27%	(330)	29%	(236)

注:a 欧共体1970年和1971年调查数据的综合。

不同价值类型对新左派或后工业社会左翼政党支持的力度各异。通过比较可以发现,法国的其他左翼政党在后物质主义者中只占有相对较小的支持率,比物质主义者的支持高出14个百分点。一种相似的模型适用于对其他三个政党的支持,而这三个政党或多或少都具有新左派色彩(coloring):意大利的无产阶级社会主义党;荷兰的激进党和六六民主党

(Democrats, 1966)。在这两个国家中,相比于对其他左翼政党的支持而言,后物质主义者更倾向于新左派政党。[17]这与我们考察比利时的少数民族民族主义者时发现的模型类似。

我们的结论是,今天激烈的政治对立(oppositions)更可能产生于因物质主义/后物质主义维度出现的差异而非传统的左翼—右翼维度导致的分裂。在意大利,反体制的右翼和反体制的左翼并存,它们支持的基础集中于相反的价值偏好维度。当前的反体制政党深深扎根于文化差异而非经济差异之中。

价值变化过程似乎表现出某种曲线(curvilinearity)。在其强调个体自我发展而非强力政府方面,在其强调共同体生活方式的价值而非经济理性方面,新左派与古典右翼政党相类似。我们先前已经指出,前工业社会分裂已逐渐失去其重要性,在这种意义上也可以说,它过于泛化(generalization)了。在大多数国家,地区主义似乎已失去其重要性,制度化的宗教也在逐渐衰弱。但是,随着经济和科学理性的逐渐衰退,后物质主义者追求某些绝对事物,有点类似于寻求一种前工业社会的思维模式。对宗教或伪宗教共同体(pseudo-religious communities)兴趣的复苏和恢复,或者发展部族纽带(tribal bonds)的努力,都可能反映出对比法理性联系更强大的先赋性联系(ascriptive ties)的向往。这一曲线模型不应被夸大。在许多方面,后物质主义价值观是新奇的:例如,关于女性的角色,或者他们倾向于既全球化又部落化的方式。然而,这似乎是前工业社会价值观在后物质主义者身上的再现。

关于这一点,有人可能会问,"就旧左派和新左派之间的根本差异而言,左翼和右翼的概念还有任何意义吗?"只要这两种左派强调的是同一个关注点,即平均主义导向的社会变革,这一概念就有意义。它们之间的分歧意义深远,但它们之间又可以搭建沟通的桥梁。德国的社会民主党正好说明了这样一个事实:即使在一个正在经历迅速变革的社会里,同一政党中的两股不同的力量也是可以团结到一起的。一个政党的传统基础与其新左派之间的张力是强烈的,但其领袖人物所具有的理想主义、妥协和坚定性的审慎混合物,却能维持着政党的凝聚力,使某些意义重大目标的实现成为可能。

相对于旧左派而言,后物质主义类型似乎更能吸引新左派的眼球;但后物质主义在两者中都能引起共鸣,物质主义左翼的目标与后物质主义的目标在根本上是完全相容的。

注 释

1. 参见 Gerhard Schmidtchen, *Zwischen Kirche und Gesellschaft* (Freiburg: Herder Verlag, 1972); and Samuel H. Barnes, "Religion and Class in Italian Electoral Behavior," in Richard Rose (eds.), *Electoral Behavior: A Comparative Handbook* (New York: Free Press, 1974), pp.171-225。相关证据,可参见 M. Kent Jennings and Richard G. Niemi, "Continuity and Change in Political Orientations," *American Political Science Review*, 69, 4(December, 1975), pp.1316-1335。

2. Gabriel Almond, "Comparative Political Systems," *Journal of Politics*, 18, 3(August, 1956), pp.391-409。重印参见 Roy C. Macridis and Bernard E. Brown (eds.), *Comparative Politics: Notes and Readings*, 4th ed. (Home-wood, Ill.: Dorsey, 1972)。

3. 参见 Peter Blau and Otis Dudley Duncan, *The American Occupational Structure* (New York: Wiley, 1967), p.496。

4. 参见 Paul R. Abramson, "Intergenerational Social Mobility and Electoral Choice," *American Political Science Review*, 66, 4(December, 1972), pp.1291-1294。使用更加严格的社会流动(基于客观与主观两个标准)定义的文献,参见 Butler and Stokes, *Political Change in Britain*,得到的代际社会流动率仍然很低。

5. 参见 Roger Girod, *Mobilité Sociale: Faits établis et problèmes ouverts* (Geneva and Paris: Droz, 1971), pp.52-53。

6. Seymour M. Lipset and Stein Rokkan, "Cleavage Structure"。

7. 我们 1971 年的调查显示,在西德和法国,至少 1/3 的人口离开了他们的出生地。参考的地区包括西德的州(Länder)和法国的区域计划(regions de programme,如布列塔尼、勃艮第和洛林)。在比利时、荷兰和意大利,这一数字在 14% 到 26% 之间。

8. 英国似乎是要求政党偏好与阶层身份一致压力最大的国家。但在对巴特勒和斯托克斯的英国数据的二次分析中,艾布拉姆森指出,大多数向下流动且其父母是保守党人的受访者,以及大多数向上流动且来自工党家庭的受访者,在新的环境中,他们保留着家庭的政党偏好。但是,大多数来自自由党家庭的受访者却没有保留其家庭的政党偏好,不管他是否有过社会流动。艾布拉姆森不同意巴特勒和斯托克斯关于社会流动率的研究结论,但他并不否认其先前的发现。参见 Abramson, "Intergenerational Social Mobility"。

9. 参见 Richard Rose and Derek Urwin, "Social Cohesion, Political Parties

and Strains in Regimes," *Comparative Political Studies*, 2, 1(April, 1969), pp.7-67。这里使用的"黏合"的定义依具体情况而变化。在大多数情况下,它意味着至少 2/3 的政党支持者拥有相同的特征。作者还考察了其他两个变量:"地方自治主义"和地区;8 个政党在这些特征上具有黏合性。罗斯和厄温将政党而非个人作为分析单位;这种方法的结果之一便是荷兰的小党如农民党,被赋予与该国的工党或是美国的民主党同样的权重。不过,他们的基本结论似乎又是正确的。

10. Rose and Urwin, "Social Cohesion", p.39.也可参见 Richard Rose, *Governing without Consensus:An Irish Perspective*(Boston:Beacon, 1971)。利普塞特和罗坎也持同样的观点,参见 Lipset and Rokkan, op cit., p.6。

11. 参见 Charles Tilly, "Food Supply and Public Order in Modern Europe," in Charles Tilly(eds.), *The Formation of National States in Western Europe*(Princeton:Princeton University Press, 1975)。

12. 要深入观察瑞士的决策模式,参见 Jurg Steiner, *Amicable Agreement versus Majority Rule:Conflict Resolution in Switzerland*(Chapel Hill:University of North Carolina Press, 1974)。

13. 前工业社会的某些类型发生了重要变化。在以狩猎—采集为主的社会和农业社会中,女性的地位远远低于男性。然而,在简单的园艺(horticultural)社会中,女性则是主要的提供者,其地位绝对高于其他前工业社会。参见 Gerhard E. Lenski, *Power and Privilege:A Theory of Social Stratification*(New York:McGraw-Hill, 1966)。

14. 在本章的最后,附录有一个更为详细的表格,标示了物质主义者和后物质主义者给各种不同规模或政治倾向的政党投票的百分比。

15. 表 8.7 中案例的数量之所以比较少,是因为父辈政治背景只是在 1970 年调查中被问及。因此,该表只涉及 1970 年样本中的成员,他们回答了自己的政党偏好以及是属于物质主义者还是后物质主义者,而且他们知道自己父母有政党偏好——这种政党偏好既非自由主义的也非中间派。

16. 参见 M.Kent Jennings and Richard G.Niemi, "The Transmission of Political Values from Parent to Child," *American Political Science Review*, 62, 1(March, 1968), pp.169-184。

17. 然而,在意大利的案例中,共产党似乎也在后物质主义者选区获得了相对较多的偏爱:意大利共产党(PCI)和意大利无产阶级社会主义联合党(PSIUP)一起,获得了物质主义者7%的选票和后物质主义者30%的选票(另外两个社会主义政党从后物质主义者中赢得的选票只是略多于从物质主义者中赢得的选票)。这样看来,我们的意大利样本将 PCI 当成了新左翼政党——这是一项有趣的发现,它基于如下事实,即对 PCF(法国共产党)的支持并未表现出相似的模式。人们可能想知道,PCF 在否定"五月风暴(May Revolt)"的同时,是否将后物质主义者的支持也切割掉了。

第九章
政治分裂的多变量分析

现在我们对党派选择（partisan choice）与多种背景变量（background variables）之间的关系有了大致的了解。因此，我们的分析是基于简单的百分比表（percentage tables），这些百分比表显示的是投票意愿（voting intention）和另一种变量之间的关系。比如，这些表格会告诉我们，受教育水平较高的人在何种程度上倾向于选择右翼政党；但仅靠这些表格自身，它们却无法就何种原因导致个人投票给左翼政党或右翼政党给出结论性的回答。较高的受教育程度、较高的收入和中产阶级的职业，都在朝着同一方向聚合。进一步说，它们都与后物质主义价值观相联系。为了更清楚地认识一种既定的变量事实上是否影响了政党选择，我们必须进行多变量分析。

为了这一目的，我们将使用两种补充性的计算机程序：自动交互检测（Automatic Interaction Detection）（AID）技术和多元分类分析（Multiple Classification Analysis）（MCA）。

自动交互检测程序基于特定变量（宗教信仰、教育、职业、年龄、性别等等）的相对预测力（relative power），将调查样本划分为逐渐变小的群组，以此"解释"因变量（政党偏好）的差异。[1]这种分析形式非常有效，能够鉴别既定预测变量是附加（additive）变量还是交互（interactive）变量。

对8个国家自动交互检测输出结果的检验显示，交互效应似乎没有什么重要性。这是一种否定性的但却非常重要的发现。根据地位不一致

(status inconsistency)理论,两个或多个变量的相互作用可能在塑造政党偏好方面具有重要意义。我们的自动交互检测分析无法揭示某个群体是基于交互效应而给予了左翼政党(或右翼政党)不均衡的支持;在仅有的几个案例中,根据地位不一致(status inconsistency)模型似乎应该存在某种交互作用,但事实上这种效应极其微弱以致不能将它们简单归结为样本偏误。这些结果证实了近期的一系列发现,即地位不一致(status inconsistency)理论无法解释任何超出单独变量作用范围的问题。[2]假设有一组附加预测变量,我们就可以转向一种更具结论性的分析方式:多元分类分析(MCA)。

多元分类分析可被视为某种形式的虚拟变量的多元回归(dummy variable multiple regression)。就像自动交互检测那样,多元分类分析技术是基于关于预测变量的非量度假设(non-metric assumptions)。然而,自动交互检测基于对某些特定的分解时刻点(points in the breakdown)政党偏好最强有力的预测,仅为我们展示了那些导致分裂的主线,而多元分类分析则将所有样本作为一个整体,为我们说明了每一个预测变量的解释力。

多元分类分析输出为每种预测变量提供两种有效的统计数据。第一种是 η 系数,这是一种说明既定预测变量对政党偏好差异的解释程度的指标。第二种是 β 系数,它预示的是当我们控制所有其他预测变量的效应时,既定变量是否能够解释差异的显著性比例。多元分类分析输出同时还说明了因变量的差异在多大程度上可以由一组预测变量得到解释。[3]

表 9.1 显示了 8 个国家的多元分类分析结果。预测变量依据其 β 系数的相对强度,由高到低进行排列。贯穿每个表的虚线显示的是一个临界值(threshold),在这个临界值之下,当其他变量的影响纳入考虑范围内,既定变量对政党偏好的影响可以忽略不计。我们已经(有些专断地)为这一临界值设定了一个 β 系数,即低于 0.075。η 系数和 β 系数之间存在实质性的差异。因此,尽管特定的预测变量和政党偏好之间存在合理的零阶关系(zero-order relationship),但当我们考虑其他变量时,这种零阶关系就会消失。

表 9.1　根据附加模型中的相关压力,对政党偏好的预期的排列[a]

变　　量	η(零阶关系)	β(偏序关系)
英国		
父母所在的政党	0.448	0.375
社会阶层	0.332	0.196
参加教会活动的频率	0.124	0.103
宗教信仰	0.049	0.084
受教育程度	0.212	0.081
地区	0.174	0.076
工会成员身份	0.164	0.075
价值优选	0.092	0.071[b]
年龄序列	0.048	0.044
性别	0.093	0.033
西德		
父母所在的政党	0.364	0.258
参加教会活动的频率	0.381	0.241
宗教信仰	0.289	0.140
一家之主的职业	0.188	0.105
年龄序列	0.175	0.104
工会成员身份	0.201	0.101
经济上的自我认知	0.105	0.089
价值优选	0.174	0.087
土地	0.141	0.085
受教育程度	0.081	0.074[b]
所在城镇规模	0.144	0.070
性别	0.132	0.033
法国		
父母所在的政党	0.463	0.349
价值优选	0.368	0.265
参加教会活动的频率	0.363	0.133
一家之主的职业	0.173	0.115
经济上的自我认知	0.127	0.111

（续表）

变　　　量	η（零阶关系）	β（偏序关系）
年龄序列	0.113	0.102
工会成员身份	0.148	0.101
地区	0.161	0.086
宗教信仰	0.287	0.062
所在城镇规模	0.103	0.046
性别	0.054	0.041
受教育程度	0.040	0.033
意大利		
父母所在的政党	0.492	0.405
参加教会活动的频率	0.415	0.341
价值优选	0.276	0.121
宗教信仰	0.227	0.119
经济上的自我认知	0.133	0.115
年龄序列	0.165	0.086
一家之主的职业	0.181	0.067
地区	0.130	0.057
所在城镇规模	0.040	0.026
受教育程度	0.023	0.022
工会成员身份	0.100	0.010
性别	0.146	0.010
荷兰		
父母所在的政党	0.479	0.309
参加教会活动的频率	0.486	0.253
宗教信仰	0.456	0.165
年龄	0.164	0.155
价值优选	0.250	0.145
经济上的自我认知	0.140	0.105
受教育程度	0.075	0.090
一家之主的职业	0.171	0.087
工会成员身份	0.068	0.050
所在省	0.146	0.049

（续表）

变　　量	η（零阶关系）	β（偏序关系）
性别	0.050	0.027
所在城镇规模	0.110	0.021
比利时		
参加教会活动的频率	0.672	0.397
父母所在的政党	0.620	0.344
所在省	0.393	0.183
所在城镇规模	0.369	0.103
一家之主的职业	0.196	0.090
宗教信仰	0.491	0.086
价值优选	0.199	0.082
佛兰德派还是瓦隆派	0.334	0.073
工会成员身份	0.152	0.039
经济上的自我认知	0.207	0.033
年龄序列	0.059	0.030
受教育程度	0.092	0.016
性别	0.068	0.002
瑞士		
参加教会活动的频率	0.272	0.200
主观社会阶层	0.183	0.198
一家之主的职业	0.271	0.197
宗教信仰	0.210	0.157
工会成员身份	0.232	0.126
价值优选	0.141	0.111
语言	0.149	0.110
年龄	0.079	0.084
受教育程度	0.103	0.045
性别	0.057	0.017
比利时（民族主义政党）		
父母所在的政党	0.307	0.250
价值优选	0.264	0.190
所在省	0.173	0.157

（续表）

变　　量	η（零阶关系）	β（偏序关系）
一家之主的职业	0.202	0.115
年龄	0.199	0.104
参加教会活动的频率	0.072	0.080
工会成员身份	0.075	0.076
经济上的自我认知	0.132	0.070
受教育程度	0.185	0.054
所在城镇规模	0.075	0.054
性别	0.043	0.037
佛兰德派还是瓦隆派	0.039	0.027
1. 美国：政党认同		
父母所在的政党	0.494	0.409
宗教信仰	0.190	0.190
种族	0.225	0.175
家里人的工会成员身份	0.146	0.130
参加教会活动的频率	0.079	0.117
受访者所居住的地区	0.145	0.109
家庭收入	0.122	0.104
一家之主的职业	0.158	0.102
价值优选	0.164	0.101
年龄	0.121	0.101
受教育程度	0.124	0.095
性别	0.032	0.060
所在社区规模	0.109	0.027
2. 美国：1972 年投票		
种族	0.311	0.281
父母所在的政党	0.282	0.224
价值优选	0.273	0.202
宗教信仰	0.222	0.147
年龄	0.160	0.122
地区	0.095	0.104
所在社区规模	0.166	0.097

变　　　量	η（零阶关系）	β（偏序关系）
参加教会活动的频率	0.162	0.087
性别	0.060	0.074
家里人的工会成员身份	0.086	0.068
家庭收入	0.113	0.065
一家之主的职业	0.075	0.050
受教育程度	0.044	0.044

注：a 基于欧共体 1970 年调查数据。

b 若变量的 β 系数小于 0.75，则可视为对政党偏好的影响可忽略不计，在控制其他变量的影响的情况下，模型中所有此类变量的被排除通常会导致其所解释的方差的百分比要减少 3 个以下的百分点。

我们感兴趣的主要是价值对政党偏好的影响。我们的多变量分析包括了年龄和教育变量在内，在某种意义上，我们的控制变量可能过多（over-controlling）。我们的理论已经暗示，这两种变量应当与价值类型密切相关，并且从 8 个国家中得到的数据也证明了这一点。因此，当我们控制教育变量时，也就控制了个人的价值类型。当我们同时控制年龄和教育两种变量时，我们就大大减少了价值类型的差异，并因此减少了通过 β 系数反映出来的价值类型的解释力。如果价值观的变化影响着政党偏好，那么年龄和教育变量应当与政党偏好之间存在相当紧密的联系。

不幸的是，由于我们的分析比较简单，年龄和教育变量既强有力又含混不清。比如，前者表示的是我们感兴趣的生命周期效应和代际效应，后者可以反映出认知发展、人际交流网络以及其父母的富裕程度。在我们的多变量分析中，包括了作为预测变量的年龄和教育变量。这为价值偏好对政党选择的影响提供了一种保守的评估。

下面，我们来快速地针对每个国家浏览其多元分类分析结果。在英国，价值观与投票意愿之间的关系微弱。在德国，当我们控制其他变量的影响时，尽管价值观与投票意愿之间存在实质性的零阶关系，但程度适中（modest）。瑞士的数据表明，价值类型对政党偏好具有深刻的影响，但瑞士的分析结果无法与其他国家相比较。没有用到其中最有力的解释变量（父母所在的政党）；如果加入这个变量，则可能使价值偏好的 β 系数降到一个较低的水平,其零阶关联度相对较低。在比利时,个人的价值偏好对其在传统的左翼—右翼维度的选择并无影响,但对于决定其是投票给传统政党还是少数民族民族主义政党,却具有重要影响。

在荷兰和意大利,个人的价值偏好似乎对左翼—右翼政党选择意义重大。他们分裂的政党制度为上述情形创造了条件,因为在这两个国家中,很多小党的出现,吸引着物质主义者/后物质主义者闭联集中的各个小群体:意大利的无产阶级社会主义党和新法西斯党;荷兰的激进党(Radicals)和六六民主党。在某种程度上,这些国家传统的左翼—右翼维度(dimension)已适应了物质主义/后物质主义维度。

当考察法国相类似的分析时,我们发现它与英国模式截然相反。在英国,价值偏好扮演着微不足道的角色;而在法国样本中,价值偏好的排序仅次于父母影响。宗教信仰同样重要;事实上,宗教信仰的 η 系数与价值偏好的 η 系数一样大。这反映出,家庭的政治传统对投票的影响是最重要的,法国固有模式中众所周知的教权主义(clerical)与反教权主义分化的结果,与投票之间保持着一种强烈的零阶关系。但其根源似乎来自传承(hereditary)而非当代(contemporary)。当我们控制父母的政治偏好,相比于个人价值偏好而言,宗教信仰的影响更加微弱。一个人的价值观比其从属的阶级对政治偏好的影响更为显著。

在法国,第五共和国创立了一种新型政党制度。其规模最大的政党(戴高乐主义者及其同盟)的最近发展和相对弱化的政党忠诚,都有助于解释为什么法国的左翼—右翼政党对峙比其他任何国家都要更加契合后工业社会的政治分裂。

当我们把目光转向传统政党忠诚尤其牢固的美国时,固有的政党偏好与当前影响之间的区别成为特别突出的焦点。作为对政党认同感(party identification)的某种影响,价值偏好显得比较微弱(尽管绝非可以忽略不计)。如果我们将政党认同视为传统纽带(traditional ties)的某种反映时,这正是我们所预期的。家族遗传(family inheritance)是迄今政党认同最好的预测变量,下面依次是宗教信仰和种族。再接着就是社会阶层变量、地域和参加教会活动频率(church attendance);价值偏好排在最后(第 9 位)。

当我们考察 1972 年大选中对个人如何投票的影响因素时，一种完全不同的情形出现了。种族变量成为影响投票的最强预测变量。尽管选民中黑人的数量还不足 10%，但在麦戈文赢得的选票中，黑人的投票占据了将近 1/4。在几乎所有的其他国家，父母的政党偏好是影响投票的最强预测变量，在美国，它也是政党认同的最强预测变量。但 1972 年大选则是例外，它为选民提供了一次真正的在信奉明显不同哲学（philosophies）的候选人之间进行选择的机会。大量的选民抛弃了传统的政党忠诚；许多人反对他们的父母支持过的政党。在 1972 年的大选中，父母支持的政党作为一种预测变量退居次席——价值类型则紧随其后。

通过对既定变量的 η 和 β 系数进行比较，人们可以看到，其与政党偏好产生零阶联系的程度，可能取决于其他变量的影响。如英国，社会阶层与政党偏好的的零阶联系是 0.322。当我们控制其他变量时，这一系数下降到 0.196，但表明仍具有很强的联系。另一方面，当我们控制其他变量时，η 系数为 0.212 的教育变量，其 β 系数会下降到 0.081。上述情况可以解释为：在英国，社会阶层和政党偏好之间的关系取决于以下事实，即英国的中产阶级很可能会从其父母那里继承中产阶级的社会地位和保守主义的政党倾向。当然，人们还是能够从其所处的社会阶层环境中得到强烈的暗示（strong cues），其生存环境影响着人们到底是投票给工党（如果是工人阶级）还是投票给保守党（如果是中产阶级），而不管其家庭的政党传统如何。另一方面，在英国，教育与政党偏好之间有着较强的零阶关系，但这主要不是取决于教育变量本身。因为受教育水平越高，说明越有可能出身于保守党的家庭，并成长于中产阶级的家庭背景中。在英国，价值偏好与政党偏好之间的零阶关系相对微弱（正如我们在表 8.6 中所看到的）；当我们控制其他变量时，这一关系可以忽略不计。性别和年龄变量同样如此。

西德样本中的模式具有某种相似性。相比于英国（或样本中的其他所有国家），在西德，父母的影响力更小；但是，在西德，父母的影响力在所有变量中却排在首位。与英国相比，在西德，宗教影响更为重要。的确，宗教影响与父母的政党倾向同样重要。社会阶层的影响比较微弱，尽管一家之主（head of household）的职业和工会成员身份对政党选择分别具有重要意义。在英国和西德,家庭背景、社会阶层和宗教信仰是导致政党偏好差异的主要因素。在比利时,排列(configuration)却完全不同:前工业社会政治分裂(Pre-Industrial cleavages)占主导地位。人们是支持基督教社会党(Christian Social Party)还是社会主义党(Socialists),主要取决于与教会关系的紧密程度。但地区政治分裂同样重要。地区政治分裂与比利时拥有两种语言相关,但这是一种实质上的地区政治分裂。说法语的人相比于说佛兰德语(Flemish-speaking)的人更有可能投票给左翼政党,但在政党偏好方面,一个人居住地是比其母语更强大的预测变量,似乎有一种生态效应(ecological effect)在起作用。居住在佛兰德地区的说佛兰德语的人,相比于居住在瓦隆地区的说佛兰德语的人来说,更可能支持基督教社会党。结果就是,尽管在母语和政党偏好之间存在一种紧密的零阶关系,当我们控制地区这一变量时,这一关系的强度就会减弱。

在这8个国家之中,只有美国和比利时的地区差异仍在扮演着重要角色。奇怪的是,在样本中最大的国家(美国)和最小的国家(比利时),地区主义影响最为强烈。政党偏好存在地区差异的现象其他国家也有。例如,巴伐利亚州相比于西德其他地区,最愿意支持基督教民主党。这一差异应主要归因于以下事实,即巴伐利亚人主要信奉罗马天主教,且农民较多(倾向于基督教民主党),几乎没有组织化的产业工人,且几乎没有不信教的人(non-church-goers)(他们往往支持社会民主党)。在多变量分析中,我们发现,尽管不是所有,但大部分的地区差异已消失;一种相对适中的生态效应依然存在。政治分裂中地区因素的消失可能预示着,在这样一个充斥着即时电子通讯(instantaneous electronic communication)和大量地理流动(geographic mobility)的时代,空间距离(physical distance)不再像以前那么重要。

多变量分析使我们可以验证一个具有重要意义的假设:后物质主义者倾向于选择左翼政党仅仅是因为他们相对年轻,或他们的价值观影响着其投票行为?如果价值观的类型影响着政治选择,那么不同年龄群体应具有不同的价值观,所以年龄变量同样与政党偏好息息相关。在那些价值变化尤其快速的国家,假如既有的(available)政党在物质主义/非物质主义维度采取了相反的立场,年龄的预测效力(predictive power)可能会更强。但年龄只是导致政治分裂的暂时基础(transient basis),随着各种价值类型在人口中均匀分布时,这种基础性作用就会消失。像美国这样的国家,年龄和价值类型之间的联系相对较弱,相比于年龄,价值观可能对投票产生更大的影响。

多变量分析结果表明,价值类型本身而非年龄,是构成政治分裂的关键因素。当然,西德似乎是个例外。当我们比较 β 系数的大小时,年龄似乎比价值类型具有更大的影响,尽管在我们调整年龄影响后价值观仍然具有重要的独立影响。在荷兰,当调整年龄变量的影响时,价值观的影响似乎与年龄等同。对于其他 6 个国家而言,价值类型比年龄变量的影响更大。在美国,与价值类型相比,年龄本身是种较弱的解释变量。1972年,年龄变量与投票意向之间显示出比新政以来任何总统大选都要紧密的关系,但这一现象清楚地反映出 1972 年大选中价值观的两极化而非生命周期效应。

表 9.1 包含了其他一些新发现。我们不会试图去评论所有的发现。为了总结上述分析中出现的模型,我们需要根据对投票行为影响最为深刻的政治分裂类型对 8 个国家进行归类。

在任何国家,父母的政党偏好都是一个关键的影响因素。它们极其重要,但由于这一因素无处不在,反而不利于我们对样本国家进行区分。而且,它们构成了一种延续过去的力量。只要我们的兴趣在于变化,我们就必须关注其他的变量——那些在特定时期不如家庭传统强有力的影响因素,但从长远来看,却可能导致深刻的变化。因此,我们的类型学(typology)是基于某些其他变量,大致分为三类:工业社会变量、前工业社会变量和后工业社会变量。

表 9.2 中归纳了三组变量中每种变量的重要性。该表中欧共体国家的数据来自 1973 年调查。我们继续使用本章前面使用的多变量分析,但以新的数据作为基础。有两个时间点的分析结果是相似的——事实上,两者几乎可以互换。美国和瑞士的数据,仍然来自 1972 年和 1973 年调查。

工业社会政治分裂(Industrial cleavage)的传统模式仍占主导地位的国家是英国和荷兰。在那里,前工业社会变量扮演着次要角色;而后工业社会的影响则微不足道。

表9.2 11个国家关于投票行为的左翼—右翼分野的预测(1972—1973 年)

(最强的 5 个预测工具,按 MCA 分析的 β 系数的强度排序)

作为预测工具的排序	Ⅰ.对于前工业变量,价值类型排第二;但对于工业变量,价值类型超过任何其他变量			
	美 国	法 国	意大利	荷 兰
第 一	种 族	参加教会活动的频率	参加教会活动的频率	参加教会活动的频率
第 二	价 值	价 值	价 值	价 值
第 三	宗教信仰	一家之主的职业	工会成员身份	收 入
第 四	年 龄	经济上的满意度	地 区	受教育程度
第 五	地 区	收 入	年 龄	经济上的满意度

排序	Ⅱ.价值类型的重要性排第三					
	对于工业社会的政治分裂		对于后工业社会的政治分裂			
	英 国	丹 麦	西 德	爱尔兰	比利时	瑞 士
第一	工会成员身份	一家之主的职业	参加教会活动的频率	地 区	参加教会活动的频率	参加教会活动的频率
第二	地 区	参加教会活动的频率	一家之主的职业	参加教会活动的频率	宗教信仰	一家之主的职业
第三	经济上的满意度	受教育程度	宗教信仰	价 值	地 区	宗教信仰
第四	宗教信仰	所在城镇规模	年 龄	年 龄	价 值	工会成员身份
第五	价 值	收 入	地 区	经济上的满意度	工 会	价 值

在其他所有的国家中,前工业社会政治分裂——在许多情况下,后工业社会政治分裂同样如此——在我们所有的社会阶层指标中居于首位。如果仅是根据本领域的很多文献来判断,人们可能难以预想到这一发现。有无可能由某些其他经济变量来提供更强有力的预测工具? 也许能。戴维·R.西格尔和戴维·诺克(David R.Segal and David Knoke)研究发现,相比于一个人在信用市场或商品市场中的地位而言,其职业类型与政党偏好之间的关系要更弱一些:在一种信用与消费者导向(credit-and con-sumer-oriented)的经济中,这些市场会比个人与生产工具的关系重要得多。[4]因此,其他社会阶层指标也许能提供更强有力的关于政治行为的预测。但它们似乎不太可能大幅度地(by any wide margin)增强工业社会

政治分裂变量的解释力,因为西格尔和诺克发现,经济阶层的任何指标都不可能像宗教、种族或地区那样提供政党选择的预测。在我们分析过的国家中,前工业社会政治分裂甚至在今天都主导着政治局势。在大多数的案例中,前工业社会的影响足以巩固而不是抵消(neutralize)来自父母的暗示(cues)。但对于后工业社会变量而言,事实并非完全如此。

然而,在所有国家中,有一种后工业社会政治分裂形式具有重要的影响。在西德、瑞士、爱尔兰和比利时(基于传统左翼—右翼视角的分析),个人价值偏好的影响比前工业社会和工业社会变量都要微弱。在我们基于体制内政党与反体制政党(anti-system)二分法对比利时的补充性分析中,价值观指标排在首位。如果我们在反体制右翼和反体制左翼的二分法基础之上对意大利的数据进行分析,会出现某种相似的结果(我们之所以没有这样做,是因为受访者的人数较少)。在意大利、荷兰、法国和美国,后工业社会变量排在第二,低于前工业社会变量,但排在工业社会阶层冲突指标之前。在美国,个人的价值类型对其投票行为具有决定性影响:尽管根深蒂固的政党忠诚塑造着整个国家,价值观变量紧紧排在种族变量之后。在法国,价值观对政党忠诚的影响最为显著。1970—1971年的数据证明了这一点。宗教、价值观与选举意愿的关系基本相同。但前者反映的是过去的政治,而后者则与当前问题相关,以至于当我们控制父母偏好时,价值类型被证明更加重要。然而,1973年的数据不允许我们运用那些控制变量。

我们早期的发现表明经济安全和人身安全会导致选民中的后物质主义者数量的提升。正如我们之前所看到的,后物质主义者往往会投票给左翼政党。这难道就意味着经济增长可自发而无休止地提高为左翼政党投票的百分比吗?当然不是。即使政党认同与个人投票行为之间相关系数为1.00,价值观和投票之间的关系不像政党认同和投票之间的关系那么直接,也不可能。证据显示,价值偏好对选民行为具有重要影响,但这一事实只有在特定政党某次选举的背景下,才能够理解。价值的重新分配本身可能会刺激某个特定国家的政党及其候选人为回应新的压力而改变自己的立场。这甚至重新定义了左翼和右翼的含义(或政党领域的其他维度)。

美国 1972 年的总统大选就是一个例证。在这一年,投向"左翼"的选票减少到历史最低点。然而,这显然是由于民主党内部的分裂而导致的,而这种分裂与新型价值观日益增长的影响有关。在一项富有洞察力的关于此次选举涉及的各方力量的分析中,沃伦·E.米勒和特雷莎·E.莱维廷(Warren E.Miller and Teresa E.Levitin)指出,在 1972 年,即使美国公众的选票迅速转向右翼政党并制造了尼克松式的大溃败(Nixon land-slide),选民潜在的政治价值观还是转向了左翼。由于代际变迁,在黑人争取平等、女性在社会中的地位、对穷人的社会责任和干预越南(inter-vention in Vietnam)等关键问题上,美国选民逐渐变得更加自由。米勒和莱维廷总结道,"流行的观点认为,选民要么不会回应,要么至多对价值观和新政的问题做出保守的反应,本书要指出的事实正好相反,即在 1970 年和 1972 年之间,公众的感情以支持新政和新左派话题的方式迅速转向了左翼政党。"[5]

1972 年大选的结果似乎反映出民主党候选人一系列战略性错误而非美国民众意识形态的转型。图 9.1 显示了正在发生的事情了。该图基于竞选中争论最为激烈的议题之一,即关于干预越南议题的鹰鸽博弈(hawk versus dove),但该图中显示的模型同样适用于其他关键议题。从公众的视角来看,1968 年至 1972 年间,尼克松总统在越南问题上的立场几乎没有任何变化。但是,美国公众的总体态度适时地逐渐由鹰派一方转向了位于中间立场的鸽派一方。这种局面本来对麦戈文有利。但麦戈文自己的立场(公众所感知到的)是鸽派极端主义的,相比于尼克松而言,与中间选民的立场有很大不同。大选结果(在各种关键议题方面)最终压倒性地偏向了尼克松。

大选提供了在就一系列与价值偏好相关的议题方面持不同立场的候选人之间作出选择的机会。但这一选择使后物质主义者陷入不必要的泥淖。

表 9.2 显示的是所有 10 个国家中,在其中的 8 个国家,个人的价值偏好对投票行为具有非常显著的独立影响。这种影响因受制于现存制度和精英策略而在各个国家表现各异。

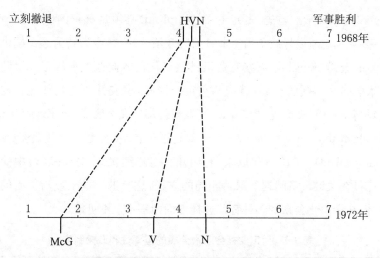

**图 9.1 普通美国选民感知的 1968 年和 1972 年普通选民和
两位总统候选人的议题立场**

指数"V"表示的是美国公众在越战政策偏好上的自我定位,其范围从支持
"立刻撤退"到支持达成"军事胜利"的目标。指数"N"表示的是对尼克松的偏好
定位,"H"表示的是对汉弗莱的偏好定位,"McG"表示的是对麦戈文的偏好定位。
改编自 Miller,Miller,Raine and Brown,同前引。

价值观变化对投票行为的影响至少受制于以下四种因素:

1. 对现有政党的认同感的广度与深度。

2. 老牌政党的领袖们就当代突出的政治议题采取的立场。如果这些
立场的变化不那么明显,则公众的价值观就与其无关。

3. 该政治体系中政党的数目。作为规则,新的政治力量更容易操控
小党而非大党。多个政党并存为特定意识形态的表达提供了更多的切入
点(entry-points)。

4. 特定国家的经济发展水平、速度及其价值观的变迁。

表 9.3 根据个人的价值偏好,总结了政党制度和选票分化程度之间
的关系。正如我们所看到的,年复一年的精英政策的变化在很大程度上
影响着这一结果。然而,在 20 世纪 70 年代早期,存在一种明显的总趋
势,即价值偏好对公众在"两党"(或两个半政党)制度中的投票行为有着
相对适中的影响;哪里价值观的影响越强烈,哪里往往党派众多。然而,
多党制不会沿着后工业社会主线(Post-Industrial lines)自发地再度极化

（repolarization）。首先，多元主义（pluralism）必须是真正的（genuine）多元：多党制之所以导致了后工业社会的政治分裂，是因为它为选民提供了更多的选择——因此，某些有资格且值得信任的候选人在后工业议题方面采取与众不同的立场，就成为可能。当然，事实并非总是如此。在瑞士，尽管存在很多政党，但多元主义表现得却不那么明显（there is far less pluralism than meets the eye）。最重要的 5 个政党组建了执政联盟（governing cartel），自 1943 年以来，它们几乎是连续执政。这一联盟中的各个成员在关键政策问题上保持相同的立场，这有助于瑞士政治生活的稳定，但在最大化公众的多种替代选择方面则基本上不可能。

表 9.3　后工业社会政治分裂的重要性和政党制度

因价值不同造成的投票两极分化程度高，1972—1973 年		
法　国	多党制(7)ᵃ	始于 1958 年
意大利	多党制(7)	始于 1946 年
荷　兰	多党制(14)	始于战前，但 1967 年后其中的宗教政党衰落明显
美　国	两个半政党体制	始于 1860 年代；其中，民主党中的左翼发展始于 1972 年
因价值不同造成的投票两极分化程度低，1972—1973 年		
英　国	两个半政党体制	始于战前
西　德	两个半政党体制	始于 1949 年；1966—1969 年间走向大联盟
爱尔兰	两个半政党体制	始于战前
卢森堡	多党制(4)	始于战前
丹　麦	多党制(5)	始于战前
比利时	多党制(7)	直到 1958 年还是两个半政党体制，后被少数民族民族主义党推翻；后者没有被按左翼—右翼编码，但由于个人价值偏好不同而严重地两极分化
瑞　士	多党制(11)	理论上的。实际上，自 1943 年以来一直被相同的政党联盟所统治

注：a 政党的数量显示在括号中。

　　然而，这不单单是为公众提供更多选择的问题。公众还必须能够对新的选择作出回应。只要他们提前服从于既定的政党，提出不同的政策建议可能只是徒劳。因此，就像表 9.3 显示的那样，相比于长期稳定的政党制度而言，价值观对新型政党制度的影响更为深远。

　　美国则是个例外。其"两党"制具有异常深刻的历史根基,然而,在1972 年,由于价值类型的不同,美国公众呈现出高度的两极化。这说明了一个事实,即我们不能仅仅依据主要政党的数目及其年限来解释某个国家的政治生活。毫无疑问,它们都是相当重要的因素,但某些政党领袖的战略同样不能忽视。

　　总的来说,我们可以预期,长期稳定且根深蒂固的政党制度(如英国和美国的政党制度)有能力对抗我们上述的再结盟过程(process of realignment)。同理,正在经历经济和社会迅速变化的国家相比于那些发展停滞的国家而言,将经历更加迅速的再结盟过程。最终,那些老牌政党(established parties)对后工业社会议题持反对立场的国家,相比于那些这一维度违背老牌政党路线的国家,将更快地经历基于阶级的结盟(alignment)向基于价值的结盟的转变。在我们研究的国家中,英国最接近于我们所描述的所有条件都有利于缓慢改组的完美类型。对老牌政党的忠诚具有深厚的历史根基,经济增长与价值变迁的速度相对较慢,并且拥有在重要政治议题中持相似的中间立场的两个主要政党。[6]在所有四个方面,法国最接近反面的理想主义典型。而且有趣的是,就价值与政党选择的关系问题而言,这两个国家代表了两种极端形态。

　　价值观的影响因结构和战略限制而有所调整。但在这些限制中,变动中的价值偏好似乎正逐渐重塑着发达工业社会政治冲突的社会基础。

注　释

　　1. 对 AID 分析的更完整描述,参见 John A.Sonquist and James N.Morgan, *The Detection of Interaction Effects*(Ann Arbor: Institute for Social Research, 1964)。

　　2. 关于这一问题文献的精彩解释,参见 David R.Segal, *Society and Politics: Uniformity and Diversity in Modern Democracy*(Glenview, Ill.; Scott, Foresman, 1974), pp.91-97。

　　3. 参见 John A.Sonquist, *Multivariate Model Building: The Validation of a Search Strategy*(Ann Arbor: Institute for Social Research, 1970)。

　　4. 参见 David R.Segal and David Knoke, "Political Partisanship: Its Social and Economic Bases in the United States," *American Journal of Economics and Sociology*, 29, 3(July, 1970), pp.253-262。

5. 引自 Warren E.Miller and Teresa E.Levitin, *The New Liberals: Political Leadership and Generational Change in American Politics* (Cambridge, Mass.: Winthrop, 1976), Introduction。参见 Arthur H.Miller et al., "A Majority Party in Disarray: Policy Polarization in the 1972 Election," *American Political Science Review*, 70, 3(September, 1976), pp.753-778。

6. 共同市场成员国身份问题多少有些例外：工党在某种程度上反对成员国身份，在这一议题上存在分歧；但自 1975 年以来，两个主要政党都正式支持成员国身份。

第十章
后物质主义现象

　　一种新型政治在 20 世纪 60 年代遍及先进工业社会。它并非没有历史先例，但与既有的模式相比，其显著的变化表现为两个方面。首先，它强调新的问题（事实上，它似乎以一种令人感到困惑的方式为分析社会提供了一种新的视角）；其次，它还反映出抗议运动（protest）的社会基础发生了变化。

　　中等富裕阶层走向抗议运动。在相当大的程度上，这一阶层呼吁改变的动因不再是经济上的被剥削，而是经济上的富裕。在高度繁荣的时期出现新型的抗议运动，这不仅仅是巧合。经济崩溃曾经催生了 20 世纪 30 年代的左翼，但长时期的富裕与人身安全，却又导致了 60 年代末 70 年代初新左派的产生。这股抗议浪潮在 70 年代中期有所减弱；具有讽刺意味的是，在经济萎缩时期，政治却相对平静。在这里，英国则是一个明显的例外——在学生抗议运动浪潮中该国一直保持稳定，但到了 70 年代，阶层对峙的政治却迅速地死灰复燃。

　　本章将回顾 60 年代末 70 年代初的政治。我们将使用最方便的分析样本，如美国。但美国的政治动荡（upheavals）绝不是独一无二的。人们可以发现，无论事关战争还是种族冲突，美国与其他国家存在着惊人的相似。我们的目标是将普遍模式与特定时空内独有的现象加以区分。为了实现这一目标，考察其他先进工业社会发生的事件将会大有帮助。通过研究特定国家发生的历史事件，我们可能会发现某些共同起作用的力量。

　　为了探讨我们的基本问题，法国的案例似乎尤其有效。有一种反复多次且在多个国家如美国或西德得以扩散和传播的进程,那就是法国发生的短暂但异常激烈的危机。法国公众的注意力聚焦于新政策带来的诸多问题。在危机达到顶点时,法国似乎处于内战的边缘。沿着这条新的主线,法国公众的态度被分化为两种趋势:深刻反思(soul-searching)和再次极化(re-polarization)。

下面,我们试图重新探索这个时代在不远的过去的公众气氛以及所发生的一些重大事件。

一、美国和西德的新政治

1968 年的美国总统大选的前奏是一场壮观且暴力的大戏,其中要求激进改革的运动是由参议员尤金·麦卡锡领导的。他的团队(troops)大部分是由高级的中产阶级的年轻成员,尤其是大学生组成。尽管反对派(insurgent)在芝加哥民主党代表大会上卷土重来,但这只是在他们策划了一系列足以使政府首脑(Chief Executive)事实上辞职(abdication)的打击之后。

四年后,一个规模更大且很相似的联盟走得更远——它实际上控制了民主党的总统提名。通过采用新的战术,起用年轻的受过良好教育的激进分子,从经验老到的老板和掮客(bosses and kingmakers)手中攫取了对这个国家最大政党的控制权,这些老板和掮客中的许多人在其主要对手出生前就已执掌权力。在随后的选举中,共和党候选人取得了压倒性的胜利,而对许多麦戈文主义者(McGovernites)而言则是理想的幻灭(disillusionment)。然而,他们已经一鸣惊人。与先前的模式相比,大选结果显示出了深刻的变化。

一方面,年龄成为政治分裂的重要基础。正如罗伯特·阿克塞尔罗德(Robert Axelrod)所言,"那些之前不从属于任何结盟的年轻人,成为1972 年民主党结盟的主要来源。自 1952 年以来的每次大选中,年龄在 30 岁以下支持民主党的人数只占 13% 到 15%,但在 1972 年的大选中,他们占据了民主党选票的 32%……就忠诚度而言,自 1952 年以来,亲民主党(pro-Democratic)比例从未超过 3%,但到 1972 年,则提高到了 12%。"[1]

另一种变化则发生在 1968 年至 1972 年之间,事关社会阶层的地位。利普塞特提供的令人印象深刻的文献证明了一个事实,即在 20 世纪 40 年代和 50 年代,低收入群体往往会投票给左翼政党,而较高收入群体主要投票给右翼政党[2]。同样,奥尔福德也提出证据,认为,在那些说英语的民主国家,体力劳动者相比于其他非体力劳动者更愿意投票给左翼政党:1952 年到 1962 年,美国民众的阶层投票(class-voting)指数平均为 +16。[3]

1968 年总统竞选中出现的第三方(third-party)候选人可以说是保守的,甚至是反动的。从南部发家的乔治·华莱士(George Wallace),建立起了其北部拥有者基地,而这样的候选人在 20 世纪的历史上是空前的——在那段时间,他制造的威胁在于,他从民主党选民那里得到的选票,竟然与民主党正式候选人持平。他获得南部地区支持可以被视为理所应当,因为这是基于传统,但华莱士对北部地区的进犯(inroads)则是基于他主张"法律和秩序"的坚定立场。在某种意义上,他是既有秩序的捍卫者,但他获得的支持并非来自经济上最享有特权的阶层,而主要来自白人工人阶级。此次竞选期间获得的调查数据显示了阶层投票的下降趋势。尽管工会付出艰苦的努力,在竞选结束前把大量的工会成员拉回到汉弗莱(Humphrey)的阵营中,但这一群体为民主党投票的比例却是新政以来的历史最低点。[4]民主党丢失的选票大多被投给了乔治·华莱士。阶层投票指数下降了 4 个百分点,从 1964 年的 +15 降到了 1968 年的 +11。[5]

华莱士的竞选以 1972 年的暗杀未遂(an attempted assassination)而宣告失败,但他的支持者并未折回到民主党阵营之中。在 1972 年,议题的影响力要强于对老牌政党忠诚度的影响,这是美国政局中的一种异常现象;华莱士的大多数支持者转而支持共和党候选人。[6]阶层投票指数比 1968 年的水平下降了 3 个百分点[7]。

显然,事关美国 1968 年和 1972 年美国总统大选的一些最重要的因素是美国所独有的(nation-specific)——尤其是涉及越南战争和民权抗争时。[8]其他的西方国家没有处于战争,且不存在美国那种程度的种族异质性(racial heterogeneity)。然而,有证据表明,这时期美国政治中的这一重要组成部分,也正是经济发达社会普遍存在的现象。其抗议运动的动态变化与西德、法国和其他西方国家相似。

与此同时,西德那些主要来自中产阶级家庭的高中生和大学生,也表现出与美国学生相似的行为。在 1968 年对 2 500 个 17—26 岁的男学生进行的调查中,只有 32% 的受访学生宣称自己对当前西德的政党制度感到满意,60% 的学生认为他们会为其他政党投票;超出 1/3 的学生回答他们会投票给社会民主党中的左派,这也是当时存在的唯一一个主要的左翼政党。在所有选民当中领先的政党(基督教民主党),在学生当中,其支持率只排在第三。[9]

尽管学生自身倾向于左翼政党,但西德学生中的激进分子似乎已经偏向了右翼势力(right-wing),这与我们在美国所观察到的现象极为相似。当时,游行示威的学生与警察发生了一系列冲突,最激烈的冲突出现于科隆、不莱梅、纽伦堡和西柏林。这些冲突反映出来的学生抗议对象范围广泛,从保守的斯普林格(Springer)出版帝国到伊朗国王(Shah of Iran)和越南战争。1966 年 11 月,科隆的一次示威游行结束后,只有 8% 的西柏林成年人认为警察对学生游行示威者“过于仁慈”。而 1968 年 2 月的一次调查却显示,已有 15% 的西德成年受访者认为警察对西柏林的学生游行示威者“过于仁慈”。在一系列大规模且极具破坏性的游行示威之后,1968 年 5 月的一次调查显示,32% 的西德成年人感到警察对学生游行示威者“过于仁慈”;34% 的受访者认为警察的做法是正确的;只有 17% 的受访者认为警察“过于残忍”。社会经济地位较高的年轻群体相比于那些年纪较长者和那些低收入群体,对学生的游行示威运动表现出更多的同情。[10]在某些场合,西德工人被制止去攻击那些示威游行的学生。

到了 60 年代后期,新纳粹民族民主党(NPD)制造了一次耸人听闻的选举活动,它在各州选举中赢得了 15% 或 20% 的选票。该政党的崛起似乎受到了学生暴力示威游行活动的鼓动。民族民主党的领导人显然意识到反学生运动(anti-student reaction)是获得支持的有力武器。他们 1969 年的竞选活动直接站在了学生的对立面,他们的口号已经耳熟能详:“安全、法律与秩序”(Sicherheit in Recht und Ordnung)。民族民主党大多数的支持者是工人阶级;传统中产阶级(小商人和手工业者)已有很多代表

(over-represented)，但现代中产阶级（那些大型企业的所有者或被雇佣者）在民族民主党的支持者中则显得不足（under-represented）。[11]

在西德，出于对法西斯主义的重蹈覆辙的惧怕，纳粹时期的教训从未被遗忘。社会民主党致力于避免其内部年轻的社会主义势力和传统基础的支持力量相决裂，且在 1969 年选举之后成功执政。1969 年，民族民主党因离最低门槛尚有 5% 的选票缺口而无法进入国会占据议席，他们获得的支持也逐渐减少。

德国民族民主党和美国乔治·华莱士支持力量的崛起，的确有着惊人的相似；而且，这种相似显然达到了一个新的强度，即 1968 年戴高乐赢得选举。

二、1968 年法国的五月风暴

后物质主义现象在法国表现得异常清晰。从 1965 年到 1972 年末，学生抗议和各种形式的新政治间歇性地爆发于美国、西德、意大利、新西兰、瑞典、日本及大多数的先进工业国家。法国独特的制度与结构似乎在阻止着这些游行示威（manifestation）的发生。但当它们真正发生了，结果则是爆炸式的，足以使整个国家陷入瘫痪。

法国的动乱几乎震惊了每个人。在 1968 年戴高乐就任总统的第一年，他还祝贺法国人民以及他本人，法国（不像它的某些邻国）是平静且稳定的，并将继续保持这种平静与稳定。但是，显然只是楠泰尔一所新大学的学生碰到了一些明显非常微不足道的困难，即涉及男学生能否出入女生宿舍的问题，并没有任何严重的问题。

但在 1968 年的前几个月，学生们开始变得麻烦起来，他们为了召开自己的会议而不惜逃课。3 月，他们直接占领了一座办公大楼。4 月，他们激烈反对一项关于在大学召开反帝国主义会议的倡议，最终导致学校领导决定临时关闭大学。

5 月 3 日，几百名学生齐聚索邦神学院（法国大学体系的枢纽）校园，抗议楠泰尔大学的关闭和 8 名学生运动领袖的被驱逐。警察出动了,斗争爆发,并升级为涉及数千名学生的战斗。接下来几天这场战斗继续。在巴黎的学生居住区,学生占领了公共建筑,并把汽车拖到大街上充当路障。警察猛攻这些路障,但被石头击退;他们不停地进攻,不断地突破,终于通过展示其令公共舆论震惊的武力击垮了学生。一周之内,这场危机波及整个法国。教育联盟和工会组织纷纷谴责政府的"残酷镇压",并号召在 5 月 13 日发起总罢工。

这是法国历史上规模最大的一次罢工。工会组织的领袖们又一次发现自己被其追随者抛在了身后。5 月 14 日,青年工人不满足于象征性的团结(solidarity)姿态,占领了南特市附近的航空工厂,并将管理人员关了起来。在随后的几天内,这一模式被其他几家大工厂效仿,这些工厂也纷纷被占领。5 月 16 日,所有的雷诺工厂都参与了罢工。静坐抗议波及化工和机械工业。火车和地铁停运,邮政陷入瘫痪。到了 5 月的第 3 周,上百万工人参与了罢工。教师、医生、建筑师、政府官员和年轻经理人员也参加了罢工。飞机停运,广播和电视工作者也参与其中。由于交通瘫痪,那些没有参与罢工的人也无法继续工作。法国彻底崩溃了。

但是,这时期涌现了大量的谈话、书籍和宣传册。巴黎被无数鼓动顽强的工人紧握拳头奋力反抗傲慢的资本家和残酷警察的海报以及戴高乐的漫画像所覆盖。没有海报的墙上贴满了宣传标语,其中一些标语引用马克思、列宁或是毛泽东的名言,但很多标语主要还是表达个人对所发生事情的看法:

打破一切禁令(It is forbidden to forbid)。

全世界的百万富翁们团结起来:风向在变(Millionaires of all countries, unite: the wind is changing)。

梦想即现实。

同志们,武装起来!

想象即力量(Imagination to Power)。

夸张即创造的开始(To exaggerate is to begin to invent)。

要的不是电梯,而是权力(Don't take the elevator, take power)。

在 1968 年,要自由即参与(To be free in 1968 is to participate)。

官僚习气就在你身上（The Mandarin is within you）。

我想说但我不知道。

在被占领的大学、工厂和办公大楼，人们就如何重新组织企业或整个社会进行着无休止的争论。在大街上，陌生人之间互相交谈。当政府竭力阻止丹尼尔·科恩—本迪特（Daniel Cohn-Bendit，德籍学生运动领袖，犹太背景）回国时，成百上千的学生聚集到大街上，高呼"我们都是德国犹太人"。空气中弥漫着令人振奋的气息。

但是，这种振兴并非普遍现象。路障把学生封锁在巴黎的学生居住区。学生占领了许多主要的公共建筑，与国家公开对峙；三色旗被降下，代之以象征着革命的红旗或象征着无政府主义（anarchy）的黑旗。人群（runs）挤满了商店和银行。此次危机之后不久进行的一次调查显示，大部分的法国民众认为将会爆发内战。恐惧开始改变着整个社会风气。

工会组织的领导者与政府就某些社会改革的问题达成了一项协议，包括提高14%的工资。5月29日，戴高乐总统消失了6个小时。他在与位于法国东部和西德的法国军事指挥官协商，以确保在紧急状态下他能够得到必要的支持。第二天，他通过广播向法国民众发表了演说，宣称将在6月举行普选。他呼吁人们发起"公民行动"（civic action），并帮助政府对抗颠覆活动和"极权共产主义"（totalitarian communism）。在这次演说之后不久，首次由戴高乐联盟发起的大规模的游行示威活动，走上了巴黎香榭丽大街。6月23日至30日，国民大会选举举行。戴高乐联盟取得了压倒性的胜利。

三、1968 年的法国总统选举结果

1968 年的法国总统选举为研究社会动乱对选民行为的影响提供了难得的机会。上一次国会选举发生在 1967 年；1968 年的选举被视为对 5 月和 6 月出现的社会大动乱的回应，而且它是在这次大动乱之后不久举行的。在很大程度上，法国民众知晓且参与了选举发生前的这场危机。

除了通常涉及的事实本身以外，我们可以将某些特定的事件视作投票转移的可能动因。

其最主要的解释模式就是所谓的延续性。大多数人在 1968 年和 1967 年的选举中把选票投给了同一个政党。然而，在这里，巨大的改变也开始出现。接近 1/5 的选民改变了自己的选择且许多人转向了左翼政党以及右翼政党。这些选举反映了选民的两极分化；但其本质究竟是什么呢？

最初，我们的预期建立在一种那时被普遍接受的模型之上。简言之，我们的假设是，社会中多数被剥夺群体应该最渴望实行激进的变革；相反地，在现存的秩序下掌握着大多数财富的阶层，因为他们有太多将要失去的东西，因此对于社会革命引发的大动乱最为抵制。这一假设使得我们期望得到一种基于阶层这一主线而产生的政治极化，其中，工人阶级为寻求社会变革会转向左翼政党，而中产阶级会偏向于右翼政党，转而支持戴高乐政权和既有秩序。

与 1967 年国会选举后出现的模式相比，1968 年国会选举显示出急剧的变化。选票统计显示，比 1967 年相比，左翼政党丢失了 5% 的选票，民主中心党（the center）失去的选票多于 1/5；与此同时，戴高乐联盟赢得的选票足以使他们占据国会中的多数议席，尽管一年之前他们对国会只具有微弱的控制权。戴高乐主义的胜利归结于部分民主中心党选民（大多为中产阶级）转向了戴高乐主义阵营——这种解释与上文提到的假设相契合：这是社会阶层的极化现象，受惊的资产阶级联手起来反对工人阶级。[12]

分析第二轮投票后不久即进行的调查数据，使上述解读充满疑虑[13]。数据表明，民主中心党支持率的下降，并非由于资产阶级倒向了戴高乐，它此前的支持者倒向左翼政党的数量和倒向右翼政党的数量差不多一样。[14]这有可能掩盖一个事实，即先前大量的极左选民都转向了戴高乐联盟。的确，此前共产主义和社会主义支持者显然主要是支持戴高乐主义而非民主中心党。

在控制年龄变量的条件下，当我们直接验证社会阶层与投票之间的关系时，我们会留下强烈印象，即 1968 年选举主要反映的并非阶层对立。

正如我们在表 10.1 所看到的,相比于其他社会阶层,工人阶级仍更多地将选票投给左翼政党。在某种程度上,这似乎反映出早期社会化的持续影响。甚至到了 1968 年,存在一种明显趋势,即法国人会支持他们的父亲喜欢的政党。但表 10.1 揭示了 1968 年选举的另外一个重要方面:更多的法国工人阶级投票给戴高乐联盟而不是左翼政党!在 20 世纪 60 年代早期工人阶级就开始支持戴高乐联盟这一现象备受关注。比如,多根(Dogan)发现,在 1962 年的全民公决中,将近 40% 的法国工人支持戴高乐主义。[15]然而,将这一事实纳入视线,我们需牢记在那次全民公决中戴高乐赢得了 62% 的选票;工人中的戴高乐主义少数派无疑具有重要作用,但工人阶级在戴高乐主义阵营中仍然代表不足。

表 10.1 依社会阶层和年龄划分的 1968 年为
戴高乐联盟投票与为左翼投票的百分比[a]

	年龄 21—39		年龄 40 +	
工人阶级	50%	(402)	57%	(358)
现代中产阶级	59%	(339)	67%	(264)
传统中产阶级	74%	(58)	85%	(99)
农　民	81%	(142)	78%	(235)
退休,或赋闲			74%	(411)

注:a 在本表以及下面的表中,我们将政党一分为二:戴高乐主义者及其同盟、独立共和党;左翼政党(共产党、左翼及统一社会主义党联盟)。因为给中间派(进步党和现代民主党)的投票含混不清——对其执政既不明确支持也不明确反对,所以支持中间派的数据从百分比中排除了。综合数据来自 Institut Français d'Opinion Publique 的选前调查 D101 以及本人的选后调查。社会阶层分类基于一家之主的职业。

尽管戴高乐联盟的胜利无法与 1962 年的全民公决相提并论,但 1968 年的选举是戴高乐联盟候选人第一次比共产主义者候选人赢得更多工人阶级的选票。戴高乐联盟获得的来自工人的支持在社会阶层冲突普遍存在的当时实属不易。

相反,表 10.1 的另一个重要信息是:左翼政党获得的相对较高的支持来自现代中产阶级。这一支持与年龄息息相关。因此,现代中产阶级中较为年轻的成员将他们的选票投给了左翼政党,就像工人阶级中较为年长的成员曾经为左翼政党投票一样。这并非一个新的发现:在整个 60 年代,人们已经关注到年轻选民不如年长选民那样支持戴高乐主义,但那时年龄变量只具有相对适中的重要性。对 1962 年至 1965 年间所有调查数据的各种分析显示，就支持戴高乐联盟方面而言，最年轻的群体与最年长的群体之间出现了几个百分比的转移。但年龄差异与诸如性别差异（女性比男性更明显偏向于戴高乐联盟）所造成的影响比，就相形见绌了。在 1968 年，年龄是比性别更强有力的投票预测变量——与社会阶层变量的作用等量齐观。当我们把受访者按年龄分成 10 个小组，我们会发现，年龄越大，对戴高乐主义的支持也会稳步上升。在 70 岁至 80 岁这一年龄段，戴高乐联盟的选票优势为 3：1；但在 20 岁至 30 岁这一年龄段，戴高乐联盟只得到了很少的选票。1968 年的危机是一场代际冲突而非阶级冲突。至于投票转移发生的程度，它强调的是前一因素而忽略了后者。

如果将受访者的受教育程度而不是他们从事的职业作为其社会阶层的参照指标，我们会发现，在不同年龄群体之间阶层角色出现了急剧的逆转（见表 10.2）。比较"中产阶级"（根据这种定义方式，是指另外两个受过更多教育的群体）和"工人阶级"，我们会在 40 岁及以上的受访者当中得到一个正的奥尔福德指数 +18——符合传统预期的正常极性（the normal polarity by traditional expectations）。在年轻群体当中，我们将得到一个负值指数。显然，与年龄相关的差异（age-linked differences）不单单是由受教育程度不一导致的。教育的影响在年长群体与年轻群体之间似乎是相反的。

表 10.2　1968 年依教育划分的投票，年龄作为控制变量

（在投票给戴高乐联盟问题上双向分流的百分比）

社会阶层，以受教育程度来标识	年龄 21—39		年龄 40 +	
工人阶级或下等中产阶级（初等或中学教育程度）	53%	(209)	63%	(490)
中产阶级（技术和高中教育程度）	54%	(145)	72%	(117)
上等中产阶级（大学教育程度）	39%	(44)	69%	(35)

回到表 10.1，我们发现，传统中产阶级比现代中产阶级给予左翼政党更少的支持；其中年长的成员只有在阶层冲突加剧时才会为左翼政党投票，他们这样做的目的是为了维护自身利益。但日益壮大的现代中产阶级（尤其是其年轻成员）给予左翼政党更多的支持，因为他们认为法国正处于爆发无产阶级革命的边缘。

　　人们可能认为,现代中产阶级给予左翼政党的支持并没有多大意义,因为直至 1968 年,法国共产党和左翼联盟很少是革命党。我们不会否认这一论断的后半部分:尤其是法国共产党,可能已经获得了一代甚至好几代人(a generation or two earlier)的支持,因为他们承诺了要发动一场俄国式的革命,但到 1968 年,情况则并非如此。共产党和左翼联盟的行为极其节制,它们谴责抗议行为,并且努力避免留下他们将要通过选举之外的手段来夺权的印象。有人可能因此认为,中产阶级成员之所以会投票给两个主要的左翼政党,是因为它们根本上代表的就是保守势力。

　　这一不同看法可通过很多事实加以佐证,它将我们的注意力聚焦于两个群体,即以一种清晰的方式反映着危机动态过程的两个群体。这两个群体中,一方面包括转而支持戴高乐联盟的群体,另一方面,还包括 1968 年投票给统一社会主义党的群体。

　　统一社会主义党是唯一公开支持五月风暴(May Revolt)并支持终结危机的政党。它也为坚持这一立场付出了代价。1967 年投票给统一社会主义党的人,其中的 1/3 在 1968 年的选举中抛弃了它。另一方面,统一社会主义党获得了许多新的票源。1968 年选举中,该政党赢得的选票有一半来自新的支持者。尽管它只赢得了总投票数的 4%,但其选民构成非常有趣,因为比投票给任何政党都要清楚的是,为统一社会主义党投票即意味着对五月风暴投赞成票。

　　因此,非常明显的是,统一社会主义党的选民,1967 年时其中的工人阶级和中产阶级数量几乎相等;但到了 1968 年,中产阶级选民占据了压倒性的优势,而工人阶级的选民减少了将近 1/4。只有很少一部分选民来自其他社会阶层。从 1967 年到 1968 年,统一社会主义党最大的收获来自现代中产阶级中的年轻成员;失去选票最多的则是那些年长的工人。

　　投票转向或者离开戴高乐保卫共和国联盟(UDR),生动地反映了统一社会主义党身上到底发生了什么。保卫共和国联盟在 1968 年赢得了强烈的支持,但该党仍损失了现代中产阶级的年轻成员。关于这方面,1967 年,41% 的 40 岁以下受访者投票给了保卫共和国联盟,然而到了 1968 年,这一百分比降到了 32%。保卫共和国联盟在 1967 年和 1968 年之间从其他群体中获得了大量支持。由于工人阶级规模庞大,他们是戴高乐联盟最重要的票源。

对于那些被称为革命性阶级冲突的事件,其结果总是事与愿违。经济上得利最多的阶层中的年轻群体转而支持革命;工人(中产阶级成分在减少)则成为维持既有秩序的力量。

四、危机的影响:对暴力的恐惧 与对新社会秩序的渴望

就像西德和美国一样,在法国,60年代后期的政治反映了作为抗议运动社会根基的深刻变化。最关键的问题是,不同的社会群体为什么会有上述表现。

1968年的危机引发了两种相对立的社会反应,与上述政党偏好相叠加,这些社会反应导致某些群体转而支持右翼政党或左翼政党。一方面,暴力带来的恐惧广泛迷漫,绝大多数受访者甚至一度认为可能爆发内战。另一方面,某些群体抱有希望,以为五月风暴之后一个更好的社会将会出现。

大量的文章、宣传册和海报充斥着5月和6月。很多是在传播传统的马克思主义或无政府主义术语,同时它们也经常强调参与(participation)这一主题。这一术语(term)的含义得到传播,但对于抗议者而言,它似乎体现了一种高尚的、等级化程度较低的社会秩序,在这一秩序中,决策的达成是建立在温和、面对面的人际沟通的基础上,而不是通过大型官僚组织内在的非人性化和等级制的权威来实现的。

对暴力活动的这些反应显然对选举具有巨大的影响,但我们必须牢记,五月风暴对相当部分民众的影响是正面与积极的。

对暴力的恐惧也同时在扩散。58%的受访者反映,他们一度认为5月和6月的游行示威可能导致内战。这种恐惧与他们的选举行为密切相关。在那些极度害怕内战的受访者中,73%的人投票给了戴高乐联盟,因为戴高乐联盟提倡法律和秩序("改革的合法性"——Pour les Réformes dans la légalité,就像戴高乐联盟的宣传标语指出的那样)。在不惧怕内

战威胁的受访者中,只有31%的人选择了戴高乐联盟。尽管反戴高乐主义的示威者并未使用暴力对付民众,但他们经常提及要"用最后一个官僚的肠子绞杀最后一个资本家"("strangling the last capitalist with the guts of the last bureaucrat")。这仅仅是一种宣传方法,绝大多数的抗议者其本意并非如此,但是很显然,很多年长者当真了。

惧怕内战显然不能被视为亲戴高乐的唯一理论依据,但投票给反对党的大多数选民甚至戴高乐主义的支持者都总是持这种解读。然而,个人的家庭背景似乎形塑着人们对五月风暴的解读。在左翼家庭环境中成长起来的选民相比于那些在右倾家庭长大的人,较少意识到内战的危险。1968 年选举中的投票可以看作两股主要势力的博弈:当前危机引发的恐惧,平衡掉了早期家庭社会化中产生的政治倾向(Political pre-dispositions)。但这两股势力朝着同一方向作用时,选举结果呈现出一边倒(one-sided)的态势(见表 10.3)。在那些声称自己的父亲投票给左翼政党且认为不存在内战危险的受访者中,只有13%的选民选择了右翼政党;而那些声称自己的父亲投票给右翼政党且惧怕战争的受访者绝大多数把选票投给了右翼政党(95%)。那些接受到的暗示含混不清或者承受着多方面压力的受访者,则在中间徘徊。

表 10.3 　依对当前危机的感知和家庭政治传统划分的投票(1968 年)

	父亲—左翼		不知道父亲的偏好		父亲—中间派		父亲—右翼	
危险?——不,不知道	13%	(116)	46%	(193)	42%	(55)	76%	(49)
危险?——是的	48%	(115)	72%	(301)	80%	(96)	95%	(115)

仅是关于这两种变量的认知,就可以使我们很好地预测个人在 1968 年选举中的投票行为。通过比较,我们发现,诸如职业、收入、教育、宗教经历(religious practice)、工会成员身份(trade union membership)和性别这样的标准变量的重要性在逐渐降低(它们引发上述两种变量投票的方差至多为 1/2)。我们沿着因果关系的链条进行深入分析。对爆发内战的恐惧并不一定会导致投票给戴高乐联盟。无论对当前危机的反应如何,作为个人,他首先总是要找出某些与政治相关的结论。但这些都发生时,对爆发内战的恐惧使得许多人将戴高乐视为有能力挽救时局的强人。样

本中的绝大多数受访者一致认为，在 1968 年 6 月的那种氛围中，"法国总是需要一个像戴高乐那样的强有力的领袖以避免灾难"。显然，这种观点与 1968 年的总统选举结果相契合。

工人阶级受访者相对比较多地来自左翼家庭。但是，尽管存在刚才所述的家庭社会化的影响，相比于现代中产阶级，工人阶级的受访者更多地表达了对内战的惧怕。我们怀疑，这一发现可能反映出相比于现代中产阶级，工人阶级对于人身和经济安全具有相对较高的需求。

法国社会的传统部门，如传统的中产阶级和农民，最惧怕战争。传统中产阶级的强烈反应不足为奇：小型企业主尤其不愿意面对国内秩序混乱。而农民同样感到焦虑。大规模的暴力发生在城市中，尤其是巴黎；有人可能认为，农民距战场相对较远，所以他们应该感到相对安全。然而，农村地区的人们可能因被孤立而感到威胁更甚。在危机达顶峰时，农民能够意识到，一场巨大的危机已使法国陷入瘫痪，暴力遭遇可能随时会发生，但他们却无法了解其中细节。各种想象或是流言充斥着他们的头脑——他们显然接受了那些表面上的革命说辞。农村中的大多数选民都惧怕爆发战争，如果说在 1967 年他们还没有准备好的话，那么现在他们更愿意倒向戴高乐主义阵营。

年轻群体相比于年长群体，对内战危险的感知没有那么强烈，只是相对比较适中。这个问题上的年龄差异比实际投票过程中的年龄差异明显要小得多。只有在非常有限的程度上，戴高乐联盟在年轻群体中的低得票率才可归因于他们对 5 月和 6 月所发生事件的危险没有那么强烈的感知。而且，即使在我们控制对内战危险的感知这一变量时，他们较少支持戴高乐联盟的立场仍然继续。年轻的选民不但不太可能从所发生的事情中看到危险之所在，而且他们总是对左翼政党更加热情而不管时局如何。这似乎表明，五月风暴的积极效应对年轻群体具有相对较强的吸引力。

"法国总是需要一个像戴高乐那样的强有力的领袖"，接受或反对这一观点与实际投票行为和家庭背景密切相关，这种相关性超出了对内战危险的认知。那对这一问题的回答是不是使两个最重要的受访者群体在社会阶层地位方面产生了相同的逆转呢？是不是工人阶级成员比现代中产阶级成员更有可能支持这种亲戴高乐的表述呢？回答是肯定的，正如

表10.4所显示的那样。如果仅仅基于此种态度进行投票,而不受传统的政党忠诚的限制,我们会得出一个明显的关于阶层投票的负值指数而非实际存在的正值指数。在法国工人阶级对五月风暴的反应中,他们选择了现代中产阶级(或者是整个中产阶级)中的右翼政党,而中产阶级压倒性地支持既有秩序。退休人员和农民(farm populations)再一次选择了右翼政党。相反地,中产阶级则不同于其传统的政治行为,他们更少地站在戴高乐联盟的立场。为了理解这些发现,我们必须考察参与五月风暴的心理回报。

表10.4 依职业划分的对陈述"为避免失序法国将永远需要一个像戴高乐一样的领导人"赞同的情况

(答案中说"同意""非常同意"的百分比)

现代中产阶级	57%	(472)	阶层投票指数＝－7
工人阶级	64%	(615)	
传统中产阶级	65%	(113)	
退　休	73%	(299)	
农　民	79%	(262)	

1968年罢工与游行示威活动的参与范围极其广泛,绝不仅仅局限于学生和工人:足有20%的受访者声称自己参加过某些形式的抗议活动。尽管工人是最重要的抗议群体,大量年轻的管理者、专业技术人员和白领雇员都被卷入运动的狂热中。那些参与到五月抗议活动中的人普遍感到的回报感就是某种直接的人际沟通和团结。那些参与者最经常回忆的一个事实就是,"人们相互交谈"。突然,隔阂被打破,工人们成为了工厂的主人,员工与老板平等交谈,公交车上陌生人之间互相谈话。在短时期内,人们感觉到某些前所未有的事情发生了,世界从此将会变得不一样。这股狂热在现代社会的年轻成员中表现得最为强烈——这些部门在提供最大经济安全的同时又是最官僚化的。毫无征兆地,籍籍无名之辈都成为了人民(anonymous numbers had become people)。

对五月风暴的支持先是来自现代部门的两个主要群体:中产阶级和产业工人阶级。但这两个群体显然受不同的价值所驱动。对于那些被认定为会采取某种行动反抗政府的人,我们会问,"您希望得到什么?"我们要求受访者从12种可能的目标中选出3种答案,这12种可能的目标是从一次开放式的预测试中选取的。我们试图包含大量（根据其表面内容）似乎是探究涉及有限经济报酬的动机的选项，还有大量选项涉及某种彻底重建社会的想法，因此这些选项可能涉及的是归属和表达需求动机，而非工具性动机。

62%的工人阶级受访者（N＝205）仅仅说出了几项经济目标——排在前四位的选择是"更高的工资"、"工作安全"、取消"对社会保障的改变"以及降低"退休年龄"。对于同样的问题，只有30%的中产阶级受访者在既定范围内说明了原因；他们中大多数选择的是混合答案，但16%的中产阶级受访者给出的答案是希望政治或社会经济的激进变革（只有2%的工人阶级受访者选择了同样的答案）。我们将以下选择视为"激进的"："政府和政治的变更"，对"工人和学生运动"的支持，"参与企业的管理和决策"，"资本主义的终结"（按照这种顺序排列）。总的来说，中产阶级参与者选择"激进"原因的平均分值为1.15（N＝168）；对于工人阶级来说，平均数则是0.51（N＝205）。[16]

同样地，在参与者中，年轻群体和年长群体的动机也存在差异：年轻群体相比于年长群体更有可能选择"激进"动机或表达（expressive）动机。

当我们控制年龄和一家之主的职业变量时，出现了一个有规律的级数（progression）。中产阶级中的年轻群体最具有"激进"倾向，工人阶级中的年轻受访者比他们的前辈更"激进"。但是，即使年长的中产阶级参与者也比年轻的工人阶级受访者更易受到"激进"因素的鼓动；而且，在年长的工人中，几乎没有人选择"激进"动机（见表10.5）。

表 10.5　依年龄与职业划分的为保卫参与权提出"激进"理由的平均数

（只针对参与者）

不同年龄群体	工人阶级		中产阶级	
青少年	0.78	(32)	1.34	(32)
20 多岁	0.60	(57)	1.25	(69)
30 多岁	0.35	(48)	1.06	(49)
40 多岁	0.32	(28)	0.96	(26)
50 多岁	0.60	(30)	0.93	(14)
60 岁 +	0.10	(10)	0.89	(10)

投票转移发生时,有人可能认为,参与不同的抗议活动本身与从戴高乐联盟转向其他对立政党存在关联。(1)积极参与,可使个人与带有强烈的反戴高乐情绪的其他群体成员相互交流。(2)它提供了紧密的群体互动和强烈的归属感。可能由于这种心理上的支撑,相比于那些未参与者(non-participants),参与者不太可能意识到内战的危险。[17] 这些抗议活动对那些具有中产阶级家庭背景的抗议者的影响比对工人阶级抗议者的影响更大。那些在 1967 年基础上发生了投票转移的中产阶级参与者,在1968 年转向左翼政党的比例是 3∶1(three-to-one margin)。即使受到了抗议活动的影响,工人阶级参与者中也只有很小部分转向了左翼政党。参与抗议活动的心理回报(psychological rewards)对他们而言显然无关紧要,他们在意的是五月风暴的负面效应。

同样的模式适用于分析不同年龄群体参与者所受到的影响。年轻的参与者(40 岁以下)倒向了戴高乐联盟,即使他们在某个时间段内参与了抗议活动。

因此,不仅参与五月风暴的动机因年龄和阶层而有所不同,参与的结果也形成了鲜明对照(revealing contrast)。当事态的发展超出年长群体和工人阶级支持这项运动的最初目标时,他们会转而站在这项运动的对立面;另一方面,年轻的中产阶级在整个危机过程中都保持着自己的支持立场,甚至在大选过程中仍然支持运动。

基于其潜在的不同价值倾向,学生激进分子和工人阶级结盟的命运是注定的——更主要的原因是学生领袖往往会将花言巧语(rhetoric)与现实相混淆。本迪特说道,"消费者社会应当死于非命"(deserves to die a violent death),"我们拒绝一个以无趣换取免于饿死的世界。"(the certainty of not dying of hunger is gained at the risk of dying of boredom)[18] 但对于罢工工人尤其是那些年长者而言,不能确定挨饿的危险永远消除了。消费社会才刚刚到来,而且它的确具有吸引力。

在五月风暴的早期,公共舆论给予学生抗议者以绝对的支持。[19] 5 月10 日夜晚之后,当抗议者在拉丁区(Latin Quarter)设置路障,导致大范围的财产损害并大量焚烧汽车时,这种状况迅速恶化。对于学生激进分子而言,焚烧雷诺和雪铁龙是一种能够引人注目的姿态,并非毁灭任何有实际价值的东西。但事实是,仅仅在这 10 年前,将近一半的法国工人才第一次拥有了自己的汽车,对于工人而言,这是一种令人震惊且荒唐的行为。我们的调查显示,到大选时,大多数的法国民众不再支持学生运动,尽管仍有多数民众继续支持相对有序的工会游行示威活动。[20]

抗议运动一开始博得了法国社会广泛的同情,但由于代际及阶层分化的存在,这一运动面临分裂。现代中产阶级中的年轻成员更易被"参与"理论所吸引,而工人则对传统经济回报更感兴趣。当事态的发展威胁到近期的经济收入时,他们会毫不犹豫地撤回他们的支持,其中很多人,尤其是年长者,就会作出亲戴高乐的反应。

然而,尽管他们将大多数戴高乐联盟成员送进了国民大会,但只有少数的法国选民对戴高乐的政策感到满意。我们的受访者被问及,"对于戴高乐将军过去几年的政策您是否感到满意?"只有 45% 的受访者给出肯定的回答;仍有 65% 的受访者认可下列说法:"法国总是需要一个像戴高乐那样的强有力的领袖以避免失序。"一个并不赞同戴高乐政策的重要的中间派团体(即使在他刚刚带领法国走出这场危机之后),认为就对抗国内暴力而言,选择戴高乐是必要的。我们似乎可以这样认为,1968 年抗议者的极端行为拯救了戴高乐。法国政治再一次变得摇摆不定:从不满意,到反抗,到革命狂热,到恐惧,最后又回到独裁统治。这一次,这些事件被压缩成一段 2 个月的历史。

与戴高乐(有时貌似会失去对时局的控制)相比,蓬皮杜在这场危机中表现得非常冷静,他因与戴高乐的竞争在政府中获得了威望,其民意(公众民意调查得出)甚至高于戴高乐。而戴高乐将军的对策非常清楚:蓬皮杜必须走人。在帮助戴高乐赢得选举之后,蓬皮杜便辞职了。

此前的两年,戴高乐的许多举措与法国公众的普遍立场背道而驰。他对于阿以冲突的态度,他在核独立打击力量(force de frappe)方面的支出,他擅自退出北大西洋公约组织(NATO),他的社会保障政策,他对英国进入共同市场的反对,他的"自由魁北克"(Quebec Libre)口号,这些都导致了法国大多数公众的怨恨和懊恼。然而,只要戴高乐的独裁力量能够继续维持法国民众更为重视的超出政治和经济稳定之外的价值,他的支持度在总体上总是能够保持较高水平。1968 年的五月风暴说明,即使戴高乐不能为法国民众提供这些东西,(另一方面)其他的领导人可能也会这样做。

戴高乐作为法国不可缺少的人已经失去了他的独裁统治。到 1969年 4 月,当戴高乐提议全民公决时,恐惧的氛围已经基本上烟消云散了。这一次,已不再是在戴高乐与革命之间作出抉择,而是在戴高乐和某些温和的继承者之间作出选择。少数至关重要的选民改变了自己的立场,戴高乐的时代于是结束了。[21]

五、结　　论

1968 年的法国危机催生了大量而丰富的著作。为了阐明多样化的观点,我们为 8 种不同的解释简单设置了一个创造性的分类。[22]因此,五月风暴可被视为:(1)法国共产党或左翼分裂群体(Left-wing splinter groups)一次失败的颠覆活动(an abortive takeover);或是由美国中央情报局煽动的反戴高乐主义的军事政变。(2)由于机构膨胀和高等教育体制僵化引发的大学危机;或学生处于社会的边缘地带;或日益萎缩的就业市场中对经济复苏的期望下降。(3)青春叛逆的大爆发——动机可能是杀父的冲动(the desire to murder the father),或者大型的心理剧(psy-chodrama)。(4)文明的危机;对特定社会类型的反抗。(5)"专业人士"(professionals)与"技术官僚"(technocrats)之间一种新型的阶层冲突。(6)传统的阶级冲突。(7)由第五共和国的政治制度诱发的一场政治危机;或是左翼政党因别无选择而引发的政治危机。(8)或多或少都是偶然发生的事件。

接连不断出版的文献提供了更多的解释,其中某些解释似乎值得借鉴。[23]我们不试图对这些分析进行评价,我们的目的不是为这场危机提供一个确定的解释。反之,我们希望关注的是这一事件的某个拥有广泛关联的组成要素。

60 年代后期美国、西德和法国政治具有某些相同点:(1)倡导一种以中产阶级而非工人阶级为基础的社会变革；(2)年龄分化变得与社会阶层分化同等重要；(3)非经济问题日益突出。

这些特征是相互关联的。在长期持续不间断的经济增长之后，政治分裂的主轴(principal axis)开始由经济问题转向了生活方式的问题，从热衷于保持稳定到对实现变革感兴趣。根据收益递减规律，经济报酬对于那些未曾经历过残酷经济剥削的社会变得相对次要。[24]这一转变可从不同方式得到解释。比如，多伊奇将人看作一种寻求目标的生物，一旦他在某一目标上获得了满足，就会将注意力转向新的目标类型。[25]很显然，对社会中部分群体(尽管仍然是一小部分)而言，经济报酬似乎不再是最迫切的追求了。

结果转而强调新的政治目标，这就是所谓的后物质主义现象。对感到经济安全的年轻群体而言，新的目标被提上日程。他们对工业社会固有的去人性化趋势发起挑战；这是一场同时面向国内和国际政治领域等级关系的战斗。

这并不是说，冗杂的、过时的和刻板的大学机构不是其中一个因素——或者说，工人阶级的生活质量、社会不公正或越南战争的残忍在这个问题上并不重要。相反，这是抗议运动直接针对的实际病症。然而，我们的分析集于另一层面的因果联系：那些使得特定群体对上述问题过于敏感的长期力量。

在我们这里探讨的3个国家中(某些其他国家同样如此)，后物质主义现象最终导致的是物质主义固有的反应，即拥护呼吁激进的社会变革并使得后物质主义者感到失败与沮丧。至少在当前，物质主义观念仍然是最为广泛的。

利普塞特曾指出，中产阶级成员的减少为反动运动提供了基础。他引用的依据是，魏玛共和国时期纳粹党早期的力量来源于小商人；50年代，法国的布热德主义和美国的麦卡锡主义，都被描述为吸纳了大量的此类支持。[26]

但是(正如利普塞特强调的那样)，区分传统中产阶级(自雇手工业者和小商人)和现代中产阶级(大型企业中从事非体力劳动的人以及服务于现代社会部门的专业技术人员)非常重要。在发展的早期阶段，工匠和店主是中产阶级的主要组成部分。但现如今，在现代化经济中，中产阶级则主要来自其他群体。相比于传统中产阶级，他们不但拥有较高的教育水平、收入和社会地位，而且其政治行为发生了显著的变化。传统中产阶级似乎保留着一种原本属于"资产阶级的"保护产权和秩序的理念。在维持现存秩序方面，存在着一种高度个人化且脆弱的利害关系（stake）。如果通用汽车制造厂被毁了，通用公司的经理不可能直接遭受灾难；但如果一间小店铺被毁坏了，它可能就再也不能重开。另一方面，通用公司经理角色的抽象且官僚化的特征，使得他成为了具体的面对面的现实世界中传统中产阶级那些不太重要的不满情绪的牺牲品。

传统中产阶级可能仍具有潜在的反动性，但其人数不断缩减，使得任何规模的旨在捍卫现存秩序的运动都不得不吸引工人阶级的参与。与此同时，大量的体力劳动者都从现存秩序中获益，让他们形成一种"资产阶级"心理已成为可能。另一方面，现代中产阶级也显示出不再那么关注保护财产和秩序的特征了。在未来，中产阶级的激进主义将会在诸如60年代后期而非50年代初期的麦卡锡主义现象中，再次证明自己。

在60年代后期，旧政与新政以一种令人困惑的方式混杂在一起。后物质主义者将自己视为左翼，但他们是一种与旧政并不总是保持一致的新左翼。在法国，政治事件发生的形式与德国或美国有着很大的差异。这场危机的爆发更急促且更猛烈，之所以会如此猛烈，原因在于，在法国，在危机的早期阶段，工人参与到了学生队伍中。

四种因素有助于分析法国独特模式的成因。第一，法国大革命的遗产（很多革命都继承之）赋予革命符号以某种程度的合法性和积极内涵，这在大多数的西方国家是不存在的。第二，一个规模庞大且组织强劲的共产党，有助于保持革命神话对大多数的工人阶级而言是鲜活且有意义的。第三，法国社会和政治的高度集权化。法国的电视、报纸以及其他传媒形式都集中在巴黎，接近这个单一国家的政治机关，且易于被大多数的法国学生所接触。相反，美国的大众传媒则是支离破碎的。伯克利或安阿伯或剑桥镇发生的事件，可能会影响其他大学，但它们对纽约或华盛顿的影响则会被延迟。第四种因素与第三种相关。凭借其独特的地位和专断的权力，戴高乐将军在很长一段时期内，都能够镇压或者忽视各种形式的抗议运动。一旦公众的不满找到了宣泄的出口，结果则是爆炸性的。

像在其他国家一样，在法国，工人和年长居民潜在的选择偏好被证明不同于年轻的激进分子。后者不只是追求经济报酬的平等分配，而且要追求一个即使以经济发展为代价也要强调博爱（fraternity）和个人自我表达的社会。进一步说，他们拒绝等级制的社会关系，这很难与对老牌左翼领导人的组织需求相契合，因为左翼领导人的权力是建立在纪律严明的政党和劳工组织基础上的。当危机走向顶峰时，选择偏好的差异更加明显，革命联盟因此就瓦解了。

我们刚刚提到的证据表明，一个价值变化的过程可能正在发生。让我们来回顾一些长期起作用的因素。

在人类文明史的大多数时间里，人类关心的最主要问题是生存问题。因此，可以对两类政治动机使用粗略但有意义的二分法：经济的和非经济的。在此基础上，我们可以对社会经济发展水平和国内政治类型之间的一般关系作出假定。因为在纯粹的农业社会中，人们无法控制自己的行为，经济解释因素往往被视为理所当然——它们是命运的安排或是上帝的意志。在工业社会，人类解决经济问题的潜力被日益唤醒，并且人类开始强调经济目标的实现。政治冲突转而围绕经济轴线（economic axis）而展开。"经济人"的理想类型可能最接近人们对工业化转型过程中工业寡头的认知。[27]在一个"富裕的"社会中，经济上的生存再次被看作理所当然的事情，但与农业社会的理由截然不同：人们似乎可以控制经济因素。

在工业社会，越来越多的人在等级化的结构与程序化的工厂、办公室中被组织化了，人们之间的关系受制于非人性化的官僚规则。这种组织类型使大规模的企业成为可能，并能够促进生产力水平的提高。而且，只要经济考虑至高无上，大多数人愿意接受随之而来的非人化（depersonalization）和自我隐匿。但正如我们的数据所提示的那样，如果现如今的年轻群体中大多数人把经济安全视为理所应当，我们可以期望，他们将更加强调归属需求。参与某些形式的抗议活动可以满足这种需求，尤其当参与者团结起来一致对抗他们当下的环境的时候。[28]

我们已指出积极参加五月风暴的重要意义。尽管这场运动引发了广泛的恐惧，但它对那些感受到了社会团结的人们是一种积极的体验。当代抗议运动主题对"参与"的强调,可能同样反映了这一需求作为政治动机的日益重要性。在某种程度上,这是因归属需求所引发的,即使某些不满得到解决或者不再突出,激进分子也并不必然消失:它可能转向其他问题,即经济成就无法提供的专注于团队统一与某种目的感。比如,美国的学生抗议运动,最开始强调的是民权,之后转向了越南战争,近期又转向了环境污染、人口膨胀和资源滥用。

后物质主义可能具有一种对未来政治问题相对敏感的倾向。在这个意义上,人们可以将其视为未卜先知的少数派(prophetic minority)。然而,这种解释只有在把持续的经济安全视为理所应当的前提下才是有效的。如果我们的解释是正确的,那么,伴随工业社会毁灭或衰弱而出现的,将会是一代庸人(Philistine generation)。

相反,随着持续的经济扩张,人们可能期望后物质主义激进分子的基础也随之扩大。只要激进分子仍然反对生产导向官僚社会的固有问题,冲突就不太可能通过最低限度的让步(marginal concession)得到解决。后物质主义价值观的传播已经意味着彻底的社会重构。

注 释

1. Robert Axelrod, "Communication," *American Political Science Review*, 68, 2(June, 1974), pp.717-720.

2. Seymour M.Lipset, *Political Man*(Garden City: Doubleday, 1960), pp.223-224.

3. 奥尔福德指数是通过体力劳动者为"左翼"政党投票的百分比减去非体力劳动者为"左翼"政党投票的百分比而得到的。参见 Alford, *Party and Society: The Anglo-Saxon Democracies*(Chicago: Rand McNally, 1963)。

4. 参见 Gallup report of December, 1968, 引自 The Republican National Committee, The 1968 Elections(Washington, D.C., 1969), p.216。

5. 阶层投票指数基于密歇根大学 SRC/CPS 进行的 1964 年到 1968 年大选调查数据。关于阶层投票长期发展趋势的讨论,参见 Paul R.Abramson, "Generation Change in American Electoral Behavior", *American Political Science Review*, 68, 1(March, 1974), pp.93-105。

6. 参见 Arthur H.Miller et al., "A Majority Party in Disarray: Political Polarization in the 1972 Election," *American Political Science Review*, 70, 3(September, 1976), pp.753-778。

7. 参见第 7 章。

8. 美国案例中的诸多不满往往针对的是那些经济上被剥夺的群体,我们必须对黑人民权运动倡导者的动机本身与白人同情者加以区分。Charles Hamilton 将前者的行为特征定义为"工具性的"(instrumental),将后者的行为特征定义为"情感性的"(expressive)。参见 Seymour M.Lipset,"The Activist:A Profile," *The Public Interest*,13(Fall,1968),pp.39-52。

9. 参见 EMNID-Information number 8/9(August-September,1968)。西德学生仍倾向于左翼政党。从 1973 年到 1974 年,4 000 名学生受访者被问及,"哪一政党最接近于您的政治立场?"45%的学生选择了社会民主党,基督教民主党再次排在第 3 位(14%);5%的学生选择了共产党,16%的学生认为现有的任何一个政党都不能代表他们的政治立场。参见 Infratest survey cited in "Studenten:Jeder Dritte Resigniert," *Der Spiegel*,July 8,1974,p.98。

10. 参见 EMNID-Information,number 7(June,1968)。

11. 参见 Ronald Inglehart,"Revolutionnarisme Post-Bourgeois en France,en Allemagen et aux Etats-Unis," *Politico*,36,2(July,1971),pp.216-217。

12. 比如参见,François Goguel,"Les Elections Legislatives des 23 et 30 Juin,1968," *Revue Française de Science Politique*,18,5(October,1968),pp.837-853。把 1968 年戴高乐主义的胜利归结为惊恐的中产阶级向右翼政党靠拢的这种解释,似乎落入了俗套;1973 年 3 月《纽约时报》一篇关于此次选举背景的文章将其看作既成的事实。

13. 下面的分析基于对法国一个国家 15 岁及以上人口的典型调查(N = 1 902)。田野调查是由 Institut français d'opinion publique 在 1968 年 7 月 1 日那一周完成的。

我们测量投票转移的方法是基于对受访者的两个提问,即受访者在 1967 年选举和 1968 年的选举中分别把选票投给了哪个政党。单个受访者对投票行为的回忆往往受到多种因素的曲解,结果存在一种"从众效应"(bandwagon effect),使受访者夸大其为胜者的投票行为。此外,受访者关于投票的记忆(甚至是一年前的投票)由于受到认知连贯性(cognitive consistency)的压力而出现扭曲;尤其当选民态度异常坚定时,我们预期他会改变关于他过去投票的说法以与目前的立场一致:投票转移(尤其是转向胜者)现象掩盖在报告中(under-reported)。然而,令我们欣慰的是,我们在调查中发现了大量此类的投票转移。在法国,这一问题更为复杂,给共产党的投票总是习惯性地在报告中被掩盖。鉴于政治孤立和怀疑仍困扰着法国共产党(PCF),它的很多支持者不太愿意向采访者(通常是中产阶级)公开他们的选择。

所有这些因素导致我们测量投票转移方法可靠性的下降。另外,大多数选民在 1968 年和 1967 年的两次选举中把选票投给了同一个政党。结果,我们调查投票转移的案例相对较少(只相当于我们样本的 1/5),而这类样本的可靠性因而也减弱了。因此,我们要通过整个样本(这一样本范围更大且包括那些没有采访到的投票转移)以及对受访者回答中的投票转移的分析,来展示与影响 1968 年选举相关的因素的有力证据。其中出现的某些模式看起来是如此明显能够将对其的质疑降到最低点,以至于可以将其归结为测量中的样本偏误。

14. 在我们的样本中,11%的受访者在1967年把选票投给了民主中心党(Democracies Center),而在1968年把选票投给了左翼政党(接近一半的选票投给了统一社会主义党[PSU]),12%的选票转向了戴高乐联盟。

15. 参见 Mattei Dogan,"Le Vote ouvrier en France: Analyse écologique des élections de 1962,"*Revue française de Sociologie*,6,4(October—December,1965),pp.435-471。参见 Dogan,"Political Cleavage and Social Stratification in France and Italy," in Seymour M.Lipset,*Party Systems and Voter Alignments*(New York: Free Press,1967),pp.129-195。

其他的学者表达了相反的观点。例如,以法国为背景,Bon and Burbire 认为,现代中产阶级的分化不再明显——专业技术人员、中层管理者等等——为左翼政党提供了潜在的支持,因为他们相对远离社会的指挥中心。参见 Frédéric Bon and Michel-Antoine Burnier,*Les Nouveaux Intellectual*(Paris: Cujas,1966)。该书解释的基础与我们的观点非常不同。我们认为,较高的社会层级至少能够提供有同等前途的就业领域,我们的数据看来支持这一观点。

16. 中产阶级受访者给出的其支持"激进主义"立场的原因众多,而这并非他们简单地提供更多的答案即制造出来的虚假(artifact)数字。每个受访者都被要求从选项列表中选出3个答案;几乎所有参与者都选择了足够数量的答案,对那些不符合要求的选择已从分析中排除。

17. 在抗议活动参与者的次样本中,在那些回答了关于内战的危险这一问题的人中,接近半数(47%)的受访者否认存在内战危险(N = 366),而未参与抗议活动的人中只有27%的人给出了相同的回答(N = 1 263)。这些群体内部相对频繁的互动,发展成为直接反抗政府的行为。这有效地提供了一种同志情谊与安全感,从而抵御社会可能失序所带来的恐惧。然而值得注意的是,足有半数的抗议者意识到了内战的危险。

18. 引自 *Le Monde*,May 14,1968。

19. IFOP 对1968年5月8日的调查显示,在军警与学生长达数周持续冲突之后,5月8日 IFOP 的调查显示,61%的巴黎人民感到"当前学生的示威游行表达了正当的不满",只有16%的人反对这场运动。IFOP 随后的调查显示,截止到5月14日,巴黎反对学生运动的人数上升到37%(整个法国的反对者达到44%)。此后,反对学生运动的人数不断增加。

20. 在我们的受访者中,54%的受访者不赞成学生运动,只有31%的受访者持赞成态度。同时,同一批受访者中,46%的人支持工会运动,只有33%的人持反对态度。

21. 1968年选举中的年龄和阶层取向在戴高乐的垮台中仍起作用。现代中产阶级支持的进一步失去,导致了他在1969年全民公决中的失败。全民公民被53%的选民否决,在由经理层与技术专家组成的家庭中,全民公决遭到70%的压倒性的反对。体力劳动者和农民在这次全民公决中分裂为对等的两半,退休者和寡居者(总体上属于年长群体)却给予了强烈的支持。参见 Alain Lancelot and Pierre Weill, "L'evolution politique des Electeurs Français de fevrier à juin 1969," *Revue Français de Science Politique*, 20, 2(April, 1970), pp.249-281。

有趣的是,只是在戴高乐明确地宣称自己如果在全民公决中落败就会主动辞职之后,其民意才出现大幅度的下滑。

22. 参见 Phillippe Beneton and Jean Touchard, "Les interprétations de la crise de mai-juin 1968," *Revue Française de Science Politique*, 20, 3 (June, 1970), pp.503-544。这篇文章对早期文献进行了精彩的评论(尽管它强调的是用法语出版的文献)。

23. 近期主要的文献包括 Adrien Dansette, *Mai 1968*(Paris: Plon, 1971); André Fontaine, *La Guerre Civile Froide*(Paris: Fayard, 1969); Daniel Singer, *Prelude to Revolution*(New York: Hill and Wang, 1970); Bernard E.Brown, "The French Experience of Modernization," in Roy Macridis and Bernard Brown (eds.), *Comparative Politics: Notes and Readings*, 4th ed.(Homewood, Ill.: Dorsey, 1972), pp.442-460; Philip E.Converse and Roy Pierce, "Die Mai-Unruhen in Frankreich-Ausmass und Konsequenzen," in Klaus R. Allerbeck and Leopold Rosen-mayr(eds.), *Aufstand der Jugend? Neue Aspekte der Judendsoziologie*(Munich: Juventa, 1971), pp.108-137; A.Belden Fields, "The Revolution Betrayed: The French Student Revolt of May-June, 1968," in Seymour M.Lipset and Phillip G.Altbach(eds.), *Students in Revolt*(Boston: Houghton-Mifflin, 1969), pp.127-166; and Melvin Seeman, "The Signals of 68: Alienation in Pre-Crisis France," *American Sociological Review*, 37, 4(August, 1972), pp.385-402。

24. 认为学生抗议是因为就业机会减少的观点尽管有道理但并未道出根本原因。因为,那些最有天赋、能获得最有前途职业的学生,往往表现得最激进。此外,美国学生激进分子活动最鼎盛的时期,恰恰是大学毕业生需求量最高的黄金时期,其衰落则是在就业市场收缩的时期。

25. 参见 Deutsch, *The Nerves of Government*(New York: Free Press, 1963)。

26. 参见 Lipset, "Fascism—Left, Right and Center," in *Political Man*(New York: Doubleday, 1969)。参见 Karl D.Bracher, *Die Auflosüng Der Weimarer Republic*(Stuttgart and Dusseldorf: Ring Verlag, 1954)。近期,Karl O'Lessker 反驳了这种解释。他总结道,纳粹势力(在 1930 年选举中)的崛起,首先主要来自于之前的非选民,其次是此前的保守的民族主义党即 DNVP 的选民,最后是中产阶级(非天主教徒)选民。他承认,在 1932 年的选举中,最主要的胜利来自中产阶级中的非天主教徒。O'Lessker 的观点非常有趣,尽管他所使用的数据(总量投票统计)难以达成一个决定性的结论。参见 O'Lessker, "Who Voted for Hitler? A New Look at the Class Basis of Nazism," *The American Journal of Sociology*, 74,

1(July，1968)，pp.62-69。参见 Philips Shively，"Voting Stability and the Nature of Party Attachments in the Weimar Republic，" *American Political Science Review*，66，4(December，1972)，pp.1203-1225。

27. 当然,这是一个过于简化的关于既定社会主导价值体系的框架。除经济发展之外的其他因素进入人们的视野,经济发展路径本身可能通过某种反馈关系而受到主流价值的影响。如戴维·麦克莱兰(David McClelland)通过分析其文学成就的形式,把一个国家对成就的需求与历史上不同阶段的经济成就联系起来。如果我们把通俗文学作为形塑某一代人社会化的影响指标,麦克莱兰的发现就相当符合我们的解释框架:在一代人之前,人们表达出来的对成就需求的波动,就预测了经济生产的涨与跌。参见 McClelland，*The Achieving Society*(Princeton：Princeton University Press，1961)。

28. 当然,这种需要不必通过相关的政治方式表达出来,比如,人们同样可以通过其他世俗的崇拜来参与——这一趋势似乎在不断增强。

第四部分

....

认知动员

第十一章
西方民众的认知动员与政治参与

西方民众正在发生两个根本的转变。一个是认知,另一个是评价,它们似乎同样重要。我们已经详细讨论了正在变化的价值偏好的性质和后果。现在,让我们把注意力转向另一个进程,我们将其称为认知动员。

西方民众正在形成一种日益增强的政治参与潜力。这种变化并不意味着大多数民众将在诸如投票这类传统活动中简单地显示出更高的参与率,但是他们可能会以完全不同的水平介入政治进程。逐渐地,他们可能要求参与重大决策,而不只是在选择决策者上有发言权。这两个过程往往相互加强:不仅西方民众的目标正在发生变化,而且他们追求目标的方式也在发生变化。这些变化对老牌政党、工会和专业技术组织有重要的意义,因为大众政治越来越倾向于挑战精英而非精英主导。这些变化的根源在于精英和大众之间政治技能平衡的转变。

教育统计数据可以提供这些变化最明显的指标,虽然教育仅仅是更广泛的基本过程(underlying process)中的一方面。1920 年,在 17 岁的美国人中间,只有 17%是高中毕业。1930 年,在相对应的群体中,这一数字是 29%;1960 年达到了 65%,1970 年几近 80%。这些数字表明,受过高中教育的人数比例显著增加。但大学教育的扩张更加令人印象深刻。从1920 年到 1970 年,美国人口增加了大约一倍,但是于 1970 年授予的大学学位与 1920 年相比多了 16 倍。这种模式已盛行于西方发达国家。在欧共体所有 9 个国家中,20 至 24 岁之间接受高等教育的人口比例从 1950年到 1965 年至少增加了一倍。欧共体的评估表明,到 1980 年,接受高等教育人口的比例将至少比 1950 年高 3 倍,其中某些国家显示高出 4 倍或 5 倍。最近,接受高等教育人口比例的增加在美国已趋平稳(这已经几乎是任一欧共体国家速率的 3 倍)。这可能是一个迹象,表明美国已经达到饱和水平(saturation level),或者它可能是一种暂时现象。但是,即使我们假设它是永久性的,未来几十年美国选民的平均教育水平将继续大幅攀升,年龄较大和教育程度较低的年龄群体相继死亡,取而代之的是更多受过良好教育的年轻一代。在 1900 年出生的群体里大概有 54 000 人拥有较高学位;而在 1950 年出生的群体里,高学位的人则达到了将近 100 万人。

教育水平上升的影响有可能通过电子媒介的渗透而进一步加强,电子媒介甚至能为那些没有受过很多正规教育的人们带来政治信息。电台和电视(更是如此)让遥远的政治事件变得亲近而重要。虽然在 1950 年代电视已经渗透整个美国,但是直到 60 年代,仅有部分典型欧洲家庭拥有电视机。从 1963 年到 1969 年的短暂时期内,法国拥有电视机家庭的比例从 27% 上升至 69%。[1] 在此期间,意大利的数字几乎完全相同:拥有电视机的人数比例从 29% 上升到 69%;在西德,从 41% 上升到 82%;而在英国(起步较早),则从 82% 上升到 92%。如今,电视机在西方国家几乎是全部普及的。与其他因素一起,电视给这些社会带来前所未有的迅速传播远距离信息的能力。

农业人口的急剧下降正在减少孤立个人的数量,从而有助于他们更容易获得有关国家政治的教育和信息。在 20 世纪 60 年代,在土地上劳作的法国人口比例下降了近一半。在法国、意大利、西德和荷比卢经济联盟(Benelux),农民的数量预计将从 1970 年的约 1 000 万下降到 1980 年的约 500 万。

只要对认知动员过程有促进作用,我们就对这些变化有兴趣。这一过程的实质是掌控政治概念(abstractions)进而协调那些被时空隔阂的政治活动所需技能的发展。如果没有这样的技能,那么一个人或多或少会注定停留在现代民族国家的政治生活之外。因此,这些技能分布(distribution)的历史变迁已经成为从政治上定义相关民众的一个主要因素。让我们回顾一下这个过程中的一些关键阶段。

一、政治技能的动态平衡

在最早的政治共同体中——部落或城邦——几乎每个人都拥有政治参与所必需的技能。政治沟通通过口口相传，它涉及的是人们知道的第一手人或事。这种共同体可能是（有时实际上是）相对民主的：决策可以通过协商进行，其中每个成年男性（有时成年女性）有发言权。

专业行政管理技能的发展有助于人们建立广泛的政治共同体——管辖数以百万计而不是数千人的国家，延伸至更加广大的区域。

当然，行政管理技能只是其中的一个因素。发达的农业技术也很重要，因为它们提供了支持专门的军事和政府精英所需的经济剩余（economic surplus）。新的政治规模需要特殊技能，其中读写能力是一个至关重要的因素。仅有口头传播再也不够了——消息不得不跨越遥远的距离发送和接收；人类的记忆不再能记住某一地区的税基（tax base）或是其能够支撑的军力（military manpower）等详细信息——书面记录成为必需；个人忠诚这一纽带（chains of loyalties）不足以维系大的帝国——基于抽象符号的合法性神话必须得到阐述和传播。[2]

广泛的政治共同体可以动员广大的人口和资源基础，从长期的结果看，它迫使规模较小的竞争对手自动消失了，但它治理空间的扩张付出了一定的代价。普通公民的视野超越了政治的国家层面。具有专门技能的精英——牧师或官吏或王室成员——与普通人开始分化，以执行各项协调职能。这些精英人数并不多。主要基于自给自足的农业经济只能为小部分人提供闲暇，来开发所需的读写能力、管理能力和（通常）有别于普通民众所讲方言（vernaculars）的流利的世界语言（cosmopolitan language）。因此，政治发展的早期阶段通常倾向于在所有人口中划出巨大鸿沟，一部分是没有得到专业培训以处理遥远政治的普通人，还有一小部分是统治阶级。在国家层面的政治，大众开始变得无关紧要。

随着经济尤其是工业化的发展，通过矫正政治技能的上述平衡状态，缩小精英和大众之间的鸿沟成为可能。关于从"区域居民"(parochials)转变为"世界居民"(cosmopolitans),勒纳(Lerner)提供了有趣的解释。[3] 通过使用几个中东国家的调查数据,他追踪了个人在城市化、受教育且接触大众传媒的过程中的心理变化,结果证明,与人们相联系的是广泛的政治共同体而非其村庄或部落等狭隘世界。多伊奇在对"社会动员"的分析中洞察了这一转变。[4]他认为,这一过程根源于人们在身体上和思想上的孤独感,并受到来自旧的传统、职业和居住地的影响。他们逐渐地融入现代组织和广泛的社交网络——逐渐超出口口相传的范围并拓宽其视野,并慢慢到达政治的国家层面。

社会动员是一个广泛的过程。西方国家已经历很多最重要的阶段,如城市化、基本工业化、文化普及、大规模军事服务(mass military service)以及普选。然而,一个基本方面仍在继续——这一过程的核心:处理广泛政治共同体所必需技能的日益广泛传播。我们使用"认知动员"一词来指称这一广泛过程的核心方面。

二、工业社会的政治参与

在已成为现代政治科学的一项基础性的研究中,阿尔蒙德和维巴发展了"主观政治效能"(subjective political competence)的概念,认为它可能是民主政治的先决条件。只有当公民感到他有能力影响政治决策而不是一个顺从的"臣民"(subject)或是一个政治上无关紧要的"村野匹夫"(parochial)时,他才会在政治中起到重要作用。[5]他们指出,一个人受教育程度越高,他就越有可能具有"主观政治效能",从而成为一个政治参与者。对其他不同国家的一些研究已证实,拥有较高的社会—经济地位的公民最有可能参与政治。[6]

但这一关系是基于自身的社会地位还是认知过程呢?受教育程度较高的人之所以更有可能在政治中具有话语权,是否是因为他们懂得如何更有效地表达自己的需求?或者是因为他们拥有较多的社会关系和更多的金钱,可以致使官员制定一些切合他们利益的规则? 或者是因为官员们给予上层阶级以不同的对待?

认为财富和个人社会关系无关的想法是天真的。但如果我们有兴趣研究长期的变化,会发现认知变量更加有趣。根据定义,社会—经济地位可分为高、中、低三个层次。但在教育与信息的绝对层面(absolute level)已经出现了深刻的变化,这可能正在改变着政治过程。我们认为,精英和大众之间政治技能的平衡已发生变迁;可能的结果是,即使地位较低的社会群体,也可通过增强其技能来显著地影响政治输入。

其他的观察者强调了不同的因素。在一项极其简洁的分析中,尼、鲍威尔和普鲁伊特(Nie, Powell and Prewitt)认为,经济发展导致较高的政治参与率,之所以如此,主要是基于经济发展对社会阶层结构和组织化基础设施的影响。[7]经济发展扩大了中产阶级的规模,这反过来又提高了正式组织中中产阶级的比例,而中产阶级的态度往往是鼓励参与("就像主观政治效能")。

西德尼·维巴和诺曼·H.尼(Sideny Verba and Norman H.Nie)总结道,拥有较高社会—经济地位的群体相对更有可能参与政治——部分原因是他们倾向于拥有一组特定的"公民取向"(civic orientations)。[8]这些取向包含了相对强烈的效能感与共同体奉献感、政治关注度和较高的政治信息水平。社会地位自身的影响适中。将两者综合考虑,"公民取向"对总体政治行为方差的解释力是社会地位的8倍。

从我们当前的视角而言,这组"公民取向"似乎是态度和技能的混合物。而政治效能(efficacy)或"主观政治效能"都是主观态度,政治信息和政治关注度是相对客观的特征。正如维巴和尼所指出的,它们往往会综合起作用,但它们不是同一类事物。

相似地,教育无疑是一个社会地位指标,但它同时还是某些技能的指标。这一区别至关重要,因为在多变量分析中,相比于那些相对纯粹的社会阶层指标,如收入或职业而言,教育和政治信息被证明是政治参与更有力的指标。

就像许多其他学者,包括尼、鲍威尔和普鲁伊特那样,维巴和尼的研究发现,组织成员身份与政治参与紧密相关。[9]据此,维巴和尼很乐观地总结道,民众可以通过加入社会组织而成为参与者,即使其基本态度(或技能)没有发生变化。在某种程度上,这一结果符合事实,但得看参与者感兴趣的是哪种参与。在多数情况下,组织成员身份似乎鼓励的是精英主导(elite-directed)而非挑战精英(elite-challenging)的参与模式。这既不能反映民众偏好转化为了精英决策,也不能反映精英成功整编了民众。尼、鲍威尔和普鲁伊特的因果分析表明,政治参与可能导致两种完全不同的过程,一种来自个人自身,另一种与组织介入(involvement)相关。"社会地位"和组织成员身份处于两种因果链条(causal chains)的源头。"社会地位"和政治参与之间的紧密联系可以通过介入态度变量加以解释,尤其是政治信息和政治关注度。另一方面,组织介入和参与两者之间的关系与个人的态度或技能并不相干。尼、鲍威尔和普鲁伊特在对其研究的5个国家的分析中发现,在他们的模式中,组织介入和参与之间的关系,将近60%是直接联系,这种联系无需借助其他变量。换句话说,组织成员身份的主要影响并不归结于这样的事实,即它以某种一般化的方式增强了技能水平或参与态度。另外,维巴和尼已证实,组织成员身份本身并不会导致政治参与的提高——只有相对活跃的人才会成为积极的组织成员。总之,组织中的积极成员明确致力于政治活动。组织成员身份有助于我们辨别谁参与了政治;但它并没有说明为什么他们会参与政治。

我们认为,参与源自两种根本不同的过程,一种潜藏于旧的政治参与模式之中,另一种则是新模式。在19世纪晚期和20世纪初期,动员大众参与的机构——工会、教会和群众性政党——都是典型的等级制组织,其中少数的领袖或老板领导着大规模的纪律部队。当普遍的义务教育刚刚扎根且普通公民政治技能水平较低时,它们可以有效地引导大量才获得普选权的公民参与到新时期的投票活动中。尽管这些机构能够动员大量民众参与到政治中,但参与水平较低,参与行为仅仅局限于投票而已。[10]

参与的新模式相比旧模式而言可以更准确地表达个人偏好。这是一种更具有问题导向(issue-oriented)的参与行为,相比于特设组织,它更少地依赖固有的官僚组织;它旨在影响具体的政策变化而不是仅仅支持"我们的"领袖。这种参与模型需要相对较高的政治技能。

如果我们重新验证阿尔蒙德和维巴收集的数据,可以发现存在政治参与的不同临界值(threshold)(维巴和尼也同意这一点)。这些临界值的范围,从全国性选举——最简单最普及的投票参与方式,即向上探寻政治中正在发生什么,到更积极地谈论政治,即到达要求最苛刻的临界值:试图采取实际行动以影响国家政治的某一特定方面。在阿尔蒙德和维巴的5个国家样本中,只有5%的受访者反映采用了这种行为模式。

参与的不同水平似乎与特定政治技能水平相关。因此,如果将一个人正式的受教育水平作为政治技能的一项指标,我们会发现,在西方背景下,简单的识字(literacy)足以保证参与投票。大量的西方公民在几代人之前已达到这一临界值。阿尔蒙德和维巴的数据显示,在大多数近期的全国选举中,只有少数的文盲参与了投票。但足有76%的受过初等教育的公民认为他们参与了投票,而这一数字没有因受教育水平的提高而提高:在受过高中教育的公民中,这一数字保持在76%;而对于受教育水平更高的公民,这一数字上升到了82%。但是,投票对于积极政治行为只是一种解释力较弱的指标。就像朱塞佩·迪帕尔马(Giuseppe Di Palma)所指出的,在5个国家中,意大利的投票率(turnout)是最高的,但其总体参与率是最低的,因为只有很少的意大利人参与了更高水平的活动。[11]

当转向参与量表的另一端时,我们发现技能临界值更高。没有受到过正式教育的322个受访者中,没有一人反映自己曾试图去影响国家层面的决策。在只有初等或高中教育程度的受访者当中,这一数值仍然较低——分别有2%和7%的受访者反映,自己曾有过试图影响国家层面政治的行为。但在受教育水平更高的受访者当中,这一数字迅速提高到23%。读写能力可能仅仅创造出较高的投票率,但在国家层面,发起动议(taking the initiative)至少需要受过高中教育,或者是大学教育。

这一发现并不出人意料。由于现代化"创造的基于较高的政治劳动(political labor)专业化和分化的复杂的组织网络遏制了政治参与,这种政治劳动需要有前所未有的专门知识"[12]。如今,很多政府官员受过大学教育。那些只受过初等教育的公民,无论是在社会声望(social grace)方面,还是在基本的官僚技术方面,甚至为清楚地表达其不满如何找到某个可以保持联系的人等方面,很难与受过大学教育的人平起平坐。结果则是,他可能会依赖某些声称能够为其利益服务的政治掮客(broker)。

这种政治参与的"新"模式更加倾向于具体问题(issue-specific)且更可能在较高的参与临界值发挥作用。在某种程度上,它的新在于,直到最近,大多数人才拥有这种参与模式所需的技能。它的新还在于,它更少地依赖于一种永久的且相对古板的组织机构。

尼、鲍威尔和普鲁伊特认为,经济发展之所以鼓励了政治参与,是因为它导致了一种更广泛的组织成员身份。但他们发现,在美国这个他们调查的5个国家中最发达的国家中,组织成员身份的解释力比其他国家要低。我们认为,经济发展达到较高的水平时,组织介入的传统形式可能变得不再那么有效。提高受教育水平显然会使得人们从既定的组织化网络如工会和教会中解脱出来。在大多数西方国家,加入工会比率和参加教会活动频率持续下降。相似地,传统政党纽带似乎正在减弱。在美国,认为自己是无党派(Independents)而非民主党人或共和党人的比例尽管增长缓慢但在近十年一直保持稳定。1964年,无政党认同(non-identifiers)的选民不到1/4;1972年,他们占选民的比例多于1/3。政党投票率显著下降:在1950年,接近80%的选民直接投票给某一政党(cast straight party ballots);而在1970年,只有50%的选民这样做了。

最近,在英国和意大利的政治中,工会开始表现出前所未有的重要作用;但它们只是填补了曾经某些强大政党的空白(void),那些政党越来越难以执政。如果真是如此,这反映出从一种传统制度向另一种制度的权力变迁,而非这些制度动员能力的增强。随着认知动员的进程不断发展,这些组织的相对重要性可能会降低,让位于较少等级制、更多问题导向的特设组织的出现,其中,个人将有更多机会对特定决策明确表达自己的偏好。

只要大多数拥有官僚技能的民众在这些制度中拥有自己的位置,那么,相对而言,政治参与就会取决于那些拥有长久历史的固有组织。现如今,特设组织的出现或多或少变得有些随意(at will),因为民众中拥有高水平政治技能的非精英分子得到了前所未有的发展。如果说,精英和大众之间的平衡在几个世纪以前曾经令人不安,那么如今这一关系被部分地改写了。

这里,以及贯穿于这本著作,我们必须了解结构性因素的重要性。强有力的组织化网络有助于相对处于劣势的群体获得比那些拥有政治技能的群体更高的政治参与率。例如，罗坎指出，在特定的环境下，工人阶级群体在政治上可能比中产阶级更有积极性。[13]在美国，过去 20 年中，政治参与最为显著的提高出现于黑人中。它远远超过了教育水平提高的速度——这主要是由于组织效能的增强，以及立法改变和新的黑人认同感。有些相似的是，尼认为，近些年美国民众日益增长的政治意识可归因于特定政治事件的影响，而不仅仅是个人层面的某些变化[14]。我们不会质疑这些环境因素的重要性；在特定时期内，它们会淹没掉那些更加渐进的、潜在的变化所产生的影响。但从长期来看，个人层面的变化可能至少具有同等的意义。政治发展过程中激情与沉闷总是交替出现。从短期来看，阶段效应占主导地位；但从长远而言，它们会互相抵消。但是，个人层面变化的长期效应是累积的。它们为回应即时事件的激进主义的涨落设置了新的限制。认知动员可能会逐渐提升潜在的政治参与底线，尤其对于挑战精英模式而言。

三、实际的和潜在的政治参与

我们相信，当前正在运行的社会过程，往往会提升民众的政治参与临界值，这预示着政治参与中的挑战精英模式的长期增强。然而，人们很容易看到，政治参与并未增强，例如，多年以来，西方国家的投票率保持稳定。在美国 1972 年的总统大选中，在有资格进行投票的选民中，投票率仅为 55%。1972 年大选的投票率低，部分原因是选举权（franchise）扩大至 18—20 岁之间的公民。刚刚取得投票权的选民规模大于原来的选民，而投票似乎是习惯的一部分。老选民更习惯于参与投票，因为他们已经有了更多的实践经验。然而，1972 年大选出席率反常地低，表明了这样一个事实，即我们不能仅仅因为受过教育的选民比例不断上升就期望投票率会自动提高。就像我们在上文中所提到的，投票技能的临界值非常低，绝大多数西方人已超过了临界值；投票率的任何波动在很大程度上都是对习惯（habituation）和宏观政治事件的反映。因此，投票率保持停滞的事实,与我们关于参与潜力临界值日益提升的假设并不相悖。但是,另一个证据则可能存在这个问题。

表 11.1 政治效能感的变动水平(1952—1974 年)[a]

(回答"有效"的百分比)

	1952	1956	1960	1964	1966	1968	1970	1972	1974	1964—1974 年的变化
公共官员关心像我这样的民众在想什么	63%	70%	71%	61%	59%	56%	50%	49%	46%	− 15%
像我这样的民众对政府所做有些发言权	68%	71%	71%	69%	61%	59%	64%	59%	41%	− 28%
政治与政府并非复杂得难以理解	29%	36%	40%	31%	27%	29%	26%	26%	27%	− 4%
投票并非影响政府唯一路径	17%	25%	25%	26%	27%	42%	39%	37%	38%	+ 12%

注:a Survey Research Center(SRC)和 Center for Political Studies(CPS)于 1952—1974 年间所进行的选举调查的政治学研究校际联盟(ICPR)编码本。

"政治效能感",与其同义词"主观政治效能"相似,似乎是更积极且要求更高的政治参与模式的先决条件。但它在近些年并未提高——至少在美国是这样(唯一的我们有足够的时间序列数据的国家)。表 11.1 显示了 22 年间对四个经典的"政治效能感"选项的回答。[15] 尽管对这四个"政治效能感"选项的回答往往紧密相关,其中三个显示出近些年回答"有效"(efficacious)的人数呈现下降的趋势,只有对第四个选项回答"有效"的人数呈现上升的趋势。对第四个选项的反常回答是有意义的,我们将在下文对之进行讨论。但总体而言,美国民众政治效能感的一般水平在过去十年出现了显著的下降。

乍看起来,这与所有的逻辑预期相悖。政治效能感与教育之间表现出一种明显而稳定的正相关关系;教育水平无疑正在提高。那么,这是否意味着,我们所观察到的政治效能感也在提高呢?

答案当然是否定的。政治效能感与教育的关联性表明政治效能感存在一种潜在的上升趋势,但这种上升并不会自发产生,它不像价值变化过程会自发地提高左翼得票率那样。社会过程没有那么简单。像往常一样,我们必须考虑制度层面的现象(system-level phenomena),就像对待个人层面的现象一样。

　　一个人的政治效能感反映的是个人与制度之间的关系。它涉及个人的技能感及其对制度反应能力的认知。民众的客观政治能力正在增强，但感知到的制度反应能力则以更快的速度在下降。康弗斯注意到，从1952 年至 1960 年，人们的政治效能的确提高了，其提高的比率几乎等于代际更替的比率，即年轻的受过更多教育的群体取代更年长的受教育更少的群体。他将其归纳为早期"教育驱动"（education-driven）的变迁。[16]但自 1964 年开始，这一过程变为制度驱动：人们预期的教育水平提高所带来的政治效能感的逐渐提升淹没在制度层面的创伤性事件（traumatic event）的影响中了；最终结果是政治效能感和对制度的信任感的普遍下降。这一下降的原因不难发现。最显著的原因包括：20 世纪 60 年代争取公民权的斗争，当时，由于争取民权的斗争迅速转向种族融合问题，政府回应不够充分，且政府因行动太慢而失去了民众的信任；越南战争时期的欺骗和幻灭更是加速了这一进程，有些人因战争失败而沮丧，另一些人则由于政府没有及时退出越战而对政府失望；最后的原因，是导致副总统阿格纽和总统尼克松先后下台的丑闻。

　　人们对制度的信任感的确在下降，且证据确凿。表 11.2 显示了自1958 年以来在不同的时间点对政府信任两种指标问题的回答。这里显示出的变化比政治效能感的下降还要显著：表 11.1 显示出下降的 3 个政治效能感选项，平均变化达 16 个百分点；信任指标比变化指标要高出 2倍之多（1964 年至 1974 年的平均差异为 42 个百分点）。

表 11.2　美国民众对政府的信任水平（1958—1974 年）[a]

（表示不信任的百分比）

您是否总是信任华盛顿当局会做出正确的选择——总是，多数时候，或者只是有时？							
	1958	1964	1965	1968	1970	1972	1974	1964—1974 年不信任度的增强
只是有时	23%	22%	31%	37%	44%	45%	63%	＋40%
您想说政府的运行主要受制几个大的利益集团或者是全体人民的福祉？							
	1958	1964	1965	1968	1970	1972	1974	1964—1974 年不信任度的增强
少数大的利益集团	(N/A)	29%	34%	39%	50%	48%	73%	＋44%

注：a 特定年份的 ICPR 编码本。

就像我们预期的那样,一个人的政治效能感与其对政府的信任相关:无论这个人的政治技能如何,如果政治制度不具有基本的回应性,那么政治技能的影响则是微乎其微的。因此,感知的制度回应性的下降不可避免地会拉低政治效能感,并且会使某些政治参与形式受挫,那些参与形式基于既有政治精英将会对以传统方式表达的不满进行回应这样一个前提。但政治技能的提升和感知的制度回应性的下降相结合,不会遏制所有的参与形式;如果有所影响的话,我们认为它会鼓励传统渠道之外的挑战精英行为。从这点出发来考虑问题,表 11.1 揭示的两种相反的趋势似乎很好理解了。一方面,它们反映出感知到的政府对普通公民的关注、理解和回应正在下降;另一方面,人们逐渐意识到,在影响政府决策方面"投票不是唯一方式",并慢慢愿意接受政治参与的非传统技术。[17]

这一变化模式只适用于美国的观点是值得怀疑的。某些特定的问题,诸如公民权的斗争和越南战争,或多或少使美国有点与众不同。但从更广泛的意义上来说,这些问题的出现似乎反映了民众对政府期望的改变以及政府没有努力来适应新的需求。物质主义/后物质主义维度作为政治两极分化(political polarization)基础的出现,使统治精英们的任务更加复杂。如果这是事实的话,对政府信任度的下降就可能是一种普遍现象。

这种信心缺失到底有何深层的意义?现有证据显示,就目前而言,它主要适用于政府(authorities)而不是政治体制(regime)或政治共同体(political community)。[18]自 1964 年以来,对总统和执政党的评价出现明显的下降,但其他关键制度机构保持相对不变。美国民众对军队、警察、牧师、大财阀(big business)和工会的情感在过去十年几乎没有发生任何变化。然而,所有的态度在经验上都是相关的。对当前政治掌权者的不信任往往源于对其他制度和其他层面政治体系的不信任。到 1974 年,一半以上的美国民众不再信任他们的政府。如果这些不信任持续下去,可能会削弱对当前政府形式的支持,或者甚至会危及政治共同体自身。然而,幸运的是,我们可以假设,1974 年代表了历史最低点:很难想象这么多事情同时出问题的情况会再次出现。

表 11.3　美国政党认同的变化(1952—1976 年)[a]

		一般而言,您通常觉得自己是共和党人、民主党人、无党派或什么?			
	民主党人	无党派	共和党人	对政治无兴趣,不知道	数量
1952	47%	22%	27%	4%	(1 614)
1954	47%	20%	27%	4%	(1 139)
1956	44%	24%	29%	3%	(1 772)
1958	47%	19%	29%	5%	(1 269)
1960	46%	23%	27%	4%	(3 021)
1962	46%	22%	28%	4%	(1 289)
1964	51%	23%	24%	2%	(1 571)
1966	45%	28%	25%	2%	(1 291)
1968	45%	30%	24%	1%	(1 553)
1970	43%	31%	25%	1%	(1 802)
1972	40%	34%	23%	1%	(2 705)
1974	38%	40%	22%	—	(2 513)
1976	42%	37%	21%	—	(1 491)

注:a 资料来源:SRC/CPS 选举调查 ICPR 编码本,1952—1974;国家舆论研究中心(NORC)1976 年综合社会调查。

　　我们总是说,较高的政党认同率为国家政治的可预测性和稳定性提供了基础。魏玛共和国时期的德国纳粹党、第四共和国时期的法国普雅德派(Poujadists)和其他"快闪(flash)党"的突然起势,应归因于相对大规模不受团体约束的或"可资利用的"(available)选民的存在。[19]如果这是事实的话,近期美国政治的变化强化了选民出现突然的、不可预测的变动的潜在可能,因为过去 10 年间,传统的政党忠诚已呈现一种渐进而稳定的下滑趋势。正如表 11.3 所显示的,在美国,政党认同的分布在 20 世纪 50年代和 60 年代早期保持稳定。从 1952 年至 1962 年,共和党人、民主党人和无党派人士所占比例几乎没有任何变化;几乎在所有案例中,从某一年到下一年的变动很小,不至于产生样本偏误。到 1966 年前,在三类主要群体中,无政党认同者或"无党派人士"所占人数最少。1966 年,无党派人士的数量超过了共和党人并保持持续增长的态势;到 1974 年,他们的数量已是共和党人的 2 倍,并超过了民主党人。

在政党认同率方面,不同年龄的人群(age-cohort)存在实质性差异。1972 年,64 岁以上的人群中,无政党认同者的比例不到 1/5;但 25 岁以下的人群中,大多数人认为自己既不是共和党人,也不是民主党人。群体分析显示,生命周期效应导致了这一现象的产生,但它主要反映的是代际差异。[20] 就目前而言,长期和短期的驱动力都在促使着政党认同率的降低;不受团体约束的选民比例在未来一段时间可能持续提高。

政党认同下降的原因似乎类似于政府信任的不断缺失:政治分化的新问题和新基础在近些年变得日益严峻,它们切断了传统的共和党—民主党的政党认同维度,这一维度主要与社会福利问题相关。[21] 只要沿着新的问题维度(issue dimension)出现分化,选民往往会偏离传统的政党忠诚。[22]

这里,有趣的是,政党认同的下降可能会减少投票率;但政党忠诚的下降,部分原因似乎是大众政治意识水平的持续提高。

有确切的证据表明,近些年美国民众愈发具有问题意识,对于政治,他们更有可能形成一种连贯的"意识形态"(ideological),更加适应于以问题为基础而不是以纯粹的政党忠诚为基础的投票。[23] 克林格曼和赖特(Klingemann and Wright)近期重复了康弗斯关于民众概念化水平(levels of conceptualization)的著名分析,使用的是 1968 年大选调查数据以及 1956 年早期研究中的数据。[24] 他们发现,归类为"意识形态"或"接近意识形态"的比例,从 1956 年样本中的 11.5% 提高到了 1968 年样本中的 23.0%。在 1972 年的总统大选中,自调查研究开始测量这些变量以来,我们发现是问题意识而非政党忠诚在影响着个人的第一次投票。[25]

尽管对政治制度的信任正在减少,美国民众的客观政治能力似乎增强了。但选民当中强烈的意识形态敏感性可能减少了民众对精英主导的政治动员的服从,结果可能导致较高的投票率。

如果我们的分析是正确的,那么政治技能水平提升——最终导致政治参与潜在水平的提升——应出现在欧洲和美国。可利用的欧洲数据就参与者潜力是否正在增强无法提供结论性的验证。例如,几乎没有时间序列的数据可供利用。然而,1973 年的调查包含了三个问题,这些问题可为个人在其国家政治生活中扮演着何种积极角色的问题提供合理的说明。下面我们就来考察对这三个选项的回答模式与政治参与潜力提升的假设是否一致。第一个选项试图探究主观政治能力或政治效能的一般情感。我们的受访者被问及："您是否认为（英国、法国等的）情况并不太好？人们比如说您自己是否帮助带来一些好的改变？"

上述问题的回答与其他两个问及实际行为问题的回答紧密相关。第一个问题是："当您自己持有一种强烈的观点,您曾经试过说服朋友、亲戚或同事去接受这一观点吗?"（如果回答"会",则问）："是经常出现这种情况,偶尔或者很少?"这一问题检验的是个人在说服他人方面是表现出一种消极的倾向还是积极的倾向。这种倾向无疑部分地反映出个人的相对自信,但同时它还反映出个人在说服他人方面的技巧如何。下面的问题试图考察同一种特征,但将其置入某种特定的政治情境之中：

当您和朋友聚在一起时,您会说您自己经常、偶尔或从不探讨政治事件吗? ……（如果选择"经常"或"偶尔",则问）：这张卡片上（出示卡片）的哪个表述最契合您在这些讨论中的观点?

——即使我有自己的观点,我通常也只是在听。

——大多数情况下我只是在听,但有时也会表达自己的观点。

——在交谈中我处于对等的地位。

——在交谈中我总是坚持我自己的立场;我经常会试着说服别人,使他们认为我是正确的。

这些问题的回答模式显示出相当高的跨国一致性。在研究涉及的所有 9 个欧共体国家中,对三个选项的那些"有效的"回答都与教育呈正相关。受教育水平越高的人,越有可能感到他们能够在其国家中促成某种变化,越有可能说服朋友、亲戚等采纳自己的观点,越有可能在政治讨论中充当积极角色。差异是明显的。例如,在 9 个国家的总体样本中,在具有初等教育水平的受访者中,只有12%的人"经常"说服朋友、亲戚或同事以接受自己的观点;而在具有大学受教育水平的受访者中,这一百分比为22%。相似地,42%的初等教育水平的受访者认为,他们可以改变所在国家的某些事情;与之相对的,对于具有大学教育水平的受访者而言,这一百分比为65%。因此,基于跨地区模型,我们可以预期,从长期来看,提高受教育水平能够导致政治参与水平的提升。

这些发现并不出人意料；它们只是与之前的研究成果相契合而已。但另一发现却并不是这样。

一方面，我们可以预期，年轻群体相比于年长群体应具有较高的参与潜力，因为年轻群体接受了更多的正式教育。但这一预期似乎与多项跨国研究的明确结论相悖，这些研究表明年轻人的政治参与率总是比老年人低。尤其是在 30 岁以下的年轻群体当中，投票率最低，中年时期投票率达到顶峰，老年时期又有些减少。[26] 调整各年龄组的不同教育水平会发现，年长群体投票率的下降消失了，但年轻群体投票率仍然很低。[27] 这一现象似乎涉及三个原因：(1)政治活动是一种习惯，其发展具有反复性；(2)年轻人还没有完全融入政治共同体之中；(3)既有组织不太容易对年轻人进行有效动员。生命周期因素在此无疑发挥着重要的作用。

然而，根据这些生命周期效应，年轻群体拥有的一系列特征说明，从长远来看，他们比年长群体拥有较高的政治参与率。年轻人在刚才描述的参与者潜力（Participant Potential）的所有三项指标中排名较高，这一模型的跨国分析结果也是一致的；在 9 个国家中的任何一个国家中，对三个选项的回答都显示出年轻人比老年人更有效且更积极。这一关联度在有些国家较弱，在另外一些国家则较强，但其方向在 9 个国家中保持一致。表 11.4 显示出 9 个国家综合样本的结果。

必须注意的是，第二和第三个选项与年龄的关联度（correlations）截然不同。这两个问题是相似的，其不同之处在于前者询问的是人们一般说服他人采纳自己观点的频率，而后者特别询问的是政治讨论问题。最年轻群体与最年长者群体对前一个问题的回答的差异百分比为 35%，对后一个问题的回答的差异百分比只有 12%。对上述现象的一种解释是，年轻群体的基本态度和技能为他们拥有较高的参与潜力提供了条件，但他们尚未完全融入到政治活动之中。表 11.4 同时还显示了年龄与政治知识指标之间的关系。这一指标基于受访者知道多少欧共体成员国；这一测量被证明非常具有识别能力（discriminating）；大多数的受访者（91%）至少可以说出其中一个国家，但只有 1/8（one person in eight）的人能够说出所有成员国的名字。这些问题显示出的模型类似于政治讨论中发现的模型。年轻人的得分高于老年人,但这种差异相对适中,而且当我们控制教育变量时,该差异就会消失。政治知识的获得往往需要假以时日。老年人获得的知识往往超出了其教育水平的预测范围。但这意味着,随其年龄增长,年轻群体的政治信息分值会高于而不是低于年长群体,因为年轻群体的教育起点(educational base)更高。

表 11.4　依年龄划分的政治效能感、讨论的活跃度和政治信息[a]

年　龄	感到他们有助于在国家层面上改变一些事情		经常或偶尔说服朋友、亲戚或同事采纳自己的意见	
15—24	59%	(2 305)	64%	(2 504)
25—34	54%	(2 258)	58%	(2 451)
35—44	49%	(2 179)	53%	(2 372)
45—54	50%	(1 944)	50%	(2 094)
55—64	46%	(1 586)	48%	(1 702)
65 +	32%	(1 644)	29%	(1 759)
年　龄	谈论政治,经常试图说服他人,或在谈话中处于对等的地位		能够正确地说出 7—9 个欧共体成员国的名字	
15—24	37%	(2 590)	44%	(2 591)
25—34	40%	(2 541)	44%	(2 541)
35—44	35%	(2 457)	41%	(2 457)
45—54	33%	(2 196)	41%	(2 196)
55—64	31%	(1 801)	36%	(1 801)
65 +	25%	(1 895)	29%	(1 895)

注:a 基于 1973 年调查中 9 个欧洲国家的综合样本。

　　简言之,在这 9 个国家中,年轻人的政治效能感和总体社会行动能力(social activism)要明显高于老年人。在特定的政治讨论中,年轻人只是表现得稍微积极一些而已。但是,所有的发现都明确指向与年轻人投票率最低这一既定事实相悖的方向。

　　当我们再次强调投票是我们这里谈及的最简单和最无鉴别力的政治行为方式时,上述截然相反的情形可能会部分地得到解释。出于同样原因,投票也是种既有组织又有充分能力(well-equipped)去发动的行为。年轻人与政党机器、工会和教会之间的纽带相对脆弱。因此,他们不太可能通过传统的组织渠道被动员起来。

但是，年轻人似乎比老年人更有可能致力于政治参与的挑战精英模式。马什设计了一个测量抗议潜力（Protest Potential）的量表（scale）。他发现英国人的抗议行为可以沿单一维度来定位，从几乎所有人都能接受的行为到几乎所有人都无法接受的行为。[28]在量表的前一端，是请愿活动与和平的示威游行；在量表的后一端，则是暴力对抗民众乃至动用枪支和爆炸物。两端之间，是特定群体认为可接受但其他群体反对的影响政府决策的不同活动。马什从四个目标群体中平等划分了其样本比例：年轻工人、年长工人、学生和较年长的中产阶级群体。

这四个群体在这个抗议闭联集（continuum）中的不同点之间划线，其中，年长工人在他们可接受的定义中是最保守的。大多数的年长工人接受请愿行为与和平的示威游行，但他们划的线是拒绝参加（boycotts）。年长的中产阶级受访者接受上述所有行为，但抵制抗租罢工（rent strikes）；年轻工人也接受上述所有行为，但反对阻碍交通（obstructing traffic）；学生除接受上述所有行为之外，还接受占领公共建筑的行为，但他们划的线是反对破坏财产（damaging property）。

尽管马什根据社会阶层和年龄变量发现了其中的巨大差异，但年龄似乎是主要变量。由于纵向数据缺失，不太可能对其进行确认，但马什姑且总结道，该模型反映了代际之间的变化，对政治行动可接受的技能的定义范围更加广泛了。

四、参与潜能的社会背景

针对个人政治效能感及个人在政治讨论中是否扮演积极或消极角色的三个选项，为个人自我发动而非政治参与的外部动员提供了一个很好的指标。我们假设这反映出存在相对较高的政治技能水平，而且即使在组织纽带缺失的条件下这些技能也可以促进政治行为。我们认为，对这些问题积极而有效的回答，标志着一个人的"认知动员"程度，这一维度基于个人遥控处理政治问题的能力。只要参与者潜力确实反映这一维度，那它关涉的指标反映的是客观政治能力以及从相对世界主义而非狭隘视角看待政治的倾向。

另一方面，人们可能认为，参与者潜力主要来自正式组织提供的社会体验，这些组织与组织成员身份而非个人层面的技能紧密相关。总之，人们可能认为，参与者潜力反映的是社会地位，而不是事关更高收入和非体力职业的个人技能，但是，只要它探究的是社会地位而非个人技能，则只与教育相关。

接下来我们来考察这9个国家中参与者潜力与这些其他变量之间的实证关系。第一步是构建一项参与者潜力指数，基于上述讨论中涉及的效能和行动的选项。[29] 在各个国家的样本中，对这三个选项的回答密切相关；在9个国家的总体样本中，在那些"从不"说服朋友或亲戚采纳其观点的受访者中，只有39%的人感到他们能使国家变得更好；在那些"经常"说服朋友的受访者中，63%的人认为他们可以改变一些事情。相似地，只有34%的从不参与政治讨论的受访者认为他们可以有助于做些改变，与之相对的是，"经常使他人确信自己是对的"那些受访者中，67%的人认为自己可以帮助做些改变。最终，在那些"从不"说服朋友的受访者中，60%的人从不谈论政治；对于那些"经常"说服朋友或亲戚去采纳其观点的受访者，这一数字下降到20%。

我们的参与者潜力指数受到以国家为单位的多变量分析中各模型的影响。某些最有趣的发现出现于参与者潜力指数与以下变量相加的一系列分析要素之中：

1. 社会阶层指标：家庭收入；职业；一家之长（head of family）；工会成员身份；受访者受教育水平。

2. 政治技能指标：政治信息指数；受访者受教育水平。

3. 世界主义/狭隘主义中心指标：狭隘主义/世界主义认同感（基于表3.6中受访者对问题的回答）；欧洲融合指数（基于对欧洲融合三种关键措施的支持）；对新事物的开放性。

4. 组织归属（Organizational Affiliation）指标：参加教会活动频率；工会成员身份。

值得注意的是，上述某些变量（教育和工会成员身份）不止出现于一种分类中，因为它们的意义是含混不清的。例如，教育可视为一种认知发展指标或是社会阶层指标。因次分析（dimensional analysis）有助于我们对以实证关系为基础的各组成部分——区分。

由于与社会阶层之间可能存在相关性，政党偏好和在左—右翼量表的自我定位（self-placement）同样包含于各国的因素分析之中。最后，我们认为考察认知动员和价值类型之间的关系是至关重要的。如果存在一种广泛的认知动员维度，它反映的是有助于人们遥控处理政治问题的一系列技能，我们可能会期待它与价值类型相关，因为正如我们在第 2 章中提到的，后物质主义者是由那些将即时需要的满足感视为理所当然及那些强调相对长远关怀（remote concerns）的个人组成的。因此，通过这两个完全不同的过程，认知动员和后物质主义价值观可能会促成一种相对世界主义的政治关怀。表 11.5 将 9 个欧洲国家作为一个整体总结了这些变量总的分布（configuration）。

表 11.5　西欧的认知动员、价值类型和政治偏好（1973 年）

（9 个国家样本因素分析 0.300 以上的加载系数——方差最大旋转）

Ⅰ. 认知动员（16%）		Ⅱ. 左翼—右翼政治偏好（12%）	
政治信息指数	0.601	左翼—右翼投票意愿	0.750
参与潜力指数	0.600	左翼—右翼意识形态自我定位	0.732
受教育程度	0.571	参加教会活动的频率	0.441
欧洲一体化指数	0.510	后物质主义价值指数	−0.301[b]
被新事情所吸引	0.393		
世界性政治认同	0.377		
后物质主义价值指数	0.372		
年龄	−0.323[a]		

注：a 负号表示年长群体在信息、参与潜力等方面加载系数较低。
b 负号表示后物质主义者较少投票给右翼政党和参加教会活动等。

出现的第一个因素与认知动员维度的假设相符合。其中 3 个最高加载系数的选项（highest-loading items）是我们的参与者潜力指数加上两个技能层面指标，即政治信息和正式教育。主观政治效能和客观政治能力是一致的。那些认为自己可以对国家事务做些什么及在说服朋友方面扮演着积极角色的受访者往往一般也最了解政治和社会(如果他们受教育水平更高的话)。正如我们所假设的那样,政治行动和技能指标与广义的外向型(outward-looking)政治取向相关联。支持欧洲融合,对新事物保持开放性,世界性的认同感构成认知动员因素的一部分。如果认知动员实质上是遥控处理政治问题的能力,这一过程不仅会影响个人投入政治参与的类型,同时还影响着个人作用于政治共同体的范围。它可能引导人们走向更大的政治单元。在下一章我们将详细讨论这一话题。

认知动员维度需要注意之处还有它不包括什么。清楚明白的社会阶层指标、收入和职业,对这一因素并未产生显著的因子加载系数(significant loadings)(其加载系数至多达到 0.20)。表 11.5 显示出的以国家为单位的分析证实了这一模型;在西德和法国,收入的因子加载系数略高于 0.30,但政治信息、参与者潜力和教育在 9 个国家中的因子加载系数都高于收入。这一模型表明教育的认知构成而非其阶层相关的构成与这一维度紧密相关。技能似乎比社会地位更为重要。相似地,在这一维度中,工会成员身份和参加教会活动频率都不具有显著的因子加载系数;组织成员身份本身并不与认知动员紧密相关,尽管我们可能确信那些在组织中扮演着积极或领导角色的受访者应具有较高的认知动员水平。

表 11.5 显示在经验上价值变化过程和认知动员往往是一致的。就像我们在第三章所看到的,个人融入精英(或世界主义)交际网络的事实使其采纳那种环境下主流的价值观成为可能。目前,西方国家的上层(upper strata)往往是后物质主义者。我们当前的数据表明,后物质主义价值观和认知动员维度之间的关联度为 0.372。

但是,认知动员和价值变化是不同的。我们不能确定精英圈子(elite circles)总是持有一种后物质主义价值观。事实上,有证据显示,他们只是近期才接纳这种价值观。因此,可想而知的是,认知动员发展的早期阶段并未促进后物质主义价值观的同化,反之可能有相反的影响。

认知动员与价值类型之间还存在一种经验的区别。认知动员影响的是个人政治观的纵轴(vertical axis);也就是说,那些政治技能水平高的人倾向于拥有一种世界主义而非狭隘主义的政治立场。但这一维度与个人政治偏好的左翼—右翼坐标轴之间的关系不大。具有高水平政治技能的人可能利用这些技能服务于左翼或右翼的利益。但个人的价值类型往往会引导其偏向政治谱系（political spectrum）的特定一方：后物质主义者更有可能支持左翼政党，将他们置于意识形态量表的左翼一边。

左翼—右翼维度是解释政治分化次要但独立的基础。其特征是引人注目的，但它们仅仅是为了证实前三章的某些发现。另一方面，参加教会活动频率与左翼—右翼投票及左翼—右翼意识形态的自我定位紧密相关，价值类型对这一因素的加载系数具有显著性意义，尽管它与第一种因素毫不相关。

另一方面，不同的社会阶层指标与左翼—右翼因素或认知动员联系不大。在既定的国家中（英国最为显著），社会阶层与左翼—右翼维度之间保持着相对强烈的联系；而再看整个欧洲，这一关联相对适中。

表11.5中的第一种因素反映出这样一个事实，即参与者潜力与世界主义技能和态度相互交织。富有的人可能更倾向于拥有这些特征，但财富本身似乎是次要的。相似地，组织在塑造政治参与方面无疑是一种关键因素。在这里，甚至整部著作，我们强调的是，在任何政治现象的分析中都应考虑结构、价值和技能。我们的数据表明，个人层面的技能对产生于特定社会的政治参与的类型和强度同样具有重要影响。

总之，表11.5显示出在整个认知动员集合（cluster）中，年轻群体比年长群体的排名更高，在参与者潜力方面同样如此。这表明，该维度可能反映了一种动态的过程，不仅仅是一种静态的关系。当然，我们无法确定，除非我们得到足够的时间序列数据。但总体分布与以下观点保持一直，即认知动员过程正在缓慢改造着西方民众。

五、1972 年的新激进主义

相对较高水平的政治技能赋予年轻群体参与更多政治活动的巨大潜力，1972 年的美国总统大选再次证明年轻群体相对较低的投票率，在此之前的运动以年轻激进分子前所未有地渗透到较高层次的政治决策中为特征。1972 年民主党全国代表大会的代表是明显的新人。1968 年的全国代表大会只有 11% 的代表参加了。[30] 新人的出现可追溯到代表选举规则的变化，但这些规则并不是在真空中(in a vacuum)出现的。它们反映了选民中特定部分政治效率的日益提高。

在超过 3 000 名代表中，38% 是女性，15% 是黑人——显著高于此前的任何一次全国代表大会。另一方面，少于 1/10 的代表是工会成员，2/3 的代表之前未从事过任何形式的政府工作。在 1968 年，不超过 3% 的代表年龄在 30 岁以下；1972 年，将近 27% 的代表在 30 岁以下。一项统计数据尤其引人注意：这可能是现代历史上教育程度最高的一次大会。在美国总体人口中，只有将近 4% 的人口具有研究生学历；但有 45% 的代表接受了研究生教育。

过去，大会代表被视为少数能够制造权力的人(king-makers)，他们的社会背景似乎无关紧要。但在某种程度上，这是个可以通过提出动议(initiative)实现其目的的群体，他们取得了在很多情况下违背现有领导人意愿提名的权力。1972 年他们提名的候选人溃败，我们可以推测，在未来的提名中，既有组织会收回失去的领地，但一切回归现状(status quo)是值得怀疑的。对麦戈文的提名代表着一种新型的且日益发展的政治参与方式的突破。

这里，我们遇到最后一个悖论(paradox)。本章我们强调了官僚化技能的重要性。但提名乔治·麦戈文的运动体现了显著的非官僚化的特征。经典官僚主义的四个特征分别是等级制、永久性、非人化和集中控制。在初选赢得提名的成功斗争中，麦戈文运动强调的则与上述特征相反。分权是其口号；新型组织以最小的等级化协作方式和热烈的地方首创精神(initiative)，从头开始聚拢到一起；该运动还强调与个人、与尽可能多的选民保持联系。

这一悖论是显而易见的。经典的官僚化模型是为训练有素的公民极度缺乏的社会所设计的。通过将信息程序精简为一组高度标准化的中央直接控制的程序(routines)，官僚模型使得少数高度专业化的决策者能够控制大量受到适度训练的工作人员(clerks)，他们则管理着大规模的受教育水平较低的民众。麦戈文运动的推动者是那些在交际和组织方面具有较高技能的人。因此,他们有能力减轻标准化和经典官僚等级制的程度,并一直保持某种合理的协调努力。

六、结 论

在一个范围广泛的政治共同体的政治生活中扮演一种有效的角色,其先决条件就是具备特殊的技能。因此,政治技能水平的提升应使得西方民众参与到更高层面的政治生活之中。这些民众可能正在接近一个临界值,在那里,他们可以参与到实际的决策过程而不是将决策权让给相对训练有素的少数人。

注 释

1. 所有 4 个国家的数字,来自:Reader's Digest Association, *A Survey of Europe Today*(London: Reader's Digest, 1970), p.104。

2. 参见 Gerhard Lenski, *Power and Privilege*: *A theory of Social Stratification* (New York: McGraw-Hill, 1966)。

3. 参见 Daniel Lerner, *The Passing of Traditional Society*(New York: Free Press, 1958)。

4. 参见 Karl W.Deutsch, "Social Mobilization and Political Development," *American*, *Political Science Review*, 55, 3(September. 1961), pp.493-514;参见 Karl W.Deutsch, *Nationalism and Social Communication* (Cambridge, Mass.: M.I.T.Press, 1966)。

5. 参见 Gabriel A.Almond and Sidney Verba, *The Civic Culture*: *Political Attitudes and Democracy in Five Nations*(Princeton: Princeton University Press, 1963)。

6. 对这些发现的概括,参见 Lester W.Milbrath, *Political Participation*(Chicago: Rand Mc-Nally, 1965), pp.114-128。

7. 参见 Norman H.Nie, G.Bingham Powell and Kenneth Prewitt, "Social Structure and Political Participation: Developmental Relationships," *American Political Science Review*, 63, 2 and 3(June and September, 1969), pp.361-378 and pp.808-832。

8. 参见 Sidney Verba and Norman H.Nie，*Participation in America：Political Democracy and Social Equality*（New York：Harper & Row，1972）。

9. 对这一点其他证据的引用，参见 Milbrath，Political Participation，pp.134-135。

10. 参见 Walter Dean Burnham，*Critical Elections and the Mainspring of American Politics*（New York：Norton，1970）；Richard F.Jensen，*The Winning of the Midwest：Social and Political Conflict，1888-1896*（Chicago：University of Chicago Press，1971）；and Philip E.Converse，"Change in the American Electorate，" in Angus E.Campbell and Philip E.Converse（eds.），*The Human Meaning of Social Change*（New York：Russell Sage，1972），pp.263-337。

11. 参见 Giuseppe Di Palma，*Apathy and Participation：Mass Politics in Western Societies*（New York：Free Press，1970），这5个国家是意大利、西德、墨西哥、美国和英国。

12. 引自 Di Palma，*Apathy and Participation*，p.12。

13. 参见 Stein Rokkan，*Citizens，Elections，Parties*（Oslo：Universitets Forlaget，1970），Chapter 12。

14. 参见 Norman Nie with Kristi Anderson，"Mass Belief Systems Revisited：Political Change and Attitude Structure，" *Journal of Politics*，36，3（August，1974），pp.540-591。

15. "政治效能感"概念的描述和操作化，参见 Angus Campbell et al.，*The American Voter*（New York：Wiley，1960）。

16. 参见 Converse，"Change in the American Electorate"。

17. 参见 Alan Marsh，"Explorations in Unorthodox Political Behavior：A Scale to Measure 'Protest Potential，'" *European Journal of Political Research*，2（1974），pp.107-129。

18. 关于权力、政权与政治共同体的区别，参见 David Easton，*A Systems Analysis of Political Life*（New York：Wiley，1966）。

19. 参见 Philip E.Converse and Georges Dupeux，"Politicization of the Electorate in France and United States，" *Public Opinion Quarterly*，26，1（Spring，1962）；and Philip E.Converse，"Of Time and Partisan Stability，" *Comparative Political Studies*，2，2（July，1969），pp.139-171。

20. 参见 Glenn and Ted Hefner，"Further Evidence on Aging and Party Identification，" *Public Opinion Quarterly*，36，1（Spring，1972），pp.31-47。参见 Ronald Inglehart and Avram Hochstein，"Alignment and Dealignment of the Electorate in France and the United States，" *Comparative Political Studies*，5，3（October，1972），pp.343-372；and Paul R.Abramson，*Generational Change in American Politics*（Lexington，Mass.：D.C.Heath，1975）。

21. 参见 Herbert F.Weisberg and Jerrold G.Rusk，"Dimensions of Candidate Evaluation，" *American Political Science Review*，64，4（December，1970），

pp.1167-1185。

22. 参见 Inglehart and Hochstein，"Alignment and Dealignment。"

23. 参 见 Gerald M. Pomper，"From Confusion to Clarity：Issues and American Votes，1956-1968，"*American Political Science Review*，66，2（June，1972），pp.415-428；and Arthur H.Miller et al.，"A Majority Party in Disarray：Policy Polarization in the 1972 Election，"*American Political Science Review*，70，3（September，1976），pp.753-758。

24. 参见 Hans D.Klingemann and Eugene Wright，"Levels of Conceptualization in the American and German Mass Publics，"paper presented at Workshop on Political Cognition，University of Georgia，Athens，Georgia，May 24-25，1974。

25. 参见 Miller et al.，"Majority Party in Disarray"。

26. 关于相关发现的总结，参见 Milbrath，*Political Participation*，pp.134-135。

27. 参见 Verba and Nie，Participation in American；and Norman Nie et al.，"Political Participation and the Life Cycle，"*Comparative Politics*，6，3（April，1974），pp.319-340。

28. 参见 Alan Marsh，"Exploration in Unorthodox Political Behavior：A Scale to Measure Protest Potential，"*European Journal of Political Research*，2（1974），pp.107-129。

29. 这一指数由以下个人分值加总而构成：（1）如果人们认为自己能够改变国家层面的某些事情，则得分为＋1；否则为0；（2）如果他能够经常说服朋友、亲戚等等，则得分为＋2；如果只是偶尔或有时，则得分为＋1；如果从来没有，则得分为0；（3）如果他"经常试图让别人确信他是对的"，则得分为＋2；如果他只是"在谈话中保持对等的地位"或"偶尔"表达自己的观点，则得分为＋1；如果他只是倾听或从不讨论政治问题，则得分为0。

30. 这里以及下面的数字，来自关于大会代表团的分析，参见 *New York Times*，July 10，1972，1。

第十二章
狭隘主义、民族主义和超国家主义

一、引　言

正如我们在前面章节中看到的那样,认知动员和转向后物质主义价值的过程似乎都与世界主义而非狭隘主义的认同意识的发展相关联。这种正在改变中的认同意识可能对西方政治有着深远而重要的影响,因为它促进了对一个超国家的欧洲共同体的潜在支持,而随着时间的推移,它可能会导致我们在欧洲所看到的那种国家状态的终结。

这个过程是复杂的,并且决不可能成功。在价值和技能层面的潜在变化与最终将会发生的政治制度的巨大转变之间存在着很大的移动空间(room for slippage)。我们只能说长期的趋势似乎是有利于欧洲民众中民族主义的消亡(即使这种趋势在欠发达的国家中正在增长)。然而,这些趋势有任何真实的重要性吗? 传统看法(wisdom)将民众意见视作欧洲一体化的边际要素。民众意见是否真的扮演着重要的角色? 现如今看来,这个答案确定无疑是肯定的。然而,它并非总是如此。就最初而言,欧洲一体化运动的推动力来自一小部分被高度动员起来的个人。

二、欧洲：从精英共谋转向民众关切

欧洲共同体的成立旨在希望通过废止独立国家的方式来消除西欧国家间发生战争的可能性。[1]这个目标在随之而来的一系列逐步升级的战略中被采纳，因为人们意识到，德国和它的邻国之间新一轮的战争可能会毁灭其社会和人民。

1870年到1871年间的普法战争导致数千人丧命，并引起了大范围的苦难，并留下了痛苦的后遗症，使得法德之间的另一场战争几乎不可避免。这个血淋淋的结果一旦发生，即超出每一个人最狂热的预想。由于采用新的和致命性的科学技术，第一次世界大战导致了大约700万人丧生以及数百万人伤残。欧洲的绝大多数国家被卷入这场冲突中。再一次，和平让步于另一场战争带来的痛苦和仇恨。

第二次世界大战是人类史上的最大悲剧。其间，1 500万人在战争中丧生。然而，对平民的屠杀更加令人震惊。世界上一半的犹太人被屠杀，整个民族几乎在这场屠杀中消失，3 000万到4 000多万平民在屠杀中丧生。

二战的结果是留下了比一战后更深重的民族仇恨。但是，历史这一次走向了不同的方向。1940年和1945年战败国的领导人决定对一系列安排进行制度化，以使他们互相之间不可能再发生战争。在1952年，欧洲煤钢联盟(European Coal and Steel Community)的产生整合了西德、法国、意大利、比利时、荷兰以及卢森堡的钢铁企业。该联盟的范围没有超出国际联盟或是联合国，但在一个至关重要的方面却远远超过了这些组织，即煤钢联盟赋予了这个超国家组织真正的权力。在一个有限但重要的领域，欧洲权力可以控制国内政府。煤钢联盟是欧洲迈向统一的稳健开始。与此同时，它为欧洲共同市场(European Common Market)和欧洲原子能共同体(Euratom)在1958年的产生铺平了道路，极大地拓宽了在这6个煤钢联盟国家间一体化的范围。这三个组织后来合并为欧洲共同体,继续强化欧洲共同体的功能,并扩展其地理范围。

欧洲煤钢联盟由少数技术官僚型精英(technocratic elite)发起成立,并且几乎是以一种密谋的方式进行的。在最初的若干年中,欧洲民众只是隐隐约约听说过它,很少关心这个新兴的欧洲组织。哈斯(Hass)在早年的著作中即提到,为了理解欧洲一体化进程,"只需要从参与国中挑选出政治精英来研究他们对一体化的反应并且评估他们的态度变化即足够"[2]。哈斯的说法完全符合制度化的欧洲一体化起初十年左右的情形。但是,到1962年,欧洲共同体机构取得了一连串显著的成功。欧洲民众越来越熟悉这些机构,并且倾向于把他们正享受的和平与繁荣与这些组织联系起来。[3]

然而,这些发展在宏观事件层面是不易察觉的。相反,在20世纪60年代中期,欧洲民族主义似乎正在上演壮观的回归大戏。在德国,国家民族党在选举中的成功引发了对民族主义极端邪恶形式可能复活的广泛担忧。尽管没有公开宣称自己为新纳粹政党(那是非法的),但是国家民族党在一系列令人警醒的问题上表现出了一个早期纳粹党(Brownshirt)的心态。他们势力的增长使得德国与东欧邻国关系正常化的前景似乎变得黯淡。

在法国,戴高乐联盟对民族声望的追逐达到了顶峰,他们强调荣耀、威慑力与全方位的防御(with emphasis on gloire, the force de frappe, and défense à tous azimuts)。英国克服了早期不情愿与欧洲大陆国家共享命运的理念,寻求加入欧洲共同市场。但是在1963年和1967年,戴高乐将军单边否决了英国成为成员国的申请。与此同时,一系列旨在巩固欧洲共同体组织并且赋予其独立财政资源的影响深远的提案,都因法国持续六个月的抵制而搁浅,威胁到欧洲组织,几乎使其瘫痪。亲欧洲精英(pro-European elites)转而士气低落和消极悲观,到处充斥着欧洲一体化走到了尽头的情绪。

然而,在这些事件的背后,有证据显示,在法国以及欧洲共同市场其他国家民众中,有大量的人支持欧洲一体化。[4]法国政府反对超国家一体化的事实似乎反映出部分法国民众根深蒂固的民族主义,不如相对小部分精英尤其是其中最有权力者——戴高乐将军的偏好强烈。

在 1967 年,戴高乐仍继续把持权力似乎变得不太可能(其已年近 80 岁)。他与欧洲共同体之间的斗争削弱了他在法国民众中的威望。在 1965 年的总统选举中,大量之前可以依靠的选民抛弃了他,这在很大程度上可归因于他对共同市场的抑制。任何可能的继任者都需要妥协性地靠近"亲欧洲"这个中心。精英和民众舆论数据分析发现,随着戴高乐的下台,法国的外交政策将迎来一个重要的转变。因此,我们推测,当戴高乐下台后,法国对英国进入共同市场申请的否决将会被重提,法国对超国家的欧洲一体化的反对将消除,并且它与美国的关系将由对抗转为合作。[5]

戴高乐将军在 1969 年 4 月下台。同年 12 月,他的继任者在海牙召集了一次欧洲峰会。在这里以及后续的谈判中,6 个欧共体成员国一致赞同重启英国加入欧共体的谈判,且决定组建欧洲经济和货币联盟,并给欧洲机构以独立于国内政府的财政支持。欧洲一体化再次启动。

到 1972 年,民众舆论对欧洲一体化的影响得以证明。与接纳新成员加入欧洲共同体的谈判相关联,5 个国家分别进行了全民公投。

在一种情况下,全民公投的结果有可能被认为是虚假的。法国选民被要求同时对下列两个事项表示支持:(1)扩张欧洲共同体的政策;(2)乔治·蓬皮杜政府。这两个事项的确没有必要捆绑在一起,很多法国人认为这是一个意味深长的问题;投票者中有 68% 的人投了赞成票,但弃权率高得令人困惑。尽管如此,蓬皮杜政府还是扭转了戴高乐政府最富争议的政策之一。这次公投的措辞可能是有些并不清晰,但是事实上,法国政府寻求对新政策的信任投票这一事实,至少反映出法国对事关欧洲一体化的民众舆论的敏感。

1972 年的其他四次公投相对而言比较直接。在每一次公投中,该国公民都被召集去决定他们的国家是否应该加入欧洲共同体(瑞士除外,其投票仅限于一个委员会而不是全体公民)。爱尔兰的绝大多数人都投了赞成票,并且爱尔兰加入了欧共体;挪威人投了否决票,挪威就没有加入欧共体;丹麦人投了赞成票,丹麦加入了欧共体。最终,瑞士委员会也投了赞成票,他们的政府也依此行动。民众投票和政府决策之间存在 1.00 的关联度。

但是,可能所有案例中最让人感兴趣的是英国,该国没有公投。保守党和自由党官方支持成为欧共体成员,而工党则表示反对;但是,事实上,关于这个问题,两大党派分歧严重。因为公投与英国的政治实践相悖,加入欧共体与否取决于议会下院的投票。人们一般推测,习惯顺从的英国民众将跟随他们的领导者。但是在这个问题上并非如此。调查显示,舆论反复无常,即使在 1973 年 1 月英国加入欧共体后,多数民众仍然反对加入欧共体。这种多数人的反对之声直到 1973 年到 1974 年依旧盛行。

1974 年,工党上台执政。那一年之后,工党决定就英国是否应该继续留在欧共体举行全民公投。但是,这次民众转而支持留在欧共体中。在 1974 年末,仅有微弱多数的民众表示支持;到 1975 年 2 月,支持留在欧共体的力量完全超过反对的力量。在 3 月中旬,由于欧共体成员身份带来了比先前协商的有利得多的财政条件(more favorable financial terms),英国工党政府改变了其立场。在随后的公投中,尽管大约 1/3 的工党大臣反对,但工党内阁中的绝大多数人支持英国继续保留欧共体成员资格。

表 12.1　英国公民投票前对成为共同市场成员的支持和反对[a]

	1973 年 9 月	1974 年 5 月	1974 年 11 月	1975 年 2 月[a]	1975 年 3 月 5—10 日	1975 年 3 月 20—24 日	1975 年 4 月 1—6 日[a]	1975 年 4 月 4—7 日
赞成加入欧共体	31%	39%	36%	48%	52%	59%	60%	57%
不赞成加入欧共体	34%	33%	33%	34%	36%	30%	28%	31%

	1975 年 4 月 15—20 日[a]	1975 年 4 月 17—21 日	1975 年 4 月 23—28 日	1975 年 5 月 1—5 日	1975 年 5 月 7—12 日	1975 年 5 月 21—27 日	1975 年 6 月 5 日 实际结果
赞成加入欧共体	56%	57%	58%	57%	60%	59%	67%
不赞成加入欧共体	28%	28%	30%	33%	29%	31%	33%

注:a 1973 年与 1974 年的结果基于对这样一个问题的回答:"一般来说,您认为对于英国而言,成为共同市场的成员国是好事、坏事或不好不坏?"这些调查是由欧共体发起的,田野调查由 Gallup Poll, Ltd.完成。1975 年结果基于对这样一个问题的回答:"您认为英国应该留在欧共体(共同市场)吗?"提问的两种方式不同,但结果相似,并且能够很好地预测现实的投票情况,正如第 354 页(中文版第 316 页)所说明的那样(结果加起来不等于 100%,因为无关的和不确定的数字没有显示)。

从 1965 年到 1975 年的调查数据清晰地显示,当某个政党支持或者反对加入共同体时,该政党的选民也会共同支持其领导者的立场。然而,同样明显的是,多数英国民众观点的转变是先导于而非跟随其政党领袖的。工党两次转变他们的立场即是例证。

工党在 1964 年到 1970 年执政期间积极地寻求共同体的成员资格。在保守党上台之后,尤其是戴高乐两次否决了英国的申请后,民众开始厌倦欧共体的成员资格,工党也随之转变了他们的立场。工党的两次立场转变可以归纳出这样一个事实,即毫无疑问,该党曾尽力为英国的成员资格而讨价还价。但是,忽视这样一个事实无疑是幼稚的,即这种转变仅仅发生在民众态度转变使之成为全民公投活动中一种可行的政治策略后。在这一领域,精英影响着大众,反之亦然。正如伊斯顿所言:"民众和决策者通过一种反馈的关系而联系在一起。"[6]

在 4 个申请加入欧共体的国家中,事实上仅有 3 个国家最后加入其中。在每一个例子中,甚至在英国,民众的观点最终都是决定性的要素。民众的观点是否在欧洲一体化中扮演一个重要的角色不再是一个问题,问题在于何时扮演这个角色。

在什么样的条件之下,民众的观点会对欧洲决策产生最大的影响呢?这取决于本书一直强调的三个变量,即技能、价值和结构之间的相互作用。

1. 技能。技能具有显而易见的重要性。从短期看来,问题在于"民众对特定问题的知晓与觉醒程度如何?"从长期来看,关键的问题在于"有多少民众是懒惰的狭隘主义者,又有多少民众是训练有素的参与者呢?"正如我们在前面的章节中谈到的,认知动员的过程强化了民众与外交政策决策的关联。

2. 价值。它本身就是一个价值的问题。只要特定的问题只涉及表面的偏好(Insofar as a given issue taps only shallow preferences),精英就可以很容易地引导民众;但是,当相对根深蒂固的价值被挑战时,精英只可以缓慢地改变民众的观点,并且十分困难。在相当大程度上,他们受制于民众的观点。

3. 结构。然而,价值或是个人的技能当然并非处在真空中。我们还必须顾及宏观政治环境,其中一个重要方面就是国家决策制度的结构。

它们倾向于这个制度谱系中多元的一端呢还是单一的一端呢（Do they tend toward the pluralistic or monolithic end of the spectrum）？只要在不同的决策者团体之间存在着组织化的竞争，它们就可能相互竞价以获得民众的支持。相反，只要没有真正的替代选择提供给民众，它的影响可能将非常微弱。

因此，只要戴高乐是能够掌控法国的唯一者，法国民众就别无选择，只能接受他的外交政策。相似地，只要英国主要政党都继续致力于取得欧共体的成员身份，就不会有人为了这个立场而去冒付出政治代价的风险。只有当英国工党打破常规时，民众的偏好才变得至关重要。另一方面，如果工党没有根据那时公共舆论的分布看到重获支持的机会，工党领袖是否会改变其立场也是值得怀疑的。

一国的决策结构是重要的，但是我们也必须考虑到超国家结构。6 个创始成员国的公众在欧洲机构的领导下已经生活多年；而这 3 个新的成员国的公众则仅是从 1973 年才有这种经历，并且（正如我们下面将要看到的）这 6 个创始成员国的民众和这 3 个新的成员国民众的态度存在鲜明的对比。在法国、西德、意大利以及比荷卢经济联盟中，我们发现存在一种广泛的、根深蒂固的以及稳定的亲欧洲共识（pro-European consensus）；民众的态度似乎对外在影响有抵抗力。通过对比，我们发现，在英国、爱尔兰以及丹麦，对欧洲一体化的支持不够广泛；这些态度并不那么严格地与一个人的总体价值观一致，态度相对而言是易于变化的，且更加容易被社会政治环境和精英诱导所影响。

这 6 个创始成员国和 3 个新的成员国民众之间的对比似乎没有反映各个国家的政治文化。尽管存在着重大的文化差异以及在亲欧洲（pro-Europeanness）程度上也存在着巨大的根本差距，但是这 6 个创始成员国在支持欧洲一体化这个问题上有着高度的共识；然而，这 3 个新的成员国的民众的态度仍旧与这 6 个创始成员国的民众态度存在巨大的差异，并且它们互相之间也各不相同。

有趣的是，我们发现那些在欧共体之下生活了很长一段时间的人倾向于支持欧洲进一步的一体化。但是，成员国身份的影响超出了这些，它似乎改变了一个人基本的政治认同意识。

三、欧共体内世界政治认同感的产生

为了分析民众态度的长期趋势，相比于人们常做的询问对当前问题的看法，我们必须进行更深入的探究。我们在 1973 年的调查中设计了一个问题，即探究人们的基本地缘政治认同意识（sense of geo-political identity）。其选项包括：

在下面的地理单元中，您认为自己首先属于其中的哪一个？……其次呢？

——您居住的地方或者乡镇。

——您生活的地区或是省。

——（英国、德国等等）整个国家。

——欧洲。

——整个世界。

正如我们可能预料的那样，受访者所属的国家是最为普遍的选择：绝大多数人把它放在首位，或是其次；在我们调查的 10 个国家中，分值最低的是比利时，为 53%，这个国家正经历国家认同危机。但是，比利时绝非原始忠诚的普遍关注焦点（a universal focus of primary loyalty）。对家乡的认同意识令人吃惊地广泛，事实上在比利时、丹麦以及西德等，其排序非常靠前。对某个特定的省或是地区的认同意识相对也比较广泛，尤其是在比利时和丹麦。

相对而言，几乎没有受访者对欧洲或是世界整体有任何的效忠之情，这一点并不令人奇怪。然而，超国家的忠诚的确存在。在西德、意大利以及荷兰，这类忠诚最为盛行。在这些国家当中，超过 1/3 的民众感觉他们属于一个超国家的单位，并将这一选择放在首位或次位。超国家的效忠感在丹麦、爱尔兰以及英国这 3 个新的欧共体成员国中最不普遍，分值在 16%（丹麦）到 28%（英国）之间徘徊。美国民众的得分也降至这个范围，仅有 20% 的美国人对西方世界或是世界整体有认同感。

在这9个欧洲国家中,支持各种各样的推进欧洲一体化议案的民众占有较高的百分比,有时甚至是压倒性的多数。然而,这些问题没能触及一个人基本的认同意识。在1973年我们调查的10个国家当中,仅有少数人具有超国家的政治认同。然而,他们似乎代表了支持超国家政治一体化的中流砥柱,即使在最为艰难的情形之下,这个群体也会支持欧洲一体化进程。

在这6个创始成员国的民众中,对某个单元(unit)的归属感广泛地强于对国家的归属感。这一模型毫无疑问地说明,欧洲共同体身份已经促进了超国家认同的产生。这6个创始成员国中的超国家认同意识都高于剩下的4个国家。这6个创始成员国的民众更有可能感到他们属于欧洲,当然这种态度也可能溢出,演变为对整个世界的认同感。那些首选自己属于欧洲的民众也更有可能把属于整个世界作为他们的第二选择;并且,这6个国家中的民众对世界整体有着更高的认同率(尽管英国和美国的民众在这方面的排位也相对较高)。

长期的欧洲成员身份似乎产生了相对较强的超国家认同意识。这也许可以归结为以下事实,即欧共体6个创始成员国的民众认为,在其生活的年代里,成员国身份已经带来多方面的利益。因此,共同体能够产生并积蓄"弥散支持"(diffuse support)(用伊斯顿的话说)。但1952年组成煤钢联盟的六国在1958年再次组成共同市场是否因为这些国家一直具有一种超国家的政治立场? 我们可以明确地回答,"不是"。首先,1950年代的调查数据显示,法国的超国家政治意识不如英国。进一步说,1973年调查表明,六国的民众如今之所以具有相对较高的超国家认同意识,是因为他们正在经历某种变化。表12.1指出了这一点。在所有10个国家中,年轻群体比年长群体更可能具有超国家的忠诚。但是,六国正在经历某种变化的证据比其他任何国家都要明显。6个创始成员国的民众因年龄产生的(age-related)差异要比其他4个国家的民众更为显著。英国55岁以上的民众相比于法国或比利时同一年龄段的民众而言,更倾向于超国家的政治立场;只有在最年轻的群体中,英国的数据才落后于他国。而当我们将视线从年长群体转向年轻群体时,美国的样本显示出超国家认同意识相当明显地增强,而这一趋势在爱尔兰和丹麦并不明显。

　　另一方面,在欧共体6个创始成员国中,各年龄群体之间变化的强度是均匀的。只有16%—27%的最年长群体具有某种超国家认同。在最年轻群体中,这一数字的范围是40%—50%。这一明显的变化令人印象深刻。在成长于欧共体机构下的民众当中,接近一半的民众都会显示出超国家认同意识。这一相对世界主义的政治立场似乎并不是与生俱来的。在并未经历长期的欧共体成员身份的4个国家中,在相同年轻群体中,只有16%—34%的民众持有世界主义观念。6个创始成员国的民众在发展超国家归属感方面已取得长足的进步。英国、爱尔兰和丹麦的民众也将会朝着这一方向发展。

　　但超国家认同的存在不能完全归因于欧共体成员身份的影响。因为,在其他4个国家中,相当多的民众也具有超国家认同意识——其中3个国家刚刚加入欧共体,另一个国家甚至还不是未来成员(prospective member)。如果说6个创始成员国比其他国家的超国家认同意识更强,那么这一差异可归因于成员国身份的长期效应;但超国家认同意识的维持必然涉及其他原因。个体之间两种正在起作用的进程似乎至关重要。一是认知过程,一是评价过程。

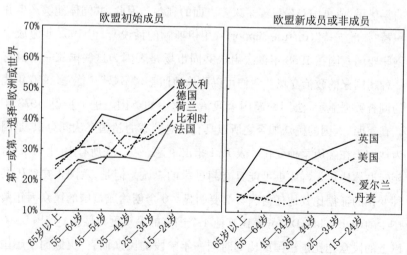

图 12.1　依年龄划分的具有超国家认同意识的人的比例

1973年调查中关于"最愿意归属的地理单元"第一或第二选择中说"欧洲"或"整个世界"的人所占的百分比。对于美国公众,超民族的替代选择是"西方世界"和"整个世界"。

在第二章中我们曾提到,只要个人专注于人身与安全需求,他不大可能再把精力投入更多的长远关切(distant concerns)。因此,价值变化的过程有助于一种世界主义政治认同的产生。然而,这并非不可避免。后物质主义可以通过多种其他方式摆脱物质主义关切。民族国家的存在理由(raison d'être)是为了维持秩序并保卫其人民和财产免受外部侵害。相比于其他类型,后物质主义的偏好之中较少关注这些问题。因此,后物质主义对超国家主义导向更加开放,但其意图可能转向内部某种范围更狭隘、更具凝聚力的忠诚核心。正如我们所看到的,在佛兰德民族主义案例中,后物质主义朝向两个方向,既强调少数民族群体更多的自治,又支持欧洲一体化。

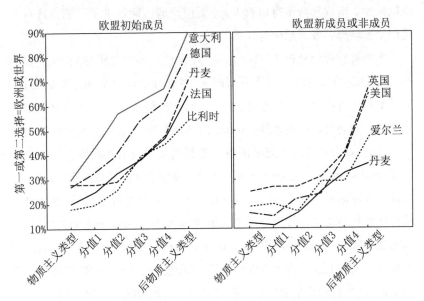

图 12.2 依价值类型划分的具有超国家认同意识的百分比(1973 年)

关于"最愿意归属的地理单元"第一或第二选择中说"欧洲"或"整个世界"的人所占的百分比。

总的来说,后物质主义拥有比物质主义更为广泛的归属感。正如图 12.2 显示的,这一趋势普遍存在于我们的数据涉及的 10 个国家中。如果将欧洲作为一个整体来看,只有 23% 的物质主义群体认同"欧洲"或"世界"。在价值谱系的后物质主义一端(end of the spectrum),足有 65%

的受访者至少认同超国家主义单位中的某一类。个体的政治偏好与其是否具有世界主义或狭隘主义的政治立场似乎是相关的。但另一种个体层面的过程同样重要。在之前的章节,我们探讨了政治参与中认知动员的影响。现在,我们来考察它与超国家忠诚发展之间的联系。

四、认知动员过程

自二战以来,西欧的正式教育平均水平得到迅速提升,同时农村人口急剧减少。电视和汽车得以普及,为更广泛的沟通提供了可能。这对于超国家忠诚感的发展意味着什么?

多伊奇机智地分析了"社会动员"过程。[7]在多伊奇研究的 19 世纪和 20 世纪早期的欧洲以及当代新型国家,尽管社会动员呈现出新的方面,但其基本因素在西欧仍然起作用。的确,它们使得欧洲民众超出了新的临界值。问题是,"这些事件(events)的结果是统一的还是分裂的?"

过去,社会动员过程充满困难。尤其当某一政治共同体具有多民族特征(multiethnic in character)时,任何小规模的动员都有可能因语言、宗教或部族原因而出现分裂(fragmentation)。多伊奇指出,异质的少数民族群体的社会动员会鼓励分离主义运动(separatist movement)的发展,从而撕裂共同体,如奥匈帝国(Austro-Hungarian Empire);当然,人们还可以在这一列表上加进许多新近的例子,如印度、尼日利亚和巴基斯坦。总的来说,这些运动都是由特定族群中受过良好教育的成员领导的。

当社会动员避免了上述分裂趋势时,往往会导致强烈而激进的本身充满危险的民族主义形式。新近动员起来的人口中过度的民族精神可能鼓动(甚至迫使)国家的决策者执行军国主义政策(jingoistic policies)——就像 19 世纪末期和 20 世纪初期的法国、德国和日本那样,今天的第三世界有时还会发生类似事情。当前的社会动力(social dynamics)可能会将越来越多的欧洲人日益整合到世界性的交际网络中。但是,整合到哪种交际网络中呢?是国家的,还是超国家的?

　　我们应该注意到,在大多数情况下,西欧的正式教育和电视广播网络都是由各国政府直接或间接控制着的。可想而知,教育和电子通讯可用于发展强烈和排外的民族主义。尽管各国政府控制着教育与通讯以及作为接受者产生于本国内部的占绝对优势的大众传媒,但看起来,在当代西欧,越来越容易接受到的正式教育和大众传播,似乎有助于欧洲一体化以及国家一体化。[8]

　　这本来就不是民族主义对超国家主义观念的问题,而是狭隘主义对世界主义的问题。在我们 1973 年的调查中,那些声称自己首先从属于某一国家的受访者,相比于那些认为自己最亲近于他们生活的村镇、省份或地区的受访者而言,在很大程度上更可能认同欧洲或世界。在当前的欧洲,从民族主义视角(而不是狭隘主义视角)看问题的民众更有可能认同超国家的政治单元。这两种层次往往会作为一种世界性沟通网络而非分裂的竞争性网络在起作用。简言之,社会动员的关键方面在欧洲仍在进行当中,它推动着一种支持欧洲政体运动的发展。

　　如果认知动员的后果之一是连结遥远的角色与地位的能力日益增强的话,那么高等教育的扩张可能对欧洲一体化具有重要意义。事实是,欧洲机构相距遥远(至少对目前而言),其与普通公民的联系不如国内政府那么直接,鉴于这一事实,支持欧洲机构的民众动员必将需要一种相对较高水平的认知动员。

　　认知动员提高了个体接收和理解与遥远的政治共同体相关信息的能力。同样地,这一进程是必要的,但还不足以支持欧洲共同体的发展:在产生忠诚感之前人们必须清楚地认识到这一点。进一步说,只要认知动员有助于欧洲机构变得更加亲切更少威胁,它就会鼓励继续支持欧洲一体化。

　　但认识到这一点并不必然带来有利的感受(favorable feelings),人们接受到的信息内容才是至关重要的。但对于那些在政治沟通中政治意识和技能水平较高的人而言,这至少会为人们认同某个超国家政治共同体提供有利的机会;反之,可能性则比较低。

　　验证前面的假设并不容易。因为认知动员指的是技能的提升水平,而人们在公共舆论调查中不太容易测量其技能。但我们 1973 年的调查包括了某些选项,可作为政治技能的有效指标,正如我们在之前章节中所提到的。其中一个选项是:"当您(自己)持有某种强烈的观念时,您曾经说服您的朋友、亲戚或同事接受这一观念吗?"(如果回答"是",则问):"这种情况是经常发生,偶尔或者很少发生?"在全部9个国家中,对这一问题的回答与对另一个问题的回答息息相关:

"当您和朋友在一起时,您会说自己经常、偶尔或从不讨论政治问题吗?……(如果是经常或偶尔,则问):这一卡片上(出示卡片)的哪种表述最适合描述您自己在这类讨论中的情况?"

——即使我有自己的观点,我通常也只是在听。

——大多数情况下我只是在听,但有时也会表达自己的观点。

——在交谈中我处于对等的地位。

——在交谈中我不仅会坚持自己的观点;我经常试着说服别人,使他们相信我是正确的。

这些问题无疑在某种程度上反映了个体的政治兴趣。但个人就政治问题说服他人的倾向同样反映着他的政治技能。根据沟通的两级流动(two-step flow of communications)假设[9],在政治讨论中表现得更为积极的参与者可能倾向于国家范围的沟通网络,且可能具有相对世界主义的认同感。我们的数据很清晰地显示出上述观点同时适用于9个国家的民众。表12.2显示了我们调查的9个国家样本中的这类关系。在那些从未讨论过政治的受访者之中,只有21%的人感到他们从属于某种超国家的政治单位。这一比例随着政治讨论活跃度的提升而有规律地提高。在那些经常说服他人其观点是正确的受访者之中,45%的人表达了某种超国家主义认同。

表 12.2　依政治讨论活跃度划分的超国家认同意识

(9 国综合样本中认同"欧洲"或"世界整体"的百分比,1973)

从不讨论政治	21%	(4 813)
只是经常听人讨论	28%	(747)
多数情况下听,有时表达自己的观点	30%	(3 145)
讨论中处于对等的地位	38%	(3 395)
常常试图说服别人	45%	(1 122)

对上述两个问题的回答与个体信息和接受正式教育的水平呈现相当强烈的正相关关系——而信息和教育这两种变量又是政治技能的有效指标。反过来,这两种变量同样还是超国家认同意识的强有力的指标。在那些仅仅具有初等教育水平的受访者之中,22%的人具有超国家认同意识;对于那些接受过大学教育的受访者而言,这一数字为46%。相似地,在那些无法说出共同市场的任何一个成员国名字的受访者之中,19%的人具有超国家认同意识;对于那些可以说出全部9个成员国名字的受访者而言,43%的人为超国家主义者。

基于刚刚讨论过的三种变量,我们建构了一个认知动员指数。[10]这一新变量比其他任何组成要素都更有力地"解释"了狭隘主义与超国家主义之间的不同。但它不能替代价值类型作为解释性变量。认知和评估过程都有助于超国家认同意识的存在。正如表12.3所显示的,认知动员指数和价值偏好指数的综合效应导致个体认同意识的方差巨大。认知动员中排名最低的受访者(也就是说,那些从不说服朋友接受他们的意见、从不讨论政治和那些无法说出任何一个共同市场成员国的受访者)不太可能具有超国家主义认同意识。但这种可能性部分取决于个体的价值类型。这一群体中的后物质主义者中,有25%的人是超国家主义者;物质主义者中,只有12%的人是超国家主义者。在那些认知动员水平较高的受访者之中,即使物质主义者,认同超国家主义的比例也比较高——37%。但后物质主义者中,足有69%的人具有超国家主义倾向。

表 12.3　依认知动员和价值类型划分的超国家认同意识

认知动员指数分值	价 值 类 型					
	物质主义 (分值＝0)		中间状态 (分值＝1—2)		后物质主义 (分值＝4—5)	
低:0	12%	(695)	14%	(341)	25%	(28)
1	18%	(1 202)	21%	(622)	44%	(99)
2	22%	(1 317)	27%	(840)	40%	(174)
3	24%	(1 396)	29%	(862)	53%	(354)
4	33%	(1 351)	36%	(883)	61%	(481)
高:5—6	37%	(498)	45%	(377)	69%	(287)

包括了上述变量及一些标准社会背景变量的多变量分析显示,民族、价值类型、认知动员(以这样的顺序)是三种最重要的狭隘主义与超国家主义认同意识的预测变量。三种变量中各变量对个体归属感具有独立的影响,其他变量相对不那么重要。受教育水平更高、更富裕、更年轻且居住在较大城市中的受访者更可能具有超国家忠诚感,但这些特征本身的意义不大:当我们控制三种主导预测变量时,他们的影响就会消失。

欧共体成员身份似乎促进了超国家主义忠诚的出现,尽管这可能部分归因于这样的事实,即欧洲组织诞生于一个尤其繁荣的时代。3个新的成员国的加入恰逢出现了不利的经济环境,欧洲组织可能要承担部分责任。可想而知的是,超国家主义共同体中的成员身份培养了一种更具世界性的政治立场。在某种程度上,某种政体会随着时间流逝而获得合法性,仅仅因为它变得更加熟悉,事情发展的正常顺序往往如此。无论在何种情况下,如果认知动员和后物质主义价值变化过程继续,具有超国家主义倾向的欧洲人的比例应随时间推移而逐渐提高。

五、对欧洲一体化支持的演变

我们已集中关注了普遍的可能也是基本的态度:即个体对相对狭隘主义或世界主义的政治单位的归属感。现在让我们转而关注某些更为具体并具有直接政治关联性的问题:对欧洲一体化不同形式的支持。

正如我们预想的,相比于那些持某种狭隘主义政治立场的民众而言,那些认同某种比国家更大的地域单位的民众更有可能支持欧洲一体化。但这一普遍态度并不会自动地转变为特定问题的立场;而且,不同国家的人们差异较大。

在大众对欧洲一体化态度最显著的特征方面,6个创始成员国和3个新的成员国之间又一次表现出不同。6个创始成员国的民众已在超国家主义制度下生活了多年。到我们1973年调查时,共同市场的建立已过去了16年,欧洲煤钢联盟也已经建立21年。超国家主义认同已相对普遍,欧洲一体化的倾向已内化进个体的态度结构中。但这3个新的成员国加入共同体是在1973年,当时正是充满经济危机和争端的时期。

6个创始成员国的民众明显更倾向于支持欧洲一体化的具体建议,正如他们更倾向于具有超国家主义的认同意识一样。有证据表明,6个创始成员国相比较于其他3个国家,赞成欧洲一体化的态度与个体基本价值和认同意识的结合更为紧密。因此,6个创始成员国对欧洲一体化的支持似乎相对基础深厚且稳定;在其他3个国家,民众的想法更加易变,且更具有可塑性(malleable)。

表12.4显示了这一模型的一个方面:相比于其他3个国家,6个创始成员国的民众对欧洲一体化的支持或反对态度,与个体的基本归属感关系更加紧密。这些关联性基于上述讨论过的地理认同(geographic identity)选项,再加上支持或反对欧洲一体化的无偏见指数(broad-gauge index)。[11]在整个欧共体的6个创始成员国中,支持一体化与个体归属感之间存在强烈的相关性。在3个新的成员国的民众中,只有英国显示出一种相对较强的相关性——可能是因为在相对较长的一段时期内,欧共体成员身份问题一直都是英国政治中的一个很突出的问题。如果将这3个新的成员国的民众视为一个整体,他们在欧洲一体化中采取的立场似乎较少反映出潜在的狭隘的世界主义认同意识,更多的则是当前环境和政治精英暗示的结果。

表12.4 支持欧洲一体化与地理认同意识的相关性

创始成员国的民众		新成员国的民众	
比利时	0.31	英 国	0.26
西 德	0.29	爱尔兰	0.15
荷 兰	0.26	丹 麦	0.13
意大利	0.26		
法 国	0.26		
平 均	0.28	平 均	0.18

我们可以更加深入地来阐释这一模型。它同样适用于认知因素。对一体化的支持和对欧共体的了解(以个人说出某些或全部成员国名字的能力来显示)之间的相关性在6个创始成员国强于其他3个国家。这一相关

性在六国中的任何一个国家都要强于三国中的任何一个国家;总而言之,6个创始成员国中的这一相关系数差不多是3个新的成员国的2倍。

表12.5为同样广泛的此类现象提供了更多的证据。在整个6个创始成员国(可能除意大利以外),对一体化的支持与个人价值偏好紧密相关。在3个新的成员国的民众之中,这一相关性比较微弱,就丹麦而言,其相关系数通常是负值。该发现似乎出人意料,因为事实上,在全部9个国家(甚至在丹麦),后物质主义者更可能持有某种超国家主义认同意识。据此,在各国之中,除丹麦以外,后物质主义者相比于物质主义者而言更加支持欧洲一体化。但在丹麦,这一关系则相反,后物质主义者较少亲欧洲。这一负相关尽管程度适中,但相关性还是太强,不能仅被看作统计上的失误(statistical accident)。这似乎反映了某种真实且有意义的关系。简言之,后物质主义价值和亲欧洲政策偏好之间的相关性并非普遍法则的结果,只是一种可能性的(probabilistic)趋势。丹麦对普遍模型的逆转(reversal)反映出,尽管后物质主义者往往具有超国家主义倾向,但他们还有一种更强烈的倾向即支持左翼。在我们的调查中,很多丹麦的左翼政党对成为欧共体成员非常敌视。[12]这是不是丹麦左翼政党的一个孤立的巧合(isolated quirk)?并不是。当从历史视角进行审视时,会发现很多相似的案例。下面我们来考察自1952年以来关于欧洲一体化支持情况的演变。

表 12.5 支持欧洲一体化与价值偏好的相关性

(亲欧洲指数与12项价值指数分值间的积矩相关系数)

创始成员国的民众		新成员国的民众	
比利时	0.26	丹 麦	−0.10[a]
荷 兰	0.23	爱尔兰	0.15
德 国	0.22	英 国	0.08
法 国	0.20		
意大利	0.12		
平 均	0.21	平 均	0.03

注:a负号表示后物质主义不如物质主义亲欧洲。卢森堡因样本太小而被排除(r = 0.18)。

好的时间序列数据总是不容易找到。最有效的指标是在 20 世纪 50 年代和 60 年代美国新闻署（USIA）的一系列调查中问及的一个问题，该问题在 70 年代欧共体的调查中以修正形式再次出现。最初的问题是："一般而言，您对统一西欧是支持还是反对？"欧共体调查中的版本是："您会认为自己非常支持、比较支持、漠不关心、不支持或完全不支持欧洲统一吗？"[13]尽管问题的措辞有所变化，但这两种版本都旨在考察人们对欧洲统一的一般态度是支持或是反对。这是多年以来唯一被重复问及的相关选项，因此它非常宝贵。但是很显然，无法将其视为测量支持水平（support levels）的一种绝对方法。比问题的措辞变化更为重要的是，它有一个漂浮不定的参照物（floating referent）："致力于统一欧洲的努力"。在 1952 年，这一时期产生了相对温和的煤钢联盟；在 1957 年，人们可能会想起共同市场。在 70 年代中期，人们讨论的是更为宏大的计划，包括直接选举欧洲议会和一个强有力的欧洲委员会主席这样的目标。简言之，我们必须慎重地阐释对这些选项的回答。既然在某一年一体化成为了一个问题，那么测量某个时间点上某些国家以及每个国家内部某些人群的相对支持水平，就是一个好主意。但我们要清楚地认识到，这些选项涉及的事件在不断升级，以至于实际上，在 1975 年，这一问题变得比 1952 年更加费力。这一点格外真实，基于下列事实，即在欧共体调查中，"漠不关心"被明确地作为一种可能的替代选项；而在 1970 年之前，它归属于多余类别（residual category）。提出"漠不关心"的选项往往会导致此类答案的增加。由于我们下面的分析只是基于那些表示赞同的答案（favorable response），事实上，"漠不关心"被当作一种否定回答（相当于没有回答一样）。

基于这一认识，我们再来看图 12.3，该图显示了在 23 年的时间段内对上述问题的回答的升降情况（rise and fall）。[14]该模型揭示了几个重要的问题。首先，我们需要注意早于 1958 年——欧共体在这一年开始运行——全部 4 个国家的回答都发生了波动，显然是对当前事件做出的反映。当然，我们无法证明其中的因果联系，但貌似可以假设，1952 年朝鲜战争以及煤钢联盟成立，形成了对欧洲一体化最早的推动力。朝鲜对韩国的军事进入使西欧感到惧怕，认为西欧下一步也可能面临这个问题；同

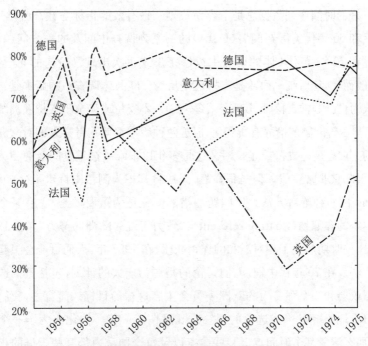

图 12.3　支持欧洲统一的态度演化（1952—1975 年）

　　基于"赞同""致力于欧洲统一"的百分比。缺失数据包括在百分比基数当中。因此，在 1952 年时，70%的德国公众是赞同的，10%是反对的，20%不确定或者没有想法。

　　时，钢铁企业的一体化成就使人们感觉到进一步的一体化是可行的。相对应的，1954 年欧洲防务共同体（European Defense Community）的失败可能降低了士气，导致支持力度的倒退；而对战争的新恐惧，与苏联入侵匈牙利和 1956 年后期的苏伊士运河危机联系到一起，似乎重燃了欧洲统一的迫切感。

　　无论如何，我们发现了 20 世纪 50 年代存在的一系列明显起伏不定的运动，其中全部 4 个国家表现一致。但是，这一模式从 1958 年开始发生变化。原来仅排在西德之后的英国，其民众完全脱离了其他三国民众的步伐。在共同市场 3 个成员国中，波动逐渐减少，支持水平逐渐上扬并达至西德的水平（German level）；到 1975 年，意大利和法国民众的支持力度与西德已无二致。相反，英国民众的支持力度却急剧下降，到第一次否决投票时，其支持比例已经降到略低于 50%，第二次否决投票后就降至更低了。只有到了 1975 年,英国民众的支持比例才重回 50%线上,但英国民众和其他 3 个欧共体创始成员国民众之间仍然存在着巨大的差距。这并不意味着 1975 年的英国比 1952 年更不欧洲化;相反,在 1952 年,他们甚至不愿意加入煤钢联盟,而到 1975 年,他们以 2∶1 的高比例支持成为欧共体的成员国。这一波动模式说明,一方面,英国国内民众之间的分歧在扩大;另一方面,共同市场创始成员国之间民众的差异也在扩大。直到 1973 年,英国人(当然还有爱尔兰人和丹麦人)仍处于欧共体的框架之外,与此同时,6 个创始成员国的民众已日益形成了某种欧洲观。

　　图 12.3 除了显示英国人和其他三国民众之间的差异之外,还指出另一种同样惊人的发现。法国和意大利的民众,起初并不如西德人那么倾向于欧洲化,但他们之间的差距已经缩小,到 1975 年,这种差距就消失了。这反映出法国和意大利民众中某种亲欧共识的发展;该过程中最重要的因素是赢得这些国家中大部分共产主义选民(Communist electorates)的支持。

　　法国和意大利的共产主义者最初将欧洲一体化运动视为一种对抗苏联的联盟。的确,在冷战时期,当苏联入侵的威胁迫近时,共同防卫的主张导致这一运动的发起。但随着 1954 年欧洲防务共同体的失利,人们清楚地认识到,抵抗苏联在欧共体的功能中不值一提。当欧共体为欧洲工人带来的利益日益显现之时,6 个创始成员国的共产主义选民逐渐地从怀疑过渡到毫无保留地支持。在 1950 年 10 月,法国民众中具有代表性的样本被问及,"您赞成还是反对为统一欧洲所作出的努力?"在法国民众之中,65%的人持赞成态度;在共产主义政党的支持者之中,这一数字为 19%。[15]

　　法国民众中的绝大多数在很大程度上赞成一体化,但其中绝大多数共产主义者则持反对态度。共产主义者和非共产主义者之间这种巨大差异存在于欧洲一体化的早期进程中;在 1957 年 5 月,53%的普通民众赞成一体化,而在共产主义者之中,这一数字只有 13%。1958 年共同市场的诞生似乎改变了这一模式。早期阶段是 6 个创始成员国之间贸易和其他经济往来迅速发展且经济普遍繁荣的时期。到 1962 年,法国民众中的共产主义选民大多数赞成欧洲一体化,支持力度与其他普通民众一样:72%的选民赞成欧洲统一,这一数字在共产主义选民中为 60%。这一新的模式在随后的几年保持着稳定态势。在1975年5月,支持者的比例分别为78%和64%。其他选民相比于共产主义者,在某种程度上更加支持一体化,但即使在共产主义者中,支持者也比反对者更多。1975年,只有15%的共产主义者回答"不赞成",其他人则回答"不关心"或拒绝回答。

一种相似的逆转过程也出现在意大利,但相较于法国,其合流(convergence)趋势更甚。1973年,70%的意大利民众赞成一体化,而支持的意大利共产主义者占65%。在1975年5月,这一差异实际上已经消失:77%的普通民众赞成一体化,75%的共产主义者也表示支持。在对某些问题的回答中(例如,提议欧共体成员国创建政治联盟),共产主义者赞成欧洲一体化的比例还略高于总体选民。

法国和意大利的共产主义选民这一显著的变化伴随着精英层面某种相似的运动。到20世纪60年代中期,在这些国家,反对共同市场需要付出一定的政治代价。因此,这两个国家中的共产主义政党领导者最终放弃了公然反对的立场。但法国和意大利两国政党精英的立场存在明显不同,这反映出他们各自与苏联关系的不同。一方面,意大利的共产主义政党开始表现出一些独立于苏联主导的政策措施,并发展出一种可行的、与众不同的通往欧洲政治的方法。意大利共产主义领导人偶尔的亲欧洲表态似乎变得更加真实。自70年代早期以来,意大利共产主义代理人就参加了欧共体的议会,并扮演着建设性的角色。另一方面,法国共产党仍然是西方最亲近莫斯科(Moscow-oriented)的政党。出于对苏联暗示的异常敏感,它倾向于以一种温和的方式反映苏联对欧共体的敌意。提议法国退出欧共体似乎是绝不可能的,因为这既不会得到共产主义者的欢迎,也不会受到非共产主义民众的拥护。但是,其政党领袖对可能巩固欧共体的一切倡议仍然置之不理。

与之形成对比的是,6个创始成员国民众的共识程度日益提高,而英国民众和丹麦民众内部仍然存在严重的政治分裂。1975年末,在英国,只有40%的工党选民赞成"统一欧洲"的努力,相对应的,有51%的英国民众对此表示赞成。在丹麦,左翼社会主义人民党激烈地反对加入欧共体;其他主要政党(包括社会民主党)则持赞成态度。在1972年的全民公决运动中,丹麦的成员国身份成为一个左翼政党所反对的引发意识形态争议的问题。[16]人们认为,丹麦应加强与其他北欧日耳曼民族国家之间的联系,而不是亲近更保守的欧共体国家。这一分歧在不同的选民中显而易见。在我们1973年的调查中,45%的丹麦选民支持欧洲统一,与之相对的,支持社会主义人民党的丹麦选民中只有24%的人支持欧洲统一——21个百分点的差距,大于法国或意大利国内共产主义者与非共产主义者之间的分歧。1975年,这一差距在某种程度上缩小了(下降到13%),但仍是一个相对较大的数字。因此,尽管看起来有些令人惊讶,在70年代中期,就欧洲一体化而言,英国保守党和工党选民之间的分歧有所加剧,超过了意大利共产主义政党和基督教民主党之间的分歧。丹麦民众之间的分歧依然较大。

表12.6显示了政党偏好(按照左翼—右翼二分法进行划分,同第八章)和我们设计的欧洲一体化支持指数之间的总体关系。总之,在6个创始成员国中,与政党偏好之间的关系要弱于其他3个新的成员国。这里,通过使用广义指数,我们发现,关于“欧洲统一”问题的回答出现了相同的模式:丹麦和英国两国内部的党派分歧强于法国和意大利。这似乎严重反直觉(counter-intuitive),因为事实是:法国和意大利拥有强大的共产主义政党,而英国和丹麦的共产主义政党则相对弱小。然而,根据本章其他一些发现,我们认为这一模式是有道理的。在6个创始成员国中,对欧洲机构的态度有更多的时间来被吸收与内在化;而在3个新的成员国中,对欧洲机构的态度仍相对不稳定且易受外部影响,如来自政党的影响。

表12.6　支持欧洲一体化与左翼—右翼投票意愿的相关性

(积矩相关系数)

创始成员国的民众		新成员国的民众	
西　德	0.17	英　国	− 0.32[a]
法　国	− 0.14[a]	丹　麦	− 0.27[a]
荷　兰	0.07	爱尔兰	0.03
意大利	0.02		
比利时	− 0.01[a]		
平　均	0.02	平　均	− 0.19

注:a 负号表示左倾选民不如右倾选民亲欧洲。

正如表 12.6 所示，在 3 个新的成员国中，政治谱系的右半部分（on the Right half of the political spectrum）对欧洲一体化的支持更强一些。在 6 个创始成员国中，总体相关性是可以忽略不计的，但存在一种微弱的左翼选民更亲欧洲的趋势。

欧洲一体化真的是左翼或右翼政党的一项政策吗？欧共体的存在似乎逐渐地提高了这些国家中工人阶级的生活水平——这是欧共体受到 6 个创始成员国中的工人欢迎的一个原因。另一方面，我们可以认为，欧共体是资本家的欧洲。有大量的证据表明，共同体中的大财阀过于强大——但我们必须提出疑问：不管有没有欧共体，他们是不是都操纵着巨大的权力？在欧共体产生以前，大财阀基于超国家主义而组织起来，那么即使废除了欧共体，这一局面还可能维持下去：一项有力的证据基于这样一个事实，即虽然许多最强大的超国家主义组织是以美国人为基础（American-based）的，但共同体内部和外部的运作几乎没有遇到什么困难。它们超国家主义的规模可以为这些企业带来处理劳工问题的重要优势，而劳工问题在大多数情况下是以国家为主线进行划分的。因此，如果某个国家的跨国（multi-national）企业面临大规模罢工，它有时会导致企业将生产转移到另一个没有成立支持罢工的工会的国家。相似地，如果某一国家的社会捐赠或税收较高，跨国企业会在其他国家发现自身的收益所在或将生产转移到其他国家去。问题并不在于大财阀是否会变成超国家主义的：它已经是超国家主义的；问题在于是否能够继续组织起同等规模（scale）的劳动力，以及政府是否愿意为了实施大多数民众支持的政策，而允许跨国企业施行某种抗衡力量。

欧洲一体化是左翼或右翼政党的一项政策吗？答案最终取决于个人的观点。出于显而易见的历史原因，苏联长期以来强烈支持其西方邻居保持弱小且分裂。基于同样显而易见的原因，自中苏关系破裂（Sino-Soviet split）以来，中国强烈渴望苏联的西方邻居保持强大且团结。近年来，中国共产主义领导人将欧洲视为潜在的抗衡苏联"社会帝国主义"的力量，全力以赴地支持欧洲人所倡导的欧洲统一，强调欧共体的根本性质是进步的。在一个极好的时机，在英国人就欧共体成员身份问题进行全民公决之前，北京宣布同意与欧共体互派大使（exchange ambassadors）。

在作出这种认可之后,中国成为第一个官方承认欧共体的共产主义国家(除南斯拉夫外),并因此受到法国共产党总书记(Secretery General)的强烈指责。

只要在事关什么是真正的马克思主义的问题上,欧洲左翼政党还需要继续看莫斯科的眼色,欧洲就会被看作反共产主义的共谋。只要有人想向北京寻求替代模式——或者像意大利或者南斯拉夫那样发展自己的模式,欧洲一体化就会被视作对工人阶级联合的强化。

六、支持欧洲一体化的多元临界值

本章之前的部分主要解决了支持欧洲一体化的一般指标。但民众态度并非完全统一。我们不能认为,由于 77% 的意大利民众赞成欧洲统一的一般理念,那么在任何或所有环境下,他们都会支持任何或所有特定的实现欧洲统一的倡议。如果我们从"易"到"难"提出一系列问题,会发现它们反映的是不同的临界值,在这些临界值上,某些人支持某个基本理念,而另一些人则反对。这最后一部分,我们将详细描述究竟不同的欧洲民众是否会接受一种一体化的途径。

我们从现状出发展开讨论:在何种程度上,欧洲人会愿意或不愿意接受他们的国家作为欧共体的一员?我们希望这是一个相对"容易"的问题。它不需要添加新东西,仅仅是现有安排的延续(the continuation of existing arrangements)。而且,它也绝不是我们想当然地提出来的。准确地说,它是这样一个问题,即是否继续留在欧共体中,对此,从 1973 年 1 月到 1975 年 6 月,英国人一直争论不休。

从 1973 年到 1975 年的每一项欧共体调查中,民众都被问及:"一般而言,您认为(英国、法国,等等)作为欧共体的一员,是好事、坏事还是不好不坏呢?"表 12.7 给出了 1975 年 5 月的调查结果。对该问题的回答显示一个熟悉的模式。在 6 个创始成员国的民众中,一种压倒性的共识支持成员身份,而其他三国的民众则存在分歧。在最不支持的国家(西德),

那些认为成员身份是好的民众与持相反态度的民众的比例为 7 比 1！在最支持的国家（意大利），支持者对于反对者的优势是极端的：71% 的民众认为成员身份是好事，只有 3% 的民众持反对意见——比例接近 24 比 1。在 3 个新的成员国中，存在大量反对意见，尽管支持者多于反对者。在英国的案例中，在 1975 年 5 月调查的田野调查（fieldwork）部分完成几周以后，我们根据全民公决的实际结果，校正（calibrate）了问题的回答。在英国的受访者之中，47% 的受访者认为成员身份是"好事"，而 21% 的受访者则认为它是"坏事"。我们假设，这两个群体在实际的全民公决中分别代表投票"赞成"英国的成员国身份和"反对"者（未做决定者视为弃权）。当我们从基准百分点（percentage base）中排除"未做决定者"和未回答者这两类，我们的数字由 47% 和 21% 变为 69% 的人"支持"、31% 的人"反对"——契合对实际公投结果的完美预期（预期有 67.3% 的人"支持"而 32.7% 的人"反对"）。

表 12.7　9 国欧洲民众对成为共同市场成员的态度[a]

一般而言，您认为（您的国家）加入共同市场是好事、坏事或不好不坏？		
	好事	坏事
意大利	71%	3%
荷　兰	64%	3%
比利时	57%	3%
法　国	64%	4%
卢森堡	65%	7%
西　德	56%	8%
爱尔兰	50%	20%
英　国	47%	21%
丹　麦	36%	25%

注：a 结果来自欧共体 1975 年 5 月调查。

在相同的基础上进行计算，如果另一次公投在同一时间举行，59% 的丹麦选民会投赞成票。但在 3 个新的成员国中，不同时间的回答反复无常。我们的数据表明，在丹麦和英国，如果在刚刚加入欧共体的前两年的某个时期举行公投，民众会反对成为成员国（见图 12.4）。3 个新的成员国中民众观点的剧烈变动可能很好地反映出这段时期内经济衰退和石油禁运对他们产生的影响。但尽管这些事件同样波及 6 个创始成员国,但这些国家的民众仍然保持着高度稳定的支持态度。

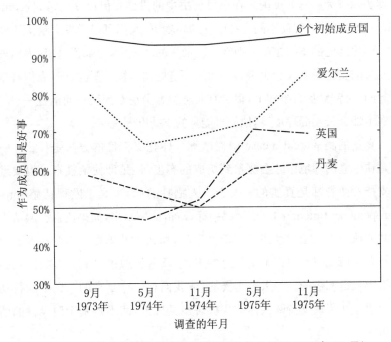

图 12.4　对成为欧共体成员的支持(1973 年 9 月至 1975 年 11 月)

在那些表达的观点中认为自己的国家作为共同市场的成员是"一件好事"所占的百分比("不好不坏"和没有回答者被排除在外)。

到 1975 年,在欧共体的全部 9 个国家中,对现状的支持在很大程度上超过了反对意见,即使在困难时期同样如此。这难道意味着欧共体已被欧洲人无条件接受?这些欧洲人为了实现欧洲统一可以作出任何牺牲,付出任何代价吗?当然不是。前述问题的措辞是中立的。现在让我们转向这一问题,即欧洲统一对受访者个人构成经济方面的消极影响。我们的受访者被问及:"您是否愿意作出某些牺牲,例如,为欧洲一体化而纳更多的税?"在 1975 年经济不景气的环境下,更多地交税的想法被证明不受欢迎。1975 年 5 月,9 个国家中的受访者大多表现出否定态度(尽管 1973 年西德和意大利仍然有多数人表示赞成)。在 9 个国家中,67% 的受访者认为他们不愿意为欧洲统一而纳更高的税，只有 26% 的受访者表示愿意。这是一种发人深省的想法。这是不是意味着受访者在其他访谈中的支持声明是虚假的或者毫无意义的？当然不是。那些声明很好地反映了其实际行为——如英国人在全民公决中的投票。但民众的承诺（commitments）延伸的程度不同。在中立的环境下，人们可以激发大量关于欧洲一体化问题的支持措施。但在一个消极的环境中，比如说这里，人们被激发起的支持措施就会少得多。如果环境更加消极，毫无疑问，人们被激发起的支持会更少；事实上，很少有人愿意为实现欧洲统一而牺牲——尽管在不那么极端的环境下，他们可能真的支持欧洲统一。

真正的测量（real measure）对欧洲一体化支持度的方法是什么？一般是在中立的环境中才会测量到赞成的态度，还是即使牺牲自己也要继续支持？两者都是真实的。关于个人牺牲的问题，是亲欧洲情感（pro-European sentiment）的一个敏感指标，该指标显示出，如果民众普遍认为欧共体从根本上会对经济产生消极影响，那么欧共体则会不受欢迎。但这是真实情况吗？也许不是。总的来说，欧共体似乎对其大多数民众的经济影响是积极的。如果这是真的（或我们相信这是真的），民众的行动将会建立在普遍支持欧共体的积极态度基础上，而不是基于假设性的消极影响。

我们已经考察了对一个相对"简单"问题及一个相对"较难"问题的回答。下面我们将注意力转移到超出现状但未明确显示出消极后果的一个问题（不包括失去国家主权带来的必然后果）。在 1975 年的调查中，9 个国家的民众被问及："您是否赞成或反对共同市场发展成为一种欧洲政治联盟？"在 1972 年峰会上，该目标得到九国领导人的赞同，但它超出了现存的政治安排。它暗示着一个真正的欧洲联邦的建立。表 12.8 显示了各国民众的支持态度的分布。鉴于上述倡议的深远意义，以及各国精英处理该问题时表现出的谨慎态度，民众的支持率确实令人震惊。6 个创始成员国的民众对此倡议的支持是压倒性的。其支持率与反对率之比为 3 : 1，甚至更高。在其他三国中，民众主要持反对意见，但即使在那里，形势也并非毫无希望。爱尔兰人的支持率和反对率持平。在英国，反对者占绝对优势，但支持者的数量日益增加。1973 年，英国只有 24% 的民众持赞成态度,而54%的民众持反对立场;到1975年,数字分别变更为36%和46%。在丹麦,反对者占压倒性优势,其比例为2比1。

表 12.8 对欧洲政治联盟的支持与反对^a

您自己是赞成还是反对共同市场发展成为政治联盟?		
	赞 成	反 对
意大利	71%	11%
卢森堡	71%	11%
西 德	70%	13%
比利时	51%	9%
法 国	66%	17%
荷 兰	54%	15%
爱尔兰	37%	38%
英 国	36%	46%
丹 麦	21%	54%

注:a 结果来自欧共体1975年5月调查。

政治联盟是一个雄心勃勃的目标。6个创始成员国的民众对该目标的支持已达成强烈共识。然而,除非1973年新加入欧共体的成员国的民众之间也能够发展出一种更广泛的支持基础,否则这一目标可能无法实现。

然而,欧共体还面临大量重要但不那么雄心勃勃的任务,这些任务欧共体必须马上完成且能够得到所有9个国家民众的支持。在1973年的调查中,受访者被问及,"下面我将要提出的各种问题中,您会认为他们是由欧洲政府解决更好还是由各个国家(英国、法国等等)自己政府解决更好?"这些问题是:

环境污染;

军事防卫;

科学研究;

外企投资(英国、法国等等);

吸毒成瘾;

经济增长;

与美、俄的重要政治谈判;

贫困和失业；

援助欠发达国家；

物价上涨；

对这些选项的回答与个体对欧洲一体化的总体支持或反对态度息息相关。[17] 表 12.9 总结了所有 10 个问题中每一个支持通过欧洲政府来解决（solution）问题的答案的分布情况。我们再次看到了 6 个创始成员国和其他 3 个国家之间的态度对比。在 10 个问题中，6 个创始成员国的民众认为欧洲政府可能比其所在的各国政府更好处理的问题有 7 个。事实上，除比利时外，其他国家民众都认同欧洲解决方法可以更有效地解决 10 个问题中的 9 个。新成员国的民众对将权威转移到欧洲政府的做法持怀疑态度。然而，九国民众之间已经达成了这样一种共识，即某些功能交由欧洲政府比交由各国政府掌控要好，而这些功能并非没有意义。他们包括科学研究、援助欠发达国家以及与超级大国之间的政治谈判。

表 12.9　欧洲政府比一国政府更好处理的问题

问　　题	6 个创始成员国						3 个新的成员国		
	意大利	荷兰	卢森堡	德国	法国	比利时	丹麦	英国	爱尔兰
科学研究	X[a]	X	X	X	X	X	X	X	X
援助不发达国家	X	X	X	X	X	X	X	X	X
与美国、苏联谈判	X	X	X	X	X	X	X		X
污染	X	X	X	X	X	X	X		
毒瘾	X	X	X	X	X	X			
军事防卫	X	X	X	X	X	X			
经济增长	X	X	(X)[b]	X	X	X			
物价上涨	X	X	X	X	X				
贫困、失业	X	X	X		X	(X)			
外敌入侵受访者所在国家	X								

注：a X＝得到绝大多数赞成的欧洲对策。

　　b（X）＝得到那些能表达自己观点的大多数赞成的欧洲对策。

更多的罢工运动决定着欧洲民众在经济问题上团结的程度。在 1973 年的调查中，9 个国家的受访者被问及，"如果欧共体中的某个国家发现自身存在严重的经济困难,您认为其他国家(包括您的国家)是否应该伸出援手?"正如表 12.10 所示,九国中的绝大多数民众支持经济互助。在六国民众中,支持经济援助的人与反对者之间的比例为 9 比 1。但 3 个新的成员国的民众同样表现出对这一政策的强烈信心:英国民众中,支持与反对的比例为 2 比 1;丹麦和爱尔兰的支持者则更多。

表 12.10 对欧洲内部经济援助的支持和反对

如果欧共体一个成员国发现自己面临巨大的经济困难,您认为其他国家(包括英国、法国等)是否应该帮助它?

	应该帮助	不应该帮助
意大利	88%	2%
卢森堡	87%	8%
德 国	77%	7%
荷 兰	79%	9%
法 国	78%	9%
比利时	78%	9%
爱尔兰	80%	10%
丹 麦	62%	25%
英 国	59%	28%

极其讽刺的是,在这次调查之后的几周,九国政府在阿拉伯石油危机中采取了相反的政策。运往欧洲的石油逐渐减少了,但荷兰承受着特殊的压力,因为荷兰人支持以色列。阿拉伯国家所有运往荷兰的石油都被禁止了,使荷兰面临经济灾难的威胁。这对欧洲的经济团结构成本质上的挑战。各国政府的回应则是疯狂的抢夺(frantic scramble),每个国家都是尽可能地顾及自己的利益。[18]更讽刺的是,帮助荷兰规避禁运的并非来自各国政府或欧共体,而是来自跨国石油公司,它们将非阿拉伯国家的石油运往鹿特丹。当然,它们这样做仅仅是服务于自身的利益,但是它们(像阿拉伯国家一样)至少具有某种超国家主义利益意识。

在接下来的财政和经济困难时期,各国存在进一步排斥(rebuff)欧洲团结的现象——个别国家的单边行动构成瓦解欧共体的威胁。最糟的是,这些行为基本上都是为了自我防卫。由于能源危机、通货膨胀、贸易平衡、环境污染和食物短缺的问题,不再可能由个别国家单独能够解决,也没有任何一个国家可以独自面对核战争的危险——这一危险现如今仍然存在,但却被忽视,它仍然保持着时刻发生的可能性。从长远来看,其对国际安全的意义一直都是欧洲理念最富争议的问题之一。欧洲之父让·莫内(Jean Monnet)最初认为欧洲一体化是迈向大西洋共同体(Atlantic Community)和最终迈向东西方安全共同体(East-West security Community)的第一步。这些目标的实现过程中存在可怕的障碍。莫内的方法是将巨大而长远的努力转变为规模相对便于操控的问题。在欧洲的建构过程中,有限但真正的权力已经让渡给了超国家主义机构,并刺激着民众对政治一体化支持的增强。

在戴高乐民族主义的繁荣时期,大西洋的两岸存在着某种日益显现的趋势,即一方面把莫内的宏观设想视为幻想而拒斥,另一方面将戴高乐民族中心主义视为冷静的现实。这是一种短期的现实主义,就像某些现实主义者所指出的那样,"我们不需要修补屋顶,因为没有下雨"。从短期来看,是无须集中控制主要的武器系统(weapon system):我们正处于缓和(detente)时期。但就在不久之前,超级大国处于战争的边缘。如果对主要武器的制度化控制仍无动于衷,至少在主要大国之间是如此,那么早晚会爆发战争。随着时间的推迟(time perspective),巨大灾难发生的可能性也会增加。

欧洲原子能共同体成立于 1958 年,它的产生基于这样的观点,即在不久的未来,欧洲可能会出现石油短缺,发展替代性能源的努力只有建立在超国家主义基础上才能有效展开。欧洲原子能共同体的成长因各国利益的短视算计与各国荣誉的"现实主义"幻想而受阻。15 年来,它的发展是停滞的,资金短缺,只是局限于一些很小的项目(minor projects)。1973年,阿拉伯国家将石油价格抬高了 4 倍并限制其流通。突然之间,欧洲原子能共同体的基本观点被证明是正确的,但这时,将近 16 年的时间已经浪费掉了。

下雨天(rainy day)真的来了——但在暴风雨中修补屋顶已经非常困难了。阿拉伯国家的领导人采取了统一而决断的行动。从他们的角度来看,事情发展得很顺利,他们的国家变得极其富有。人们必须钦佩他们有目的的联合,并且希望欧洲和北美国家观念落后的领导人将来某一天也能够采取同样富有想象力和决断力的措施。

在近期的一项研究中,西欧国家的政治领导人和政府官员被问及关于欧洲一体化的一系列问题,在解释为什么欧洲一体化的发展进程并不迅速的问题上,提及最多的原因之一是,民众尚未做好准备。[19] 从某种程度而言,事实似乎正好相反。在很多方面,西欧民众已做好超越当前欧洲一体化范围的准备。他们表现出日益增长的超国家认同意识,以及对超国家机构赋予更多信任责任的广泛意愿。在 1973 年后的骚动中,他们的领导人不仅没有达成他们自己设定的目标,而且还威胁到已取得的进步。

注　释

1. 关于这一话题简洁而全面的介绍,参见 Roy Pryce, *The Politics of the European Community Today*(London: Butterworths, 1973)。另外包含很多事实细节的很好的处理方法,参见 Roger Broad and R.J.Jarrett, *Community Europe Today*(London: Wolff, 1972)。基本的理论分析包括:Ernst Haas, *The Uniting of Europe: Political, Social and Economic Forces, 1950-1957* (Stanford: Stanford University Press, 1058); Karl W.Deutsch et al., *Political Community and the North Atlantic Area*(Princeton: Princeton University Press, 1968); Amitai Etzioni, *Political Unification: A Comparative Study of Leaders and Forces*(New York: Holt, Rinehart, and Winston, 1965); Leon Lindberg and Stuart Scheingold, *Europe's Would-Be Polity*(Englewood Cliffs, N.J.: Prentice-Hall, 1970);以及下列著作的一些章节,即 Lindberg and Scheingold(eds.), *Regional Integration: Theory and Research*(Cambridge, Mass.: Harvard University Press, 1971)。

2. Haas, *The Uniting of Europe*, p.17.

3. 参见"L'Opinion Publique et I'Europe des Six," *Sondages*, 1(1963),该期全部内容。

4. 在 1957 年(欧洲共同市场形成之前),55%的法国民众认为他们支持"统一欧洲的努力"。在 1962 年,这一数字上升到 72%,1970 年基本保持稳定(70%)。1957 年的数字来自:Richard L.Merritt and Donald C.Puchala, *West European Perspectives on International Affairs: Public Opinion Studies and Evaluations* (New York: Praeger, 1968), p.283;1963 年的数字来自:*Journal of Common Market Studies*, 2, 2(November, 1963), p.102;1970 年的数字来自:Commission of the European Communities, *Les Européens et l'Unification de l'Europe*(Brussels, 1972), p.72。

5. 参见 Ronald Inglehart, "Trends and Non-Trends in the Western Alliance:

A Review," *Journal of Conflict Resolution*, 12, 1(March, 1968), p.128.参见 Ronald Inglehart, "An End to European Integration?" *American Political Science Review*, 61, 1(March, 1967), pp.91-105。

6. 关于这一问题某些基本概念的讨论,参见 David Easton, *A systems Analysis of Political Life*(New York: Wiley, 1966)。

7. 参见 Karl W.Deutsch, "Social Mobilization and Political Development," *American Political Science Review*, 55, 2(June, 1961), pp.497-502; and *Nationalism and Social Communication*(Cambridge, Mass.: M.I.T.Press, 1966)。人们可能将社会动员视为政治一体化的纵向维度:将此前隐没的阶层(submerged strata)合并进政治共同体中。这将极大地增强共同体的政治资源,为之积蓄更多深层次的支持。它还极大地增加了对政治体系的需求,并使之超出了政治体系的回应能力,在特定条件下其威胁可能会导致横向(或地理上的)一体化的分崩瓦解。多伊奇的著作提供了一些案例分析,其中现存体系要么失效要么分裂,导致这一结果的原因是,此前社会中那些语言千差万别(linguistically heterogeneous)的消极人群(passive population)的社会动员,与主流政治文化密切相关。那些不能准确地用世界性语言表达其利益的新的政治少数派,最终被迫转向了一种(或更多种)地方性语言(vernaculars)。

8. 参见我的论文:"Cognitive Mobilization and European Identity," *Comparative Politics*, 3, 1(October, 1970), pp.45-70。

9. 参见 Elihu Katz and Paul F.Lazarsfeld, *Personal Influence*(New York: Free Press, 1955);参见 Bernard Berelson et al., *Voting*(Chicago: University of Chicago Press)。

10. 这一指数是通过加总人们在以下 3 个选项的得分而建构起来的:

(1) 一个人如果经常说服了朋友、亲戚等等,则得分为 +2;如果是"偶尔或很少",则得分为 +1;如果"从来没有",则得分为 0。

(2) 一个人如果"经常试图让别人确信他是对的",则得分为 +2;如果他只是"在对话中保持对等地位"或"偶尔"表达自己观点,则得分为 +1;如果他只是倾听或从不讨论政治问题,则得分为 0。

(3) 一个人如果能够正确地说出欧洲共同市场中的 7 个到 9 个成员国,则得分为 +2;如果他能正确说出 4 个到 6 个成员国,则得分为 +1;如果他只能说出 3 个或更少的成员国,则得分为 0。受访者的受教育水平之所以没有包括在这一指数之中,是因为它与收入和职业地位变量之间相对较强的相关性:我们希望将注意力集中于技能变量上,使这一新变量尽可能地与社会阶层变量区别开来。

11. 欧洲一体化支持指数是通过加总受访者就欧洲一体化支持因素中 3 个加载系数最高的选项(highest-loading items)的回答而建构起来的。对关于欧洲一体化的 30 个问题回答的因素分析得出,在我们研究的 9 个国家中,这些选项是特别敏感的事关总体上支持或反对欧洲一体化的指标。为最小化应答集(response set)的影响,我们不会使用任何两种在问卷中彼此相邻的选项。我们使用的选项如下：

（1）"如果您明天被告知共同市场被废除了，您会为此感到遗憾、漠不关心或如释重负？"

（2）"您是否愿意做出某些个人牺牲——例如，交更多的税——以有助于实现欧洲的统一？"

（3）"考虑全部因素，您是否支持欧洲的统一，还是反对或是漠不关心？"（如果答案是"支持"或"反对"，则问）："是非常或只是有一点？"

12. 关于丹麦人的价值、党派路线（partisan cues）和对欧洲一体化态度之间的相互影响的一项有趣且更为详细的分析，参见 Nikolaj Petersen，"Federalist and anti-Integrationist Attitudes in the Danish Common Market Referendum," paper presented to the European Consortium for Political Research，London，April 7-12，1975。

13. 关于美国新闻署（USIA）调查的详细信息，参见 Merritt and Puchala，*Western European Perspectives on International Affairs*。关于图 12.2 所示 1952—1962 年这段时间的数据，来自：Merritt and Puchala，pp.283-284。关于欧共体调查发现的详细报告，参见 Jacques-René Rabier，"L'Europe vue par les Européens"（Brussels：European Community，1974，mimeo），以及雅克—勒内·拉比耶关于每半年一次的欧共体调查的后续报告。1964 年的数字是由 USIA 数据计算得出；1970 年英国的数字根据对相关选项的回答估算得出（在 1970 年并未明确提出这一问题）。在随后的分析中，欧共体调查中两个正向的选项（positive options）结合起来，以与 USIA 调查中的单一正向选项进行比较。

14. 这里只显示了 4 个较大国家的结果：依惯例，USIA 没有对较小国家进行调查。

15. 1950—1967 年的数字来自 IFOP，引自 *Sondages*，1 and 2（1972），p.16；随后年份的数字来自欧共体的调查。

16. 参见 Nikolaj Petersen and Jorgen Eklit，"Denmark Enters the European Communities," *Scandinavian Political Studies*，8，1（1973），*Annual*，pp.157-177。这篇文章跟踪考察了丹麦民众从 1970 年到 1972 年间产生的波动。还可参见 Peter Hansen et al.，"The Structure of the Debate in the Danish European Community Campaign，April to October，1972," paper Presented to the European Consortium for Political Research annual meeting，Strasbourg，March 28-April 2，1974。关于意大利先是其共产主义选民继而是其共产主义精英从反欧洲立场转向亲欧洲立场的精彩解释，参见 Robert Putnam，"Italian Foreign Policy：The Emergent Consensus"（Washington，D.C.：American Enterprise Institute，即将出版）。

17. 这些选项包含在上文提到的因素分析中。在这 9 个国家，关于欧洲一体化支持因素的平均加载系数（mean loadings）在 0.400 以上，但其中有一个例外：关于外国投资的选项在大多数国家都显示出非显著的因子加载系数。这一选项显然不能考察任何广义的态度维度（any broad attitudinal dimension）——可能是因为其不恰当的措辞,或是因为这一特定话题在普通民众之间并不突出。

18. 有趣的是,面对石油危机,各国民众(或至少其中一个)似乎保持着坚定的态度。上述调查进行于石油危机发生之前。但同年 11 月(当危机较严重之时),由 SOFRES 进行的另一项调查询问法国民众是否愿意为了欧洲团结而共担石油供应不足的后果时,70% 的受访者表示愿意。参见 *L'Express*,November 7-8,1973,p.44。

19. 参见 Ronald Inglehart and Robert Putnam, "European Elites, European Publics and European Integration"。

第十三章
世界观和全球变化

隐藏在 20 世纪 60 年代疯狂的激进主义和 70 年代表面的风平浪静之下的,是一场正在发生的静悄悄的革命,它从根本上逐渐改变着整个西方世界的政治生活。本书描述了这场革命的两个主要方面:一是人们从绝对重视物质消费和人身安全向更加关注生活质量的转变;二是西方民众政治技能的提升,使得他们可以在重要政治决策中扮演更为积极的角色。

这些改变首先可以追溯到这样一个事实,即人们有着各种各样的需求,并且把那些供不应求的需求放在首要的位置。当这些需求不能够被充分满足时,人们就把与物质生存直接相关的需求放在首要的位置。当一个人缺乏充足的食物或是居住场所时,他就可能投入所有的精力去获取他们。但是,至少当最低的经济和人身安全得以实现时,对爱、归属感和自尊的需求就越发地变得显著和突出;同时,当这些需求都得以实现时,精神和审美的满足则占据着中心的位置。

我们已经从发达的工业社会的一些群体中找到了佐证,他们已经获得了经济和人身安全,这使得他们能够把归属感、精神和审美的需求放在最优先的位置。这些我们称之为后物质主义者的相对而言只是一个小的群体,例如,在美国,他们仅占民众总数的 12%。然而,他们占据着战略性的地位,其原因在于这些群体往往受过最好教育和在政治活动中表现最为积极。他们在年轻人中占有超高的比重。同时,在最年长群体中,他们仅占其中的 2% 或是 3%;在一些国家,在那些二战后出生的人群中,后物质主义者与物质主义人数大体相当。

不同年龄的这种严重差异(skew)暗示着代际价值观改变的过程正在发生。在儿童和青年时代习得的价值观会保持到一个人的整个成年时期。在大多数情况下，后物质主义者成长在经济和人身安全的时代。因而，他们倾向于把物质安全视作理所当然，而更加重视其他的目标。另一方面，他们的父母和祖父母则成长在大萧条或是世界大战时期，在那个时期，在很多国家存在普遍的饥饿和人身危险。时至今日，他们的价值优选仍旧反映着成长时期的那些经历。

各个年龄群体中价值分布在不同国家间的差异强化了这样一种看法，即差异是由代际变迁造成的。假如代际变迁正在发生，我们可以期待这些差异反映了一个特定国家的近代史。例如，就各年龄群体成长时期该国占主导的环境而言，德国经历了极为巨大的改变。年长的德国人在第一次世界大战期间经历了饥荒和大屠杀，随之而来的是严重的通货膨胀和大萧条以及二战时期的破坏、侵略和大量人员的死亡。最为年轻的群体则成长在相对和平的环境之中，现如今西德已经是世界上最为富有的国家之一。假如价值类型反映了一个人的成长经历，那么我们就可以期待在年长的西德人和年轻的西德人之间找到相对较大的差异。

英国则是一个与德国截然相反的例子：在二战之前的欧洲，它是最为富有的国家且幸免于战争，但是自那以后，它的经济陷于停滞的状态。在最近的25年中，欧洲邻国的经济增长率大约是英国的两倍。我们期待在年长的英国人和年轻的英国人之间找到相对小的差异。

当然，数据又证实了这些期待。相较于任何其他国家而言，与年龄相关的差异性在西德更显著，几乎是价值变化最小的英国的两倍。其他9个我们掌握数据的欧洲国家则在这两个极端之间徘徊，并且总体而言，一个特定国家的经济历史与这个国家不同年龄群体之间价值观的改变总量能够很好地吻合。

多变量分析表明，正式教育、一个人当前所处的社会环境和生活圈子(life-cycle)都似乎有助于塑造一个人的价值优选。但是，某一代人一致的成长经历的影响似乎至少与其他因素同等重要，并且可能是最为关键的解释变量。

此外，我们可以稳妥地得出这样一个结论：正在发生的代际价值改变不同于成长过程中其他的改变。教育与价值观的类型有着重要的联系。并且，不同的教育水平是各年龄群体的结构性特征。相较于年长一代而言，年轻的一代受过更高的教育，并且这种关联不会随着时间而改变。因此，不同群体成长经历的差异和教育水平的差异都促使着代际之间在基本价值优选方面的转变。

就主观生活质量而言，价值改变的过程有着令人感兴趣和极其自相矛盾的含义。尽管拥有相对有利的经济状况，但是，总体而言，后物质主义者没有显示出相对较高的主观生活满意度，甚至对物质生活也是如此。这个群体有着与众不同的价值优选。他们不那么重视物质福利，而是更加重视社会的质量方面。总体而言，西方国家在过去的 20 年中，在经济增长方面取得了成功，但是它们相对较少地关注到后物质主义目标的实现。工业社会中的阶级冲突有足够的时间走向和平共处。但是，西方国家的传统与制度是基于物质主义假设的。一个人秉持后物质主义的世界观就意味着他倾向于与他生活的社会类型不相协调。因此，我们可以期待物质主义者相对支持现有的秩序，而后物质主义者则相对而言是变革导向的。

在 20 世纪 70 年代的环境下，相较于物质主义，后物质主义的确倾向于显示出更低的政治满意度和更支持激进的变革。这个事实的寓意是深远的。在工业社会的早期，政治不满的根源通常是物质条件，且不满更加集中地来自低收入群体。但是，我们的发现意味着，现如今相对富有的后物质主义者最有可能构成政治不满和抗议的根源。

后物质主义的价值观和政治不满之间的关联意味着，左翼政党的社会基础正在发生改变。后物质主义者绝大多数有着中产阶级的背景。但是，他们趋向于支持左翼政党。相反，绝大多数的物质主义者趋向于集中在低收入群体，但是他们却是支持现有社会秩序的关键性因素。显而易见，其所带来的结果就是社会阶层投票的传统模式的逐步弱化，正如，中产阶级中更加年轻的一部分人放弃了家庭的传统且支持左派一样；但同时，一些工人阶级成员却转向支持右派。

在强调工人阶级经济收益的旧左派（older left）和一个更加关注生活方式转变且重视质量而非数量增长的新左派之间存在着严重的紧张关

系。但是,这两个派别都关心社会平等方向的变革,并且恰恰因为平等的目标以不同的原因吸引着不同的群体,为此它可能充当维持左派团结的纽带。

从70年代伊始,绝大多数的西方政治学家都转向一个相似的方向。一方面是由于社会变革的主张倾向于以中产阶级而非以工人阶级为基础;另一方面,非经济问题变得尤其突出。

这两个特征是相互关联的。在经济增长持续了很长一段时间之后,政治分裂的主要轴心从经济问题转向了生活方式的问题,使得选民变得对改变尤为感兴趣。根据收益递减(diminishing returns)规律,经济收益变得不再那么重要,尤其是对于那些从未经历过严重经济匮乏的社会群体而言。对于社会中这个重要的群体,经济收益似乎不再是最为迫切的,新的问题又在议程中突出起来。

努力与工业社会内部固有的非人性化的趋势作斗争被赋予最高的优先性。在某种意义上,工业社会中最为关键的组织是大规模生产的装配线和大规模生产的官僚机构。伴随着社会形式的发展,越来越多的人在结构化和规范化的工厂或是办公室中变得组织化,他们的关系被非人性化的官僚规则所控制。这种类型的组织使得大规模的企业成为可能,也促进了生产力的增长,并且只要经济的考量是最为主要的,那么大部分人愿意接受人性的丧失和成为无名之辈。但是,随着后物质主义观念的普遍出现,工业社会中与生俱来的等级制日渐被人们所质疑。

长期的繁荣似乎为下列公民的产生提供了支持,这类公民较少强调物质消费和人身安全,而是更加重视人性的和审美的目标。甚至有一些证据表明,国家的优选顺序也正在与这些价值观相一致的方向上进行重排。从1967年到1972年,美国的人力资源开支从占联邦总预算的28%上升为40%,然而国防开支几乎是以一种对称的形式从占有总预算的44%下降为33%。1977年,政府提出的预算分配案中,国防占26%,人力资源则占48%。[1]

本书涉及的另一个主要的趋势就是政治技能分配方面的转变。西方公民正在习得更多的政治参与能力。这种改变并不意味着公民将在传统的行动,例如投票中显示出更高的参与率;而且,他们可以在不同的质量层面干预政治过程。他们可能越来越多地要求参与到主要决策的制定过程中，而非仅仅在选举决策者时具有话语权。这些改变对于那些既有的政党、工会和专业性的组织有着重要的意义，大众政治越来越倾向于去挑战精英，而非精英驱动。这些改变的根源在于精英和大众之间政治技能平衡的转变。

我们认为参与根源于两个根本不同的过程，一个是潜藏于旧的政治参与模式之下的，另一个则是新出现的。在 19 世纪末期和 20 世纪早期，动员大众政治参与的组织——工会、教会和大众型政党——都是典型的等级制组织，在这些组织内部，少量的领导人领导着严于律己的成员。在普通市民的政治技能水平较低时，这些组织有效地动员了大量选民参加到投票中来。尽管这些组织能够动员大量的人员，但是它们常常只能够产生相对较低的参与层次，通常而言，只是简单的投票行动。

相较于旧的政治参与模式而言，新的政治参与模式在表达个人偏好方面更加精确。它更多地表现为一种问题导向型，旨在影响具体政策的转变，而非简单地支持特定的某类领导者。但是，选民对意识形态的高度敏感性可能会减弱其对精英驱动的政治动员的服从性。我们可以在很多国家中找到证据，证明政治机器、工会和教会的影响力正在被逐步侵蚀。

在一个拥有数百万市民的政治共同体的政治生活中，为了发挥更加有效的作用，特殊的政治技能是必需的。因此，政治技能水平的提升可以使西方民众在决策过程中发挥更有意义的作用。这些民众正在接近一个临界值，在这个临界值之后，他们就可以参与到实际的决策过程中，而不是委托给政治技能相对娴熟的少数人。此外，这些公民似乎正在逐步产生了一种超国家的认同意识，使得在严重的政治误判发生之前建立一些有效的世界规则成为可能。

总体而言，前面的章节描绘了一幅发生在西方公民中的政治变革的美好图景。但是，其他的一些学者则强调了这些变革所带来的消极方面。忽视他们的警告是不明智的。因此，塞缪尔·亨廷顿（Samuel Huntington）认为，当参与的增长速度快于社会把它制度化的能力时，政治技能水平的提升可能导致政治的崩溃。正如亨廷顿所言："作为核心参与组织的政党，似乎正处在制度和政治衰退的边缘。在很多国家中，政党机器完全地崩溃，或是变得虚有其表：在财政、人员、资源和组织方面都出现了弱化……由于社会中有了更多受过良好教育和热衷于参政的人，使得有效的政府行动变得困难，而这种行动原本应该更多，而非更少。例如，在美国，拥有更多受过良好教育人口的城市比那些拥有更少受过良好教育人口的城市倾向于有较少的变革。解释这种表面异常情况的原因在于广泛的教育倾向导致太多的兴趣和参与的产生，其反过来又导致了政治僵局的出现。在绝大部分人采取一种漠不关心的态度时，变革更加容易发生。"[2]

乔万尼·萨托利（Giovanni Sartori）也看到了在脱离中心化的、精英驱动的组织以及产生新价值观的过程中的危险性。[3]他认为，随着工业行业向服务行业的转移以及复杂的、自动化经济的发展，后工业社会变得极端脆弱。巨大城市很容易陷入死亡陷阱，由计算机所控制的社会随着计算机的毁坏而很快地崩溃。工业行业的罢工所带来的影响可能在数月之内都不会显现出来，但是一旦最为关键的服务被中止，其所带来的影响立竿见影。当电力被切断时，一个巨大城市的电灯、空调和很多交通工具都被立刻中止。在数日之内，甚至在数小时之内，人们的生存就可能受到威胁。

依据萨托利所言，现如今工会中心权威的丧失使得那些顽固的极少数取得了对服务经济重要中心环节的控制权，通过这种方式他们可以勒索社会。为了应对这些，"唯一可靠的自我约束是通过社会化过程和机构而内在化了的约束。这里有一个问题，并且是个坏兆头。后苦难（post-hardship）文化，不管它还有何种优点，在任何合理认知与辨别力方面都会降低，更不用说对后果的估算（calculus of consequence）。"[4]

萨托利的警告可能具有一定的真实性，但是它似乎仅仅包含了部分真相。因为，后物质主义或者"后苦难"心态仍然是理性的。它强调了与工业社会中最为突出的理性有所不同的理性因素。

半个世纪前，马克斯·韦伯（Max Weber）认为，在涉及终极价值判断的"实质理性"（substantive rationality）与达到既定目标实现方法的"工具理性"（functional rationality）之间存在着基本的社会张力。[5]这两种理性都是至关重要的。正如利普塞特所指出的，社会"需要被人们所信仰的终极价值，它不同于实际达成的目标愿景。但是，他们也要求人们具有工具理性，即是说，要求选择有效的方法去达成既定目标。这两种理性之间的张力在整个社会行动结构中也得以构建。除非对手段的研究由一系列绝对价值来稳固与引导，否则，一个社会不可能坚持其对理性的手段—目的关系的追求。"[6]

我们描述的价值类型倾向适用于不同的理性形式。物质主义者重视物质和人身安全，导致他们倾向于工具理性。后物质主义者少于关注物质生存的方式，更加关注终极目的。正如我在第八章中所写到的，基于个人价值优选的冲突相对而言是很难讨价还价的，因为他们不具备经济问题的增量性质（incremental nature）；例如，宗教冲突，他们倾向于采用一种说教口吻。在后物质主义者把政治理解为终极价值的斗争的范围内，妥协变得不可能。韦伯有力地论证了这个问题："在现实的世界中……我们反复经历这样的事情，即对终极目的伦理的信徒突然间变成了虔诚的先知（chiliastic prophet）。例如，那些宣传'用爱抵抗暴力'的人现如今却呼吁人们使用最后的暴力行为，以达到所有暴力都被歼灭的状态。"[7]

当代学者运用这种方法来分析新左派。因此，兹比格纽·布热津斯基（Zbigniew Brzezinski）认为："新左派强烈的极权主义趋势表现在它的行为和纲领中。新左派智力——有时甚至是体力——的锋利刀刃，攻击的是美国那些正常运转依赖于理性与非暴力的机构……新左派的主要代表人对自由言论、民主程序和多数决定规则嗤之以鼻。假如新左派掌权，他们将如何看待自己的这些批评是毋庸置疑的。"[8]

这一指责（charge）在多大程度上符合后物质主义的总体情况呢？正如我们所看见的，新左派运动对后物质主义者有着极其异常的吸引力。但是，他们仅仅是吸引了这个群体中的少数人，布热津斯基提及的极权主义倾向似乎仅在新左派历史中的一个短暂时期内司空见惯，而后物质主义时期则完全没有这种倾向。的确，后物质主义特性的核心要素之一就是相对重视言论自由。发人深省的是，众所周知，当他们的对手从根本上被认为是邪恶时，自由演讲运动本身就否定了他们对手的自由。但是，这是一个例外，并非主流。

随着发达工业社会的发展，变化的速率及环境的影响已达到这样的程度，即更加强调旨在实现更深远目标的长期计划似乎具有某种强制性。后物质主义更加注重遥远的目标。资产阶级的精神通过市场的交易得以塑造,其更加注重短期的物质收益。买家和卖家可能有着截然相反的利益,但是除非双方可以就这桩交易达成一致,否则双方都无利可图。因而,妥协司空见惯,正如摩尔(Moore)所言,资产阶级精神的胜利是民主产生的必要条件。[9]

后物质主义的观点与终极目标更加协调一致,其不仅导致道德意识的提升,而且使得找到或是相信他们已经被找到终极价值的需要更加强烈。如果这得以实现,那么它就可以降低人们讨价还价的意愿,因为在良善之间的对决,任何的妥协都是可耻的。

我们已经论及了正在进行中的变革过程的某种曲线(curvilinearity)。后物质主义现象在若干个主要方面的确是新的。但是,它也代表了对早期政治方式的一种回归倾向。

在西方社会,一种新的文化正在形成,并且对于文化冲击的一个典型反应就是对传统方式的再次重视。物质主义者和后物质主义者都显示出了如此行事的迹象,尽管他们重视的是西方传统的不同方面。最近的这波怀旧之情似乎是广大民众试图回到过去的表征。在后现代物质主义的环境之中,一个人可以识别若干种对方向和意义需求的不同知识反应。这些形式并不代表传统主义是纯粹和简单的。但是,每一种形式都把一定的试探性改革和对过去某些元素的严重依赖相结合。要不是20世纪末期马克思主义者的出现,那么就没有人可以提出一个真正连贯和被人广为接受的后工业社会的意识形态。

后物质主义首要和最广泛的回应形式是马克思主义自身的复兴。令人感到讽刺的是,它发生在这样一个历史时期的西方,即苏联和东欧国家中的年轻人和更富有创新的一些元素似乎正在抛弃马克思主义。[10]可以确信的是,后物质主义抗议的主要特征在于其展现出了对马克思主义苏联模式缺陷的深刻认识。丹尼尔·科恩·本迪特(Daniel Cohn-Bendit)对社会主义政党的斯大林主义实践持有冷嘲热讽的态度。但是,在西方国家中,马克思主义是社会批判的主要对象,尽管与旧左派存在着分歧,新左派依旧坚持旧左派的那些陈词滥调。

辩证唯物主义(Dialectical Materialism)对西方后物质主义具有强烈的吸引力仅仅是一种措辞上的悖论。因为,马克思主义为先知的谴责

(prophetic condemnation)提供了保护伞,谴责是其基本的模式而非实质性的指导。在东欧,马克思主义的称号即意味着正统而非抗议,它能够吸引大量不同的选民(constituency)。危险在于,在寻求解决问题之道时,他们对思想传统方面的忠诚可能会假装对西方抗议者视而不见。

马克思对19世纪的工业化进行了杰出和富有成效的批判,并且在我们面临着与他所处时代一样的问题的范围内,他的分析仍旧是有效的。但是,无论是马克思主义者与否,这些问题并不完全一样,并且那些最令人苦恼的问题似乎是工业社会与生俱来的。马克思是一个极富观察和创造力的思想家,而非正统的卫道士。假如,现如今他还活着,他将很可能是一个革新自己的改革者。

在20世纪末期,一系列的挑战出现了,并且对这些挑战没有现成的解决办法。国有工厂的浪费和污染同私有工厂一样多。所有权方面的变化似乎没有使那些管理方面的事情少些僵化或者压抑。如果有什么区别的话,苏联的官僚制似乎更甚于西方国家的官僚制。它似乎也没能减轻装配线上的枯燥和非人道。反而,那些旨在使得工人在他们的工作中更富创造力和自主性的实验似乎更多是在西方国家而非苏联进行着。苏联的军工产业与美国的军工产业一样强大,并且前者较于后者而言,使用了国民生产总值中更大的份额用于国防。私有财产的禁止也没能终结帝国主义和战争。就多少有些违背其民族意愿被统治的民族数量而言,俄国皇帝可能是世界上最为至高无上的,并且,近来在大国之间似乎最为可能互相开火的两个国家是苏联和中国。

再次,我们必须承认,马克思主义思想家们关心这些问题,并且致力于实现一种新的理论综合,即既在马克思主义的核心内容中保持经济平等,又避免马克思主义国家作为特征之一的权力的等级制集中。这些思想家中的一些人在中国或者南斯拉夫发现存在一种"人性社会主义"(socialism with a human face)的承诺。一些人致力于从青年马克思而非物质主义化的老年马克思或者恩格斯那里寻找解决之道。深度研读马克思和恩格斯是有价值的努力。只是有一点显而易见,即在研读那些令人尊敬的文本时,必须补之以想象力、创造力和对当前现实的关注。在已经制度化的马克思主义的大本营中,并无预设的答案。

后物质主义思想家选择的第二条路径是神秘主义（mysticism）。这意味着对传统宗教的全心全意的接受，并常常伴随着强化的社会意识和常常偏爱那些来自遥远国家的信仰。由于其他的神已经死去，为此构造一个神是必要的。

人类控制环境能力的增长使得这个世界上的所有事情都变得可能，包括种族灭绝、瘟疫和大屠杀。明天我们就可能迎来世界末日。一个一切都有可能的世界，将会陷入令人难以忍受的无序中。在世俗的思维中，自然有时就是上帝。自然先于人类很久而存在，晚于人类而消亡。在某种意义上，自然是众神中最古老的一位。这是毋庸置疑和绝对的。它有自己不可阻挡的规律——春天草木生长，秋天树叶凋落，水在冰点以下会结冰，这都不依赖于任何人的意志。在探寻某些宗教事物的过程中，自然展现了一套复杂的规则，甚至包括饮食法则，即只吃天然的食物，其他的食物将可能毒害你。在这种神学体系之下，罪恶有着非常清晰明确的根源，即自然的敌人——科学技术。

西奥多·罗斯扎克（Theodore Roszak）是后工业神秘主义中最有趣和最雄辩的代表人之一，他认为："在很大程度上，专业化的过程就是对欢乐发动的公开的战争，尤其当它寻求将文化机械化时。这一点令人困惑地反常，即试图证明没有任何事情，绝对没有任何事情是特殊的、独一无二的或者非凡的，而是都能够降低至机械化程序的地步。一种'绝无仅有'的精神越来越徘徊在先进科学研究之中：致力于去除等级，去除幻想，降低档次。"[11]

罗斯扎克对当代社会的批判本质上比马克思主义者的批判更为激进，他否定了科学、技术和工业，而马克思主义者和资本主义者都把这些看作是发展的基石。不幸的是，罗斯扎克的科学研究显然在威廉·布莱克（William Blake）那里终结了，尽管罗斯扎克收集了一些关于神经毒气（nerve gas）和水银中毒（mercury poisoning）的秘史去说明当代先进科学研究也就那么一回事。他似乎完全忽视了这样一个事实，即自然科学在机械化阶段之前很久就有发展，或者说，现如今自然科学的基本发展方向恰恰与他所宣称的截然相反。机械化的确对社会仍旧有着极其重要的影响，尤其是通过大生产装配线和大生产部门。但是，罗斯扎克似乎没有意识到给他们以启发的科学并非现如今意义上的科学。[12]他以一种基本的和简单化的方式,认为科学仅仅是罪大恶极的魔鬼;他宣称,人类仅仅通过拒绝冰冷的、理性的科学以及拥抱自然就可实现满足与健康。

在很多方面,这类世界观是富有吸引力的,但是它在根本上似乎是站不住脚的。自然法则并非像一些当代人所想象的那样,对孕育万物的大地充满感情。根据这个法则,人口增长到其疆土的承载能力极限时,就会通过饥饿、疾病和自相残杀的方式来控制人口。在这样一个世界,并不存在女性解放的技术基础。由于缺医少药,人们的寿命预期是30年左右。一个成年女性花费其人生的绝大多数时间在妊娠和哺育孩子上,并且等不到这些后代成年又被迫亲手埋葬其中夭折的大多数。

我们可以在自然中附加其人道主义色彩,但那是文明产生之后。在圣经连续几个章节中,我们可以追溯到上帝如何从种族灭绝和人祭演变为怜悯和富有爱心这一轨迹,正如游牧之人脱离自然走向文明那样。自然赋予人类以理性,以及实现个人潜能的动力。

在工业社会,技术的发展导致了新生活方式的革新。越来越多的女性在职业与(或是代替)母亲角色中寻求满足感。正在改变的生活方式,加之节育技术,导致了出生率的下降。的确,几乎在所有发达的工业社会,生育率都已下降,甚至低于人口的世代更替水平。

与此相对照,我们不必谈及过去自然的状态。我们很容易就可以找到一些当代的例子,因为世界的绝大多数部分依旧处在前工业社会。难道这些地区的民众会因为河流清澈、与自然愉快沟通且没有丑恶的工厂而成天欣喜若狂吗?令人心碎的是,情况并非如此。他们中的数以百万计处在挨饿的危险之中。人们难以忍受一个枯瘦而绝望的母亲抱着她死去孩子的图景,但这只是很多问题的一个象征——未来的情况可能更糟。工业社会的人口发展可能呈现平稳态势,但在世界上的其他地方,人口则出现了火箭般的上升趋势。明天,数千万计的人可能会挨饿。

走向智慧的旅程是艰难的,它要求温暖的心与冰冷的理性兼具。也许,海洋、森林以及陆地都是神圣的。但是,在寻求拯救和使用工具的过程中,人也是神圣和独特的。假如他把两者都抛弃了,那么他就抛弃了人性。

我们有时会遇到某种反技术的观点,该观点认为,在南亚、非洲和拉丁美洲,数以百万计的人正在挨饿,原因就是西方国家的工业化:科学技术的使用破坏了永恒的生态法则,在一定程度之上,世界某处的饥饿正是其后果之一。

这种观点在很大程度上是没有根据的。自有历史以来,生存在饥饿边缘就是人类的基本状况。从后物质主义的视角来看,这令人难以置信;人们总是假设,他今天所看到的东西就是其本来状态。但是,只是到最近,科学技术才把部分人从最低限度的生存状态中解救出来。

在最近的数十年中,工业国家通过运送数以百万吨计的粮食到欠发达地区的方式使得这些地区的饥饿问题得以缓解。仅美国出口的粮食就足以养活3亿人口——机械化、杀虫剂和化肥使得粮食剩余成为可能,而这些东西在西方国家往往被忽视,但第三世界却在绝望地寻找着它们。未来的希望主要取决于由西方国家发明的农业技术和节育技术。

在某种意义之上,假如我们只是遵循生态逻辑去得出一个糟糕的结论,那么第三世界中的部分苦难是可以归咎于技术。非工业化社会中的大量人口确实是因来自于工业化的西方国家的机器和粮食来存活的。但是这只治标不治本。这些人生存下来了,又有了孩子,而他们的孩子又有孩子。假如没有那些粮食援助,那么人口的增长将不会那样急剧,要么基于饥饿的直接影响,要么是由于政治领导人感受到压力而努力控制生育,那么,现如今挨饿的人口数量将会少得多。

总而言之,人类的苦难会因为那些蓄谋已久的拒绝直面自身所带来的后果的干预措施而大量增加。但同样显而易见的是,其中一个问题是技术太少而不是太多了。回归自然显然不是一个现实的选择。它意味着世界上大部分人口会因饥饿、疾病和战争而死亡。依照先前的技术水平,我们的人口在很久之前就已经超出世界的承载能力。

如此推理可能将要发生的事情是可怕的,但当前的现状可能更糟。西方的粮食储备已经减少。然而,假如当前的趋势继续下去,在数十年之后,第三世界国家的人口总量可能是当前的两倍还要多。

在非工业化国家实际上发生的事情,最终得由其自身来决定。发达国家可以援助他们。发达国家不能强迫他们去抑制飙升的人口增长,而这恰恰是悲剧的根源所在。即使把整个工业社会分解，将其平均分成若干农业土地，也不能为人口压力提供更多的喘气机会，人口压力随之而来的是饥饿的继续，饥荒规模巨大，且不可能有外部的援助。这时一个现实的期望就可能指向技术手段，唯有它才是走出怪圈的唯一方法。

抑制人口增长的方法在过去的一年又一年中变得更加简单和富有效率。那些宣称继续支持人民拒绝节育项目或是将这些项目置于较低地位的领导者还会维持多久呢？我们很难回答这个问题。但是，这些项目的需求正在上升。

前景并非完全没有希望。日本和其他非西方国家打破了人口增长快于经济发展的恶性循环。正如西方国家那样，这种结果似乎是一种新的均衡。生活方式的变革可能导致人口的增长趋于减弱，并导致人们从重视物质消费转向其他方面。

甚至，对那些农业占有压倒性比重的国家，也是有希望的。中国共产党政权所取得的令人印象深刻的成果之一似乎是，在经济发展处于较低水平时，却极大地降低了生育率。很显然，这个过程依赖于一个非常强大政府的存在，它有能力形成强大的社会压力和再塑人们的价值观。其代价可能是极其巨大的。由于我们对中国内部究竟发生了什么知之甚少，因此我们很难对它作出评价。然而，西方的政治领导人总有一天会发现，他们会热烈地欢迎那些以北京为模型的政体植入，就如曾经他们激烈地反对它们一样。

自然的定义有多种形式。有时，它使用伪科学推理去证明科学和技术是邪恶的。狂热的自然主义者将能源危机作为一个证据，来证明工业社会本质上就是不健康的，并且处在崩溃的边缘。

世界上的石油的确是正在被耗尽。但是（人们可能会回应说），在理论上，核聚变可以生产出可供数百万年使用的能量。这里是对此观点的各种回应：

"它将带来辐射这一致命的副产品！"

核裂变的确如此；但是，对于核聚变而言，除了生产少量的惰性氦气和清洁能源外，它几乎不产生任何其他的东西。

"但是，它仍旧将生产热污染，甚至可能更糟。"

热是一种有价值的能量形式。它可以被滥用,也可以引导生产。

"能源公司影响力极其巨大。他们不会允许政府去从事任何真正有关核聚变的有效发展,直到一切为时已晚。"

不幸的是,这可能是真的。但是,如果真是如此,我们就可以不再讨论对工业社会无法改变的自然制约,而去讨论那些人类有能力解决的政治问题。

然而,有时甚至探讨这样的可能性都是毫无意义的,其原因正在于我们处理的是关于信仰的问题。技术绝对是邪恶的,否则就没有神圣的事物可言。因此,最终的和决定性的辩驳是:"那是一种技术官僚的思维,它使得我们陷入了目前的混乱当中!"

一些人把《增长的极限》(The Limits to Growth)[13]的分析视作反技术立场的理论根据,尽管该书着重强调了只有在科学研究和发展方面付出极大努力,我们才有希望避免灾难。

由罗马俱乐部发起的这项研究可能是20世纪70年代最为重要的著作之一。[14]它第一个正式提出了关于人口、粮食生产、污染以及资源消耗的长期趋势模型,并把这些变量作为一个动态的体系以及用一种全球视野来考量他们,从而激发了人们关于人类意义的广泛和严肃的思考。这部著作认为,由于非再生资源的消耗、人口的增长超过了粮食的供给以及污染的累计超过地球吸收它的能力,当前的经济增长模式将导致工业社会的崩溃,时间期限就是目前刚出生小孩的寿命时间范围之内。这部著作描述了零人口增长和零资本投入在全球范围内的采用,并把这看作避免崩溃的唯一方法。当零增长在全球范围盛行时,地球上各地区的经济水平将发生改变。那些已经是发达的地区将被要求去接受某种更低的投资和消费水平,这就使得那些欠发达的国家的经济能够上升到全球平均水平。

像很多创新性努力那样,这部著作也受到广泛的批判,并且在某些方面,我们认同这些批判。但是,它的作者们也谈到了现代世界面临的最为基本的问题。

这部著作指出,这项研究的预测是基于这样一个假设:消费、人口和污染将呈现出指数级的增长;然而,技术和政策的补偿效应并非如此——

这是一个与过去的经验截然相反的假设。基于 1870 年以来数据的相同假设，被用来证明，到 1970 年，工业社会的城市将会因马粪堆积如山而窒息；在 1850 年，人们可能会证明，由于鲸油的枯竭，城市可能会陷入黑暗当中。但事实上，技术的发展和社会的应对措施就这样出现了。甚至，像英国 1956 年《清洁空气法》这样粗糙的法律在其实施 15 年后，就减少了伦敦空气中烟雾含量的 75%。与此同时，英国的河流也由于反污染措施的缘故而变得更加清洁。其结果之一就是，在过去一个世纪以来，在伦敦附近的泰晤士河中，人们首次抓到了一条大马哈鱼。[15]

这项研究描述了零人口增长和零资本投入政策，后者意味着资本投入仅仅与折旧率相当。中止人口增长的需要似乎是无可争议的。零资本投入的想法似乎令人极度疑惑。这是一种处理实际问题的粗暴方式。例如，投资钢铁行业所带来的效应不同于投资教育或者科学研究的效应。前者极大地倾向于增加污染和非再生资源的消耗；而后者的消耗和污染相对较小，并且有时候会导致污染和消耗的长期减少。

经济增长本身并无罪。它导致的问题主要是污染和非再生资源的枯竭，前者可以通过应用科学技术而最小化。“非再生”和“资源”的定义随着新的研究和发展结果，也在发生着改变。它能走多远是有限度的，但我们真的不知道这些限度是什么。

丹尼斯·梅多斯等（Dennis Meadows et al.）认为资本就其本性而言，倾向于指数级（exponentially）扩张。然后，他们把资本投资与日渐严重的污染和资源枯竭相等同，并且得出结论说，污染和资源枯竭也存在呈指数级增长的内在趋势。在工业化的早期阶段，这些情况可能就已经存在，但是没有证据证明这种不可分割的关系。事实上，现有的证据正好相反。

正如贝尔（Bell）和其他研究者所指出的那样，在发达工业社会中，变革的一个最为基本的模式是从重视物质产品的生产向服务和知识产业转移。物质资源的消耗对经济增长的作用越来越不重要。例如，依据梅多斯等所言，美国的钢铁消费自从 1950 年以来就大致处在同一个水平上。尽管美国经济持续快速增长，但是基本工业产品的生产和消费的增长不再呈现指数形式。它仍然处于非常高的水平上。但是，通过计算机化、微缩化、循环利用和更有效的设计，这个水平可以得到大幅度下降，当然这要求增加额外的投资。早期的计算机是巨大的,其尺寸有房间那么大;而目前新一代的小型便携式计算机,可以在耗费更加少的材料以及电能的情况下更快地执行同样的功能。需要中止的是污染和非再生资源消耗的增长,而不是资本投入本身。在《增长的极限》一书的批评者和捍卫者之间,存在着一个广泛的共识:零经济增长既是不必要的,也是不可取的,问题在于我们应该鼓励什么样的增长。

除了其他的批评之外,托马斯·J.波义耳(Thomas J.Boyle)发现,作为《增长的极限》一书的预设之基础的计算机程序存在错误。[16]这个错误所带来的影响之一就是,这个模型极大地高估了在工业化水平更高的情况下处理污染问题的困难。由于每一个关键变量都互相影响着,污染预期影响的减少也使得处理其他问题变得更加容易。修正之后的模型产生了一个实质上不同(也不那么耸人听闻)的结果。波义耳察觉的这个错误被作为把《增长的极限》一书作为纯粹的危言耸听而拒绝加以考虑的正当理由。但它不是,正如波义耳几乎可以绝对认同的那样。

作为对波义耳的一个回应,丹尼斯·梅多斯等承认这个错误的确存在,但是他们认为,无论如何这不会改变他们的结论。[17]这看上去似乎有一点夸大其词,但是在更广义的角度而言,他们是正确的:如同这个原初的模型那样,波义耳修改的模型也预示了最终的崩溃,但这种崩溃会比预期的要迟得多(作为资源枯竭的结果)。

应对人口增长的技术方法唾手可得,而它是否被运用于实践之中则依赖于社会政治因素:行动迫在眉睫。除非节育技术能够被广泛地获取并被鼓励使用,要不然到2000年,世界人口将会是现在的两倍;即使出生率达到世代更替水平,在那个基准上,在数十年之内人口将继续增长。这些人群究竟能否过上像样的生活,是一个悬而未决的问题。另一方面,假如人口增长能够尽快得到控制,粮食消费的问题就变得容易解决了。在这里,问题再一次涉及社会政治问题而非不可阻挡的趋势问题。污染似乎并非如预期的那样是一个棘手的问题。它要求协调一致的努力,但是假如合适的技术被加以运用,它似乎在人们的掌握之中。

非再生资源的枯竭涉及明显不可克服的限制因素。这个问题可以被分解为两个方面:能源和其他资源,其中主要是金属资源。前者极其迫切。在未来数十年中，最为关键的问题在于，在化石燃料变得过于稀缺、导致主要工业崩溃之前，像核能和太阳能这样的技术能否被广泛地投入使用。假如人类赢得了这场赛跑，在无尽的未来，是有足够的能源可用的。

另一方面，金属资源的短缺问题并不那么急迫，但对其消耗目前并无任何看得见的长期弥补措施。每年，大量的金属资源被使用后难以恢复，而这个星球之上这些资源的供应是有限的。也许人类最终有能力利用来自月球和其他星球的金属资源，但是相关的研究才刚刚开始。[18]地球之外的资源被排除在现有资源评估之外完全是可以理解的。相应地，任何当前关于工业社会未来的假设最终都指向崩溃，并且这种崩溃将比人们基于过去经验得出的预期要早得多。

《增长的极限》一书在很多方面是不准确的，但是它强调了一些至关重要的事实。这些事实之一就是，社会对环境改变的回应严重滞后。只有当问题的症状变得十分明显时，政策的改变才可能到来。并且，诸如应对污染的政策或者应对资源枯竭的措施这类事情，其改变所产生的影响，直到过去了很长时间，才可能扭转其恶化趋势。对于前一种情况，滞后有可能达数十年。这个时间滞后的代价是极其巨大的。通过足够的提前计划，使得在症状变得严重前就作出政策改变，可以避免这种代价。无论是西方国家的政府，还是非西方国家的政府，所做的都截然相反，体现出一种令人沮丧的趋势。尼克松政府应对经济困难的一个回应就是缩减对基础研究的资助。无独有偶，在 20 世纪 70 年代中期，印度政府在面临着粮食短缺时，也减少了节育项目的预算。这样一个短视的节约措施带来的是令人吃惊的长期代价。

《增长的极限》一书的批评者宣称这本书中的一些假设是值得商榷的，他们对一些重要细节进行了修正，并且使该书遭受了某些相当聪明的嘲笑（clever ridicule）。但是，他们并没有证明这本书的基本设想是错误的。问题在于，物质的增长在何时以及是否必须被终止。

地球的资源有限是毋庸置疑的。我们最终将耗尽那些不可再生资源也是不言自明的。假如它们的消耗继续以指数曲线增长，我们耗尽这些资源的时间会比预期要早得多，这可能也正是这项研究中最为重要的一点。这一过程是反直觉的:在指数曲线中,过去的经验对于未来的情况并非可靠的指引。该书中大量关于这一事实的例证本身是富有价值的:原理很简单,但其含义却与我们根深蒂固的思维习惯相背离。

我们必须考虑到各种各样不可预料的事情,包括那些希望非常渺茫的事情。此刻,让我们假定,接受梅多斯极力推荐的类似于"可持续的状态"是有必要的。那么,它的社会意义是什么呢?

假如我们这部著作描述的价值类型转变真有发生,它将延缓社会朝着梅多斯所预测的那种社会过渡。只有在年轻人中,后物质主义者的数量才与物质主义者的数量相当。然而,到 20 世纪末,后物质主义者可能就构成了西方国家人口中的一大部分,并且他们将集中在社会中最活跃和最富影响力的那部分人之中。在发展中国家,他们的人数可能是少很多,但是,在某些方面,那些发达国家发生的价值转变显得更加至关重要。对于那些发展中国家而言,它们的首要需求就是中止人口增长——在任何可预见的未来,在任何情况下,这都是它们必须去做的事情。与此同时,他们的物质福利水平将会提高。另一方面,那些发达社会的民众,被号召不仅不要再要求更多的物质所得,而且必须接受物质消费水平的下滑。第五章引证的那些发现揭示了人们的主观生活满意度取决于一个人经历的转变,至少就像取决于任何特定的物质福利的绝对水平一样。在这种转变过程中,工业化社会的民众将经历更加巨大的主观剥夺感,即使他们的客观生活水平相较于其他地区的人们而言可能仍旧很高。我们的发现预示着,这是一种短期的状况,这一状况将只持续数十年。从长期来看,人们无论是拥有适中的还是奢侈的物质消费水平,其幸福感是大致相同的。

然而,这转变的数十年时间将是至关重要的。那些经济发达国家的人将忍受这些被强加的牺牲吗? 如果他们是后物质主义类型,他们有可能这样做。因为,物质消费不是人们唯一重视的事情,并且对于后物质主义者而言,物质消费比其他价值更不具有优先性。一种更伟大的社会团结感和做一些有价值或有意义事情的感觉,可以使后物质主义者找到减少物质消费的补偿。然而,后物质主义者的精神本身是否可以不随物质生活水平的下降而下降呢? 就短期而言,这个回答是肯定的。尽管经历了自 20 世纪 30 年代以来最为严重的经济衰退,从 1970 年初到 1976 年底,价值观类型的分布依旧十分稳定。正如我们在第四章所看到的,大萧条腐蚀了年轻群体中的后物质主义者,但是,这种影响被年长群体中的人口替代抵消了。

我们无需假设:随物质消费水平的适度下降,后物质主义的人口数量必然出现下滑。价值类型的变革可能与成长时期的经济和人身安全相联系,而非与特定的经济水平相关联。如果经济水平越高,就越容易获得安全感。但是,情况也可能是这样的,即使经济水平出现下滑,安全感也将维持不变。当然,无论如何,这并非易事。综合社会福利项目有助于获得安全感,但安全感也可能来自某种强烈的确信生活水平下降趋势会在可以容忍的范围内终止的保障感。要保持这种保障感似乎比较困难,但在理论上也并非没有可能。

在这种转变过程中,在绝大多数发达国家中,物质主义以及混合价值类型的人数仍然众多,并且他们将被号召在物质消费方面作出牺牲。人道主义的团结意识并不足以作为补偿。去谴责他们的狭隘和自私的态度只可能给这个计划徒加敌意。从他们的立场来看,他们会为此舍弃很多,而回报却很少。替代选择是通过物质或是社会强制的方式,对物质主义者进行压制。这可能会付出巨大的代价并带来相反的作用。另一个可替代的选择是呼吁物质主义者重视物质安全需求,辩称除非这个计划得以实施,否则欠发达国家可能会攻击富裕的国家。这种选择似乎也会产生事与愿违的结果。一个可预见性的回应就是,那些已经拥有惊人破坏性武器的国家将更加重视军事力量。此外,另一个可替代性的选择是放宽隐含在梅多斯项目中的一个政策。这一政策不追求最终实现物质消费的平均分配,而是允许发达地区的物质水平比那些现在相对贫穷地区的物质生活水平要高一些。这将导致我们并不想看到的复杂性。为此,我们可能牺牲简单化和数量上平等的极致,要求人们开诚布公地争论多大的差异是被允许的。然而,假如物质消费水平降低的主观代价大于物质消费水平提高的代价,那么在我们的计划中,这个事实就会被确认。

在此处讨论的价值改变过程没有就梅多斯提及的社会问题提供任何简易的解决方案。但是,这里的讨论有利于促进梅多斯方案的接受。假如真有讨论的必要,那么现如今西方民众中一个重要而富于雄辩的少数群体可能支持这样一个计划,并且这个少数群体正在发展壮大。

梅多斯分析中存在的那些令人沮丧的暗示(bleaker implication),这里也需要坦率地说明一下。

反工业的神秘主义者罗斯扎克可能看上去与冷静的演算家梅多斯等人是截然对立的,但是,为了更加全面地理解梅多斯研究的社会影响,我们必须从前者的视角去看待问题。很多人似乎相信梅多斯将建立一个与自然均衡的新耶路撒冷(New Jerusalem),在这个新的国度里,人类将如同原初状态那样生活,而且(在经过某些恰当的改变后),将永远是那个样子。这些人没有读懂梅多斯。梅多斯的乌托邦是终将走向崩溃的。

在未来长达数个世纪中,采用梅多斯的稳定世界模型可以避免灾难,但是假如我们在表面意义上采纳了他的设想,它也将导致某些厄运。梅多斯等人没有掩盖这个事实,但是他们通过一个假设把它轻易地忽略了,即假设绝大多数人关心事物的时间维度最多只延伸到他们孩子的寿命范围内,不可能更长。人们对其曾曾孙的命运有一种隐含的、很不相称的麻木不仁。我们应该关心在遥远时间里人类会发生什么,以及遥远空间里的发生的那些事情。意识到我们所关心的政策和牺牲只会导致我们曾竭力去避免的灾难,肯定会对生活于可持续状态下的人们的精神状态产生消极的影响,从而破坏那些必要的合作努力。

可持续的状态隐含着大量亟待解决的问题。这些问题将被简要地陈述一下,因为我们对其中一部分模式已经相当熟悉。其基本原则可表述如下:强者倾向于比弱者获得更多他们所渴望的商品,并且越是稀有的东西,他们越是倾向于占有它们。因此,富人喝的水不一定比穷人多,但是他们却消费了大量的法国红酒。在欠发达国家,收入分配极其不均。除了极个别的例子外,这些国家有大量极其富有的人和非常多的极端贫穷的人,而处于两者之间的人相对而言比较少。在富裕国家,收入分配也是不平等的,但这些国家一般有一个庞大的中产阶级。

这种类比也可以被移植到国际层面。历史上,通常的范式就是掠夺战败者。直到最近,而且只有一部分相对发达的国家,才开始对战败者进行经济援助。现如今,几乎所有发达国家都会给那些更加贫穷的国家提供少量最低限度的对外援助。数量可能不是很大，但它代表了一种历史的变革。梅多斯的项目号召更多发达国家通过降低他们自己的物质生活水平来向不发达国家大量地转移资本。因为穷国的存在最终会拖累富国。

此外，这个项目可能会促进人类福利的最大化，而发达国家几乎得不到任何具体的回报。欠发达地区的工业化导致的污染和资源消耗可能会更多而非更少，并且在短期而言，甚至会因为饥饿缓解而加剧人口的增长。没有证据表明发达国家会自愿参加到这个项目中来。

好了，现在让我们来思考一些不可想象的问题。一个解决办法是强迫他们参加。但是，在这里，我们面临着这样一个两难，它超越了事实本身，即发达国家的武装力量也更强大。我们很难想象有任何其他的事情比热核武器更加浪费不可再生资源、破坏环境，更不要提及对人类自身带来的危害。在热核战争结束之后，发达国家是否还有它们为之斗争的用于发展的资本，也是值得怀疑的。除非人们不关心治疗方法是否比疾病本身更糟糕，否则，还是得采取非强制的措施。

总而言之，一旦这个项目坚决和严厉地拒绝任何形式的技术乐观主义，它就必须建基于巨大的社会乐观主义。

这种乐观主义并不一定是毫无根据的。它并未超出人类创新性和信念的范畴。人类的绝大多数既不是猪，也不是疯狗；他们有思维和良知，并且当人们合理地、不屈不挠地用一种爱的精神发出呼吁时，他们可能会很好地作出回应。但是，这个项目似乎反映了一种后物质主义的精神，即把所有人都将同等地不以经济收益为优先视作理所当然。前面章节中的证据显示，在西方，存在一种面向广泛而非狭隘的认同感的趋势。在这个世界上，存在着足够的人愿意为了全球合作而努力，而全球合作有可能成为现实。鉴于历史上已发生过足够多的令人难以置信的恐怖事情，对此我们也并无把握。

假如人们愿意摒弃零资本投资的原则，乐观主义的根基将变得更加牢固。这个假设提供了一个近在咫尺的方法，去把这个模型予以整合（tie together），但是它正是我们讨论的零和趋势的一个主要根源。除非人们把经济增长本身视作恶魔，否则我们就没有一个令人信服的理由说明为什么西方国家的经济一段时间内不能继续扩展——可能直至价值观改变的过程导致它自发地中止。在一个理性政策的框架内，这类扩展是必需的，这也是梅多斯等人真正追求的目标。但是我们没有理由相信，当价格结构非常具有吸引力时，即使最麻木不仁的物质主义者仍然不愿意用太阳能代替天然气来取暖。

《增长的极限》一书的作者们的重大贡献在于分析了人类面临的一些至关重要的问题。他们的模型是预测未来的基础，这个预测中包含的假设是如此的精确与直白，因此也留下了批评和改进的空间。正是因为他们的预测太过细致，波义耳才能够发觉他们假设中的一个错误，这个错误可能被忽略，或者仅仅被看作其分析方式不够严谨的争论的基础。该书作者们构建了一个下个世纪乃至更远的将来世界发展趋势的计算机模型。这一努力是值得的，并且获得了广泛的认可。但是我们必须牢记，这个模型提供了何种预测。

他们的研究基于一个赌注，即不会再出现任何重大的突破。该书的作者们假定，除非他们的对策会被采纳，否则，负面的趋势会继续马力十足，而重大的积极变革已经走到了尽头。

他们眼中极为乐观的计算机运行，能够带来相当大规模的积极的一次性增量（one-shot increments），但这仅仅是一次性增量而非持续的趋势。计算机运行带来的唯一积极的变化是我们已经预知到的。它不包括任何超出预期的节省或者持续的获得这类形式。该书的作者是在不考虑这些因素的情况下作出其主要假设的。

在某种意义上，这个策略是合理的。无论如何，它是由所使用的方法所决定的。不可预见的技术的影响几乎不可能被纳入他们的模型中。作者们承认他们没有把这样的因素包含进去，因为他们没找到任何确凿证据，显然我们也没找到。假如它是可证明的和可预测的，那么它也就不是革命性的突破了。然而，我们愿意去豪赌，富有创造力的科学家、工程师、规划者以及政策制定者们可以提出大量目前不可预测的一些东西。这仅是一个猜想。梅多斯等人拒绝考虑盲目的技术乐观主义，他们有权利这样做。他们的立场是，"在处理关于人类事务时，我们乐于承担更少的风险。我们不能把我们社会的未来押注在那些尚未发明的技术身上，并且我们不能评估那些技术的次生效应。"[19] 持有这种观点，即意味着作者们的结论错误地站到了保守主义一边——或是审慎的立场上。罗马俱乐部最近的一项研究则采用了显然更加乐观的腔调。[20]

一个富有责任心的人绝对会考虑这种可能性，即在物质世界中，所有伟大的发现都已经完成。始料未及的结果太过渺茫，以至于我们可以忽略不计，并且《增长的极限》一书帮助我们就类似意外的发生做好了准备。另一方面，重要的是我们应记住，它不是（也不假装是）基于专有知识的未来预测。它是基于人类创新性赌注的有依据的推测。其价值不依赖于任何具体的计划，而依赖于其对现存的行为模式必然导致灾难性后果的证明；而这些后果往往会被系统性低估，人类必须提前采取正确的措施，否则会付出巨大的代价。《增长的极限》并不是预言书，尽管它在某种程度上有自我否定的倾向。它预测了一系列悲观但确信有可能发生的结果，如果政策仍按照当前的模式制定而罔顾未来的话。

西方的政治家更多地是实用主义者（pragmatic）。通过选举和社会化的过程，他们学会了专注于亟待解决的问题。对于他们而言，那些长远问题的意义可能在他们的下次选举之后。只要人类对地球的影响被限制在空间和时间的维度之内，一种敷衍的策略可能行之有效，但是上述条件不再占主导。自然进程和人类进程之间关系的逆转已经到了这样一个地步，即我们不再依赖于自然这只看不见的手去改正我们的错误，变化已经达到了这样一个程度，即我们必须比以前看得更远。

在阿拉伯石油禁运的前一年，尼克松总统曾强烈反对一个主要研究能源的基础项目：它似乎只能带来长期回报。正是由于这种目光短浅的现实主义，尼克松把这项研究从议事日程中剔除。不久之后，当能源危机变得十分严重时，他突然开始鼓噪"独立项目"需求的紧迫性，所谓的"独立项目"旨在到 1980 年时美国在能源需求方面可以实现自足。当然，这其中也包括加速基础能源的研究。

然而，这类想法并非保守主义者所独有。人造飞船的研究已经变成了自由主义者的眼中钉（bête noire）。在苏联斯普特尼克号（Sputnik）人造卫星的刺激下，肯尼迪总统把在 1970 年以前到达月球提高到了国家优先发展的地位。这既是基于愚蠢的爱国主义，也是因为肯尼迪想让这个国家再次运转起来，并且深知只有这样做才能激发民众的想象力。还有部分原因可能是，肯尼迪本是一个志存高远的人。然而，在诸如"我们可以把人送上月球但我们的城市却不适宜居住"这样的口号面前，"阿波罗"计划没有被贯彻到底。这一口号是基于一个错误的三段论（syllogism）而提出的。阿波罗计划大约耗费了我们GDP的1%中的1/3；显而易见，这并非一个非此即彼的选择。但是，除了这个事实之外，在纯粹的研究和社会需求之间绝没有选择的余地。

从"阿波罗"项目中获得的益处才刚刚被认识到，但是相较于那些很多被设计用来推动社会福利的项目而言，它似乎已经有了更好的社会回报。人造飞船项目已经带来了医药、粮食储存、阻燃纤维、更加便宜且更有效率的房屋建造、改良计算机以及污染控制等领域的重大发展。这些技术副产品可能已经还清了这个项目的投入，且这些回报将会持续很多年。但是，即使没有这些回报，"阿波罗"项目也可能通过这个事实证明了自身，即通过更加有效地追踪飓风的轨迹而已经挽救了数千条人命。从长远来看，如果我们没能贯彻长远的计划、研究和发展，那么，不仅我们的城市，甚至我们的地球也可能变得不宜居。人造飞船的研究趋向于发展那些我们生存在这个星球上所必需的技术。它要求集中关注在一个有限的自给自足的环境中生存的技术。它尤其重视物资的循环使用、设备的微缩化以及诸如太阳能这样的可自我更新的能源的发展。它同时要求专注于长期的以稳定且理性的方式实施的研究努力——不是现在要抛弃些什么，也不是在还不至于太晚的时候重新启动某个孤注一掷的应急计划。

考虑到明智的政策和持续的技术进步，地球上的能源可能足以保证工业文明继续繁荣数个世纪。[21]但是，最终一个文明的人类的生存可能还是取决于我们到达宇宙中其他数以千万个星球中的某些星球的能力。星际旅行是一个前提条件，与其相比，人类的月球之旅相形见绌，但是从长期来看，它关乎人类的生存。

但是，太空研究还有另一个截然不同的原因。除了生存的需求，人类通常需要很多巨大的工程。对知识和美的渴望，超越自我的需求，本身就内在于人的构造中。为了健康，人类必须满足这两种需求。"阿波罗"是少有的全人类都为之自豪的历史事件之一。当尼尔·阿姆斯特朗（Neil Armstrong）1969年踏上月球时，对于整个人类而言，这是巨大的一步；然而，与此同时，它给了我们所有人一个全新的视角来看待我们共同的家园。阿姆斯特朗回忆道："突然间我被深深地震惊了，那个小豌豆，那个可爱的蓝色的小豌豆，就是地球。我举起我的大拇指并且闭上了一只眼睛，我的大拇指就完全遮住了地球。我没有感觉到自己像是一个巨人，反而感觉到自己非常非常地渺小。"另一位宇航员则说道："你并非作为一个美国公民而是作为人类来鸟瞰地球。"[22]威廉·I.汤普森（William I.Thompson）记述了"阿波罗"17号的发射升空。"你抛弃了紧张，并跳跃着欢呼，你知道，在同上天的斗争中，人类正在反败为胜，并且正骑行在地球之外的那颗彗星上……正如石匠在中世纪的大教堂上写到的那样，人们也可以在火箭上书写：亚当创造了我。"[23]汤普森描述的是1972年12月"阿波罗"号的最后一次飞行。此后，就没有任何其他这方面的规划了，并且"阿波罗"所建立起来的基础设施也正在被瓦解。显而易见，对宇宙的探索不仅对全人类而言是一个巨大的工程，而且它似乎也是人类探险中理所当然和至关重要的一部分。从长期来说，认识到文明的人类并不会简单地遵循命运的安排而是会在宇宙的某处存活下去，可能对人类的观念将产生重要的作用。

在数千年中，人类用一种惊奇和敬畏的心态仰望天上的繁星，编造关于它们的神话，并且探索这些美妙的神话。令人难以置信的是，人类最终将像一位上了年纪的资本家那样仰坐着，悠然自得地把时间花在盘算如何勉强维持过去所攫取的资本。在斯普特尼克计划很久之前，人类就决心突破重重困难到星星上面去。

西方民众在价值与技能上的改变反映了一些令人警醒的问题。我们似乎正在目睹组织约束的弱化、对工具理性及其主要工具即技术的依赖的减少——在一定程度上，甚至在拒绝这些技术。这些趋势令人警醒，因为一旦过度，他们带来的后果将是灾难性的。

但是，对我而言，这个过程似乎代表了一种对平衡的矫正而非社会的崩溃。工业时代是各种工具大发展的时代，而后工业社会则是可以将这些手段运用于伟大目标的时代。

我把你放在世界的中心，去观察世界上的一切。我创造了你，既不是天，也不是地；既非凡人，也不是神仙；所以，你拥有选择的自由和更多的荣耀,好像你自己的创造者和铸刻者,你以自己喜欢的方式随意塑造自己。你有能力退化为生命的低等形式,如动物;你也有能力根据自己灵魂的判断,重生为更高级的生命,如神灵。——上帝在创造人;皮科·德拉·米兰多拉:《论人的尊严》(Pico della Mirandola, *Oratio de Hominis Dignatae*),1486 年。

注 释

1. 关于数字的报告,来自 *Time*, February 2, 1976, p.10。"人力资源"包括社会保障、失业保险、公共救助、卫生、教育和社会服务方面的支出。值得注意的是,尽管国防支出的比例下降了,但从 1967 年到 1977 年用于国防的开销增长了 46%。

2. Samuel Huntington, "Postindustrial Politics: How Benign Will It Be?" *Comparative Politics*, 6, 2(January, 1974), pp.174-177.参见 Samuel Huntington, *Political Order in Changing Societies*(New Haven: Yale University Press, 1968)。

3. 参见 Giovanni Sartori, "The Power of Labor in the Post-Pacified Society: A Surmise," paper presented at the World Congress of the International Political Science Association, Montreal, *Quebec*, August, 1973。

4. Ibid., p.26.

5. 参见 Max Weber, *Economy and Society*(New York: Bedminster Press, 1968)。

6. Seymour M.Lipset, "Social Structure and Social Change," in Peter Blau (eds.), *Approaches to the Study of Social Structure*(New York: Free Press, 1975), pp.121-156.

7. Max Weber, *From Max Weber: Essays in Sociology*, eds. H.H.Gerth and C.Wright Mills(New York: Oxford University Press, 1946), p.122.

8. Zbigniew Brzezinski, *Between Two Ages: America's Role in the Technetronic Era*(New York: Viking, 1970), p.235.布热津斯基引用罗伯特·沃尔夫(Robert Wolff)等的著作 *A Critique of Pure Tolerance*(Boston: Beacon, 1965),以作为宣传压制那些与新左派存在分歧的观点的一个明显的例证。

9. 参见 Barrington Moore, Jr., *Social Origins of Dictatorship and Democracy*(Boston: Beacon Press, 1966)。

10. 由于显而易见的理由,这方面的定量数据非常匮乏。关于苏联,人们只能指出一些简单且重复的抗议实例,来自部分艺术家、科学家和知识分子,还有像索尔仁尼琴这样移民海外的知识分子,也提供了更加广泛的材料。关于波兰,1961年华沙的大学生民意测验提供了更广泛的例证。在问题"您认为自己是一个马克思主义者吗"的回答中,只有 18% 的受访者给出了明确答复;59% 的受访者给出否定回答,23%的受访者没有回答。该调查引自 Brzezinski,*Between Two Ages*,p.79。正如布热津斯基所指出的,对社会主义福利项目的支持几乎是普遍的;马克思主义世界观遭到排斥。

11. Theodore Roszak,*The Making of a Counter Culture*(Garden City:Anchor-Doubleday,1969);参见 Roszak,*Where the Wasteland Ends*(Garden City:Doubleday,1973)。

12. 对技术性社会同样尖锐但同时又充满历史感的批评,参见 William I. Thompson,*At the Edge of History*(New York:Harper and Row,1972)。

13. 参见 Donella Meadows et al.,*The Limits to Growth*(Washington,D.C.:Potomac Associates,1972)。这本书已被译成 29 种语言,并激发了其他本身非常有影响的著作的出现——如,一本来自 *The Ecologist*,*A Blueprint for Survival*(Harmondsworth,England:Penguin,1972)的编者之一,后者对主要问题的分析都建立在前者的基础之上。作为模型化工具基础的原则,来自 Jay W.Forrester,*World Dynamics*(Cambridge,Mass.:Wright-Allen,1971)。还可参见 Dennis Meadows and Donella Meadows(eds.),*Toward Global Equilibrium:Collected Papers*(Cambridge,Mass.:Wright-Allen,1973);and *Norman Mac-Rea's critique of Limits in The Economist*(March 11,1972);and H.S.D.Cole et al.(eds.),*Models of Doom*(New York:Universe,1973)。对大量批评的回应,参见 A.Petitjean(eds.),*Quelles Limites? Le Club de Rome Répond*(Paris:Seuil,1974)。

14. 这可能是既有制度惯性(sluggishness)的一种体现——这一计划由罗马俱乐部发起——这是一个由自然科学家和社会科学家、政府官员及企业家组成的非正式组织,成立于 1968 年。

15. Associated Press dispatch,November 14,1974.在美国,伊利湖的环境退化尽管已经停止,但是,其恢复则需要数年的时间。

16. 参见 Thomas J.Boyle,"Hope for the Technological Solution,"*Nature*,245,1(September 21,1973),pp.127-128。这一错误在梅多斯等接下来的著作 Limits to Growth 中已经没有了。

17. Dennis Meadows and Donella Meadows,"Typographical Errors and Technological Solutions,"*Nature*,247,5436(January 11,1974),pp.91-98.

18. 普林斯顿大学的物理学家杰拉德·奥尼尔(Gerard O'Neill)总结道,利用今天可用的技术,在太空建立永久的栖居地是可能的,可以大部分使用从月球开采的物质。这样一个栖居地可以设计成一个生产车间,通过巨大的太阳能发电厂,以微波的形式把大量的能量转移到地球上。根据奥尼尔的观点,这将是一项有利可图的投资,并可在未来 15 到 20 年内实现。关于这一计划的有趣描述,专给外行看的,可参见奥尼尔,"Colonies in Orbit,"*New York Times Magazine*,January 18,1976,pp.10-11。

19. Dennis Meadows and Donella Meadows in *Quelles Limites?*,p.54(作者自己翻译的)。

20. 参见 Mihajlo Mesarovic and Eduard Pestel, *Mankind at the Turning Point*(New York：Dutton，1974)。

21. 这一先决条件(prerequisites)似乎是：零增长的人口政策，核聚变和太阳能资源的开发，采取强硬的使污染、土壤腐蚀和资源消耗最小化的政策。我们认为最后一个选项(the last item)可能是最棘手的长期约束。某些金属，如铜，在不久的将来可能变得匮乏；另一方面，由于充足的能源供应，铝在很长一段时间内都将可资利用，它可从黏土中提炼而成。

22. 引自 *Newsweek*，December 11，1972，p.68。

23. 引自 *Time*，January 1，1973，pp.50-51。

附录 A[1]
欧共体调查(1973 年)

下面的问卷是 1973 年 9 月、10 月针对新扩建的欧共体 9 个国家中具有代表性的公众样本而设计的。本问卷的设计由我和雅克-勒内·拉比耶、海伦妮·里夫奥尔特、罗伯特·吉斯(Robert Gijs)合作完成。变量 1 为国籍。编码如下：

1 法国

2 比利时

3 荷兰

4 西德

5 意大利

6 卢森堡

7 丹麦

8 爱尔兰

9 英国

变量 2 是受访者数量。变量 3 是具体国家，以表征研究数量或访谈地区。受访者首先被问到的问题是："目前您最关注的问题是什么?"对这一选项的回答没有编码。第二个问题是："我希望您更具体地描述您目前状况的某些方面。我将宣读这些方面，对于每个方面，我希望您说出您是非常满意、比较满意、不太满意还是一点也不满意。"

V4 您居住的住房、公寓或地方：

1 非常满意

2 比较满意

3 不太满意

4 一点也不满意

0 不确定

V5 您的收入：

1 非常满意

2 比较满意

3 不太满意

4 一点也不满意

0 不确定

V6 您对于作为家庭主妇或外出工作：

1 非常满意

2 比较满意

3 不太满意

4 一点也不满意

0 不确定

V7 对小孩的教育：

1 非常满意

2 比较满意

3 不太满意

4 一点也不满意

0 不确定

V8 您的休闲时间（业余时间）：

1 非常满意

2 比较满意

3 不太满意

4 一点也不满意

0 不确定

V9 如果病了您可能得到的社会福利：

1 非常满意

2 比较满意

3 不太满意

4 一点也不满意

0 不确定

V10 概括地说,您与他人的关系:

　1 非常满意

　2 比较满意

　3 不太满意

　4 一点也不满意

　0 不确定

几个更有意思的问题。您感到非常满意、比较满意、不太满意还是一点也不满意:(宣读)

V11 我们今天生活的这种社会(或者国家):

　1 非常满意

　2 比较满意

　3 不太满意

　4 一点也不满意

　0 不确定

V12 代际关系:

　1 非常满意

　2 比较满意

　3 不太满意

　4 一点也不满意

　0 不确定

V13 (受访者国家)民主的运行方式:

　1 非常满意

　2 比较满意

　3 不太满意

　4 一点也不满意

　0 不确定

V14 总的来说,您对自己的生活是非常满意、比较满意、不太满意还是一点也不满意?

1 非常满意

2 比较满意

3 不太满意

4 一点也不满意

0 不确定

V15 回想 5 年前,您觉得自己:

1 比 5 年前更满意

2 没有 5 年前满意

3 没变化

0 不知道/没回答

9(英国:数据编码缺失)

V16 您觉得未来 5 年您的生活条件是否会改善? 如果是,您能否说说会改善很多还是很少?

1 是的,很多

2 是的,一点

3 不,不会改善

0 不知道/没回答

9(英国、法国:数据编码缺失)

V17 概括地说,您认为人们是否给了您应有的尊重?

1 是的

2 没有

0 不知道/没回答

9(法国、英国:数据编码缺失)

3 伪码——丹麦

4 伪码——丹麦

接下来,我将问一些对您个人非常重要的问题,如果您正在找工作的话。

V18 **展示卡片 A**:这里有一些事情,人们在考虑工作问题时会涉及。

哪一个您会放在首位?

1 好的薪酬,您不用担心钱的问题

2 安全的工作,您不用担心倒闭或失业的问题

3 跟您喜欢的人在一起工作

4 做一份给您带来成就感的重要的工作

0 不确定

V19 第二位的呢?

1 好的薪酬,您不用担心钱的问题

2 安全的工作,您不用担心倒闭或失业的问题

3 跟您喜欢的人在一起工作

4 做一份给您带来成就感的重要的工作

0 不确定

V20 报纸、广播和电视中正在讨论我们社会的未来,尤其是对环境的
保护。您读过或者听过吗?

1 是的

2 没有

0 不知道

9(爱尔兰、英国:数据编码缺失)

V21 **如果回答是的**,那么,您个人认为这些讨论对于您:

1 非常重要

2 重要

3 不太重要

4 一点也不重要

0 不知道/没回答

9 不合适,V20 的编码 2,0

V22 您认为,如果社会(或受访者的国家)情况并不太好,像您这样的
人是否能够帮助带来一些好的改变?

1 是的,能够

2 不,不能

0 不知道/没回答

9(法国、英国:数据编码缺失)

近来人们总是谈到这个国家未来 10 年的发展目标。

V23 展示卡片 B:卡片上列举了不同的人们最看重的一些目标。您能够说一说其中您自己认为最重要的目标吗?

　　1 维持高速经济增长

　　2 确保国家拥有强大的国防力量

　　3 确保人们在工作与社区生活中有更多发言权

　　4 使我们的城市与乡村更美

　　0 不确定

　　9 未编码——比利时

V24 第二重要的呢?

　　1 维持高速经济增长

　　2 确保国家拥有强大的国防力量

　　3 确保人们在工作与社区生活中有更多发言权

　　4 使我们的城市与乡村更美

　　0 不确定

V25 展示卡片 C:如果必须做出选择,这张卡片上的什么是您最渴望的?

　　1 维持国家秩序

　　2 让人民在政府决策中有更多发言权

　　3 抵制物价上涨

　　4 捍卫言论自由

　　0 不确定

V26 第二选择呢?

　　1 维持国家秩序

　　2 让人民在政府决策中有更多发言权

　　3 抵制物价上涨

　　4 捍卫言论自由

　　0 不确定

V27 这里有另一个列表(展示卡片 C)。依您看,这里什么最重要?

1 维持稳定的经济

2 社会朝更有人情味更加人性化的方向发展

3 社会朝理想比金钱更重要的方向发展

4 与犯罪作斗争

0 不确定

V28 第二选择呢?

1 维持稳定的经济

2 社会朝更有人情味更加人性化的方向发展

3 社会朝理想比金钱更重要的方向发展

4 与犯罪作斗争

0 不确定

V29 您再看一看这 3 张卡片上列举的所有目标(展示卡片 B、C、D),
告诉我什么是您最渴望的? 只需要读出您所选择答案的字母
即可。

00 经济增长

01 强大的国防

02 确保人民的话语权

03 城市和乡村更美丽

04 维持秩序

05 对政府决策更多话语权

06 抵制物价上涨

07 言论自由

08 维持稳定的经济

09 与犯罪作斗争

10 人性化的社会

11 注重理想

99 不知道/没回答

V30 第二选择呢?

00 经济增长

01 强大的国防

02 确保人民的话语权

03 城市和乡村更美丽

04 维持秩序

05 对政府决策更多话语权

06 抵制物价上涨

07 言论自由

08 维持稳定的经济

09 与犯罪作斗争

10 人性化的社会

11 注重理想

99 不知道/没回答

V31 这些卡片上所有的目标中,您认为最不重要的是什么？只需要
读出您所选择答案的字母即可。

00 经济增长

01 强大的国防

02 确保人民的话语权

03 城市和乡村更美丽

04 维持秩序

05 对政府决策更多话语权

06 抵制物价上涨

07 言论自由

08 维持稳定的经济

09 与犯罪作斗争

10 人性化的社会

11 注重理想

99 不知道/没回答

V32 在下面的地理单元中您最看重的是什么？

1 您居住的地区或城镇

2 您居住的地区或县

3 您的国家

4 欧洲

5 整个世界

0 不知道/没回答

9(丹麦、爱尔兰、法国、英国:数据编码缺失)

V33 接下来呢(展示标注了地理单元的卡片 E)?

1 您居住的地区或城镇

2 您居住的地区或县

3 您的国家

4 欧洲

5 整个世界

0 不知道/没回答

9(丹麦、爱尔兰、法国、英国:数据编码缺失)

V34 过去 5 年您出过国吗?

1 是的

2 没有

0 没回答

9(法国、英国:数据编码缺失)

V35 **如果回答是的,**那么,上次出国旅行您逗留了多久?

1 不到一周

2 1—4 周

3 4 周以上

0 没回答

9 不合适,V34 中的编码 0,2

V36 您个人对欧共体即欧洲共同市场问题是非常感兴趣、有点兴趣

还是一点兴趣也没有?

1 非常感兴趣

2 有点兴趣

3 一点兴趣也没有

0 不知道/没回答

9(法国、英国:数据编码缺失)

V37 您觉得自己对欧共体即欧洲共同市场问题非常清楚还是不太
清楚?

1 非常清楚

2 不太清楚

0 不知道/没回答

9(法国、英国:数据编码缺失)

V38 人们并没有足够的时间来阅读所有感兴趣的东西。当您看到报
纸或者其他出版物上有关于欧共体的文章时,您几乎总是阅读,
不时地阅读还是从来都不读?

1 几乎总是阅读

2 不时地阅读

3 从来都不读

0 不知道/没回答

9(法国、英国:数据编码缺失)

V39 对于电视上播放的关于欧共体的节目,您几乎总是看,不时地看
还是从来不看?

1 几乎总是看

2 不时地看

3 从来不看

0 不知道/没回答

9(法国、英国:数据编码缺失)

V40 报纸、广播和电视上关于欧共体的信息,您如何评估(展示卡片 F)?

1 太多了

2 太少了

0 不确定

V41 考虑到信息率,报纸、广播和电视上关于欧共体的信息,您如何
评估?

1 太简单了

2 太复杂了

0 不确定

V42 考虑到信息率,报纸、广播和电视上关于欧共体的信息,您如何评估?

　　1 没兴趣

　　2 有兴趣

　　0 不确定

V43 考虑到信息率,报纸、广播和电视上关于欧共体的信息,您如何评估?

　　1 有用

　　2 没用

　　0 不确定

V44 考虑到信息率,报纸、广播和电视上关于欧共体的信息,您如何评估?

　　1 主要是好消息

　　2 主要是坏消息

　　0 不确定

V45 考虑到信息率,报纸、广播和电视上关于欧共体的信息,您如何评估?

　　1 是偏见

　　2 不是偏见

　　0 不确定

　　9(丹麦:数据编码缺失)

V46 总之,关于欧洲事务,您是喜欢短消息还是喜欢深度报道或论文?

　　1 短消息

　　2 深度报道或论文

　　0 不知道/没回答

　　9(爱尔兰、法国、英国:数据编码缺失)

V47 正如您所知,最近有几个国家加入欧洲共同市场即欧共体。您能告诉我是哪几个国家吗? 还有没有其他的?(给出时间考虑。不要催促——在每一个国家上面标注编码)

　　提到大不列颠/联合王国/英国的

1 说出名字的

2 没有说出名字的

0 不确定

V48 提到爱尔兰的（问题同上）

1 说出名字的

2 没有说出名字的

0 不确定

V49 提到丹麦的（问题同上）

1 说出名字的

2 没有说出名字的

0 不确定

V50 提到其他国家的（问题同上）

1 说出名字的

2 没有说出名字的

0 不确定

9 未编码——爱尔兰、丹麦

V51 您能够说出这些新成员加入前已经是欧洲共同市场成员的国家吗？（给出考虑时间。不要催促——在每一个国家上面标注编码）

提到德国的

1 说出名字的

2 没有说出名字的

0 不确定

V52 提到比利时的（问题同上）

1 说出名字的

2 没有说出名字的

0 不确定

V53 提到法国的

1 说出名字的

2 没有说出名字的

0 不确定

V54 提到意大利的

　　1 说出名字的

　　2 没有说出名字的

　　0 不确定

V55 提到卢森堡的

　　1 说出名字的

　　2 没有说出名字的

　　0 不确定

V56 提到荷兰/尼德兰的

　　1 说出名字的

　　2 没有说出名字的

　　0 不确定

V57 提到其他国家的

　　1 说出名字的

　　2 没有说出名字的

　　4 伪码——尼德兰(荷兰)

　　0 不确定

V58 一般来说,您觉得您的国家作为欧洲共同市场成员是件好事、坏
　　事还是不好不坏?

　　1 好事

　　2 坏事

　　3 不好不坏

　　0 不确定/没回答

　　9(爱尔兰、法国、英国:数据编码缺失)

V59 您个人认为,您的国家作为欧洲共同市场成员是件好事、坏事还
　　是不好不坏?

　　1 好事

　　2 坏事

　　3 不好不坏

　　0 不确定/没回答

9(爱尔兰、法国、英国:数据编码缺失)

V60 如果被告知明天欧洲共同市场将被废除,您是觉得遗憾、冷漠还是如释重负?

1 非常遗憾

2 冷漠

3 如释重负

0 不知道/没回答

9(法国、英国:数据编码缺失)

V61 您个人是赞同还是反对欧洲共同市场发展成为欧洲政治联盟?如果赞同或反对,其程度如何?

1 完全赞同

2 大体上赞同

3 大体上不赞同

4 完全不赞同

0 不知道/没回答

9(法国、英国:数据编码缺失)

V62 对于欧共体成员国所有公民通过普选来选举欧洲议会,您是赞同还是反对?

1 完全赞同

2 大体上赞同

3 大体上不赞同

4 完全不赞同

0 不知道/没回答

9(法国、英国:数据编码缺失)

V63 有人认为在一个统一的欧洲,不同民族会失去其文化与个性。您是赞同还是反对这一观点?程度如何?

1 是的,非常赞同

2 是的,比较赞同

3 不,有点反对

4 不,非常不赞同

0 不知道/没回复

9(法国、英国:数据编码缺失)

V64 展示卡片 G:有些问题目前争议较大。您能否告诉我您个人认为这 3 个问题的哪个最重要(每一栏中只勾选一个)?

提到的第一个问题

01 环境污染

02 军事防卫

03 科学研究

04 外企投资(在受访者国家)

05 吸毒成瘾

06 经济增长

07 与美俄的重要军事谈判

08 贫困与失业

09 援助欠发达国家

00 物价上涨

99 不确定

V65 第二重要的问题(问题同上)

01 环境污染

02 军事防卫

03 科学研究

04 外企投资(在受访者国家)

05 吸毒成瘾

06 经济增长

07 与美俄的重要军事谈判

08 贫困与失业

09 援助欠发达国家

00 物价上涨

99 不确定

V66 第三重要的问题

与 V64、V65 列表相同

V67 在我将要提及的问题中,您觉得是欧洲政府处理得更好,还是我们自己的政府处理得更好呢?(宣读——在每个项目上编码)

环境污染

1 受访者国家的政府

2 欧洲政府

0 不确定

9(法国:数据编码缺失)

V68 军事防卫

1 受访者国家的政府

2 欧洲政府

0 不确定

9(法国:数据编码缺失)

V69 科学研究

1 受访者国家的政府

2 欧洲政府

0 不确定

9(法国:数据编码缺失)

V70 外企投资(在受访者国家)

1 受访者国家的政府

2 欧洲政府

0 不确定

9(法国:数据编码缺失)

V71 吸毒成瘾

1 受访者国家的政府

2 欧洲政府

0 不确定

9(法国:数据编码缺失)

V72 经济增长

1 受访者国家的政府

2 欧洲政府

0 不确定

9(法国:数据编码缺失)

V73 与美俄的重要军事谈判

1 受访者国家的政府

2 欧洲政府

0 不确定

V74 贫困与失业

1 受访者国家的政府

2 欧洲政府

0 不确定

V75 援助欠发达国家

1 受访者国家的政府

2 欧洲政府

0 不确定

V76 物价上涨

1 受访者国家的政府

2 欧洲政府

0 不确定

9(丹麦:数据编码缺失)

3 伪码——丹麦

V77 如果欧共体有成员国发生了经济困难,您觉得其他国家(包括受访者国家)是否会帮助它?

1 是的,会帮助

2 不,不会帮

3 不知道/没回答

9(法国、英国:数据编码缺失)

V78 您自己是否愿意为了帮助欧洲一体化而做出一些牺牲,如缴纳更多的税?

1 非常愿意

2 有点愿意

3 不太愿意

4 一点也不愿意

0 不知道/没回答

9（法国、比利时、英国：数据编码缺失）

V79 展示卡片 H:这里列举了欧共体目前关注的问题。列表中的每
一个项目,您能否区分非常重要、比较重要、不太重要和一点也
不重要？

用单一的欧洲货币取代各成员国（包括受访者国家）的货币

1 非常重要

2 比较重要

3 不太重要

4 一点也不重要

0 不确定

9（比利时、法国：数据编码缺失）

V80 消除成员国中发达地区与不发达地区间的差距

1 非常重要

2 比较重要

3 不太重要

4 一点也不重要

0 不确定

9（比利时、法国：数据编码缺失）

V81 在就业与职业培训等社会政策领域加强成员国间的合作

1 非常重要

2 比较重要

3 不太重要

4 一点也不重要

0 不确定

9（比利时、法国：数据编码缺失）

V82 对能源供应实行统一政策

1 非常重要

2 比较重要

3 不太重要

4 一点也不重要

0 不确定

9(比利时、法国:数据编码缺失)

V83 通过鼓励发展先进农业,为农业剩余劳动力提供再培训,以促进欧洲农业现代化

1 非常重要

2 比较重要

3 不太重要

4 一点也不重要

0 不确定

9(比利时、法国:数据编码缺失)

V84 援助发展中国家方面引进统一政策

1 非常重要

2 比较重要

3 不太重要

4 一点也不重要

0 不确定

9(比利时、法国:数据编码缺失)

V85 形成统一的外国政策

1 非常重要

2 比较重要

3 不太重要

4 一点也不重要

0 不确定

9(比利时、法国、丹麦:数据编码缺失)

V86 总体来说,您对欧洲一体化是赞同、冷漠还是反对?**如果是赞同或反对,**程度如何?

1 非常赞同

2 比较赞同

3 不关心/冷漠

4 比较不赞同

5 非常不赞同

0 不知道/没回答

9（爱尔兰、法国、比利时、英国：数据编码缺失）

V87 您个人认为，欧洲一体化的问题是非常重要、有点重要、不太重要还是一点也不重要？

1 非常重要

2 有点重要

3 不太重要

4 一点也不重要

0 不知道/没回答

9（爱尔兰、法国、比利时、英国：数据编码缺失）

V88 您认为未来欧洲一体化进程会加快、变慢还是保持原样？

1 加快

2 保持现状

3 变慢

0 不知道/没回答

9（爱尔兰、法国、比利时：数据编码缺失）

V89 您最喜欢下列未来欧洲一体化形式中的哪一种（展示卡片 I）？

1 创立某种形式的欧洲政府，每个国家都派驻代表行使权力

2 在没有欧洲政府的情况下建立成员国间的紧密联系

3 保持成员国某种程度的独立

0 不知道/没回答

9（爱尔兰、法国、英国：数据编码缺失）

V90 如果您持有一种强烈的观点，您会试图说服您的朋友、亲戚或同事接受它吗？**如果是的**，这种情况是经常发生、偶尔发生还是很少发生？

1 经常

2 偶尔

3 很少

4 从不

0 不知道/没回答

9(爱尔兰、法国、英国:数据编码缺失)

V91 有些人受新事情新观念吸引,而另一些人则不太关心这些事。您对新事物的态度是什么(宣读)

1 非常容易被吸引

2 一般来说容易被吸引

3 看情况,不一定

4 一般来说不关心

5 非常冷漠

0 不知道/没回答

9(爱尔兰、法国、英国:数据编码缺失)

V92 与朋友聚在一起时,您是经常、偶尔还是从不讨论政治?

1 经常

2 偶尔

3 从不

0 不确定

V93 **如果经常或偶尔,**那么,这张卡片(展示卡片 J)上的哪种情况能够最好地描述您在这类讨论中的情形?

1 即使我有自己的观点,通常也只是听

2 大多数情况下我只是在听,但偶尔也会发表自己的观点

3 在交谈中我处于对等的地位

4 在交谈中我总是坚持我自己的立场,我经常会试着说服别人,使他们认为我是正确的

0 不确定

V94 您曾经在您的国家或国外与其他人讨论过欧洲共同市场或欧洲一体化的问题吗?

1 是的

2 没有

3 不知道/没回答

9(爱尔兰、法国、英国:数据编码缺失)

V95 一般来说,您觉得要形成政治观点,主要依靠的是:身边人如家人或朋友的想法,来自报纸、广播和电视的信息,或者政治家们的说教?(在每一个选项上面编码)

1 身边人的想法

2 报纸、广播和电视

3 政治家们的说教

4 看情况

0 不知道/没回答

9(爱尔兰、法国、英国:数据编码缺失)

V96 在评论政治事件时人们总说"左"和"右"。在下面量表中,您如何定位您的观点(展示量表1——不要催促)

(10 个格子都没有标数。如果受访者有犹豫,在表上做记号,并请他再试一次。所有拒绝回答的都要标记。作为备选方案,受访者先选"右"再选"左"。)

左	右
如果受访者指着横线,那可以标记为他选择的是最近的右边的格子	
01 左	
02	
03	
04	
05	
06	
07	
08	
09	
10 右	
00(比利时、卢森堡:数据编码缺失)	
99 不确定	

V97 受访者对 V96 的回答

1 回答没有犹豫

2 犹豫了但回答了

3 拒绝回答

0 不确定

V98 一般来说,您是否更亲近(受访者国家)某一个党派? **如果是的,**

那么是哪一个?

爱尔兰

01 不,不亲近任何党派

02 是的,共和党(Fainna Fail)

03 是的,统一党(Fine Gael)

04 是的,工党

05 是的(联合党)

06 其他政党(状况与编码)

00 没回答/拒绝回答/不清楚

法国

01 没有

02 共产党

03 社会主义党

V98 政党(续)

04 统一社会民主党(PSU)

05 左翼激进党

06 改革运动党

07 戴高乐联盟

08 其他

00 不清楚,没回答

99 不确定

英国

01 没有

02 保守党

03 工党

04 自由党

05 国家主义党

06 其他

00 没回答

99 不确定

比利时

01 没有

02 社会主义党

03 基督教社会党

04 自由党

05 人民联盟党

06 共产党

07 其他

08 法语民族主义党(FDF)/瓦隆民族主义政党(RW)

00 没回答

卢森堡

01 没有

02 社会主义党

03 基督教社会党

04 民主党(自由党)

05 社会民主党

06 共产党

07 其他

00 没回答

德国

01 没有

02 基督教民主党

03 社会民主党

04 自由民主党

06 未编码

00 没回答

丹麦

01 没有

02 社会民主党

03 激进自由党

04 保守党

05 自由民主党

06 其他党

07 社会主义人民党

08 进步党

00 没回答

荷兰

01 基督教民主党

02 劳工党

03 自由党

04 反对革命党(AR)

05 基督教历史联盟(CHU)

06 六六民主党(D'66)

07 民主社会党 '70(DS'70)

08 和平主义社会主义党(PSP)

09 政治激进党(PPR)

10 其他

11 共产党

00 没回答

99 不清楚

意大利

01 共产党(L)

02 社会主义党(L)

03 社会民主党(L)

04 共和党

05 基督教民主党(R)

06 自由党(R)

07 新法西斯党(R)

08 其他

00 不清楚,拒绝回答

V99 如果明天有大选,您最倾向于选哪个政党?(展示卡片K)

V99 政党(续)

爱尔兰

01 共和党(Fainna Fail)

02 统一党

03 工党

04 联合党(统一党、FG/劳动党)

05 其他政党(状况与编码)

06 不能投票,年龄太小了

98 不知道

00 拒绝回答

99 数据编码缺失

法国

01 共产党

02 社会主义党

03 统一社会民主党

04 左翼激进党

05 改革运动党

06 戴高乐联盟

07 其他

08 年龄太小

98 不清楚

00 拒绝回答

99 数据编码缺失

英国

01 保守党

02 工党

03 自由党

04 国家主义党

05 其他

06 年龄太小了

98 不清楚

00 拒绝回答

99 数据编码缺失

比利时

01 基督教社会党

02 自由党

03 人民联盟党

04 共产党

05 其他

06 年龄太小了

08 法语民族主义党/瓦隆民族主义政党

10 社会主义党

98 不清楚

00 拒绝回答

卢森堡

01 基督教社会党

02 民主自由党

03 社会民主党

04 共产党

05 其他

06 年龄太小了

10 社会主义党

98 不清楚

00 不确定

德国

01 基督教民主党(CDU)

02 社会民主党(SPD)

03 自由民主党(FDP)

05 其他

06 年龄太小了

98 不清楚

00 不确定

丹麦

01 社会民主党

02 激进自由党

03 保守党

04 自由民主党

05 其他党

06 年龄太小了

08 社会主义人民党

09 进步党

98 不知道

00 拒绝回答

荷兰

01 基督教民主党

02 劳工党

03 自由党

04 反对革命党

05 基督教历史联盟

06 六六民主党,政治激进党

07 民主社会党'70

08 和平主义社会主义党

09 共产党

10 其他

11 农民党(Boeren Partij，BP)，荷兰穆斯林党(De Nederlandse Moslim Partij，NMP)或者中立党(Nederlandse Middenstands Partij，NMP)

00 没回答

99 数据编码缺失

意大利

01 共产党(L)

02 社会主义党(L)

03 社会民主党(L)

04 共和党

05 基督教民主党(R)

06 自由党(R)

07 新法西斯党(R)

08 其他

98 不清楚,拒绝回答

00 年龄太小了

V100 您属于某个宗教团体吗?

　　爱尔兰

　　1 没有

　　2 罗马天主教

　　3 其他

　　9 不确定

　　法国、比利时、卢森堡

　　1 没有

　　2 天主教

　　3 新教

　　4 其他

　　0 没回答

　　9 法国:数据编码缺失

荷兰

1 不信教

2 罗马天主教

3 荷兰归正会

4 改革加尔文教派

5 犹太教

6 其他宗教

0 没回答,拒绝回答

丹麦

1 没有

2 丹麦国教会

5 罗马天主教

6 其他

英国

1 没有

2 英国圣公会

3 长老会教

4 自由长老会,不从国教者

5 罗马天主教

6 其他

9 不确定

西德

1 没有

2 新教

4 自由长老会

5 罗马天主教

6 其他

意大利

1 天主教

2 新教

3 其他

4 没有

9 不确定

V101 (问那些信教的人：)您从事宗教活动的频率是一周几次、一周

一次、一年几次或从来不去？

1 一周几次

2 一周一次

3 一年几次

4 从不

0 不确定

9 在 V100 中没有描述宗教状况

V102 受访者有：

1 全职工作(每周工作 30 小时或以上)

2 兼职工作(每周工作 8—29 小时)

3 没有工作

0 不确定

V103 受访者是：

1 一家之主

2 不是一家之主

0 不确定

V104 性别是：

1 男性

2 女性

9(爱尔兰、英国：数据编码缺失)

V105 您多大年纪？(写下准确的年龄并编码)

编码后的准确年纪

99 不确定

V106 年纪归类

1 15—19

2 20—24

3 25—34

4 35—44

5 45—54

6 55—64

7 65＋

9 不确定

注:精确年纪变量频率总数并不等于这一变量分布频率的总数。

V107 您是哪一年出生的?

出生年最后两个数字即为出生编码

99 不确定

V108 婚姻状况:

1 已婚

2 单身

3 其他(寡居、离异或分居)

0 不确定

V109 您家有几口人,包括您自己和孩子们?

01 一个人

02 两个人

等等

10 10 个或不确定

00 不确定

V110 有几个 18 岁以下的孩子?

00 没有

01 一个

02 两个

等等

10 英国:10 个或不确定

99 不确定

V111 一家之主是自雇还是有薪水?

1 自雇

2 有薪水

0 不确定

9 不确定

V112 **如果有薪水**,那么,他/她是工会成员吗?

1 是的

2 不是

0 不确定

9 不合适,V111 的编码 1

V113 受访者的职业(如果是家庭主妇则问丈夫的职业/是寡居还是工作):

01 农民/渔民,等(自雇)

02 农场工人

03 商人、高级管理者

04 经理、专业技术人才

05 高级商人、手工业者

06 工薪阶层、白领、高级经理人

07 工人(体力劳动者)

08 学生

09 家务劳动者

00 失业;退休(领取退休金)

10(卢森堡、比利时、意大利:退休或不确定)

99 不确定

V114 一家之主的职业:

01 农民/渔民等(自雇)

02 农场工人

03 商人、高级管理者

04 经理、专业技术人才

05 高级商人、手工业者

06 工薪阶层、白领、高级经理人

07 工人(体力劳动者)

08 学生

09 家务劳动者

00 失业；退休（领取退休金）

10 退休（意大利）；（卢森堡、比利时：退休或不确定）

99 不确定

V115 家庭常用语言：（只对爱尔兰、比利时和卢森堡）

爱尔兰

1 英语

2 爱尔兰语

0 不确定

比利时、卢森堡

1 法语

2 荷兰语

3 其他

4 两者

荷兰

同一事例在数据集中出现的次数。赋值1—5之间。

注：所有其他国家编码为0。

V116 您最后学历或目前学历是什么？

爱尔兰

0 没有

1 小学

2 中学

3 技校/大专

4 大学

5 其他（写下来）

丹麦、英国和法国

0 没有

1 小学

2 高小/中学

3 技校/职业培训

4 中学

5 高等学校;大学

6 其他

比利时、卢森堡、荷兰

1 小学

2 低级中学

3 高级中学

4 中学(不是大学)

5 大学

0 没有

德国

1 小学

2 中学

3 技校或职业学校

4 高中(大学预科)

5 大学

6 其他

意大利

1 没有

2 小学三年级

3 小学三年级以上

4 中学

5 职业中学

6 其他中学

7 大学

V117 您是多大年纪从学校或大学毕业的?

1 14 岁

2 15

3 16

4 17

5 18

6 19

7 20

8 21

9 22—23

10 23 岁以上

11 还没毕业

00 不确定

V118 住在：

1 乡村（人口少于 10 000 人）

2 10 000—20 000 人

3 20 000—100 000 人

4 100 000—500 000 人

5 500 000—1 000 000 人

6 1 000 000 人以上

0（爱尔兰、比利时：不确定）

9（爱尔兰、法国、比利时：不确定）

V119 社区（续）：

比利时、卢森堡

0 2 000 人以下

1 2 000—5 000 人

2 5 000—10 000 人

3 10 000—25 000 人

4 25 000 人以上

5 大城市（1 000 000 人以上）

8 伪码——比利时

爱尔兰

1 郡级自治市镇

2 其他城区

3 乡村

意大利

0 2 000 人以下

1 2 000—3 000 人

2 3 000—5 000 人

3 5 000—10 000 人

4 10 000—20 000 人

5 20 000—30 000 人

6 30 000—50 000 人

7 50 000—100 000 人

8 100 000—250 000 人

9 250 000 人以上

英国、丹麦、荷兰

没有为这些国家的变量编码。所有受访者的答案编码为 0。

德国(注意顺序是反的)

1 500 000 人口及以上的中心城市

2 100 000—500 000 人口的中心城市

3 100 000 人口以下的中心城市

4 城郊

5 20 000—50 000 人口的城镇

6 10 000—20 000 人口的城镇

7 2 000—10 000 人口

8 2 000 人口以下

V120 省、领地、地区

比利时

00 安特卫普

01 布拉班特

02 埃诺

03 林堡

04 那慕尔

05 E.法兰德斯

06 W.法兰德斯

07 列日

08 卢森堡

卢森堡

01 卢森堡市

02 卢森堡区

03 迪基希

04 格雷文马赫

爱尔兰

01 都柏林

02 伦斯特——城区

03 伦斯特——乡村

04 蒙斯特——自治市

05 蒙斯特——其他城区

06 蒙斯特——乡村

07 康诺特——阿尔斯特城区

08 康诺特——阿尔斯特乡村

法国：省

1 西北（下诺曼底、布列塔尼、卢瓦尔河、普瓦图—夏朗德、利穆赞）

2 西南（阿基坦、奥维涅、中比利牛斯区、朗格多克）

3 北方（北加莱海峡）

4 巴黎大区

5 巴黎盆地（上诺曼底、皮卡第、香槟区、勃艮第、中区）

6 东部（阿尔萨斯、洛林）

7 东南（弗朗什孔泰、罗纳—阿尔卑斯、普罗旺斯—蓝色海岸、科西嘉）

英国

00 威尔士

01 北方

02 约克与亨伯赛德

03 西北

04 东米德兰地区

05 西米德兰地区

06 东安格利亚

07 外大都会区

V120 省、领地、地区等(续)

08 外东南部

09 西南

10 伦敦

11 苏格兰

荷兰

00 格罗宁根、弗里斯兰

01 德伦特

02 上艾瑟尔

03 海尔德兰

04 乌得勒支

05 北荷兰

06 南荷兰

07 西兰

08 北布拉班特

09 林堡

德国

00 萨尔

01 石勒苏益格—荷尔斯泰因

02 汉堡

03 撒克逊

04 不来梅

05 北莱茵—威斯特法伦

06 黑森

07 莱茵—普法尔茨

08 巴登符腾堡

09 巴伐利亚

10 西柏林

丹麦

00 西兰

01 博恩霍尔姆

02 洛兰—法尔斯特

03 菲英

04 东日德兰

05 北日德兰

06 西日德兰

07 南日德兰

意大利

11 皮埃蒙特

12 利古里亚

13 伦巴第

14 米兰

东北

24 特伦蒂诺—上阿迪杰

25 威尼托

26 弗留利/威尼斯朱利亚

27 艾米利亚

中部

31 托斯卡纳

32 马尔什

33 翁布里亚

34 拉齐奥

南部

41 阿布鲁佐

42 坎帕尼亚

43 普利亚

44 巴斯利卡塔

45 卡拉布里亚

岛屿

51 西西里

52 撒丁

法国(部门编码)

01 安省	19 科雷兹
02 埃纳省	20 科西嘉
03 阿列省	21 科尔多
04 上普罗旺斯阿尔卑斯	22 海滨阿摩尔
05 上阿尔卑斯省	23 克勒兹
06 阿尔卑斯(滨海)	24 多尔多涅
07 阿尔代什	25 道布斯
08 阿登	26 德龙
09 阿列日	27 厄尔
10 奥布	28 厄尔—卢瓦尔
11 奥德	29 菲尼斯泰尔
12 阿维龙	30 加尔
13 罗纳河口	31 上加龙
14 卡尔瓦多斯	32 热尔
15 康塔尔	33 吉伦特
16 夏朗德	34 埃罗
17 滨海—夏朗德	35 伊勒—维莱纳
18 谢尔	36 安德尔

V120 省,领地,地区等(续)

37 安道尔—卢瓦尔	39 汝拉
38 伊泽尔	40 兰德斯

41 卢瓦尔—谢尔

42 卢瓦尔

43 上卢瓦尔

44 大西洋卢瓦尔

45 卢瓦雷

46 洛特

47 洛特—加龙

48 洛泽尔

49 曼恩—卢瓦尔

50 曼切

51 马恩

52 上马恩

53 马耶纳

54 默尔特—摩泽尔

55 默兹河

56 莫尔比昂

57 摩泽尔

58 涅夫勒

59 诺德

60 瓦兹

61 奥恩

62 加莱海峡

63 多姆山

64 大西洋比利牛斯

65 上比利牛斯

66 东比利牛斯

67 下莱茵

68 上莱茵

69 罗纳

70 上索恩

71 卢瓦尔

72 萨尔特

73 萨瓦

74 上萨瓦

75 巴黎

76 滨海塞纳省

77 塞纳—马恩

78 伊夫林

79 德塞夫勒

80 索姆河

81 塔恩

82 塔恩—加龙

83 瓦尔

84 沃克吕兹

85 旺代

86 维埃纳

87 上维埃纳

88 孚日

89 约纳

90 贝尔福

91 埃松

92 上塞纳

93 塞纳—圣但尼

94 马恩河谷

95 瓦勒德瓦兹

V121 我们将根据受访者的收入情况来分析调查结果。**展示卡片 L:** 这里有一个月收入量表,我们想知道您的家庭每月包括所有的工资、津贴和其他收入一起处于什么位次。所有数字都是税前的。

指出您的家庭所在位次的字母即可。

01 A 每月少于 200 美元

02 B 200—399 美元

03 C 400—599 美元

04 D 600—799 美元

05 E 800—999 美元

06 F 1 000 美元或以上

07(丹麦:1 100—1 999 美元)

08(丹麦:1 200 美元或以上)

00 没回答

99(爱尔兰、法国、比利时、英国:不确定)

注:卡片 L 上显示的该国货币,四舍五入到了整数。

V122 如果回答是件好事,那么,您认为在哪些方面有利?

00 不清楚,没回答

01 提高生活水平/降低生活成本,使商品更便宜

02 更多就业机会

03 有利于(英国)工业/农业效益/扩张

04 对发展中国家有利

05 密切与欧洲国家联系

06 减少欧洲共同市场成员国间旅游的限制

07 更高的工资/更好的工作条件

08 社会/医疗/教育服务得到改善

09 实行自由贸易制度/调整价值

10 具体国家(如下)

11 其他好处

99 不合适,V59 的编码 2, 3, 0

40 原始数据乘以穿孔卡片数据

具体国家编码(10)

爱尔兰——不能独立/依赖于英国

丹麦——优势在于国家是一个整体

比利时——长期来看有利于比利时,比利时太小了不足以发挥作用

卢森堡——长期来看有利于卢森堡,卢森堡太小了不足以发挥作用

德国——伪码

意大利——未标记

荷兰——未标记

V123 如果回答是件坏事,那么,您认为在哪些方面不利?

00 不清楚,没回答

01 生活成本会提高/物价会上涨

02 工资会削减/工作条件会变差

03 失业/欧洲劳务进口会增加

04 (英国)工业受损

05 (英国)农业受损

06 强化(英国)的工业竞争

07 社会/医疗/教育服务会受损

08 政治认同/主权会受损

09 与欧洲国家联系太过紧密

10 具体国家(如下)

11 其他不利方面

99 不合适,V59 编码 1, 3, 0

40 原始数据乘以穿孔卡片数据

具体国家编码(10)

丹麦——担心大国影响

爱尔兰——对我们自己会更好

比利时——比利时人的利益会受损

英国——英联邦会受损

荷兰——伪码

附录 B
欧共体调查（1970 年）

　　下面的问卷是 1970 年 2、3 月针对 6 个欧洲共同市场成员国中具有代表性的公众样本而设计的。每个问题旁边出现的数字即 ICPR 数据集的变量数。变量 1 为访谈者人数。变量 2—10 分别是性别、年龄、职业、教育、社区规模与所在省。变量 11 为国籍。编码如下：

1 德国

2 比利时

3 荷兰

4 卢森堡

5 法国

6 意大利

　　可以问您，您的家庭在年龄与性别方面是怎样的结构吗？请从年长到年幼列举，不要遗漏了您自己。

V2 性别：　　　　1 男性

　　　　　　　　2 女性

V3 年龄（岁）编码：

　　　　　　　　0 16—20

　　　　　　　　1 21—24

　　　　　　　　2 25—29

　　　　　　　　3 30—34

　　　　　　　　4 35—39

5 40—44

6 45—49

7 50—54

8 55—64

9 65+

V4 一家之主： 1 受访者是一家之主

2 受访者不是一家之主

V5 受访者的职业:1 农民,有工资的农场工人

2 商业主,高级经理人,工程师

3 业主,手工业者

4 职员,中层管理者,中低级公务员

5 工人

6 学生

7 家庭主妇

8 退休,无生活来源,无职业

9 不确定

V6 一家之主的职业：

1 农民,有工资的农场工人

2 商业主,高级经理人,工程师

3 业主,手工业者

4 职员,中层管理者,中低级公务员

5 工人

6 学生

7 家庭主妇

8 退休,无生活来源,无职业

9 不确定

V7 一家之主经常使用的语言(仅适用于比利时与卢森堡)：

1 佛兰德语

2 法语

7 德语

9 没回答

V8 您最后毕业的机构或正在就读的机构(不同国家编码不同)。

V9 受访者居住的社区规模(不同国家编码不同)。

V10 受访者居住的省、领地或地区(不同国家编码不同)。

V11—19 您知道加入欧洲共同市场的国家名字吗? 或者欧洲经济共
　　同体的官方名字吗?(访谈者不要做任何提示。允许受访者有时
　　间考虑。记录下所有提到的国家名字)。

假设今天在欧洲共同市场成员国有一次公民投票以决定下列问题,
您将如何选择?

V20 您是赞同还是反对欧洲共同市场发展为欧洲联盟的形式?

　　1 赞同

　　2 反对

　　3 不知道/没回答(对于法国,编码为 9)

V21 您是赞同还是反对英国加入欧洲共同市场?

　　1 赞同

　　2 反对

　　3 不知道/没回答

V22 您是赞同还是反对通过直接的普选选举出一个欧洲议会——即
　　由全体成员国的公民选举议会?

　　1 赞同

　　2 反对

　　3 不知道/没回答

V23 您能否接受在(比利时)政府之上,还有一个欧洲政府来负责共
　　同的外交、国防和经济政策?

　　1 赞同(接受)

　　2 反对(不接受)

　　3 不知道/没回答

V24 如果由普选产生一个欧洲委员会的主席,您会选择一个非比利
　　时候选人吗(如果他的个性与政策您都更喜欢)?

　　1 会选举一个非比利时候选人

2 不会选举一个非比利时候选人

3 不知道/没回答

V25 对于欧洲一体化,您是非常支持、有点支持、不关心、有点不支持、非常不支持?

1 非常支持

2 有点支持

3 不关心

4 不点不支持

5 非常不支持

6 不知道/没回答

您是支持、反对还是不关心……

	支持	反对	不关心	不知道/没回答
V26 比利时货币被欧洲货币所取代	1	2	3	4
V27 下届奥运会比利时队合并进欧洲队	1	2	3	4
V28 在重要场合比利时国旗被欧洲旗取代	1	2	3	4

在下列非欧洲共同市场成员国的国家中,有您愿意它加入进来的国家吗? 哪些? (访谈者递过卡片 A)

	同意	不同意
V29 丹麦	1	1
V30 西班牙	2	2
V31 东德	3	3
V32 波兰	4	4
V33 苏联	5	5
V34 瑞士	6	6

V35 关于欧洲一体化,下列三种形式您最喜欢哪种(访谈者:宣读 3
种形式)

1 没有欧洲政府,但每个成员国政府定期开会决定共同政策

2 有一个欧洲政府处理最重要的问题,但每个成员国政府继续
保留以处理各自不同的问题

3 有一个欧洲政府处理所有相关事宜,各成员国不再有自己的政府

4 都不喜欢这些形式

9 不知道/没回答

V36 如果有人告知您明天欧洲共同市场被废除了,您会感到非常遗
憾、有点遗憾、不关心还是如释重负?

1 非常遗憾

2 有点遗憾

3 不关心

4 如释重负

9 不知道/没回答

V37 您愿意在财务方面做出个人牺牲以实现欧洲一体化吗? 您是非
常愿意、有点愿意、不太愿意还是完全不愿意?

1 非常愿意

2 有点愿意

3 不太愿意

4 完全不愿意

5 不知道/没回答——比利时、卢森堡、波兰

9 不知道/没回答——法国、意大利

V38 您认为欧洲共同市场将带来的影响是非常有利的、有利的、不太
有利的、非常不利的?

1 非常有利的

2 有利的

3 不太有利的

4 非常不利的

9 不知道/没回答

V39 对您目前的生活状况还满意吗？

　　1 是的

　　2 不

　　3 不知道／没回答

V40 您认为未来 5 年您的生活将得到明显改善吗？

　　1 是的

　　2 不

　　3 不知道／没回答

我们听到很多关于欧洲联盟的事情。我将向您宣读一些观点，您对这每一个观点，是完全赞同、比较赞同、不太赞同还是完全不赞同？

	完全赞同	有点赞同	不太赞同	完全不赞同	不知道／没回答
V41 我为自己是比利时人而骄傲	1	2	3	4	5
V42 欧洲联盟将成为抗衡美苏的第三力量	1	2	3	4	5
V43 目前一切都完美，为何要改变？	1	2	3	4	5
V44 欧洲联盟是迈向消灭战争的世界政府的第一步	1	2	3	4	5
V45 因为我们说不同的语言，因此欧洲一体化是不可能的	1	2	3	4	5
V46 在欧洲联盟下，生活成本会更高，失业风险会加大	1	2	3	4	5
V47 由强者统治弱者这一事实您无法改变	1	2	3	4	5
V48 在欧洲联盟框架下，欧洲科学家将赶上美国科学家	1	2	3	4	5

（续表）

	完全赞同	有点赞同	不太赞同	完全不赞同	不知道/没回答
V49 总的来说,我并不反对外国劳工,但在我们国家他们确实无处不在	1	2	3	4	5
V50 在欧洲联盟中,不同民族的人们有可能失去其文化与民族特征	1	2	3	4	5
V51 在欧洲联盟中,最弱势人群有望改变其处境	1	2	3	4	5
V52 在欧洲联盟下,生活水平有可能提高	1	2	3	4	5

我将列出一些您可能渴望得到的东西。对于每一样东西,请说出您是非常想要、不关心还是非常反感(访谈者递过卡片 B)。

	非常想要	不关心	非常反感	不知道/没回答
V53 比利时应有强大的军队	1	2	3	4
V54 不再有世界战争	1	2	3	4
V55 生活在一个自由的国家,在那里,每个人可自由表达	1	2	3	4
V56 可以不用护照自由地去所有的国家	1	2	3	4
V57 比利时应当在世界政治中发挥重要作用	1	2	3	4
V58 不再有财务上的困难——如买车或买房	1	2	3	4
V59 比利时应当有更多的科学发现	1	2	3	4

V60 最近很多国家都有学生的大规模游行示威。总的来看,您对那些参加游行示威的学生是非常赞同、比较赞同、有点不赞同还是非常不赞同?

1 非常赞同

2 比较赞同

3 有点不赞同

4 非常不赞同

5 不知道/没回答

V61 (访谈者递过卡片 C)在这张卡片上,有对于我们目前生活的社会的三种基本的态度。哪一种最贴近您自己的看法?

1 我们必须用革命行动改变我们社会的全部组织结构

2 我们必须通过明智的改革来渐进地改进我们的社会

3 我们必须勇敢地保卫我们目前的社会免遭破坏

4 不知道/没回答

V62—63 我现在提出一些具体的目标。(访谈者递过卡片 D)在下列事情中,哪两件是您最需要的?(V62＝第一选择;V63＝第二选择)

1 保证最大程度的就业安全

2 让我们的社会更有人情味

3 提高工资

4 保证工人参与企业管理

5 不知道/没回答——法国、意大利

9 不知道/没回答——比利时、卢森堡

V64—65 (访谈者递过卡片 E)在下列事项中,哪两项是您最需要的?(V64＝第一选择;V65＝第二选择)

1 维持社会秩序

2 提高公民在政府决策中的地位

3 抵制物价上涨

4 保证每个人都能够自由表达

5 不知道/没回答

9 不知道/没回答

下面我将要问一些关于您对世人信任感的问题。我将给您一些人的姓名,请您告诉我您对他们是非常信任、有点信任、不太信任还是完全不信任。您可借助于这张卡片来回答问题(访谈者递过卡片 F)。

	非常 信任	有点 信任	不太 信任	完全 不信任	不知道/ 没回答
V66 美国人	1	2	3	4	5
V67 俄国人	1	2	3	4	5
V68 意大利人	1	2	3	4	5
V69 德国人	1	2	3	4	5
V70 法国人	1	2	3	4	5
V71 中国人	1	2	3	4	5
V72 英国人	1	2	3	4	5
V73 瑞士人	1	2	3	4	5

我再提出一些具体的政治目标。(递过卡片 J)请您告诉我这每一个目标您认为是绝对优先、重要目标、次要目标还是完全不重要?

	绝对 优先	重要 目标	次要 目标	完全 不重要	不知道/ 没回答
V74 确保就业安全	1	2	3	4	5
V75 让我们的社会更有人情味	1	2	3	4	5
V76 保证工人参与企业管理	1	2	3	4	5
V77 帮助发展中国家	1	2	3	4	5
V78 提高工资	1	2	3	4	5
V79 停止制造原子弹	1	2	3	4	5
V80 消灭资本主义	1	2	3	4	5
V81 教育改革	1	2	3	4	5

（续表）

	绝对优先	重要目标	次要目标	完全不重要	不知道/没回答
V82 与共产主义作斗争	1	2	3	4	5
V83 保障言论自由	1	2	3	4	5
V84 维持国内秩序	1	2	3	4	5
V85 鼓励经济领域的个人积极性	1	2	3	4	5
V86 保证年轻人的就业	1	2	3	4	5
V87 保证所有年龄层次人群适当的福利	1	2	3	4	5

V88 您个人积极参加政治活动,或者只是对政治感兴趣并不参加活动,或者您对政治的兴趣并不大,或者对政治一点也不感兴趣?

　　1 个人积极参加

　　2 有兴趣但不参加

　　3 兴趣不大

　　4 一点也不感兴趣

　　5 不知道/没回答

V89 您能够告诉我目前谁是比利时的首相吗?

　　1 名字正确

　　2 名字错误

　　3 阿尔多·莫罗(仅适用于意大利)

　　4 政府危机时期(仅适用于意大利)

　　9 不知道/没回答

V90 您能够告诉我目前谁是比利时的外相吗?

　　1 名字正确

　　2 名字错误

　　3 政府危机时期(仅适用于意大利)

　　9 不知道/没回答

V91 您看电视新闻广播吗?

    1 每天

    2 一周几次

    3 一周一两次

    4 很少

    5 从不

    6 不知道/没回答

V92 您通过阅读报纸新闻来了解时事政治吗?

    1 每天

    2 一周几次

    3 一周一两次

    4 很少

    5 从不

    6 不知道/没回答

V93 您听广播新闻吗?

    1 每天

    2 一周几次

    3 一周一两次

    4 很少

    5 从不

    6 不知道/没回答

V94 您出过国吗?(如果回答是的),那么,您在多少个国家至少呆过一天(访谈者强调并记录)?

    0 没有

    1 一个国家

    2 两个国家

    3 三个国家

    4 四个国家

    5 五个国家

6 六个国家

7 七个国家

8 八个国家

9 九个国家或更多

V95 在现在的政党中,您自己有感到比较亲近的吗?

1 有

2 没有(访谈跳到变量 97)

3 不知道/没回答(访谈跳到变量 97)

V96 (变量 95 如果回答是的)那么,您跟这个政党是关系非常紧密还是不太紧密?

1 非常紧密

2 有点紧密

3 不知道/没回答

V97 (递过卡片 H)如果明天要选代表,下列政党中的哪一个您最想选?(或者,如果您有资格投票,这些政党中您最想选哪个? 注意:这最后一个句子只适用于那些不到选举合法年龄的人)

编码	法 国	德 国	意大利
0	不知道/没回答		不知道/没回答/没有
1	中间党	基督教民主党	共产党
2	共产党	社会民主党	社会主义无产者联合党
3	激进党	自由民主党	社会主义党
4	戴高乐联盟	A.U.D.2	社会民主党
5	社会主义党	A.D.F.3	共和党
6	独立共和党	民族民主党	基督教民主党
7	统一社会主义党	F.S.U.4	自由党
8	其 他	其他	君主主义党
9	没 有	不知道/没回答	新法西斯党

（续表）

编码	荷 兰	比利时	卢森堡
0	少数党	不知道/没回答	（不在 ICPR 数据集中）
1	天主教党	社会主义党	
2	社会主义党	基督教社会党	
3	自由党	自由党	
4	反对革命党	共产党	
5	基督教历史联盟	瓦隆民族主义政党	
6	六六民主党	法语民族主义党	
7	和平主义社会主义党	佛兰德语联盟	
8	共产党	其 他	
9	没 有	没 有	

V98 您知道您的父母的政党偏好吗?

　　1 是的

　　2 不知道(访谈跳到变量 100)

　　3 不知道/没回答(访谈跳到变量 100)

V99 目前您为之投票的政党与您政治倾向相同还是不同?

　　1 相同

　　2 不同

　　3 不知道/没回答

V100 您父母的政治倾向是什么?

编码	法 国	德 国	意大利
0	不知道/没回答		
1	右翼,极右	基督教民主党	左翼,极左
2	独立共和党	社会民主党	左翼社会主义党,如 P.S.I.,统一社会民主党
3	保卫新共和联盟, U.D.R.	自由民主党	民主中立党, D.C., P.R.I.
4	戴高乐联盟,R.P.F.	A.U.D.	自由党,自由党右翼
5	M.R.P.	A.D.F.	右翼,极右,社会运动党(MSI),P.D.I.U.M.
6	中立党	民族民主党	地方党
7	激进党,如激进社会主义党	F.S.U.	不知道
8	S.F.I.O.,社会主义党	其他	
9	左,极左,如共产党	不知道/没回答	其他

编码	荷　兰	比利时
0	分裂政党	
1	天主教党	社会主义党
2	社会主义党	天主教党,基督教党,基督教社会党
3	自由党	自由党
4	反对革命党	佛兰德语联盟
5	基督教历史联盟	佛兰德民族主义党
6	六六民主党	雷克斯特党
7	和平主义社会主义党	
8	共产党	其　他
9	不知道/没回答	不知道/没回答

V101 您认为政党领袖们是赞同还是反对欧洲—体化？从下面可能
的选项中选择您的答案。

1 非常赞同

2 比较赞同

3 有点不赞同

4 非常不赞同

5 不知道/没回答

V102 如果某个党在对待欧洲—体化的问题上与您意见相左,您是否
会选择另一个政党？

1 绝对会

2 可能会

3 可能不会

4 绝对不会

5 不知道/没回答

V103 您加入工会了吗？

1 是的(访谈跳到 V105)

2 不是

V104 尽管不是工会成员,但您仍然亲近工会？

1 是的

2 不是(访谈跳到 V107)

V105 哪一类工会?

	意大利	法国	荷兰
1	C.S.L.	C.G.T.	N.V.V.
2	C.I.S.L.	C.F.D.T.	C.N.V.
3	U.I.L.	C.F.T.C.	N.K.V.
4	C.I.S.N.A.L.	C.G.T.—F.O.	其他
5	农业联合会	C.G.C.	
6	领袖联合会	其他	
7	其他	不知道/没回答	
9	不知道/没回答	未编码	不知道/没回答

	德国	比利时
1	D.C.T.B.	C.S.C./C.C.S.P./C.N.E.
2	D.A.G.	F.G.T.D./C.G.S.P./S.E.T.C.A.
3		
4		C.G.S.L.B.
5		F.G.T.I.
6		A.A.B.
7		F.E.N.I.B.
8	其他	其他
9	不知道/没回答	不知道/没回答

V106 您与工作之间关系非常紧密、有点紧密还是一点也不紧密?

　　1 非常紧密

　　2 有点紧密

　　3 一点也不紧密

　　4 不知道/没回答

V107 您觉得工会的首领对欧洲一体化的看法是非常赞同、比较赞同、有点不赞同还是完全不赞同?

　　1 非常赞同

　　2 比较赞同

　　3 有点不赞同

　　4 完全不赞同

5 不知道/没回答

V108（注意：如果受访者不是工会领袖）在您家里，一家之主加入工会了吗？

1 是的

2 没有（访谈跳到 V112）

V109 哪个工会？

编码同变量 105

V110 您有宗教信仰吗？

1 是的

2 没有（访谈跳到 V112）

V111 哪一种宗教？

1 天主教

2 新教

3 其他、法国

4 其他、荷兰

8 其他、比利时

9 不知道/没回答

V112 您参加宗教活动的频率是一周几次、一周一次、一年几次还是从来不去？

1 一周几次

2 一周一次

3 一年几次

4 从来不去

V113 您能够告诉我您家财务状况所处的水平吗？您可以回答数字 1—7。（访谈者递过卡片 I）数字 1 意味着贫困，3 意味着财政上有些困难，5 意味着相对富裕，7 表示非常富裕。其他数字供您选择两者之间的情况。

1	2	3	4	5	6	7
贫困		有些困难		相对富裕		非常富裕

注 释

1. 本书使用的所有数据几乎都可从以下地址得到：Inter-University Consortium for Political Research，P. O. Box 1248，Ann Arbor，Michigan，48106；或者，Belgian Archive for the Social Sciences，Leuven，Belgium。我们两次调查中用得最多的数据都来自于这里。为了后来者使用方便，依据 ICPR 编码本的变量数，都标注在问题的左侧。在美国政治学会下面，查尔斯·泰勒(Charles Taylor)牵头设立了基于 1973 年调查数据的教学机构。

2.3.4. 这些缩写代表的是 1970 年代或更早德国出现的三个分裂的政党，这些字母分别代表：Aktionsge-meinschaft Unabhangiger Deutscher；Aktion Demokratischer Frotschrift；Freisozîale Union。

参 考 文 献

Abelson, Robert P. "Are Attitudes Necessary?" in Bert T. King and Elliott McGinnies (eds.), *Attitudes, Conflict and Social Change* (New York: Academic Press, 1972), 19–32.

Aberbach, Joel D. "Alienation and Political Behavior," *American Political Science Review*, 63, 1 (March, 1969), 86–99.

——— and Jack L. Walker. "Political Trust and Racial Ideology," *American Political Science Review*, 64, 4 (December, 1970), 1199–1219.

Abrams, Mark. "Subjective Social Indicators," in Muriel Nissel (ed.), *Social Trends*, No. 4 (London: Her Majesty's Stationery Office, 1973), 1–39.

Abramson, Paul R. *Generational Change in American Politics* (Lexington, Mass.: Lexington Books, 1975).

———. "Social Class and Political Change in Western Europe: A Cross-National Longitudinal Analysis," *Comparative Political Studies*, 4, 2 (July, 1971), 131–155.

———. "Intergenerational Social Mobility and Electoral Choice," *American Political Science Review*, 66, 4 (December, 1972), 1291–1294.

———. "Generational Change in American Electoral Behavior," *American Political Science Review*, 68, 1 (March, 1974), 93–105.

Adam, Gérard *et al. L'Ouvrier Français en 1970* (Paris: Armand Colin, 1970).

Adelson, Joseph and Robert P. O'Neil. "The Growth of Political Ideas in Adolescence: The Sense of Community," *Journal of Personality and Social Psychology*, 4, 3 (September, 1966), 295–306.

Adorno, T. W. *et al. The Authoritarian Personality* (New York: Harper & Row, 1950).

Alford, Robert R. *Party and Society: The Anglo-American Democracies* (Chicago: Rand McNally, 1963).

Allardt, Erik. *About Dimensions of Welfare: An Exploratory Analysis of a Comparative Scandinavian Survey* (Helsinki: Research Group for Comparative Sociology, 1973).

Allardt, Erik and Yrjo Littunen (eds.), *Cleavages, Ideologies, and Party Systems* (Helsinki: Academic Bookstore, 1964).

Allerbeck, Klaus R. "Some Structural Conditions for Youth and Student Movements," *International Social Science Journal*, 24, 2 (1972), 257–270.

Allerbeck, Klaus R. and Leopold Rosenmayer (eds.). *Aufstand der Jugend? Neue Aspekte der Jugendsoziologie* (Munich: Juventa, 1971).

Almond, Gabriel. "Comparative Political Systems," *Journal of Politics*, 18, 3 (August, 1956), 391–409.

Almond, Gabriel A. and Sidney Verba. *The Civic Culture: Political Attitudes and Democracy in Five Nations* (Princeton: Princeton University Press, 1963).

Altbach, Philip G. and Robert S. Laufer (eds.). *The New Pilgrims: Youth Protest in Transition* (New York: McKay, 1972).

Ambler, John S. "Trust in Political and Non-Political Authorities in France," *Comparative Politics*, 8, 1 (October, 1975), 31–58.

Andrews, Frank and Stephen Withey. "Developing Measures of Perceived Life Quality: Results from Several National Surveys," *Social Indicators Research*, I, 1 (1974), 1–26.

————. *Social Indicators of Well-Being in America* (New York: Plenum, 1976).

Apter, David. *Choice and the Politics of Allocation* (New Haven: Yale University Press, 1971).

Ardagh, John. *The New French Revolution: Social and Economic Study of France, 1945–1968* (New York: Harper, 1969).

Aristotle. *The Basic Works of Aristotle* (New York: Random House, 1941).

Axelrod, Robert. "Communication," *American Political Science Review*, 68, 2 (June, 1974), 717–720.

————. "The Structure of Public Opinion on Policy Issues," *Public Opinion Quarterly*, 31, 1 (Spring, 1967), 51–60.

Baier, Kurt and Nicholas Rescher. *Values and the Future: The Impact of Technological Change on American Values* (New York: Free Press, 1969).

Baker, Kendall *et al.* "Political Affiliations: Transition in the Bases of German Partisanship," paper presented at the sessions of the European Consortium for Political Research, London, April 7–12, 1975.

————. "The Residue of History: Politicization in Post War Germany," paper presented at the Western Social Science Convention in Denver, May 1–3, 1975.

————. *Transition in German Politics* (forthcoming).

Bales, Robert F. and Arthur S. Couch. "The Value Profile: A Factor Analytic Study of Value Statements," *Sociological Inquiry* (Winter, 1968).

Bandura, Albert. "Social-Learning Theory of Identificatory Processes," in David Goslin (ed.), *Handbook of Socialization Theory and Research* (Chicago: Rand McNally, 1969).

Banfield, Edward C. *The Moral Basis of a Backward Society* (Chicago: Free Press, 1958).

Barnes, Samuel H. "Italy: Oppositions on Left, Right, and Center," in

Robert Dahl (ed.), *Political Oppositions in Western Democracies* (New Haven: Yale University Press, 1966), 303–331.

————. "Leadership Style and Political Competence," in Lewis Edinger (ed.), *Political Leadership in Industrialized Societies* (New York: Wiley, 1967), 59–83.

————. "The Legacy of Fascism: Generational Differences in Italian Political Attitudes and Behavior," *Comparative Political Studies*, 5 (1972), 41–57.

————. "Left, Right, and the Italian Voter," *Comparative Political Studies*, 4, 2 (July, 1971), 157-175.

————. *Party Democracy: Politics in an Italian Socialist Federation* (New Haven: Yale University Press, 1967).

————. "Religion and Class in Italian Electoral Behavior," in Richard Rose (ed.), *Electoral Behavior: A Comparative Handbook* (New York: Free Press, 1974), 171–225.

———— and Roy Pierce. "Public Opinion and Political Preferences in France and Italy," *Midwest Journal of Political Science*, 15, 4 (November, 1971), 643–660.

Barnett, Richard J. and Ronald E. Muller. *Global Reach* (New York: Simon and Schuster, 1975).

Bauer, Raymond A. (ed.). *Social Indicators* (Cambridge: M.I.T. Press, 1966).

Bell, Daniel. *The Coming of Post-Industrial Society* (New York: Basic Books, 1973).

————. *The Cultural Contradictions of Capitalism* (New York: Basic Books, 1976).

————. *The End of Ideology* (New York: Free Press, 1960).

————. "The Measurement of Knowledge and Technology," in Eleanor Bernert Sheldon and Wilbert E. Moore (eds.), *Indicators of Social Change: Concepts and Measurements* (New York: Russell Sage, 1968), 145–246.

————. "The Idea of a Social Report," *The Public Interest*, 15 (Spring, 1969), pp. 72–84.

———— (ed.). *The Radical Right* (Garden City: Doubleday, 1964).

Bendix, Reinhard. *Nation-Building and Citizenship: Studies of Our Changing Social Order* (Berkeley: University of California Press, 1964).

Benello, C. George and Dimitrios Roussopoulos (eds.). *The Case for Participatory Democracy* (New York: Viking, 1971).

Béneton, Phillippe and Jean Touchard. "Les interprétations de la crise de mai-juin 1968," *Revue Française de Science Politique*, 20, 3 (June, 1970), 503–544.

Berelson, Bernard *et al. Voting: A Study of Opinion Formation in a Presidential Campaign* (Chicago: University of Chicago Press, 1954).

Black, C. E. *The Dynamics of Modernization* (New York: Harper & Row, 1967).

Blau, Peter and Otis Dudley Duncan. *The American Occupational Structure* (New York: Wiley, 1967).

Bloom, Benjamin S. *Stability and Change in Human Characteristics* (New York: John Wiley, 1964).

Blumenthal, Monica *et al. Justifying Violence* (Ann Arbor, Michigan: Institute for Social Research, 1972).

Bon, Frédéric and Michel-Antoine Burnier. *Les Nouveaux Intellectuels* (Paris: Cujas, 1966).

————. *Classe Ouvriere et Révolution* (Paris: Seuil, 1971).

Boudon, Raymond. "Sources of Student Protest in France," in Philip G. Altbach and Robert S. Laufer (eds.), *The New Pilgrims: Youth Protest in Transition* (New York: McKay, 1972), 297–310. 297–310.

Boulding, Kenneth E. "The Learning Process in the Dynamics of Total Societies," in Samuel Z. Klausner (ed.), *The Study of Total Societies* (Garden City: Anchor, 1967), 98–113.

Bowen, Don R. *et al.* "Deprivation, Mobility and Orientation Toward Protest of the Urban Poor," in Louis H. Masotti and Don R. Bowen (eds.), *Riots and Rebellion: Civil Violence in the Urban Community* (Beverly Hills: Sage, 1968), 187–200.

Boyle, Thomas J. "Hope for the Technological Solution," *Nature*, 245, 1 (September 21, 1973), 127–128.

Bracher, Karl D. *Die Auflösing der Weimarer Republik* (Stuttgart and Dusseldorf: Ring Verlag, 1954).

Bradburn, Norman. *The Structure of Psychological Well-Being* (Chicago: Aldine, 1969).

———— and David Capolvitz. *Reports on Happiness: A Pilot Study of Behavior Related to Mental Health* (Chicago: Aldine, 1965).

Brim, Orville G., Jr. and Stanton Wheeler. *Socialization After Childhood* (New York: Wiley, 1966).

———— *et al. American Beliefs and Attitudes About Intelligence* (New York: Russell Sage, 1969).

Broad, Roger and R. J. Jarrett. *Community Europe Today* (London: Wolff, 1972).

Bronfenbrenner, Urie. "Socialization and Social Class Through Time and Space," in Harold Proshansky and Bernard Seidenberg (eds.), *Basic Studies in Social Psychology* (New York: Holt, Rinehart and Winston, 1965), 349–365.

Brown, Bernard E. "The French Experience of Modernization," in Roy Macridis and Bernard Brown (eds.), *Comparative Politics: Notes and Readings*, 4th ed. (Homewood: Dorsey, 1972), 442–460.

Brzezinski, Zbigniew. *Between Two Ages: America's Role in the Technetronic Era* (New York: Viking, 1970).

419

Buchanan, William and Hadley Cantril. *How Nations See Each Other: A Study in Public Opinion* (Urbana: University of Illinois Press, 1953).

Burnham, Walter Dean. *Critical Elections and the Mainspring of American Politics* (New York: Norton, 1970).

Butler, David and Donald Stokes. *Political Change in Britain*, 1st, 2nd eds. (New York: St. Martin's, 1969, 1974).

Cameron, David R. "Stability and Change in Patterns of French Partisanship: A Cohort Analysis," *Public Opinion Quarterly*, 31, 1 (Spring, 1972), 19–30.

————. "Consociation, Cleavage and Realignment: Post-Industrialization and Partisan Change in Eight European Nations," paper presented to the American Political Science Association, Chicago, September, 1974.

Cameron, Paul, "Social Stereotypes: Three Faces of Happiness," *Psychology Today*, 8, 3 (August, 1974), 62–64.

Campbell, Angus. *White Attitudes Toward Black People* (Ann Arbor, Michigan: Institute for Social Research, The University of Michigan, 1971).

———— and Stein Rokkan. "Citizen Participation in Political Life: Norway and the United States," *International Social Science Journal*, 12, 1 (1960), 69–99.

———— and Philip Converse (eds.). *The Human Meaning of Social Change* (New York: Russell Sage, 1972).

———— et al. *The Quality of Life: Perceptions, Evaluation and Satisfaction* (New York: Russell Sage, 1976).

———— et al. *The American Voter* (New York: Wiley, 1960).

———— et al. *Elections and the Political Order* (New York: Wiley, 1966).

———— and Henry Valen. "Party Identification in Norway and the United States," *Public Opinion Quarterly*, 25, 4 (Winter, 1961), 505–525.

Cantril, Hadley, ed. *Public Opinion, 1935–1946* (Princeton: Princeton University Press, 1951).

Cantril, Hadley. *The Politics of Despair* (New York: Collier, 1958).

————. *The Pattern of Human Concerns* (New Brunswick: Rutgers University Press, 1968).

———— and Charles W. Roll, Jr. *Hopes and Fears of the American People* (New York: Universe, 1971).

Charlot, Jean. *Le Phénomène Gaulliste* (Paris: Fayard, 1970).

Christie, Richard. "Authoritarianism Revisited," in Christie and Marie Jahoda (eds.), *Studies in the Scope and Method of "The Authoritarian Personality"* (Glencoe: Free Press, 1954), 123–196.

———— and Marie Jahoda (eds.). *Studies in the Scope and Method of "The Authoritarian Personality"* (Glencoe: Free Press, 1954).

Citrin, Jack. "Comment: The Political Relevance of Trust in Government," *American Political Science Review*, 68, 3 (September, 1974), 973–988.

Cohn-Bendit, Daniel *et al. The French Student Revolt: The Leaders Speak* (New York: Hill and Wang, 1968).

———— and Gabriel Cohn-Bendit. *Obsolete Communism: The Left-Wing Alternative* (New York: McGraw-Hill, 1968).

Cole, H.S.D. *et al.* (eds.). *Models of Doom* (New York: Universe, 1973).

Coleman, James S. (ed.). *Education and Political Development* (Princeton: Princeton University Press, 1965).

————. *The Adolescent Society* (New York: Free Press, 1961).

Connell, R. W. "Political Socialization in the American Family: The Evidence Re-examined," *Public Opinion Quarterly*, 36, 3 (Fall, 1972), 323–333.

Converse, Philip. "The Problem of Party Distances in Models of Voting Change," in M. Kent Jennings and L. Harmon Ziegler, *The Electoral Process* (Englewood Cliffs: Prentice-Hall, 1966), 175–207.

Converse, Philip E. "The Nature of Belief Systems in Mass Publics," in David E. Apter (ed.), *Ideology and Discontent* (New York: Free Press, 1964), 202–261.

————. "Of Time and Partisan Stability," *Comparative Political Studies*, 2, 2 (July, 1969), 139–171.

————. "Attitudes and Non-Attitudes: Continuation of a Dialogue," in Edward R. Tufte (ed.), *The Quantitative Analysis of Social Problems* (Reading, Mass.: Addison-Wesley, 1970), 168–190.

————. "Change in the American Electorate," in Angus E. Campbell and Philip Converse (eds.), *The Human Meaning of Social Change* (New York: Russell Sage, 1972), 263–337.

————. "Comment: The Status of Nonattitudes," *American Political Science Review*, 68, 2 (June, 1974), 650–660.

———— and Georges Dupeux. "Politicization of the Electorate in France and the United States," *Public Opinion Quarterly*, 26, 1 (Spring, 1962), 1–23.

———— and Roy Pierce. "Basic Cleavages in French Politics and the Disorders of May and June 1968." Paper presented at the Seventh World Congress of Sociology, Varna, Bulgaria, 1970.

————. "Die Mai-Unruhen in Frankreich—Ausmass und Konsequenzen," in Klaus R. Allerbeck and Leopold Rosenmayr (eds.), *Aufstand der Jugend? Neue Aspekte der Jugendsoziologie* (Munich: Juventa, 1971), 108–137.

Cox, Robert W. (ed.). *Future Industrial Relations and Implications for the ILO: An Interim Report* (Geneva: International Institute for Labour Studies).

The CPS 1974 American National Election Study (Ann Arbor: ICPR, 1975).

Crittenden, John. "Aging and Party Affiliation: A Cohort Analysis," *Public Opinion Quarterly*, 26, 4 (Winter, 1962), 648–657.

Cutler, Neal. "Generation, Maturation and Party Affiliation," *Public Opinion Quarterly*, 33, 4 (Winter, 1969–70), 583–588.

Dahl, Robert A. and Edward R. Tufte. *Size and Democracy* (Stanford: Stanford University Press, 1974).

Dahl, Robert A. (ed.). *Political Oppositions in Western Democracies* (New Haven: Yale University Press, 1966).

Dahrendorf, Ralf. *Class and Class Conflict in Industrial Society* (Stanford: Stanford University Press, 1959).

―――. *Society and Democracy in Germany* (Garden City: Double-day, 1967).

Dalton, Russell. "Was There a Revolution? A Note on Generational versus Life Cycle Explanations of Value Differences," *Comparative Political Studies*, 9, 4 (January, 1977).

Dansette, Adrien. *Mai 1968* (Paris: Plon, 1971).

Davies, James C. *Human Nature and Politics* (New York: Wiley, 1963).

―――. "The Priority of Human Needs and the Stages of Political Development," unpublished paper.

Davis, James A. *Great Aspirations: The Graduate School Plans of America's College Seniors* (Chicago: Aldine, 1964).

―――. *Education for Positive Mental Health: A Review of Existing Research and Recommendations for Future Studies* (Chicago: Aldine, 1965).

―――. *Undergraduate Career Decisions: Correlates of Occupational Choice* (Chicago: Aldine, 1965).

De Grazia, Sebastian. *Of Time, Work and Leisure* (New York: Twentieth Century Fund, 1962).

Deledicq, A. *Un mois de mai orageux: 113 étudiants parisiens expliquent les raisons* (Paris: Privat, 1968).

Delors, Jacques. *Les Indicateurs Sociaux* (Paris: Futuribles, 1971).

Demerath, N. J., III. "Trends and Anti-Trends in Religious Change," in Eleanor Bernert Sheldon and Wilbert E. Moore (eds.), *Indicators of Social Change* (New York: Russell Sage, 1968), 349–445.

Deutsch, Emeric et al. *Les Familles Politiques aujourd'hui en France* (Paris: Editions de Minuit, 1966).

Deutsch, Karl W. "Social Mobilization and Political Development," *American Political Science Review*, 55, 2 (September, 1961), 493–514.

―――. *The Nerves of Government* (New York: Free Press, 1963).

―――. *Nationalism and Social Communication* (Cambridge, Mass.: M.I.T. Press, 1966).

Deutsch, Karl W. "Integration and Arms Control in the European Political Environment," *American Political Science Review*, 60, 2 (June, 1966), 354–365.

———. *Arms Control and the Atlantic Alliance* (New York: Wiley, 1967).

——— and Lewis J. Edinger. *Germany Rejoins the Powers: Mass Opinion, Interest Groups and Elites in Contemporary German Foreign Policy* (Stanford: Stanford University Press, 1959).

——— and William J. Foltz. *Nation-Building* (New York: Atherton Press, 1963).

——— *et al. France, Germany and the Western Alliance: A Study of Elite Attitudes on European Integration and World Politics* (New York: Scribners, 1967).

——— *et al. Political Community and the North Atlantic Area* (Princeton: Princeton University Press, 1968).

DiPalma, Giuseppe. *Apathy and Participation: Mass Politics in Western Societies* (New York: Free Press, 1970).

Dogan, Mattei. "Le Vote ouvrier en France: Analyse écologique des élections de 1962," *Revue française de Sociologie*, 6, 4 (October–December, 1965), 435–471.

———. "Political Cleavage and Social Stratification in France and Italy," in Seymour M. Lipset, *Party Systems and Voter Alignments* (New York: Free Press, 1967), 129–195.

Donahue, Wilma and Clark Tibbitts (eds.). *Politics of Age* (Ann Arbor: Division of Gerontology, The University of Michigan, 1962).

Duquesne, Jacques. *Les 16–24 Ans* (Paris: Centurion, 1963).

Dutschke, Rudi. *Écrits politiques* (Paris: Bourgeois, 1968).

Easterlin, Richard A. "Does Economic Growth Improve the Human Lot: Some Empirical Evidence," in Paul A. David and Melvin W. Reder (eds.), *Nations and Households in Economic Growth* (New York: Academic Press, 1974), 89–126.

Easton, David. *A Systems Analysis of Political Life* (New York: Wiley, 1966).

——— and Jack Dennis. *Children in the Political System* (New York: McGraw-Hill, 1969).

Eisenstadt, S. N. *From Generation to Generation* (New York: Free Press, 1956).

———. *Modernization: Protest and Change* (Englewood Cliffs, N.J.: Prentice Hall, 1966).

Erikson, Erik H. "Identity and the Life Cycle," *Psychological Issues*, Monograph 1 (1959).

———. *Childhood and Society* (New York: Norton, 1963).

———. *Insight and Responsibility* (New York: Norton, 1964).

Etzioni, Amitai. *The Active Society* (New York: Free Press, 1968).

———. *Political Unification: A Comparative Study of Leaders and Forces* (New York: Holt, Rinehart and Winston, 1965).

European Communities, *Les Européens et l'Unification de l'Europe* (Brussels, 1972).

Feirabend, Ivo K. and Rosalind L. Feirabend. "Aggressive Behaviors Within Polities, 1948–1962: A Cross-National Study," *Journal of Conflict Resolution*, 10, 3 (September, 1966), 249–271.

Feldman, Kenneth A. and Theodore M. Newcomb. *The Impact of College on Students*, vols. I and II (San Francisco: Jossey-Bass, 1969).

Feuer, Lewis S. *The Conflict of Generations* (New York: Basic Books, 1969).

Fields, A. Belden. "The Revolution Betrayed: The French Student Revolt of May-June, 1968," in Seymour M. Lipset and Phillip G. Altbach (eds.), *Students in Revolt* (Boston: Houghton Mifflin, 1969), 127–166.

Finifter, Ada (ed.). *Alienation and the Social System* (New York: Wiley, 1972).

Foner, Anne. "The Polity," in Matilda W. Riley *et al.*, *Aging and Society* (New York: Russell Sage, 1972), 115–159.

Fontaine, André. *La Guerre Civile Froide* (Paris: Fayard, 1969).

Forrester, Jay W. *World Dynamics* (Cambridge, Mass.: Wright-Allen, 1971).

Friedman, Lucy N. *et al.* "Dissecting the Generation Gap: Intergenerational and Intrafamilial Similarities and Differences," *Public Opinion Quarterly*, 36, 3 (Fall, 1972), 334–346.

Frognier, A. P. "Distances entre partis et clivages en Belgique," *Res Publica*, 2 (1973), 291–312.

Frohner, Rolf. *Wie Stark sind die Halbstarken?* (Bielefeld: von Stackelberg, 1956).

Galli, Giorgio and Alfonso Prandi. *Patterns of Political Participation in Italy* (New Haven: Yale University Press, 1970).

Gamson, William A. *Power and Discontent* (Homewood, Ill.: Dorsey, 1968).

Girod, Rober. *Mobilité Sociale: Faits établis et problèmes ouverts* (Geneva and Paris: Droz, 1971).

Glenn, Norval D. "Class and Party Support in the United States: Recent and Emerging Trends," *Public Opinion Quarterly*, 37, 1 (Spring, 1973), 1–20.

————. "Aging, Disengagement and Opinionation," *Public Opinion Quarterly*, 33, 1 (Spring, 1969), 17–33.

————. "Aging and Conservatism," *Annals of the American Academy of Political and Social Science*, 4, 5 (September, 1974), 176–186.

———— and Ted Hefner. "Further Evidence on Aging and Party Identification," *Public Opinion Quarterly*, 36, 1 (Spring, 1972), 31–47.

Goguel, François. "Les élections legislatives des 23 et 30 juin, 1968," *Revue Française de Science Politique*, 18, 5 (October, 1968), 837–853.

Goode, William J. "The Theory and Measurement of Family Change," in Eleanor Bernert Sheldon and Wilbert E. Moore (eds.), *Indicators of Social Change: Concepts and Measurements* (New York: Russell Sage, 1968), 295–348.

Graham, Hugh D. and Ted R. Gurr (eds.). *The History of Violence in America* (New York: Bantam, 1969).

Greenstein, Fred I. "The Impact of Personality on Politics: An Attempt to Clear Away Underbrush," *American Political Science Review*, 61, 3 (September, 1967), 629–641.

————. *Personality and Politics* (Chicago: Markham, 1969), 94–119.

Grofman, Bernard N. and Edward N. Muller. "The Strange Case of Relative Gratification and Protest Potential: The V-Curve Hypothesis," *American Political Science Review*, 67, 2 (June, 1973), 514–539.

Gross, Bertram M. (ed.). *Social Intelligence for America's Future* (Boston: Allyn and Bacon, 1969).

————. "The State of the Nation: Social Systems Accounting," in Raymond A. Bauer (ed.), *Social Indicators* (Cambridge: M.I.T. Press, 1966), 154–271.

———— (ed.). "Social Goals and Indicators for American Society," *The Annals: American Academy of Political and Social Science* (1967), 371 and 372.

————. "The City of Man: A Social Systems Accounting," in William R. Ewald, Jr. (ed.), *Environment for Man* (Bloomington: Indiana University Press, 1967).

Gurin, Gerald *et al. Americans View Their Mental Health* (New York: Basic Books, 1960).

Gurr, Ted. *Why Men Rebel* (Princeton: Princeton University Press, 1970).

————. "A Causal Model of Civil Strife: A Comparative Analysis Using New Indices," *American Political Science Review*, 62, 4 (December, 1968), 1104–1124.

Gussner, Robert. "Youth Deauthorization and the New Individualism," *Youth and Society*, 4, 1 (September, 1972), 103–125.

Haas, Ernst. *The Uniting of Europe: Political, Social and Economic Forces, 1950–1957* (Stanford: Stanford University Press, 1958).

Habermas, Jurgen *et al. Student und Politik* (Neuwied: Luchterhand, 1961).

Hagen, Everett. *On the Theory of Social Change* (Homewood, Ill.: Dorsey Press, 1962).

Hamilton, Richard F. *Affluence and the French Worker in The Fourth Republic* (Princeton: Princeton University Press, 1967).

————. *Class and Politics in the United States* (New York: Wiley, 1972).

Hansen, Peter *et al.* "The Structure of the Debate in the Danish European Community Campaign, April to October, 1972," paper presented to the European Consortium for Political Research annual meeting, Strasbourg, March 28–April 2, 1974.

Haranne, Markku and Erik Allardt. *Attitudes Toward Modernity and Modernization: An Appraisal of an Empirical Study* (Helsinki: University of Helsinki, 1974).

Louis Harris Associates. *Confidence and Concern: Citizens View American Government* (Washington: Government Printing Office, 1973).

Harris, Louis. *The Anguish of Change* (New York: Norton, 1973).

Hefner, Glenn and Ted. "Further Evidence on Aging and Party Identification," *Public Opinion Quarterly*, 36, 1 (Spring, 1972), 31–47.

Heidenheimer, Arnold J. *The Governments of Germany*, 3rd ed. (New York: Crowell, 1971).

Heilbroner, Robert L. *An Inquiry Into the Human Prospect* (New York: Norton, 1974).

Heisler, Martin O. "Institutionalizing Societal Cleavages in a Cooptive Polity," in Heisler (ed.), *Politics in Europe: Structures and Processes in Some Postindustrial Democracies* (New York: McKay, 1974), 178–220.

Hilgard, E. and G. Bower. *Theories of Learning* (New York: Appleton-Century-Crofts, 1966).

Huntington, Samuel P. *Political Order in Changing Societies* (New Haven: Yale University Press, 1968).

———. "Postindustrial Politics: How Benign Will It Be?" *Comparative Politics*, 6, 2 (January, 1974), 174–177.

Hyman, Herbert H. *Political Socialization* (New York: Free Press, 1959).

———. *Secondary Analysis of Sample Surveys: Principles, Procedures and Potentialities* (New York: Wiley, 1972).

———. "Dimensions of Social-Psychological Change in the Negro Population," in Angus Campbell and Philip Converse (eds.), *The Human Meaning of Social Change* (New York: Russell Sage, 1972), 339–390.

——— and Paul B. Sheatsley. " 'The Authoritarian Personality': A Methodological Critique," in Christie and Jahoda (eds.), *Studies in the Scope and Method of "The Authoritarian Personality"* (Glencoe: Free Press, 1954), 50–122.

Ike, Nobutaka. "Economic Growth and Intergenerational Change in Japan," *American Political Science Review*, 67, 4 (December, 1973), 1194–1203.

Inglehart, Ronald. "An End to European Integration?" *American Political Science Review*, 61, 1 (March, 1967), 91–105.

———. "Trends and Non-Trends in the Western Alliance: A Review," *Journal of Conflict Resolution*, 12, 1 (March, 1968), 120–128.

Inglehart, Ronald. "Cognitive Mobilization and European Identity," *Comparative Politics*, 3, 1 (October, 1970), 45–70.

————. "The New Europeans: Inward or Outward Looking?" *International Organization*, 24, 1 (Winter, 1970), 129–139.

————. "Public Opinion and Regional Integration," in Leon Lindberg and Stuart Scheingold (eds.), *Regional Integration: Theory and Research* (Cambridge: Harvard University Press, 1971), 160–191.

————. "Revolutionnarisme Post-Bourgeois en France, en Allemagne et aux États-Unis," *Il Politico*, 36, 2 (June, 1971), 209–236.

————. "Changing Value Priorities and European Integration," *Journal of Common Market Studies*, 10, 1 (September, 1971), 1–36.

————. "The Silent Revolution in Europe: Intergenerational Change in Post-Industrial Societies," *The American Political Science Review*, 65, 4 (December, 1971), 991–1017.

————. "The Nature of Value Change in Post-Industrial Societies," in Leon Lindberg (ed.), *Politics and the Future of Industrial Society* (New York: McKay, 1976), 57–99.

————. "Value Priorities, Objective Need Satisfaction and Subjective Satisfaction Among Western Publics," *Comparative Political Studies*, 9, 4 (January, 1977), 429–458.

———— and Paul Abramson. "The Development of Systemic Support in Four Western Democracies," *Comparative Political Studies*, 2, 4 (January, 1970), 419–442.

———— and Samuel H. Barnes. "Affluence, Individual Values and Social Change," in Burkhard Strumpel (ed.), *Subjective Elements of Well-Being* (Paris: OECD, 1974), 153–184.

———— and Avram Hochstein. "Alignment and Dealignment of the Electorate in France and the United States," *Comparative Political Studies*, 5, 3 (October, 1972), 343–372.

———— and Hans D. Klingemann, "Party Identification, Ideological Preference and the Left-Right Dimension Among Western Publics," in Ian Budge *et al.* (eds.), *Party Identification and Beyond* (New York: Wiley, 1976), 243–273.

———— and Dusan Sidjanski. "The Left, the Right, the Establishment and the Swiss Electorate," in Ian Budge *et al.* (eds.), *Party Identification and Beyond* (New York: Wiley, 1976), 225–242.

———— and Margaret Woodward. "Language Conflicts and Political Community," *Comparative Studies in Society and History*, 10, 1 (October, 1967), 27–45.

International Studies of Values in Politics. *Values and the Active Community* (New York: Free Press, 1971).

Jacob, Philip E. *Changing Values in College* (New York: Harper & Row, 1957).

Jaide, Walter, *Das Verhaltnis der Jugend zur Politik* (Neuwied and Berlin: Luchterhand, 1964).

————. *Jugend und Demokratie* (Munich: Juventa, 1971).

Janda, Kenneth. *A Conceptual Framework for the Comparative Analysis of Political Parties* (Beverly Hills: Sage Professional Papers in Comparative Politics, 1970).

————. "Measuring Issue Orientations of Parties Across Nations" (Evanston: International Comparative Political Parties Project, 1970 [mimeo]).

Janowitz, Morris and David R. Segal. "Social Cleavage and Party Affiliation: Germany, Great Britain and the United States," *American Journal of Sociology*, 72, 6 (May, 1967), 601–618.

Jaros, Dean, Herbert Hirsch and Frederic J. Fleron, Jr. "The Malevolent Leader," *American Political Science Review*, 62, 2 (June, 1968), 564–575.

Jennings, M. Kent. "Pre-Adult Orientations to Multiple Systems of Government," *Midwest Journal of Political Science*, 2, 3 (August, 1967), 291–317.

———— and Paul Beck. "Lowering the Voting Age: The Case of the Reluctant Electorate," *Public Opinion Quarterly*, 33, 3 (Fall, 1969), 370–379.

———— and Richard G. Niemi. "Party Identification at Multiple Levels of Government," *American Journal of Sociology*, 72 (1966), 86–101.

————. "The Transmission of Political Values from Parent to Child," *American Political Science Review*, 62, 1 (March, 1968), 169–184.

————. "The Division of Political Labor Between Mothers and Fathers," *American Political Science Review*, 65, 1 (March, 1971), 69–82.

————. *The Political Character of Adolescence: The Influence of Families and Schools* (Princeton: Princeton University Press, 1974).

————. "Continuity and Change in Political Orientations," *American Political Science Review*, 69, 4 (December, 1975), 1316–1335.

Jensen, Richard F. *The Winning of the Midwest: Social and Political Conflict, 1888–1896* (Chicago: University of Chicago Press, 1971).

Kaase, Max. "Demokratische Einstellungen in der Bundesrepublik Deutschland," in Rudolf Wildenmann (ed.), *Sozialwissenschaftliches Jahrbuch für Politik* (Munich and Vienna: Guenter-Olzog, 1971), 119–326.

————. "Determinants of Political Mobilization for Students and Non-academic Youth." Paper read at the 7th World Congress of Sociology, Varna, September, 1970. German version: "Die Politische Mobilisierung von Studenten in Der BRD," Klaus R. Allerbeck and Leopold Rosenmayr (eds.), *Aufstand der Jugend? Neue Perspectiven der Jugendsoziologie* (Munich: Juventa, 1971), 155–177.

Kahn, Robert L. "The Meaning of Work: Interpretation and Proposals for Measurement," in Angus Campbell and Philip E. Converse (eds.), *The Human Meaning of Social Change* (New York: Russell Sage, 1972), 159–203.

Katona, George. "Consumer Behavior: Theory and Findings on Expectations and Aspirations," *American Economic Review*, 58, 2 (May, 1968), 19–30.

———— et al. *Aspirations and Affluence* (New York: McGraw-Hill, 1971).

Katz, Elihu and Paul F. Lazarsfeld. *Personal Influence* (New York: Free Press, 1955).

Kenniston, Kenneth. *Young Radicals: Notes on Uncommitted Youth* (New York: Harcourt, Brace, and World, 1968).

King, Bert T. and Elliott McGinnies (eds.). *Attitudes, Conflict and Social Change* (New York: Academic Press, 1972).

————. "Overview—Social Contexts and Issues for Contemporary Attitude Change Research," in Bert T. King and Elliott McGinnies (eds.), *Attitudes, Conflict, and Social Change* (New York: Academic Press, 1972), 1–14.

Klingemann, Hans D. "Politische und soziale Bedingungen der Wahlerbewegungen zur NPD," in Rudolf Wildemann (ed.), *Sozialwissenschaftliches Jahrbuch für Politik* (Munich and Vienna, 1971), 563–601.

————. "Testing the Left-Right Continuum on a Sample of German Voters," *Comparative Political Studies*, 5, 1 (April, 1972), 93–106.

———— and Erwin K. Scheuch. "Materialien zum Phanomen des Rechtsradikalismus in der Bundersrepublik" (Köln: Institut für vergleichende Sozialforschung der Universität zu Köln, 1967 [mimeo, Cologne: University of Cologne]).

———— and Thomas A. Herz. "Die NPD in den Landtagswahlen 1966–1968" (Köln: Institut für vergleichende Sozialforschung, Zentralarchiv für empirische Sozialforschung, Universität zu Köln, 1969 [mimeo, Cologne: University of Cologne]).

———— and Eugene Wright. "Levels of Conceptualization in the American and German Mass Publics." Paper presented at the Workshop on Political Cognition, University of Georgia, Athens, Georgia (May 24–25, 1974).

Kluckhohn, Florence R. and F. L. Strodtbeck. *Variations in Value Orientations* (New York: Row Peterson, 1961).

Knutson, Jeanne N. *The Human Basis of the Polity: A Psychological Study of Political Men* (Chicago: Aldine-Atherton, 1972).

Kohlberg, Lawrence. *Stages in the Development of Moral Thought and Action* (Holt, Rinehart and Winston, 1970).

Lambert, T. Allen. "Generations and Change: Toward a Theory of Generations as a Force in Historical Process," *Youth and Society*, 4, 1 (September, 1972), 21–46.

Lancelot, Alain and Pierre Weill. "L'evolution politique des Électeurs Français de février à juin 1969," *Revue Française de Science Politique*, 20, 2 (April, 1970), 249–281.

Land, Kenneth. "Some Exhaustible Poisson Process Models of Divorce by Marriage Cohort," *Journal of Mathematical Sociology*, 1, 2 (July, 1971), 213–232.

Lane, Robert. *Political Life* (New York: Free Press, 1959).

———. *Political Ideology* (New York: Free Press, 1962).

———. *Political Thinking and Consciousness* (Chicago: Markham, 1969).

———. "Patterns of Political Belief," in Jeanne M. Knutson (ed.), *Handbook of Political Psychology* (San Francisco: Jossey-Bass, 1973), 83–116.

———. "The Politics of Consensus in an Age of Affluence," *American Political Science Review*, 59, 4 (December, 1965), 874–895.

Langton, Kenneth P. "Peer Group and School and the Political Socialization Process," *American Political Science Review*, 61, 3 (September, 1967), 751–758.

——— and M. Kent Jennings. "Political Socialization and the High School Civics Curriculum in the United States," *American Political Science Review*, 62, 3 (September, 1968), 852–867.

LaPalombara, Joseph D. (ed.). *Bureaucracy and Political Development* (Princeton: Princeton University Press, 1963).

———. "Decline of Ideology: A Dissent and an Interpretation," *American Political Science Review*, 60, 1 (March, 1966), 5–16.

——— and Myron Weiner (eds.). *Political Parties and Political Development* (Princeton: Princeton University Press, 1966).

Lasswell, Harold D. *Power and Personality* (New York: Viking, 1948).

———. *Psychopathology and Politics* (New York: Viking, 1960).

Lazarsfeld, Paul F. *et al. The People's Choice: How the Voter Makes Up His Mind in a Presidential Campaign* (New York: Columbia University Press, 1944).

Lenski, Gerhard. *Power and Privilege: A Theory of Social Stratification* (New York: McGraw-Hill, 1966).

———. *The Religious Factor* (Garden City: Doubleday, 1963).

Lerner, Daniel and Morton Gordon. *Euratlantica: The Changing Perspectives of the European Elites* (Cambridge: M.I.T. Press, 1969).

Lerner, Daniel. *The Passing of Traditional Society* (New York: Free Press, 1958).

Levin, M. L. "Social Climates and Political Socialization," *Public Opinion Quarterly*, 25, 4 (Winter, 1961), 596–606.

Liepelt, Klaus. "The Infra-Structure of Party Support in Germany and Austria." In Mattei Dogan and Richard Rose (eds.), *European Politics: A Reader* (Boston: Little, Brown, 1971), 183–201.

Liepelt, Klaus and Alexander Mitscherlich. *Thesen zur Wählerfluktuation* (Frankfurt am Main: Europaische Verlaganstalt, 1968).

Lijphart, Arend. *The Politics of Accommodation: Pluralism and Democracy in The Netherlands* (Berkeley: University of California Press, 1968).

—————. *Class Voting and Religious Voting in the European Democracies: A Preliminary Report* (Glasgow: University of Strathclyde, 1971).

Lindberg, Leon and Stuart Scheingold. *Europe's Would-Be Polity* (Englewood Cliffs: Prentice-Hall, 1970).

————— (eds.). *Regional Integration: Theory and Research* (Cambridge, Mass.: Harvard University Press, 1971).

"L'Opinion Publique et L'Europe des Six," *Sondages: Revue Française de l'Opinion Publique*, 25, 1 (Trimester, 1963), 1–108.

Lipset, Seymour M. "The Changing Class Structure and Contemporary European Politics," *Daedalus*, 93, 1 (Winter, 1964), 271–303.

—————. *Political Man: The Social Bases of Politics* (Garden City: Doubleday, 1960).

—————. "The Activists: A Profile," *The Public Interest*, 13 (Fall, 1968), 39–52.

—————. *Revolution and Counter-Revolution: Change and Persistence in Social Structures* (New York: Basic Books, 1968).

—————. "Ideology and No End: The Controversy Till Now," *Encounter*, 39, 6 (December, 1972), 17–24.

—————. "Social Structure and Social Change," in Peter Blau (ed.), *Approaches to the Study of Social Structure* (New York: Free Press, 1975).

————— and Richard B. Dobson. "The Intellectual as Critic and Rebel," *Daedalus*, 101, 3 (Summer, 1972), 137–198.

————— and Everett C. Ladd. "College Generations—From the 1930's to the 1970's," *The Public Interest*, 25 (Fall, 1971), 99–113.

—————. "The Political Future of Activist Generations," in Philip G. Altbach and Robert S. Laufer (eds.), *The New Pilgrims: Youth Protest in Transition* (New York: McKay, 1972), 63–84.

————— and Stein Rokkan. "Cleavage Structures, Party Systems and Voter Alignments," in Lipset and Rokkan (eds.), *Party Systems and Voter Alignments* (New York: Free Press, 1967), 1–64.

————— and Sheldon S. Wolin. *The Berkeley Student Revolt* (Garden City, New York: Doubleday Anchor, 1965).

Lipsky, Michael. "Protest as a Political Resource," *American Political Science Review*, 62, 4 (December, 1968), 1144–1158.

Litt, Edgar. "Civic Education, Community Norms and Political Indoctrination," in Roberta S. Sigel (ed.), *Learning About Politics* (New York: Random House, 1970), 328–336.

Loewenberg, Peter. "The Psychohistorical Origins of the Nazi Youth

Cohort," *The American Historical Review*, 77, 1 (December, 1971), 1456–1503.

Lofland, John. "The Youth Ghetto," in Edward O. Laumann, Paul M. Siegel and Robert W. Hodge (eds.), *The Logic of Social Hierarchies* (Chicago: Markham, 1970), 756–778.

Maccoby, Eleanor E. *et al.* "Youth and Political Change," *Public Opinion Quarterly*, 18, 1 (Spring, 1954), 23–39.

MacRae, Duncan, Jr. *Parliament, Parties and Society in France, 1946–1958* (New York: St. Martin's, 1967).

MacRae, Norman. "Limits to Misconception," *The Economist*, 242, 6707 (March 11, 1972), 20, 22.

————. "America's Third Century: Recessional for the Second Great Empire?" *The Economist*, 257, 6896 (October 25, 1975), 65–73.

Mallet, Serge. *La Nouvelle Classe Ouvrière* (Paris: Seuil, 1969).

Mankoff, Milton and Richard Flacks. "The Changing Social Base of the American Student Movement," in Philip G. Altbach and Robert S. Laufer (eds.), *The New Pilgrims: Youth Protest in Transition* (New York: McKay, 1972), 46–62.

Mannheim, Karl. *Ideology and Utopia* (New York: Harcourt, Brace, 1949).

————. "The Problem of Generations," in Philip G. Altbach and Robert S. Laufer (eds.), *The New Pilgrims: Youth Protest in Transition* (New York: McKay, 1972), 25–72.

Marsh, Alan. "Explorations in Unorthodox Political Behavior: A Scale to Measure 'Protest Potential,' " *European Journal of Political Research*, 2 (1974), 107–129.

————. "The 'Silent Revolution,' Value Priorities and the Quality of Life in Britain," *American Political Science Review*, 69, 1 (March, 1975), 21–30.

Maslow, Abraham H. *Toward a Psychology of Being* (Englewood Cliffs, N.J.: D. Van Nostrand, 1962).

————. *Religions, Values, and Peak-Experiences* (Columbus: Ohio State University Press, 1964).

————. *Motivation and Personality*, 2d ed. (New York: Harper & Row, 1970).

McClelland, David. *The Achieving Society* (Princeton: Van Nostrand, 1961).

McClintock, C. G. and H. A. Turner. "The Impact of College Upon Political Knowledge, Participation, and Values," *Human Relations*, 15, 2 (May, 1962), 163–176.

McCloskey, Herbert. "Conservatism and Personality," *The American Political Science Review*, 52, 1 (March, 1958), 27–45.

Mead, Margaret. *Culture and Commitment* (Garden City: Natural History Press, 1970).

Meadows, Dennis *et al.* *The Limits to Growth* (Washington, D.C.: Potomac Associates, 1972).

——— and Donella Meadows (eds.). *Toward Global Equilibrium* (Cambridge, Mass.: Wright-Allen, 1973).

———. "Typographical Errors and Technological Solutions," *Nature*, 247, 5436 (January 11, 1974), 97–98.

Merelman, Richard. "The Development of Political Ideology: A Framework for the Analysis of Political Socialization," *American Political Science Review*, 63, 3 (September, 1969), 750–767.

Merritt, Richard L. and Donald J. Puchala (eds.). *Western European Perspectives on International Affairs: Public Opinion Studies and Evaluations* (New York: Praeger, 1968).

Mesarovic, Mihajlo and Eduard Pestel. *Mankind at the Turning Point* (New York: Dutton, 1974).

Middleton, Russell and Snell Putney. "Political Expression of Adolescent Rebellion," *American Journal of Sociology*, 68, 5 (March, 1963), 527–535.

Milbrath, Lester. *Political Participation* (Chicago: Rand McNally, 1965).

———. "The Nature of Political Beliefs and the Relationship of the Individual to the Government," *American Behavioral Scientist*, 12, 2 (November–December, 1968), 28–36.

Miller, Arthur H. "Political Issues and Trust in Government: 1964–1970," *American Political Science Review*, 68, 3 (September, 1974), 951–972.

——— *et al.* "A Majority Party in Disarray: Policy Polarization in the 1972 Election," *American Political Science Review*, 70, 3 (September, 1976), 753–778.

Miller, Warren E. "Majority Rule and the Representative System of Government," in E. Allardt and Y. Littunen (eds.), *Cleavages, Ideologies and Party Systems: Contributions to Comparative Political Sociology* (Helsinki: Transactions of the Westermarck Society, 1964), 343–376.

——— *et al.* "Components of Electoral Decision," *American Political Science Review*, 52, 2 (June, 1958), 367–387.

——— *et al.* "Continuity and Change in American Politics: Parties and Issues in the 1968 Election," *American Political Science Review*, 63, 4 (December, 1969), 1083–1105.

——— and Teresa E. Levitin. *Leadership and Change: New Politics and the American Electorate* (Cambridge, Mass.: Winthrop, 1976).

——— and Donald E. Stokes. "Party Government and the Saliency of Congress," *Public Opinion Quarterly*, 26, 4 (Winter, 1962), 531–546.

———. "Constituency Influence in Congress," *American Political Science Review*, 57, 1 (March, 1963), 45–56.

Mitchell, Arnold *et al.* "An Approach to Measuring Quality of Life" (Menlo Park, Ca.: Stanford Research Institute, 1971), mimeo.

Moore, Barrington, Jr. *Social Origins of Dictatorship and Democracy* (Boston: Beacon Press, 1966).

Morgan, James N. "The Achievement Motive and Economic Behavior," in John W. Atkinson (ed.), *A Theory of Achievement Motivation* (New York: Wiley, 1966), 205–230.

Morin, Edgar *et al. Mai 1968: La Brèche* (Paris: Fayard, 1968).

Muller, Edward N. "A Test of a Partial Theory of Potential for Political Violence," *American Political Science Review*, 66, 3 (September, 1972), 928–959.

————. "Relative Deprivation and Aggressive Political Behavior," paper presented for the annual meeting of the American Political Science Association, San Francisco, September, 1975.

Muller, Herbert. *The Children of Frankenstein* (Bloomington, Ind.: Midland, 1973).

Myers, Frank. "Social Class and Political Change in Western Industrial Systems," *Comparative Politics*, 2, 2 (April, 1970), 389–412.

Nasatir, David. "A Note on Contextual Effects and the Political Orientations of College Students," *American Sociological Review*, 33, 2 (April, 1968), 210–219.

Nederlandse Stichting voor Statistiek. *De Toekomst op Zicht: Een Wetenschappelijk onderzoek naar de verwachtingen van de Nederlanders voor de Periode, 1970–1980* (Amsterdam: Bonaventura, 1970).

Newcomb, Theodore M. *Personality and Social Change* (New York: Dryden, 1943).

Nie, Norman *et al.* "Political Participation and the Life Cycle," *Comparative Politics*, 6, 3 (April, 1974), 319–340.

———— and Kristi Andersen. "Mass Belief Systems Revisited: Political Change and Attitude Structure," *Journal of Politics*, 36, 3 (August, 1974), 540–591.

———— *et al.* "Social Structure and Political Participation: Developmental Relationships," *American Political Science Review*, 63, 3 (September, 1969), 808–832.

Nieburg, H. L. *Culture Storm: Politics and the Ritual Order* (New York: St. Martin's, 1973).

Nobile, Philip (ed.). *The Con III Controversy: The Critics Look at The Greening of America* (New York: Pocket Books, 1971).

Nordlinger, Eric A. *The Working Class Tories* (London: MacGibbon and Kee, 1967).

O'Lessker, Karl. "Who voted for Hitler? A New Look at the Class Basis of Nazism," *The American Journal of Sociology*, 74, 1 (July, 1968), 63–69.

Olson Mancur, Jr. "The Purpose and Plan of a Social Report," *The Public Interest*, 15 (Spring, 1969), 85–97.

O'Neill, Gerard K. "Colonies in Orbit," *New York Times Magazine* (January 18, 1976), 10–11.

Organski, A.F.K. *The Stages of Political Development* (New York: Random House, 1965).

Page, Benjamin I. and Richard A. Brody. "Policy Voting and the Electoral Process: The Vietnam War Issue," *American Political Science Review*, 66, 3 (September, 1972), 979–995.

Parsons, Talcott and Gerald M. Platt. "Higher Education and Changing Socialization," in Matilda W. Riley *et al.* (eds.), *Aging and Society*, 3 (New York: Russell Sage, 1972), 236–291.

Patterson, Franklin *et al.* *The Adolescent Citizen* (New York: Free Press, 1960).

Petersen, Nikolaj. "Federalist and Anti-Integrationist Attitudes in the Danish Common Market Referendum," paper presented to the European Consortium for Political Research, London, April 7–12, 1975.

——— and Jorgen Eklit. "Denmark Enters the European Communities," *Scandinavian Political Studies*, 8 (1973), 157–177.

Petitjean, A. (ed.). *Quelles Limites? Le Club de Rome Répond* (Paris: Seuil, 1974).

Pierce, John C. and Douglas D. Rose. "Nonattitudes and American Public Opinion: The Examination of a Thesis," *American Political Science Review*, 68, 2 (June, 1974), 626–649.

Pinner, Frank A. "Students—A Marginal Elite in Politics," in Philip G. Altbach and Robert S. Laufer (eds.), *The New Pilgrims: Youth Protest in Transition* (New York: McKay, 1972), 281–296.

Pomper, Gerald M. "From Confusion to Clarity: Issues and American Voters, 1956–1968," *American Political Science Review*, 66, 2 (June, 1972), 415–428.

Pryce, Roy. *The Politics of the European Community Today* (London: Butterworths, 1973).

Putnam, Robert. "Studying Elite Political Culture: The Case of 'Ideology,'" *American Political Science Review*, 65, 3 (September, 1971), 651–681.

———. *The Beliefs of Politicians* (New Haven: Yale University Press, 1973).

Pye, Lucian (ed.). *Communications and Political Development* (Princeton: Princeton University Press, 1963).

Pye, Lucian and Sidney Verba (eds.). *Political Culture and Political Development* (Princeton: Princeton University Press, 1965).

Reader's Digest Association. *A Survey of Europe Today* (London: Reader s Digest, 1970).

Reich, Charles A. *The Greening of America* (New York: Random House, 1970).

Rejai, M. (ed.). *Decline of Ideology?* (Chicago: Aldine-Atherton, 1971).

Remers, H. H. (ed.). *Anti-Democratic Attitudes in American Schools* (Evanston: Northwestern University Press, 1963).

Richardson, Bradley M. *The Political Culture of Japan* (Berkeley: University of California Press, 1974).

Riesman, David *et al. The Lonely Crowd* (New Haven: Yale University Press, 1950).

Riley, Matilda W. *et al.* (eds.). *Aging and Society III* (New York: Russell Sage, 1972).

Robinson, John P. *et al. Measures of Political Attitudes* (Ann Arbor: Institute for Social Research, The University of Michigan, 1968).

———— and Phillip R. Shaver. *Measures of Social Psychological Attitudes* (Ann Arbor: Institute for Social Research, The University of Michigan, 1969).

Roig, Charles and Françoise Billon-Grand. *La Socialisation Politique des Enfants* (Paris: Colin, 1968).

Rokeach, Milton. *The Open and Closed Mind: Investigations Into the Nature of Belief Systems and Personality Systems* (New York: Basic Books, 1960).

————. *Beliefs, Attitudes and Values* (San Francisco: Jossey-Bass, 1968).

————. "The Role of Values in Public Opinion Research," *Public Opinion Quarterly*, 32, 4 (Winter, 1968–1969), 547–559.

————. *The Nature of Human Values* (New York: Free Press, 1973).

————. "Change and Stability in American Value Systems, 1968–1971," *Public Opinion Quarterly*, 38, 2 (Summer, 1974), 222–238.

Rokkan, Stein. *Citizens, Elections and Parties* (Oslo: Universitets Forlaget, 1970).

Roper, Elmo and Associates. *American Attitudes Toward Ties with Other Democratic Countries* (Washington, D.C.: The Atlantic Council, 1964).

Rose, Richard. "Class and Party Divisions: Britain as a Test Case," *Sociology*, 2, 2 (May, 1968), 129–162.

————. *Governing without Consensus: An Irish Perspective* (Boston: Beacon, 1971).

———— (ed.). *Comparative Electoral Behavior* (New York: Free Press, 1974).

———— and Derek Urwin. "Social Cohesion, Political Parties and Strains in Regimes," *Comparative Political Studies*, 2, 1 (April, 1969), 7–67.

————. "Persistence and Change in Western Party Systems Since 1945," *Political Studies*, 18, 3 (September, 1970), 287–319.

Rosenmayr, Leopold. "Introduction: New Theoretical Approaches to the Sociological Study of Young People," *International Social Science Journal*, 24, 2 (1972), 215–256.

Rostow, W. W. *The Stages of Economic Development* (Cambridge: Cambridge University Press, 1961).

Roszak, Theodore. *The Making of a Counter Culture* (Garden City: Doubleday, 1969).

————. *Where the Wasteland Ends* (Garden City: Doubleday, 1973).

de Rougemont, Denis. *La Suisse: L'Histoire d'un Peuple Heureux* (Paris: Hachette, 1965).

Ryder, Norman B. "The Cohort as a Concept in the Study of Social Change," *American Sociological Review*, 30, 6 (December, 1965), 843–861.

Sakamoto, S. "A Study of the Japanese National Character——Part V: Fifth-Nation Survey," *Annals of the Institute for Statistical Mathematics* (Tokyo: Institute for Statistical Mathematics, 1975), 121–143.

Sartori, Giovanni. "European Political Parties: The Case of Polarized Pluralism," in Joseph LaPalombara and Myron Weiner (eds.), *Political Parties and Political Development* (Princeton: Princeton University Press, 1966), 137–176.

————. "The Power of Labor in the Post-Pacified Society: A Surmise," paper presented at the World Congress of the International Political Science Association, Montreal, Quebec, August, 1973.

Sauvy, Alfred. *La Révolte des Jeunes* (Paris: Calman-Levy, 1970).

Scammon, Richard M. and Ben J. Wattenberg. *The Real Majority* (New York: Coward McCann, 1970).

Schmidtchen, Gerhard. *Zwischen Kirche und Gesellschaft* (Freiburg: Herder Verlag, 1972).

Searing, Donald D. "The Comparative Study of Elite Socialization," *Comparative Political Studies*, 1, 4 (January, 1969), 471–500.

Sebert, Suzanne *et al.* "The Political Texture of Peer Groups," in M. Kent Jennings and Richard A. Niemi, *The Political Character of Adolescence* (Princeton: Princeton University Press, 1974), 229–248.

Seeman, Melvin. "Alienation and Engagement," in Angus Campbell and Philip Converse (eds.), *The Human Meaning of Social Change* (New York: Russell Sage, 1972), 467–528.

————. "The Signals of '68: Alienation in Pre-Crisis France," *American Sociological Review*, 37, 4 (August, 1972), 385–402.

Segal, David R. *Society and Politics: Uniformity and Diversity in Modern Democracy* (Glenview, Illinois: Scott, Foresman, 1974).

———— and David Knoke. "Political Partisanship: Its Social and Economic Bases in the United States," *American Journal of Economics and Sociology*, 29, 3 (July, 1970), 253–262.

Sheldon, Bernert Eleanor and Wilbert E. Moore (eds.). *Indicators of*

Social Change: Concepts and Measurements (New York: Russell Sage, 1968).

————. "Monitoring Social Change in American Society," in Bernert E. Sheldon and Wilbert E. Moore (eds.), *Indicators of Social Change: Concepts and Measurements* (New York: Russell Sage, 1968), 3–24.

Sheppard, Harold L. and Neil Q. Herrick. *Where Have All the Robots Gone?* (New York: Free Press, 1972).

Sherrill, Kenneth S. "The Attitudes of Modernity," *Comparative Politics*, 1, 2 (January, 1969), 184–210.

Shively, Philips. "A Reinterpretation of the New Deal Realignment," *Public Opinion Quarterly*, 35, 4 (Winter, 1971–72), 621–624.

————. "Voting Stability and the Nature of Party Attachments in the Weimar Republic," *American Political Science Review*, 66, 4 (December, 1972), 1203–1225.

Sigel, Roberta (ed.). *Learning About Politics: Studies in Political Socialization* (New York: Random House, 1968).

Silverman, Bertram and Murray Yanowitch (eds.). *The Worker in "Post-Industrial" Capitalism: Liberal and Radical Responses* (New York: Free Press, 1974).

Singer, Daniel. *Prelude to Revolution: France in May, 1968* (New York: Hill and Wang, 1970).

Skolnick, Jerome H. *The Politics of Protest* (New York: Ballantine, 1969).

Slater, Philip. *The Pursuit of Loneliness: American Culture at the Breaking Point* (Boston: Beacon, 1970).

Sonquist, John A. *Multivariate Model Building: The Validation of a Research Strategy* (Ann Arbor: Institute for Social Research, 1970).

———— and James N. Morgan. *The Detection of Interaction Effects* (Ann Arbor: Institute for Social Research, 1964).

Steiner, Jurg. *Amicable Agreement versus Majority Rule: Conflict Resolution in Switzerland* (Chapel Hill: University of North Carolina Press, 1974).

Stokes, Donald E. "Spatial Models of Party Competition," in Angus E. Campbell *et al.*, *Elections and the Political Order* (New York: Wiley, 1966), 161–179.

————. "Some Dynamic Elements of Contests for the Presidency," *American Political Science Review*, 60, 1 (March, 1966), 19–28.

Stouffer, Samuel *et al.* *The American Soldier: Adjustment During Army Life* (Princeton, N.J.: Princeton University Press, 1949).

Strumpel, Burkhard. "Economic Life Styles, Values and Subjective Welfare—An Empirical Approach," paper presented at 86th Annual Meeting of American Economic Association, New Orleans, 1971.

———— (ed.). *Subjective Elements of Well-being* (Paris: OECD, 1974).

"Students and Politics," *Daedalus*, 97, 1 (Winter, 1968).

A Survey of Europe Today (London: Reader's Digest Association, 1970).

Suzuki, Tatsuzo. "Changing Japanese Values: An Analysis of National Surveys," paper presented at the 25th Annual Meeting of the Association for Asian Studies, Chicago, 1973.

Tarrow, Sidney. *Peasant Communism in Southern Italy* (New Haven: Yale University Press, 1967).

Thompson, William I. *At the Edge of History* (New York: Harper and Row, 1972).

Tilly, Charles. "Food Supply and Public Order in Modern Europe," in Charles Tilly (ed.), *The Formation of National States in Western Europe* (Princeton: Princeton University Press, 1975), 380–455.

Toffler, Alvin. *Future Shock* (New York: Random House, 1970).

———— (ed.). *The Futurists* (New York: Random House, 1972).

Touraine, Alain. *The Post-industrial Society* (New York: Random House, 1971).

Triandis, Harry. "The Impact of Social Change on Attitudes," in Bert T. King and Elliott McGinnies (eds.), *Attitudes, Conflict and Social Change* (New York: Academic Press, 1972), 127–136.

U. S. Department of Health, Education, and Welfare. *Toward a Social Report* (Washington, D.C.: Government Printing Office, 1969).

Verba, Sidney. "Germany: The Remaking of Political Culture," in Lucian Pye and Sidney Verba (eds.), *Political Culture and Political Development* (Princeton: Princeton University Press, 1965), 131–154.

———— and Norman Nie. *Participation in America: Political Democracy and Social Equality* (New York: Harper and Row, 1972).

———— et al. "Public Opinion and the War in Vietnam," *American Political Science Review*, 62, 2 (June, 1967), 317–334.

Watanuki, Joji. "Japanese Politics: Changes, Continuities and Unknowns" (Tokyo: Sophia University Institute of International Relations, 1973), mimeo.

Waterman, Harvey. *Political Change in Contemporary France* (Columbus, Ohio: Merrill, 1969).

Weber, Max. *From Max Weber: Essays in Sociology*, ed. H. H. Gerth and C. Wright Mills (New York: Oxford University Press, 1946).

————. *Economy and Society* (New York: Bedminster Press, 1968).

Weil, Gordon L. *The Benelux Nations: The Politics of Small-Country Democracies* (New York: Holt, Rinehart and Winston, 1970).

Weisberg, Herbert F. and Jerrold G. Rusk. "Dimensions of Candidate Evaluation," *American Political Science Review*, 64, 4 (December, 1970), 1167–1185.

Weiss, Walter. "Mass Media and Social Change," in Bert T. King and

Elliott McGinnies (eds.), *Attitudes, Conflict, and Social Change* (New York: Academic Press, 1972), 175–224.

Westby, David L. and Rochard G. Braungart. "The Alienation of Generations and Status Politics: Alternative Explanations of Student Political Activism," in Roberta S. Sigel (ed.), *Learning About Politics* (New York: Random House, 1970), 476–490.

Withey, Stephen. *A Degree and What Else?* (New York: McGraw-Hill, 1971).

Wylie, L. *Village in the Vancluse* (Cambridge: Harvard University Press, 1957).

Yankelovich, Daniel. *The Changing Values on Campus* (New York: Washington Square Press, 1973).

————. *Changing Youth Values in the 1970's* (New York: JDR 3rd Fund, 1974).

————. *The New Morality: A Profile of American Youth in the 1970's* (New York: McGraw-Hill, 1974).

译　后　记

　　20世纪70年代的西方社会,正处于急剧的社会变革当中。"一是人们从绝对重视物质消费和人身安全向更加关注生活质量转变;二是西方民众政治技能的提升,使得他们可以在重要政治决策中扮演更为积极的角色。"(原书第363页)这两种进程互相强化,最终取决于也影响着国家的政治结构,因此,价值、技能和结构,就成为本书讨论的三个主要变量。

　　随着后工业社会的来临,西方民众的价值类型发生了深刻的变化。这些变化源于一系列社会经济方面的成就,如西方战后近30年的和平与持续繁荣,使得物质与人身安全不再是供不应求的最迫切需求。根据马斯洛的需求层次理论,人们在富足的生活条件下,价值偏好开始转向其他的一些更高层次的追求,如表达自由以及个人的自我实现。这就出现了物质主义价值类型与后物质主义价值类型之区分。安全如经济和政治稳定等,是典型的物质主义价值;而表达自由则是典型的后物质主义价值;从纯粹的物质主义到纯粹的后物质主义,其间还有多种复杂的混合类型。不同的价值类型与特定人群相联系,如年长人群更可能是物质主义的,而后物质主义类型则更多流行在青年人中间。与年长人群不同,年轻人群不只是追求经济报酬的平等分配,而且追求一个即使以经济发展为代价也要强调博爱和个人自我表达的社会。时间序列数据证明,在70年代的西方社会,存在物质主义价值类型转向后物质主义的总体趋势,而且这种转向更多是由于代际变迁造成的。

除了价值类型的变化,在 70 年代的西方社会,民众正在形成一种日益增强的政治参与潜力。他们不再是在诸如投票这类传统活动中简单地显示出更高的参与率,而是以完全不同的水平介入政治进程。不仅他们的政治目标正在发生变化,而且他们追求目标的方式也在发生变化。大众政治越来越倾向于挑战精英而非精英主导。受教育水平的提升、电子传媒的迅猛发展、农业人口的急剧下降,都极大地促进着认知动员,在这一过程中,民众的政治参与技能日益提高,使民众在制定特定政策过程中起到越来越重要的作用,而不仅仅是在两个或多个决策者中间作出非此即彼的选择。而且,政治参与方式不再依赖于群众性政党和社团活动,而是更多地强调自发性和个人的自我表达。相较于旧的政治参与模式,新的政治参与模式更多地表现为问题导向型,旨在影响具体政策的转变,而非简单地支持特定的某类领导者。正因如此,传统的政治机器、工会和教会的影响力正在被逐步削弱。

西方发达工业社会的价值变迁实际上已经开始改变这些国家的政治结构:社会的阶级冲突走向没落,一种基于生活质量问题基础上的新型政治分化开始出现。传统的对左翼政党的支持主要来自工人阶级,而中产阶级几乎都是投票给右翼政党的。但作者的调查数据显示,在 70 年代的西方社会,存在某种稳定的趋势,即绝大多数中产阶级后物质主义类型认同左翼,而较不富裕的物质主义更加倾向于将自己置于右翼。一般而言,后物质主义更倾向于产生政治不满和抗议,正因如此,他们趋向于支持左翼政党。相反,绝大多数的物质主义者趋向于支持现有社会秩序,因而更容易转向支持右派。同时,向后物质主义价值的转向将会进一步削弱对民族国家的支持。尽管价值和技能层面的潜在变化不能与最终发生的政治制度的巨大转变之间直接画上等号,但某种长期的趋势确实存在。这也意味着,西方社会政治分裂的轴心已经从经济问题转向了生活方式问题。

英格尔哈特是当代西方政治文化研究的大师级人物,而 1977 年由普林斯顿大学出版社出版的《静悄悄的革命》,正是其成名作,以及政治文化研究的经典。在书中,英格尔哈特率先发现西方发达工业社会民众的价值类型发生了重大的代际变化,在此基础上提出了物质主义价值类型与后物质主义价值类型这一新的研究视角。本书的基本观点都来自作者对社会调查数据的归纳与提炼,这些调查遍及美国、英国、法国、联邦德国等主要欧美发达国家,历时多年,是关于政治文化研究的重要典范,并从此开创了对后物质主义以及西方发达工业社会文化转型的研究先例。本书的一些研究结论,直接成为其后来两部重要著作《发达工业社会的文化转型》、《现代化与后现代化:43 个国家的文化、经济与政治变迁》(社会科学文献出版社 2013 年版)的基础。

当然,由于意识形态的差异,本书有些涉及中国的分析与评述我们并不苟同,但为了尊重原文,我们姑且直译,相信明智的读者自己会有独立的判断与理解。

由于译者本身的拖沓,本书的翻译时断时续,历时两年,借多人之力才最后完成。具体分工如下:引言、第一至第四章,叶娟丽;第五至第六章,陈霜叶;第七章,叶娟丽、张颖军;第八至第十章,韩瑞波;第十一至第十三章,丁思璐、韩瑞波。本书目录、注释、附录由叶娟丽翻译,图、表由陈霜叶翻译,最后全书由叶娟丽定稿。

本书原文通俗易懂、简洁凝练,但理解容易,而要用对应的中文表达出来,还是颇费功夫。尤其涉及一些统计学、心理学与欧洲历史方面的词汇,可能翻译稍有牵强,这些期待读者能够及时指出来,力求在今后的研究与学习中加以弥补与纠正。尽管晚了一些,但仍然希望,英格尔哈特将近 40 年前的这部经典之作,能够有助于我们了解建基于社会价值调查的英格尔哈特式研究在研究方法上的精巧构造,从而再造与提升中国政治学的研究方法与研究技巧;同时,也期待通过这部经典著作,我们能够更好地了解 70 年代西方社会经历的深刻变化,并从这种变化中总结出某些带来普遍性的规律或者结论,以洞察我们身处其中的当下社会。

图书在版编目(CIP)数据

静悄悄的革命:西方民众变动中的价值与政治方式/
(美)罗纳德·英格尔哈特(Ronald Inglehart)著;叶
娟丽等译.—上海:上海人民出版社,2022
(政治发展与民主译丛)
书名原文:The Silent Revolution:Changing
Values and Political Styles among Western Publics
ISBN 978-7-208-17467-2

Ⅰ.①静… Ⅱ.①罗… ②叶… Ⅲ.①人生观-研究
-西方国家 Ⅳ.①B821

中国版本图书馆 CIP 数据核字(2021)第 243797 号

责任编辑 徐晓明
封面设计 周剑锋

政治发展与民主译丛
静悄悄的革命
——西方民众变动中的价值与政治方式
[美]罗纳德·英格尔哈特 著
叶娟丽 韩瑞波 等 译

出 版 上海人民出版社
 (201101 上海市闵行区号景路 159 弄 C 座)
发 行 上海人民出版社发行中心
印 刷 常熟市新骅印刷有限公司
开 本 635×965 1/16
印 张 29
插 页 6
字 数 390,000
版 次 2022 年 1 月第 1 版
印 次 2022 年 1 月第 1 次印刷
ISBN 978-7-208-17467-2/D·3879
定 价 118.00 元

The Silent Revolution
Changing Values and Political Styles
among Western Publics

by Ronald Inglehart
English language edition published by Princeton University Press,